高职高专"十一五"规划教材

★ 农林牧渔系列

动物寄生虫病防治技术

DONGWU JISHENGCHONGBING FANGZHI JISHU

谢拥军　崔平　主编　　　胡述光　主审

化学工业出版社

·北京·

内 容 提 要

本书是以案例分析为载体、以临床检查项目为驱动、以职业技能培养为重点而设计和开发的。本书按照基于工作过程的思路组织内容，在论述各种动物寄生虫病时，对病原形态构造和生活史、流行病学、临床症状、病理变化、诊断方法、防治措施等进行了较详尽的阐述，其中还附有插图120余幅，内容通俗而直观，理论知识"实用、够用"。书后还附有12个"课堂实验项目"和15个"综合实习实训项目"，其内容设计充分体现了职业性、实践性和开放性。

本书适用于高职高专兽医、畜牧兽医、兽医医药、动物防疫与检疫、兽医卫生检验、兽药生产与营销、特种经济养殖等专业的师生，还可以作为动物科学和动物医学技术人员或管理工作者的参考书。

图书在版编目（CIP）数据

动物寄生虫病防治技术/谢拥军，崔平主编. —北京：化学工业出版社，2009.9（2020.9重印）
高职高专"十一五"规划教材★农林牧渔系列
ISBN 978-7-122-06495-0

Ⅰ.动… Ⅱ.①谢…②崔… Ⅲ.动物疾病：寄生虫病-防治-高等学校：技术学院-教材 Ⅳ.S855.9

中国版本图书馆CIP数据核字（2009）第145701号

责任编辑：梁静丽　李植峰　郭庆睿　　　　　　文字编辑：赵爱萍
责任校对：吴　静　　　　　　　　　　　　　　装帧设计：史利平

出版发行：化学工业出版社（北京市东城区青年湖南街13号　邮政编码100011）
印　　装：北京虎彩文化传播有限公司
787mm×1092mm　1/16　印张16¾　字数471千字　2020年9月北京第1版第6次印刷

购书咨询：010-64518888　　　　　　　售后服务：010-64518899
网　　址：http://www.cip.com.cn
凡购买本书，如有缺损质量问题，本社销售中心负责调换。

定　　价：31.00元　　　　　　　　　　　　　　　　　　版权所有　违者必究

"高职高专'十一五'规划教材★农林牧渔系列"
建设委员会成员名单

主 任 委 员 介晓磊
副主任委员 温景文 陈明达 林洪金 江世宏 荆 宇 张晓根
　　　　　　　窦铁生 何华西 田应华 吴 健 马继权 张震云
委　　　员（按姓名汉语拼音排列）

边静玮	陈桂银	陈宏智	陈明达	陈 涛	邓灶福	窦铁生	甘勇辉	高 婕	耿明杰
官麟丰	谷风柱	郭桂义	郭永胜	郭振升	郭正富	何华西	胡繁荣	胡克伟	胡孔峰
胡天正	黄绿荷	江世宏	姜文联	姜小文	蒋艾青	介晓磊	金伊洙	荆 宇	李 纯
李光武	李效民	李彦军	梁学勇	梁运霞	林伯全	林洪金	刘俊栋	刘 莉	刘 蕊
刘淑春	刘万平	刘晓娜	刘新社	刘奕清	刘 政	卢 颖	马继权	倪海星	欧阳素贞
潘开宇	潘自舒	彭 宏	彭小燕	邱运亮	任 平	商世能	史延平	苏允平	陶正平
田应华	王存兴	王 宏	王秋梅	王水琦	王晓典	王秀娟	王燕丽	温景文	吴昌标
吴 健	吴郁魂	吴云辉	武模戈	肖卫苹	肖文左	解相林	谢利娟	谢拥军	徐苏凌
徐作仁	许开录	闫慎飞	颜世发	燕智文	杨玉珍	尹秀玲	于文越	张德炎	张海松
张晓根	张玉廷	张震云	张志轩	赵晨霞	赵 华	赵先明	赵勇军	郑继昌	周晓舟
朱学文									

"高职高专'十一五'规划教材★农林牧渔系列"
编审委员会成员名单

主 任 委 员 蒋锦标
副主任委员 杨宝进 张慎举 黄 瑞 杨廷桂 胡虹文 张守润
　　　　　　　宋连喜 薛瑞辰 王德芝 王学民 张桂臣
委　　　员（按姓名汉语拼音排列）

艾国良	白彩霞	白迎春	白永莉	白远国	柏玉平	毕玉霞	边传周	卜春华	曹 晶
曹宗波	陈传印	陈杭芳	陈金雄	陈 璟	陈盛彬	陈现臣	程 冉	褚秀玲	崔爱萍
丁玉玲	董义超	董曾施	段鹏慧	范洲衡	方希修	付美云	高 凯	高 梅	高志花
弓建国	顾成柏	顾洪娟	关小变	韩建强	韩 强	何海健	何英俊	胡凤新	胡虹文
胡 辉	胡石柳	黄 瑞	黄修奇	吉 梅	纪守学	纪 瑛	蒋锦标	鞠志新	李碧全
李 刚	李继连	李 军	李雷斌	李林春	梁本国	梁称福	梁俊荣	林 纬	林仲桂
刘革利	刘广文	刘丽云	刘贤忠	刘晓欣	刘振华	刘振湘	刘宗亮	柳遵新	龙冰雁
罗 玲	潘 琦	潘一展	邱深本	任国栋	阮国荣	申庆全	石冬梅	史兴山	史雅静
宋连喜	孙克威	孙雄华	孙志浩	唐建勋	唐晓玲	陶令霞	田 伟	田伟政	田文儒
汪玉林	王爱华	王朝霞	王大来	王道国	王德芝	王 健	王立军	王孟宇	王双山
王铁岗	王文焕	王新军	王 星	王学民	王艳立	王云惠	王中华	吴俊琢	吴琼峰
吴占福	吴中军	肖尚修	熊运海	徐公义	徐占云	许美解	薛瑞辰	羊建平	杨宝进
杨平科	杨廷桂	杨卫韵	杨学敏	杨 志	杨治国	姚志刚	易 诚	易新军	于承鹤
于显威	袁亚芳	曾饶琼	曾元根	战忠玲	张春华	张桂臣	张怀珠	张 玲	张庆霞
张慎举	张守润	张响英	张 欣	张新明	张艳红	张祖荣	赵希彦	赵秀娟	郑翠芝
周显忠	朱雅安	卓开荣							

"高职高专'十一五'规划教材★农林牧渔系列"建设单位

（按汉语拼音排列）

安阳工学院	河西学院	青岛农业大学
保定职业技术学院	黑龙江农业工程职业学院	青海畜牧兽医职业技术学院
北京城市学院	黑龙江农业经济职业学院	曲靖职业技术学院
北京林业大学	黑龙江农业职业技术学院	日照职业技术学院
北京农业职业学院	黑龙江生物科技职业学院	三门峡职业技术学院
本钢工学院	黑龙江畜牧兽医职业学院	山东科技职业学院
滨州职业学院	呼和浩特职业学院	山东理工职业学院
长治学院	湖北生物科技职业学院	山东省贸易职工大学
长治职业技术学院	湖南怀化职业技术学院	山东省农业管理干部学院
常德职业技术学院	湖南环境生物职业技术学院	山西林业职业技术学院
成都农业科技职业学院	湖南生物机电职业技术学院	商洛学院
成都市农林科学院园艺研究所	吉林农业科技学院	商丘师范学院
重庆三峡职业学院	集宁师范高等专科学校	商丘职业技术学院
重庆水利电力职业技术学院	济宁市高新技术开发区农业局	深圳职业技术学院
重庆文理学院	济宁市教育局	沈阳农业大学
德州职业技术学院	济宁职业技术学院	苏州农业职业技术学院
福建农业职业技术学院	嘉兴职业技术学院	温州科技职业学院
抚顺师范高等专科学校	江苏联合职业技术学院	乌兰察布职业学院
甘肃农业职业技术学院	江苏农林职业技术学院	厦门海洋职业技术学院
广东科贸职业学院	江苏畜牧兽医职业技术学院	仙桃职业技术学院
广东农工商职业技术学院	江西生物科技职业学院	咸宁学院
广西百色市水产畜牧兽医局	金华职业技术学院	咸宁职业技术学院
广西大学	晋中职业技术学院	信阳农业高等专科学校
广西农业职业技术学院	荆楚理工学院	延安职业技术学院
广西职业技术学院	荆州职业技术学院	杨凌职业技术学院
广州城市职业学院	景德镇高等专科学校	宜宾职业技术学院
海南大学应用科技学院	丽水学院	永州职业技术学院
海南师范大学	丽水职业技术学院	玉溪农业职业技术学院
海南职业技术学院	辽东学院	岳阳职业技术学院
杭州万向职业技术学院	辽宁科技学院	云南农业职业技术学院
河北北方学院	辽宁农业职业技术学院	云南热带作物职业学院
河北工程大学	辽宁医学院高等职业技术学院	云南省曲靖农业学校
河北交通职业技术学院	辽宁职业学院	云南省思茅农业学校
河北科技师范学院	聊城大学	张家口教育学院
河北省现代农业高等职业技术学院	聊城职业技术学院	漳州职业技术学院
河南科技大学林业职业学院	眉山职业技术学院	郑州牧业工程高等专科学校
河南农业大学	南充职业技术学院	郑州师范高等专科学校
河南农业职业学院	盘锦职业技术学院	中国农业大学
	濮阳职业技术学院	

《动物寄生虫病防治技术》编审人员名单

主　编　谢拥军　崔　平

副主编　周丽荣

编　者（按照姓名汉语拼音排列）

　　　　崔　平　河北北方学院
　　　　顾小龙　河北北方学院
　　　　胡　辉　湖南怀化职业技术学院
　　　　揭鸿英　福建农业职业技术学院
　　　　刘秀玲　商丘职业技术学院
　　　　刘振湘　湖南环境生物职业技术学院
　　　　唐　伟　永州职业技术学院
　　　　谢拥军　岳阳职业技术学院
　　　　徐　鹏　辽宁医学院
　　　　叶秀娟　金华职业技术学院
　　　　周丽荣　辽宁农业职业技术学院

主　审　胡述光　湖南省兽医总站

序

当今,我国高等职业教育作为高等教育的一个类型,已经进入到以加强内涵建设、全面提高人才培养质量为主旋律的发展新阶段。各高职高专院校针对区域经济社会的发展与行业进步,积极开展新一轮的教育教学改革。以服务为宗旨,以就业为导向,在人才培养质量工程建设的各个侧面加大投入,不断改革、创新和实践。尤其是在课程体系与教学内容改革上,许多学校都非常关注利用校内、校外两种资源,积极推动校企合作与工学结合,如邀请行业企业参与制定培养方案,按职业要求设置课程体系;校企合作共同开发课程;根据工作过程设计课程内容和改革教学方式;教学过程突出实践性,加大生产性实训比例等,这些工作主动适应了新形势下高素质技能型人才培养的需要,是落实科学发展观,努力办人民满意的高等职业教育的主要举措。教材建设是课程建设的重要内容,也是教学改革的重要物化成果。教育部《关于全面提高高等职业教育教学质量的若干意见》(教高[2006] 16号)指出"课程建设与改革是提高教学质量的核心,也是教学改革的重点和难点",明确要求要"加强教材建设,重点建设好3000种左右国家规划教材,与行业企业共同开发紧密结合生产实际的实训教材,并确保优质教材进课堂。"目前,在农林牧渔类高职院校中,教材建设还存在一些问题,如行业变革较大与课程内容老化的矛盾、能力本位教育与学科型教材供应的矛盾、教学改革加快推进与教材建设严重滞后的矛盾、教材需求多样化与教材供应形式单一的矛盾等。随着经济发展、科技进步和行业对人才培养要求的不断提高,组织编写一批真正遵循职业教育规律和行业生产经营规律、适应职业岗位群的职业能力要求和高素质技能型人才培养的要求、具有创新性和普适性的教材将具有十分重要的意义。

化学工业出版社为中央级综合科技出版社,是国家规划教材的重要出版基地,为我国高等教育的发展做出了积极贡献,曾被新闻出版总署领导评价为"导向正确、管理规范、特色鲜明、效益良好的模范出版社",2008年荣获首届中国出版政府奖——先进出版单位奖。近年来,化学工业出版社密切关注我国农林牧渔类职业教育的改革和发展,积极开拓教材的出版工作,2007年年底,在原"教育部高等学校高职高专农林牧渔类专业教学指导委员会"有关专家的指导下,化学工业出版社邀请了全国100余所开设农林牧渔类专业的高职高专院校的骨干教师,共同研讨高等职业教育新阶段教学改革中相关专业教材的建设工作,并邀请相关行业企业作为教材建设单位参与建设,共同开发教材。为做好系列教材的组织建设与指导服务工作,化学工业出版社聘请有关专家组建了"高职高专'十一五'规划教材★农林牧渔系列建设委员会"和"高职高专'十一五'规划教材★农林牧渔系列编审委员会",拟在"十一五"期间组织相关院校的一线教师和相关企业的技术人员,在深入调研、整体规划的基础上,编写出版一套适应农林牧渔类相关专业教育的基础课、专业课及相关外延课程教材——"高职高专'十一五'规划教材★农林牧渔系列"。该套教材将涉及种植、园林园艺、畜牧、兽医、水产、宠物等专业，于 2008～2009 年陆续出版。

该套教材的建设贯彻了以职业岗位能力培养为中心，以素质教育、创新教育为基础的教育理念，理论知识"必需"、"够用"和"管用"，以常规技术为基础，关键技术为重点，先进技术为导向。此套教材汇集众多农林牧渔类高职高专院校教师的教学经验和教改成果，又得到了相关行业企业专家的指导和积极参与，相信它的出版不仅能较好地满足高职高专农林牧渔类专业的教学需求，而且对促进高职高专专业建设、课程建设与改革、提高教学质量也将起到积极的推动作用。希望有关教师和行业企业技术人员，积极关注并参与教材建设。毕竟，为高职高专农林牧渔类专业教育教学服务，共同开发、建设出一套优质教材是我们共同的责任和义务。

介晓磊

2008 年 10 月

前言

寄生虫病具有传染性，一般发病较慢，不易引起人们的重视。但随着全球气候变暖，寄生虫病对畜牧生产的危害越来越大。在实际生产中掌握动物寄生虫病防治技术，对提高畜牧业经济效益和保护人民身体健康具有重要的社会意义。

本书根据《教育部关于全面提高高等职业教育教学质量的若干意见》【高教（2006）16号】精神和国家精品课程评审标准（高职，2009），邀请高职高专院校骨干教师和行业专家共同参与编写。本书在编写时，理论知识遵循"必须、够用"的原则，力求少而精；实践知识遵循"实用、精通练"的原则，力求多而强。本书内容依据行业企业发展需要和完成职业岗位实际工作任务所需要的知识、能力、素质要求而选取，是以典型案例和教学情境为载体、以临床检查项目作驱动、以职业技能培养为重点而设计和开发，并体现基于工作过程特点的教材编写的一种尝试。

本书共分十章，在介绍了动物寄生虫病学基础知识和常规寄生虫检查技术的基础上，主要讲述了人兽共患寄生虫病，动物吸虫病、线虫病、绦虫病、棘头虫病、原虫病、蜱螨病及昆虫病的诊断与防治技术。在各种动物寄生虫病中，对病原形态构造和生活史、流行病学、临床症状、病理变化、诊断方法、防治措施等进行了较详尽的说明，其中配有丰富的图片，便于教学使用。本书在编写时彻底打破了原有的学科体系，将寄生虫学与寄生虫病学基本概念、基本理论知识有机地融合到12个"课堂实验项目"和15个"综合实习实训项目"的教学和实践的过程中，通过典型案例展示和设置情景，再现各种疾病的诊断和防治过程，使学生通过本课程的学习，能轻松地掌握动物寄生虫的形态结构和消长规律、寄生虫病发生和发展的规律以及预防、控制和消灭这些寄生虫病的方法和技能，实现"教、学、做"一体化。

本书与谢拥军老师主持的《动物寄生虫病防治技术》课程（2009年度教育部高等学校高职高专动物生产类教学指导委员会精品课程）配套，与本书相关的电子教案、多媒体课件、动画库、图片库、习题库、案例库、视频库、在线服务等教学资源可在课程网站备索地址：xieyongjun2000@163.com 中下载使用。本书由10所高职高专院校的11位骨干教师编写，并邀请行业专家湖南省兽医总站胡述光研究员担任主审。

本书在编写过程中，得到了相关院校的大力支持，也参考了同行专家的一些文献资料，在此，我们一并表示诚挚的感谢。

限于编者的学识水平和能力，书中疏漏和不妥之处在所难免，尚乞同行专家及广大读者指正。

编　者
2009年7月

目录

第一章 动物寄生虫学基础 ... 001
- 【知识目标】... 001
- 【能力目标】... 001
- 【指南针】... 001
- 第一节 寄生虫与宿主 ... 001
  - 一、寄生生活 ... 001
  - 二、寄生虫与宿主的类型 ... 002
  - 三、寄生虫与宿主的相互作用 ... 003
- 第二节 寄生虫生活史 ... 005
  - 一、寄生虫生活史的概念及类型 ... 005
  - 二、寄生虫完成生活史的必要条件 ... 005
  - 三、寄生虫对寄生生活的适应性 ... 005
  - 四、宿主对寄生生活产生影响的因素 ... 006
- 第三节 寄生虫的分类和命名 ... 006
  - 一、寄生虫的分类及其特点 ... 006
  - 二、寄生虫的命名 ... 007
- 【知识链接】... 007
- 【复习思考题】... 008

第二章 动物寄生虫病学基础 ... 009
- 【知识目标】... 009
- 【能力目标】... 009
- 【指南针】... 009
- 第一节 动物寄生虫病的危害 ... 010
  - 一、动物寄生虫病给畜牧业带来极大的经济损失 ... 010
  - 二、人兽共患寄生虫病对人类健康的威胁 ... 011
- 第二节 动物寄生虫病流行病学 ... 011
  - 一、流行病学的概念 ... 011
  - 二、动物寄生虫病流行的基本环节 ... 011
  - 三、动物寄生虫病流行病学的基本内容 ... 012
- 第三节 动物寄生虫病诊断方法 ... 013
  - 一、流行病学调查诊断 ... 013
  - 二、临床检查诊断 ... 014
  - 三、寄生虫学剖检诊断 ... 014
  - 四、实验室病原检查诊断 ... 014
  - 五、治疗性诊断 ... 014
  - 六、免疫学诊断 ... 015
  - 七、分子生物学诊断 ... 015
- 第四节 动物寄生虫病综合防治 ... 015
  - 一、控制和消灭感染源 ... 015
  - 二、切断传播途径 ... 016
  - 三、免疫接种 ... 017
  - 四、加强饲养管理 ... 017
- 【知识链接】... 017
- 【复习思考题】... 018

第三章 常规寄生虫检查技术 ... 020
- 【知识目标】... 020
- 【能力目标】... 020
- 【指南针】... 020
- 第一节 粪便寄生虫检查技术 ... 021
  - 一、粪样采集及保存方法 ... 021
  - 二、虫体及虫卵简易检查法 ... 021
  - 三、沉淀法 ... 021
  - 四、漂浮法 ... 022
  - 五、虫卵计数法 ... 022
  - 六、毛蚴孵化法 ... 024
  - 七、测微技术 ... 024
  - 八、幼虫分离法 ... 025
  - 九、幼虫培养法 ... 025
- 第二节 血液原虫的检查技术 ... 026
  - 一、血液涂片检查法 ... 026
  - 二、鲜血压滴检查法 ... 026

三、虫体浓集法 …………………… 027
　　四、淋巴结穿刺检查法 ……………… 027
　第三节　体表寄生虫检查技术 ………… 027
　　一、疥螨和痒螨的检查技术 ………… 027
　　二、蠕形螨的检查技术 ……………… 028
　　三、蜱的检查技术 …………………… 028
　　四、其他体表寄生虫检查技术 ……… 029
　第四节　肌旋毛虫检查技术 …………… 029
　　一、压片镜检法 ……………………… 029
　　二、消化法 …………………………… 029
　第五节　动物寄生虫学剖检技术 ……… 030
　　一、剖检前的准备工作 ……………… 030
　　二、动物寄生虫学剖检技术 ………… 030
　　三、操作注意事项 …………………… 032
　第六节　药物驱虫技术 ………………… 033
　　一、驱虫药的选择 …………………… 034
　　二、驱虫时间 ………………………… 034
　　三、驱虫的实施及注意事项 ………… 035
　　四、驱虫效果评定 …………………… 036
　第七节　免疫学检查技术 ……………… 037
　　一、寄生虫免疫的特点及其应用 …… 037
　　二、间接血凝试验 …………………… 038
　　三、免疫荧光技术 …………………… 039
　　四、免疫酶技术 ……………………… 040
　　五、PCR技术 ………………………… 041
　第八节　寄生虫材料的固定与保存 …… 042
　　一、吸虫的固定与保存 ……………… 042
　　二、绦虫的固定与保存 ……………… 043
　　三、线虫的固定与保存 ……………… 043
　　四、蜱螨与昆虫的固定与保存 ……… 044
　　五、原虫的固定与保存 ……………… 047
　　六、蠕虫卵的固定与保存 …………… 048
　　七、标签 ……………………………… 048
　【知识链接】 …………………………… 048
　【复习思考题】 ………………………… 050

第四章　人兽共患寄生虫病的诊断与防治技术 ……………………………………… 051

　【知识目标】 …………………………… 051
　【能力目标】 …………………………… 051
　【指南针】 ……………………………… 051
　第一节　人兽共患寄生虫病概述 ……… 051
　　一、人兽共患寄生虫病概念与分类 … 051
　　二、影响人兽共患寄生虫病流行的
　　　　因素 …………………………… 053
　　三、人兽共患寄生虫病预防与控制 … 054
　第二节　主要人兽共患寄生虫病的诊断与
　　　　　防治 ………………………… 055
　　一、日本血吸虫病 …………………… 055
　　二、猪囊尾蚴病 ……………………… 058
　　三、旋毛虫病 ………………………… 060
　　四、弓形虫病 ………………………… 063
　　五、肉孢子虫病 ……………………… 066
　【案例分析】 …………………………… 068
　【知识链接】 …………………………… 070
　【复习思考题】 ………………………… 071

第五章　吸虫病的诊断与防治技术 ……… 072

　【知识目标】 …………………………… 072
　【能力目标】 …………………………… 072
　【指南针】 ……………………………… 072
　第一节　吸虫概述 ……………………… 073
　　一、吸虫的形态结构 ………………… 073
　　二、吸虫的生活史 …………………… 074
　　三、主要吸虫中间宿主 ……………… 076
　　四、吸虫分类 ………………………… 076
　第二节　动物主要吸虫病 ……………… 079
　　一、片形吸虫病 ……………………… 079
　　二、姜片吸虫病 ……………………… 081
　　三、华支睾吸虫病 …………………… 082
　　四、阔盘吸虫病 ……………………… 084
　　五、前后盘吸虫病 …………………… 086
　　六、前殖吸虫病 ……………………… 088
　　七、双腔吸虫病 ……………………… 089
　　八、并殖吸虫病 ……………………… 091
　　九、东毕吸虫病 ……………………… 093
　【案例分析】 …………………………… 095
　【知识链接】 …………………………… 096
　【复习思考题】 ………………………… 098

第六章　线虫病的诊断与防治技术 ……… 099

　【知识目标】 …………………………… 099
　【能力目标】 …………………………… 099
　【指南针】 ……………………………… 099
　第一节　线虫概述 ……………………… 100
　　一、线虫形态构造 …………………… 100
　　二、线虫的生活史 …………………… 100

三、线虫的分类 …………………… 102
　第二节　动物主要线虫病的诊断与防治 …… 103
　　一、猪蛔虫病 ……………………… 103
　　二、犊新蛔虫病 …………………… 105
　　三、鸡蛔虫病 ……………………… 106
　　四、牛、羊消化道线虫病 ………… 107

　　五、类圆线虫病 …………………… 112
　　六、后圆线虫病 …………………… 113
　　七、胃线虫病 ……………………… 115
　【案例分析】 ………………………… 116
　【知识链接】 ………………………… 116
　【复习思考题】 ……………………… 118

第七章　绦虫病的诊断与防治技术 …………………………………………………………… 119

　【知识目标】 ………………………… 119
　【能力目标】 ………………………… 119
　【指南针】 …………………………… 119
　第一节　绦虫概述 ……………………… 120
　　一、绦虫的形态结构 ……………… 120
　　二、绦虫的生活史 ………………… 121
　　三、绦虫的分类 …………………… 122
　第二节　主要绦虫病的诊断与防治 …… 124
　　一、棘球蚴病 ……………………… 124
　　二、莫尼茨绦虫病 ………………… 126
　　三、细颈囊尾蚴病 ………………… 128
　　四、猪囊尾蚴病 …………………… 129
　　五、牛囊尾蚴病 …………………… 131

　　六、伪裸头绦虫病 ………………… 133
　　七、膜壳绦虫病 …………………… 134
　　八、戴文绦虫病 …………………… 135
　　九、脑多头蚴病 …………………… 138
　　十、犬、猫绦虫病 ………………… 140
　　十一、兔绦虫病 …………………… 143
　　十二、马裸头绦虫病 ……………… 145
　　十三、曲子宫绦虫病 ……………… 146
　　十四、无卵黄腺绦虫病 …………… 147
　【案例分析】 ………………………… 147
　【知识链接】 ………………………… 148
　【复习思考题】 ……………………… 148

第八章　棘头虫病的诊断与防治技术 ………………………………………………………… 149

　【知识目标】 ………………………… 149
　【能力目标】 ………………………… 149
　【指南针】 …………………………… 149
　第一节　猪棘头虫病 …………………… 149
　　一、病原学 ………………………… 149
　　二、流行病学 ……………………… 150
　　三、临床症状 ……………………… 150
　　四、病理变化 ……………………… 150
　　五、诊断 …………………………… 150
　　六、防治 …………………………… 151

　第二节　鸭棘头虫病 …………………… 151
　　一、病原学 ………………………… 151
　　二、流行病学 ……………………… 152
　　三、临床症状 ……………………… 152
　　四、病理变化 ……………………… 152
　　五、诊断 …………………………… 152
　　六、防治 …………………………… 152
　【案例分析】 ………………………… 152
　【知识链接】 ………………………… 153
　【复习思考题】 ……………………… 153

第九章　原虫病的诊断与防治技术 …………………………………………………………… 154

　【知识目标】 ………………………… 154
　【能力目标】 ………………………… 154
　【指南针】 …………………………… 154
　第一节　原虫概述 ……………………… 155
　　一、原虫形态构造 ………………… 155
　　二、原虫的生殖 …………………… 156
　　三、原虫的分类 …………………… 157
　第二节　主要动物原虫病的诊断与防治 …… 158
　　一、伊氏锥虫病 …………………… 158
　　二、利什曼原虫病 ………………… 160
　　三、牛胎毛滴虫病 ………………… 162
　　四、组织滴虫病 …………………… 164

　　五、贾第虫病 ……………………… 165
　　六、牛、羊巴贝斯虫病 …………… 166
　　七、环形泰勒虫病 ………………… 169
　　八、瑟氏泰勒虫病 ………………… 171
　　九、鸡球虫病 ……………………… 172
　　十、鸭球虫病 ……………………… 177
　　十一、鹅球虫病 …………………… 178
　　十二、兔球虫病 …………………… 178
　　十三、牛球虫病 …………………… 182
　　十四、羊球虫病 …………………… 184
　　十五、犬、猫球虫病 ……………… 184
　　十六、隐孢子虫病 ………………… 185

十七、贝诺孢子虫病	188	二十二、猪小袋纤毛虫病	193
十八、新孢子虫病	189	【案例分析】	194
十九、禽住白细胞虫病	190	【知识链接】	197
二十、鸡疟原虫病	192	【复习思考题】	198
二十一、鸽血变原虫病	192		

第十章 蜱螨病及昆虫病的诊断与防治技术 199

【知识目标】	199	二、痒螨病	205
【能力目标】	199	三、蠕形螨病	206
【指南针】	199	第四节 昆虫病的诊断与防治	207
第一节 节肢动物概述	199	一、禽羽虱	207
一、节肢动物形态特征	200	二、猪血虱	208
二、节肢动物生活史	200	三、马胃蝇蛆病	208
三、节肢动物分类	200	四、牛皮蝇蛆病	209
第二节 蜱病的诊断与防治	201	五、羊鼻蝇蛆病	210
一、硬蜱病	201	六、其他昆虫病	211
二、软蜱病	202	【案例分析】	213
第三节 螨病的诊断与防治	203	【知识链接】	214
一、疥螨病	203	【复习思考题】	215

课堂实验项目 216

实验项目一 动物蠕虫卵形态构造观察	216	实验项目七 粪便中寄生蠕虫的集卵检查	221
实验项目二 常见吸虫的形态结构观察	216	实验项目八 肌旋毛虫的检查	222
实验项目三 吸虫中间宿主的识别	217	实验项目九 弓形虫形态观察	225
实验项目四 常见线虫的形态结构观察	218	实验项目十 球虫形态观察	225
实验项目五 常见绦虫（成虫）的形态结构观察	219	实验项目十一 蜱螨形态观察	226
实验项目六 常见绦虫（蚴）形态构造观察	220	实验项目十二 寄生性昆虫形态观察	227

综合实习实训项目 229

实习实训一 动物寄生虫病流行病学调查	229	防治技术	237
实习实训二 动物寄生虫病临床检查	230	实习实训九 牛日本血吸虫病的快速诊断及其综合防治技术	238
实习实训三 动物寄生虫病的粪便学检查	231	实习实训十 牛、羊肝片吸虫病的诊断及其综合防治技术	240
实习实训四 动物寄生虫病的血液学检查	232	实习实训十一 猪囊虫病的诊断及其综合防治技术	241
实习实训五 动物寄生虫病的蠕虫学剖检技术	233	实习实训十二 鸡球虫病的诊断及综合防治技术	243
实习实训六 动物寄生虫材料的固定与保存	234	实习实训十三 猪弓形虫病的诊断和综合防治技术	248
实习实训七 驱虫方案设计与实施	235	实习实训十四 动物蜱病的诊断及其综合防治技术	251
实习实训八 猪蛔虫病的诊断及其综合		实习实训十五 螨病的诊断及综合防治技术	253

参考文献 255

第一章 动物寄生虫学基础

知识目标

1. 掌握寄生生活、寄生虫和宿主的概念，寄生虫和宿主的类型，寄生虫生活史的类型。
2. 明确寄生虫和宿主的相互作用，寄生虫完成其生活史的条件及影响因素等。
3. 了解寄生虫的分类和命名。

能力目标

应用寄生虫和宿主的相互作用、寄生虫完成其生活史的条件及其影响因素等基本知识，为寄生虫病的防治奠定基础。

指南针

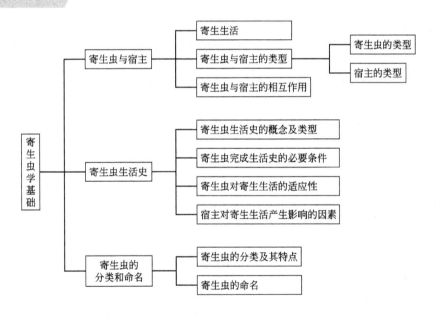

第一节 寄生虫与宿主

一、寄生生活

自然界中生物种类繁多，其生活方式及生物间相互关系十分复杂。有些生物适应于自由生活，而有些生物彼此间发生了某种相互关系，需与其他生物共同生活。自然界中生物间的相互关系主要有以下几种类型。

1. 自立生活

指生物体独立生存，与另一种生物没有直接的和必需的关系。如家畜、禽类、鱼类等。

2. 共生生活

（1）互利共生（mutualism） 指两种生物体共同生活在一起，双方互相依赖，缺一不可，共同获益而互不损害。如反刍动物与其瘤胃中的纤毛虫，前者为后者提供适宜温度、不易遭到外界环境因素影响的良好生存环境，又依靠后者分解木质纤维，帮助消化和获得营养。还有普遍存在的动物与某些细菌或真菌的结合关系，白蚁与其肠道内鞭毛虫之间的关系就属此。

（2）片利共生（commensalism） 两种生物在其共生生活中一方受益，另一方不受益也不受害。片利共生又称为共栖。如大海中的鲨鱼和吸附于体表的鲫鱼，后者以鲨鱼的废弃物为食，而对鲨鱼并不造成危害。

（3）寄生生活（parasitism） 是指两个生物体之间的一种特殊生活方式，其中一个生物体生活在另一个生物体的体表或体内，从中吸取营养物质并对其造成损害。在这一共生关系中一方获得利益，另一方则受到损害，后者为前者提供营养物质和居住场所，这种生活关系称寄生。其中营寄生生活的动物（动物性寄生物），我们称其为寄生虫（parasite），被寄生虫寄生的动物称为宿主（host）。如猪蛔虫生活在猪的小肠内，以小肠内已经消化或半消化的食物为营养，影响猪的健康。猪蛔虫就是寄生虫，其生活方式为寄生生活，猪则是它的宿主。

二、寄生虫与宿主的类型

1. 寄生虫的类型

（1）按寄生虫的寄生时间长短来分

① 暂时性寄生虫 在整个生存期中，只短时间侵袭宿主、解除饥饿、获得营养的寄生虫。如侵袭人畜的雌蚊。

② 固定性寄生虫 必须有一定的发育期在宿主体内或体表完成的寄生虫。它又可分为永久性寄生虫和周期性寄生虫。前者指在宿主体内或体表度过一生的寄生虫，如旋毛虫、螨虫；后者指一生中只有一个或几个发育阶段在宿主体内或体表完成的寄生虫，如蛔虫、片形吸虫等。

（2）按寄生虫的寄生部位来分

① 外寄生虫 指寄生于宿主体表或与体表直接相通的腔、窦内的寄生虫。如蜱、螨、羊鼻蝇蛆等。

② 内寄生虫 凡寄生于宿主体内（组织、细胞、器官和体腔）的寄生虫都称为内寄生虫。如球虫、消化道线虫。

（3）按寄生虫的发育过程来分

① 同宿主寄生虫 寄生虫的整个发育过程中只需一个宿主的寄生虫，又称单宿主寄生虫。如蛔虫。

② 异宿主寄生虫 寄生虫整个发育过程需要更换两个或两个以上宿主的寄生虫，又称多宿主寄生虫。如姜片吸虫、弓形虫等。

（4）按寄生虫寄生的宿主范围来分

① 专一宿主的寄生虫 有些寄生虫只寄生于一种特定的宿主，对宿主有严格的选择性。如猪蛔虫只感染猪。

② 非专一宿主的寄生虫 有些寄生虫能寄生于多种宿主。如旋毛虫可以寄生于猪、犬、猫等多种宿主。

（5）按寄生虫对宿主的依赖性来分

① 专性寄生虫 寄生虫在其生活过程中必须有寄生生活阶段，否则其生活史不能完成。如吸虫、绦虫等。

② 兼性寄生虫 既可营自由生活，又可营寄生生活的寄生虫。如粪类圆线虫（成虫）既可寄生于宿主肠道内，也可以在土壤中营自由生活。

2. 宿主的类型

（1）终末宿主　寄生虫成虫期寄生的宿主或是在其有性繁殖阶段寄生的宿主，也称为真正宿主。寄生虫能在其体内发育到性成熟阶段，进行有性繁殖。如人是猪带绦虫的终末宿主。

（2）中间宿主　寄生虫幼虫时期寄生的宿主或是在其无性繁殖阶段寄生的宿主。如钉螺是血吸虫的中间宿主。

（3）补充宿主　某些寄生虫在其幼虫发育阶段需要两个中间宿主，其中第二个中间宿主称为补充宿主。如华支睾吸虫的补充宿主是多种淡水鱼和虾。

（4）贮藏宿主　有些寄生虫的虫卵或幼虫可进入某些动物体内，在其体内不繁殖也不发育，但保持生命力和感染力，这些动物就被称为贮藏宿主，也称为转续宿主或转运宿主。如蚯蚓可成为猪、鸡蛔虫的贮藏宿主。

（5）保虫宿主　在兽医学上，是指某种寄生虫有多种终末宿主时，通常把其中不常被寄生的宿主称为保虫宿主；在医学上，某种寄生虫既可寄生于人也可寄生于动物时，通常把被寄生的动物称为保虫宿主。

（6）带虫宿主　指患寄生虫病治愈后或处于隐性感染阶段的动物，虽不表现临床症状但体内仍有一定数量的虫体感染，这种宿主称为带虫宿主，也称为带虫者。称这种状态为带虫现象。带虫者不断地向周围环境撒播病原，是重要的传染源。带虫动物健康状况下降时可导致疾病复发。

（7）传播媒介　通常指在脊椎动物间传播寄生虫病的一类动物，多指吸血的节肢动物。如蚊子在人之间传播疟原虫，蜱在牛之间传播梨形虫等。

（8）超寄生宿主　有些寄生虫可成为其他寄生虫的宿主。如蚊子是疟原虫的超寄生宿主。

三、寄生虫与宿主的相互作用

1. 寄生虫对宿主的作用

寄生虫在宿主的细胞、组织或腔道内寄生，对宿主机体造成一系列的损伤，这不仅见于成虫，也见于移行中的幼虫。寄生虫对宿主的作用是多方面的，主要表现在如下几个方面。

（1）夺取营养

寄生虫在宿主体内生长、发育和繁殖所需的物质均来源于宿主机体，其夺取的营养物除蛋白质、糖类和脂类外，还有维生素、矿物质和微量元素。寄生的虫体数量愈多，被夺取的营养也愈多。如蛔虫、绦虫等在肠道内寄生，夺取大量养料，并影响肠道吸收功能，引起宿主营养不良，生长发育受阻；钩虫附于肠壁吸取大量血液而导致宿主贫血。

（2）机械性损伤（机械性作用）

① 固着　寄生虫利用其固着器官（吸盘、顶突、小钩、叶冠、齿、吻突等）固着于宿主的寄生部位，造成组织器官损伤、出血和炎症等。

② 移行　各种寄生虫都有其固定的寄生部位，寄生虫从进入宿主到寄生部位的过程称为移行。寄生虫在移行过程中破坏了所经组织器官的完整性，对其造成损伤。如猪蛔虫的幼虫需经肝脏和肺脏的移行，造成蛔虫性肝炎和蛔虫性肺炎。

③ 压迫　某些寄生虫体积较大，压迫宿主器官，造成组织萎缩和功能障碍，如寄生于肝脏、肺脏等的棘球蚴直径可达5～10cm。还有些寄生虫虽然体积不大，但因压迫重要器官而造成严重疾病。如脑包虫（多头蚴）可致宿主产生严重的神经症状。

④ 阻塞　寄生于消化道、呼吸道及其附属腺体（肝脏、胰腺等）的寄生虫，常因大量寄生造成这些器官阻塞，发生严重疾病。如蛔虫引起的肠阻塞和胆道阻塞。

⑤ 破坏　细胞内寄生的原虫，在繁殖过程中大量破坏宿主机体的组织细胞而引起严重疾病。如寄生于红细胞的梨形虫破坏大量红细胞而造成溶血性贫血；寄生于肠上皮细胞的球虫导致宿主严重的血痢及消化吸收障碍。

(3) 毒性作用和免疫损伤　寄生虫的分泌物、排泄物和死亡虫体的分解物对宿主均有毒性作用，这是寄生虫危害宿主方式中最重要的一个类型。例如枭形科吸虫可分泌消化酶于宿主的组织上，使组织变性溶解为营养液，作为其食物来源；阔节裂头绦虫的分泌物和排泄物可影响宿主的造血功能而引起贫血。另外，寄生虫的代谢产物和死亡虫体的分解物又都具有抗原性，可使宿主致敏，引起局部或全身变态反应。如血吸虫卵内毛蚴分泌物引起周围组织发生免疫病理变化——虫卵肉芽肿，这是血吸虫病最基本的病变，也是主要致病因素。

(4) 继发感染

① 接种病原微生物　某些昆虫叮咬动物时同时接种了病原微生物，这也是昆虫的传播媒介作用。如某些蚊子传播乙型脑炎；某些跳蚤传播鼠疫；鸡异刺线虫是火鸡组织滴虫的传播者；猪后圆线虫常带入病原微生物，猪感染后圆线虫病时易伴发气喘病、巴氏杆菌病、流感或猪瘟等。

② 激活病原微生物　某些寄生虫的侵入可激活宿主体内处于潜伏状态的病原微生物和条件性致病菌而协同发病。如仔猪感染食道口线虫后可激活副伤寒杆菌，引起急性副伤寒；寄生虫的感染为病原微生物的侵入打开门户，为其他寄生虫、细菌、病毒的感染创造条件，引起并发症。如移行期的猪蛔虫幼虫为猪霉形体进入肺脏创造条件而继发气喘病；寄生虫感染也降低了宿主抵抗力，促进传染病的发生，或使传染病病情加重，如犬感染蛔虫、钩虫和绦虫时，比健康犬更易发生犬瘟热。

2. 宿主对寄生虫的影响

宿主受到寄生虫的影响后，可发生不同程度的病变，出现不同的临床表现，或为无症状感染，或在幼畜表现为生长迟缓或发育停滞等。但不论是哪一种情况，宿主都以一种回答性反应（免疫应答）影响寄生虫。寄生虫及其产物对宿主而言均为异物，能引起宿主一系列反应，也就是宿主的防御功能，它的主要表现就是免疫。宿主对寄生虫的免疫表现为免疫系统识别和清除寄生虫的反应，其中有些是防御性反应，例如宿主的胃酸可杀灭某些进入胃内的寄生虫。有的反应表现为将组织内的虫体局限、包围以至消灭。

免疫反应是宿主对寄生虫作用的主要表现，包括先天性免疫（非特异性免疫）和获得性免疫（特异性免疫）。前者主要由遗传决定，包括种的免疫、年龄免疫和个体差异。后者是动物出生后受到寄生虫抗原刺激而产生的免疫。也包括细胞免疫和体液免疫。

寄生虫具有体积大、生活史及抗原复杂的特性，使宿主产生的免疫与微生物引起的免疫不同。寄生虫病的免疫具有以下几个特点。

① 免疫的复杂性　由于大多数寄生虫是多细胞动物，构造复杂以及生活史常分为不同的发育阶段等多种因素造成了寄生虫抗原及其免疫的复杂性。

② 不完全免疫　宿主尽管对寄生虫能产生免疫应答，使感染受到控制，但不能将虫体完全清除，这是寄生虫病免疫中最常见的类型。

③ 带虫免疫　寄生虫在宿主体内保持一定数量的感染，宿主对同种寄生虫的再感染具有一定的免疫力。一旦宿主体内的虫体完全消失，这种免疫力也随之结束。

④ 自愈现象　宿主已感染有某种寄生虫，当再次感染同种寄生虫时出现新感染的和原有的寄生虫被同时清除的现象。如羊感染捻转血矛线虫，但这种现象并不普遍。

3. 宿主与寄生虫之间相互作用的结果

寄生虫对宿主的影响表现为对宿主的损害，而宿主对寄生虫的反应是产生不同程度的免疫力并设法将其清除。寄生虫和宿主之间的相互作用贯穿于寄生虫的侵入、移行、寄生和排出的整个过程，其结果可表现为三类。

(1) 完全清除　宿主完全清除了体内寄生虫，临床症状消失，机体痊愈。

(2) 带虫免疫　宿主清除了体内大部分寄生虫，感染处于低水平状态，但对同种寄生虫的再感染具有一定的抵抗力，宿主与寄生虫之间能维持相当长时间的寄生关系，而宿主则不表现症状。这种现象见于大多数寄生虫的感染或带虫者。

（3）机体发病　宿主不能遏制寄生虫的生长和繁殖，表现出明显的临床症状和病理变化，而发生寄生虫病，如不及时治疗，严重者可造成死亡。

寄生虫与宿主之间的关系异常复杂，任何一个因素既不能孤立看待，也不宜过分强调。了解寄生关系的实质以及寄生虫与宿主的相互影响是认识寄生虫病发生发展规律的基础，是寄生虫病防治的依据。

第二节　寄生虫生活史

一、寄生虫生活史的概念及类型

寄生虫生长、发育和繁殖的一个完整循环过程称为寄生虫的生活史，亦称为发育史。寄生虫种类繁多，由虫卵到成虫的发育分为若干个阶段，生活史形式多样。根据寄生虫在其生活史中有无中间宿主，大体可分为两种类型。

（1）直接发育型　寄生虫的发育过程不需要中间宿主或其疾病传播过程不需要生物媒介。其虫卵或幼虫在外界发育到感染期后直接感染人或动物。如蛔虫、牛羊消化道线虫等。

（2）间接发育型　寄生虫的发育过程需要中间宿主或其疾病传播过程需要生物媒介。其幼虫在中间宿主体内发育到感染期后再感染人或动物。如血吸虫、肝片吸虫等。

在流行病学上，常将直接发育型的寄生虫称为土源性寄生虫，间接发育型的寄生虫称为生物源性寄生虫。

寄生虫完成生活史除需要有适宜的宿主外，还需要有适宜的外界条件。掌握寄生虫生活史的规律，是了解寄生虫的致病性及寄生虫病的诊断、流行及防治的必要基础知识。

二、寄生虫完成生活史的必要条件

寄生虫要完成其生活史，必须具备以下条件。

（1）适宜的宿主　适宜的宿主甚至是特异性的宿主是寄生虫建立其生活史的前提。

（2）具有感染性阶段　寄生虫并不是每个发育阶段都对宿主具有感染性，必须发育到感染性阶段（或叫侵袭性阶段），并且有与宿主接触的机会，才会对宿主致病。

（3）适宜的感染途径　不同的寄生虫均有其特定的寄生部位，必须通过适宜的感染途径才能侵入到宿主的寄生部位，进行生长、发育和繁殖。在此过程中，寄生虫必须要克服宿主对它的抵抗力。

三、寄生虫对寄生生活的适应性

从自然生活演化为寄生生活，寄生虫经历了漫长的适应宿主环境的过程。寄生虫为适应寄生生活，在对寄生环境的适应性及其形态构造和生理功能方面发生了一系列变化。

1. 对环境适应性的改变

在长期的演化过程中，寄生虫逐渐适应于寄生环境，在不同程度上丧失了独立生活的能力。寄生生活的历史愈长，适应能力愈强，依赖性愈大。因此与共栖和互利共生相比，寄生虫更不能适应外界环境的变化，因而只能选择性地寄生于某种或某类宿主。寄生虫对宿主的这种选择性称为宿主特异性，如猪蛔虫只能选择性寄生于猪体内。

2. 形态构造的改变

寄生虫可因寄生环境的影响而发生形态构造的变化。如跳蚤身体左右侧扁平，以便行走于皮毛之间；寄生于肠道的蠕虫多为线状或长带状，以适应狭长的肠腔。寄生生活使许多寄生虫失去运动器官，消化器官简单化甚至于消失，如寄生于肠内的绦虫，依靠其体壁吸收营养，消化器官已退化无遗。而寄生虫的生殖器官则极其发达，有巨大的繁殖能力，如雌蛔虫的卵巢和子宫的长度为体长的15～20倍，以增强产卵能力。寄生虫为了更好地吸附于寄生部位，逐渐进化产生了一些特殊的固着器官，如吸盘、顶突、小钩、叶冠、齿、吻突等。

3. 生理功能的改变

蠕虫体表一般都有一层较厚的角质膜，能抵抗宿主消化液的消化。多数蠕虫卵和原虫卵囊具有特质的壁，能抵抗不良的外界环境。胃肠道寄生虫的体壁和体腔液中存在对胰蛋白酶和糜蛋白酶有抑制作用的物质，能保护虫体免受宿主胃肠内蛋白酶的作用。绝大多数寄生虫能在低氧环境中以糖酵解的方式获取能量，部分能量则通过固定二氧化碳来获得。寄生虫的生殖系统极其发达，具有强大的繁殖能力，如每条雌蛔虫每天可产卵10万～20万个，高峰期可达100万～200万个；一个血吸虫毛蚴进入螺体后，经无性繁殖可产生数万条尾蚴。寄生虫繁殖能力增强，是保持虫种生存，对自然选择适应性的表现。

四、宿主对寄生生活产生影响的因素

为阻止寄生虫对自身的侵害，宿主势必对所感染的寄生虫产生免疫反应，这些反应均会影响寄生虫的生活史。

(1) 遗传因素的影响 表现在某些动物对某些寄生虫具有先天不易感性，如猪不会感染鸡球虫病。

(2) 年龄因素的影响 不同年龄的同种个体对寄生虫的易感性有差异。一般来说，幼龄动物对寄生虫易感性较高，感染后病情较严重，可能是免疫功能低下，抵抗力较差的结果。而成年动物则表现轻微或无症状。

(3) 机体组织屏障的影响 宿主机体的皮肤、黏膜、血脑屏障和胎盘屏障等可有效阻止一些寄生虫的侵入。一般的寄生虫难以通过皮肤、胎盘等途径感染宿主。

(4) 宿主体质的影响 营养状况和饲养管理条件是影响宿主免疫力的主要因素。在卫生条件较差的猪场以及营养不良（尤其缺乏维生素和矿物质）等情况下，仔猪很容易大批感染蛔虫，其感染率可达50％以上。

(5) 宿主免疫作用的影响 宿主主要通过两个方面的表现来对寄生虫的生活史进行阻断和破坏：一是在寄生虫侵入、移行和寄生部位发生局部组织抗损伤作用，表现为组织增生和钙化；二是刺激宿主机体网状内皮系统发生全身性免疫反应，以抑制虫体的生长、发育和繁殖。

第三节 寄生虫的分类和命名

一、寄生虫的分类及其特点

所有动物均属于动物界，根据各种动物之间相互关系的密切程度，又分别组成不同的分类阶元，寄生虫亦不例外。寄生虫分类是为了认识虫种，了解各种寄生虫之间的亲缘关系，以及它在分类系统中的位置。寄生虫分类的最基本单位是种（Species）。种是指具有一定形态特征和遗传学特征的生物类群。相互关系密切的种同属一个属（Genus），相互关系密切的属同属一个科（Family），依此类推，建立起目（Order）、纲（Class）、门（Phylum）、界（Kingdom）等各分类阶元，在各阶元之间还有"中间"阶元，如亚门（Subphylum）、亚纲（Subclass）、亚目（Suborder）、亚科（Subfamily）、亚属（Subgenus）、亚种（Subspecies）或变种（Variety）等。

与动物医学有关的寄生虫分类轮廓见图1-1。

为了表述方便，习惯上将吸虫纲、绦虫纲、线虫纲和棘头虫纲的寄生虫统称为蠕虫；昆虫纲的寄生虫通常称为昆虫，蛛形纲的寄生虫主要为蜱和螨；原生动物门的寄生虫简称为原虫。由其所致的寄生虫病则分别称为动物蠕虫病、动物蜘蛛昆虫病（外寄生虫病）和动物原虫病。

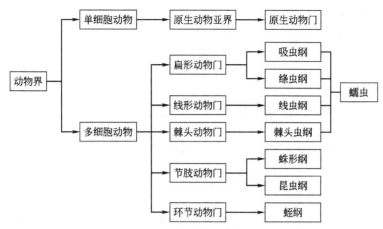

图1-1 与动物医学有关的寄生虫分类轮廓

二、寄生虫的命名

为准确区分和识别各种寄生虫,必须给寄生虫定下一个专门的名称。国际公认的生物命名规则是林奈创造的双名制命名法。用这种方法给寄生虫规定的名称叫做寄生虫的学名,即科学名。学名是由两个拉丁文或拉丁化文字单词组成,第一个单词是属名,即寄生虫隶属于该属,第一个字母要大写;第二个单词是寄生虫的种名,全部字母小写(属名在前,种名在后)。例如,日本分体吸虫的学名是 "*Schistosoma japonicum* Katsurada,1904",其中 *Schistosoma* 为属名,意为分体属,*japonicum* 为种名,意为日本种,第三个单词是命名人名字,最后是命名年代。命名人和命名年代可略去不写。

寄生虫病的命名,原则上以引起疾病的寄生虫的属名定为病名,如姜片属的吸虫引起的寄生虫病称为姜片吸虫病。若某属寄生虫只引起一种动物发病时,通常在病名前冠以动物种名,如鸭鸟龙线虫病。但在习惯上也有突破这一原则的情况,如牛、羊消化道线虫病是若干个属的线虫寄生于牛、羊消化道所引起的疾病的统称。

知识链接

一、动物疫病与动物传染病

动物疫病是指由微生物和寄生虫感染动物所引起的具有传染性的疾病。由微生物引起的疾病称为动物传染病;由寄生虫引起的疾病称为动物寄生虫病。

微生物的种类繁多,引起各种动物传染病的流行。

(1) 非细胞型微生物——病毒　　　　——→引起动物病毒性疾病

(2) 原核细胞型微生	{ 细菌　　　　——→引起动物细菌性疾病
　　　　　　　　　　　放线菌　　　　——→引起动物放线菌病
　　　　　　　　　　　螺旋体　　　　——→引起动物螺旋体病
　　　　　　　　　　　支原体(霉形体)——→引起动物支原体病
　　　　　　　　　　　立克次氏体　　——→引起动物立克次氏体病
　　　　　　　　　　　衣原体　　　　——→引起动物衣原体病

(3) 真核细胞型微生物——真菌　　　　——→引起动物真菌性疾病

二、网上冲浪

1. 世界动物卫生组织:http://www.oie.int
2. 中国畜牧兽医学会:http://www.caav.org.cn

3. 中国兽医网：http://www.cadc.gov.cn
4. 中国动物防疫标准网：http://std.epizoo.org

复习思考题

一、简答题

1. 寄生虫有哪些类型？寄生虫分类和命名的基本原则是什么？
2. 宿主有哪些类型？
3. 寄生虫的生活史有哪几种？寄生虫完成其生活史需要哪些必要条件？
4. 寄生虫对宿主的作用表现在哪些方面？
5. 寄生虫病的免疫特点与传染病免疫有何不同？

二、综合分析题

1. 以肝片吸虫为例，分析和讨论寄生虫与宿主之间的相互关系。
2. 调查本省对养牛业危害较严重的寄生虫有哪些？请你用图解法分别描述出这些寄生虫的生活史。

第二章 动物寄生虫病学基础

知识目标

1. 理解寄生虫病的危害。
2. 明确寄生虫病的流行病学概念及基本内容,寄生虫病诊断的方法。
3. 掌握寄生虫病流行的基本环节以及寄生虫病的综合防治措施。

能力目标

1. 能顺利完成寄生虫病的流行病学调查。
2. 针对寄生虫病能提出合理的综合防治措施并应用于实践。

指南针

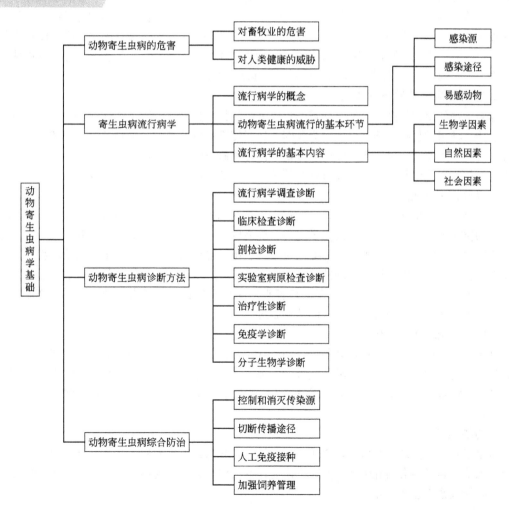

第一节　动物寄生虫病的危害

一、动物寄生虫病给畜牧业带来极大的经济损失

寄生虫本身的发育特点决定了大多数寄生虫病表现为慢性病病程，甚至不表现临床症状。寄生虫通过消耗动物营养，降低饲料报酬，可明显地降低动物的生产性能，其引起的经济损失是其他任何疾病不能相比的。但寄生虫病不像传染病那样传染迅速和发病明显，造成的损害也不如传染病表现的剧烈，往往被人们忽视或因重视不够而疏于防治。

1. 引起动物大批死亡

虽然大多寄生虫病呈慢性型，但也有些寄生虫病可在某些地区广泛流行而且引起动物急性发病和死亡，如骆驼和马的伊氏锥虫病，马、牛的梨形虫病，牛、羊泰勒焦虫病，鸡、兔球虫病，猪弓形虫病等；有些慢性型寄生虫病在高强度感染情况下也可使动物大批发病和死亡，如牛、羊片形吸虫病，牛、羊前后盘吸虫病，禽棘口吸虫病和绦虫病，猪、鸡蛔虫病，牛、羊消化道线虫病，牛、羊和猪的肺线虫病，猪、牛、羊、兔的螨病等。

2. 降低动物生产性能

无论是体内还是体外寄生虫的症状及危害都是渐进、缓慢的，一般不会像细菌性、病毒性疾病来得突然和猛烈而带来多少数量的直接死亡，但却可明显降低动物的生产性能。据研究数据显示：仔猪感染蛔虫后其增重情况比健康猪下降30%，严重者发育停滞形成"僵猪"甚至死亡；肝片吸虫病造成奶牛产奶量降低10%~20%，幼牛体重下降5%~15%；牛皮蝇蛆病使犊牛体重增长下降8%，母牛产奶量下降9%，皮革品质下降50%~55%；羊混合感染多种蠕虫可使产毛量下降20%~40%，增重减少10%~25%；而痒螨病的经济损失则更大。

3. 影响动物生长发育和繁殖

幼龄动物易感性较高，容易遭受寄生虫侵害，使其生长发育受阻，如仔猪感染蛔虫病后甚至成为僵猪；种用动物感染寄生虫后因为营养不良而使母畜发情异常，影响其配种率和受胎率，妊娠母畜也易发生流产、早产或产死胎，分娩的仔畜生命力弱且因母乳分泌不足而存活率低；有些寄生虫则侵害动物生殖系统而直接影响其繁殖能力，如牛胎毛滴虫病、马媾疫等。

4. 动物产品的废弃

按照兽医卫生检验的有关条例，有些寄生虫病的肉类及脏器不能合理利用，甚至完全废弃，如严重的猪囊虫病、牛囊虫病、肉孢子虫病、旋毛虫病等的肉尸，棘球蚴病的肝脏和肺脏，患弓形虫病的肉和内脏等，都要被废弃，即使有条件利用，也损失巨大。因寄生虫病使动物产品废弃而造成的直接经济损失和饲养期间的间接经济损失非常严重，在青海每年仅包虫病引起肝脏废弃的经济损失一项就达2625万元；每年仅猪棘头虫病在四川省和重庆市两地引起的经济损失近1亿元；全球每年仅用于预防禽球虫病的费用超过3亿美元。

5. 临床诊断及用药的困难

许多寄生虫病的临床症状与某些传染病非常相似，如蛔虫性肺炎易与病原微生物引起的呼吸道疾病相混淆；球虫造成的腹泻易与病毒性、细菌性腹泻相混淆。由于习惯思维的影响，临床上出现呼吸道症状就认为是细菌、病毒感染；出现腹泻症状就立即选用抗菌止泻药物，往往造成误诊或治疗不及时。

6. 传播疾病

寄生虫除了自身是病原体外，它还传播其他疾病和为其他疾病侵入畜禽打开门户，为其他寄生虫、细菌、病毒感染创造条件。如蚊子传播日本乙型脑炎、蜱传播牛羊焦虫病、猪后圆线虫侵入猪体时带入猪流感病毒等。

二、人兽共患寄生虫病对人类健康的威胁

人兽共患寄生虫病（Parasitic Zoonoses）是指在人和脊椎动物之间自然传播的寄生虫病。

在目前世界上存在的百余种人兽共患寄生虫病中，中国有 90 多种。世界卫生组织（World Health Organization，WHO）专家委员会公布的重要的人兽共患寄生虫病有 69 种，其中最重要的有 23 种，中国分别存在 59 种和 21 种。在这 21 种最重要的人兽共患寄生虫病中，弓形虫病、支睾吸虫病、姜片吸虫病、并殖吸虫病、日本分体吸虫病、棘球蚴病、牛带绦虫病、猪带绦虫病和囊尾蚴病、旋毛虫病等在中国分布较广，流行也较严重，对人类的健康危害最大甚至引起死亡。在联合国开发计划署、世界银行、世界卫生组织联合倡议的要求重点防治的 7 类热带病中，除麻风病、结核病外，其余 5 类都是寄生虫病，它们是疟疾、血吸虫病、丝虫病、利什曼病和锥虫病。寄生虫病在发展中国家是严重危害人民健康的公共卫生问题。弓形虫病、肺孢子虫病和隐孢子虫病等机会致病性寄生虫病往往是获得性免疫缺陷综合征（艾滋病，AIDS）患者的合并症而致死亡的原因。

人类离不开动物性食品，但很多肉类、水产品等食物携带有寄生虫病原体。由于不良饮食习惯，造成病原体进入人体，引起食源性寄生虫病。据卫生部一项调查显示，近年来，食源性寄生虫病已成为中国新的"富贵病"，城镇居民特别是沿海经济发达地区的感染人数呈上升趋势。多数食源性寄生虫病防治难度大，并严重侵害人体健康，甚至危及生命。

第二节　动物寄生虫病流行病学

一、流行病学的概念

研究动物寄生虫病流行的科学称为寄生虫病流行病学或寄生虫病流行学，它是研究动物群体中某种寄生虫病的发生原因和条件、传播途径、流行过程及其发展规律，以及据此采取预防、控制和扑灭措施的一门科学。流行病学也包括对某些个体的寄生虫病诸方面的研究，因为个体的疾病，有可能在条件具备时发展为群体的疾病，但流行病学的研究更着重于群体。流行病学的内容涉及许多方面，它概括了寄生虫和宿主以及足以影响其相互关系的外界环境因素的总和。另外一个特别重要的方面是社会因素，人类的各种活动对寄生虫和宿主的关系及其周围环境有着巨大的影响。

二、动物寄生虫病流行的基本环节

某种寄生虫病在一个地区流行必须同时具备三个基本环节，即感染源、感染途径和易感动物。

1. 感染源

感染源包括终末宿主、中间宿主、补充宿主、贮藏宿主、保虫宿主、带虫宿主以及传播媒介等。虫体、幼虫或虫卵等病原体由上述宿主通过粪便、尿液、血液以及其他的分泌物、排泄物和流产物等排出体外，污染外界环境并发育到感染性阶段，经一定的方式或途径传染给其他易感动物。有些病原体虽不排出体外，但也以一定形式存在于宿主体内而成为传染源，如肌旋毛虫包囊。

2. 感染途径

感染途径是指病原体由感染源传染给易感动物的一种方式。可以是某种单一途径，也可以是多种途径，随寄生虫的种类不同而各异，主要有以下几种。

（1）经口腔感染　发育到感染性阶段的寄生虫随着被污染的饲料、饮水、牧草或有寄生虫感染的中间宿主等，通过采食、饮水等方式从口腔进入宿主体内。多数寄生虫属于此种方式感染。

(2) 经皮肤感染　感染性寄生虫由宿主健康皮肤钻入而感染，如分体吸虫、钩虫等。

(3) 经接触感染　患病的或带虫的动物与健康动物之间通过直接接触或用具、人员等的间接接触后，将病原体传染给健康动物，如蜱、螨、虱以及生殖道寄生虫等。

(4) 经胎盘感染　又称垂直感染。在妊娠动物体内，寄生虫通过胎盘由母体感染给胎儿，如弓形虫。

(5) 经生物媒介感染　寄生虫通过节肢动物的叮咬、吸血等由患病动物传给健康动物。主要是一些血液寄生虫。

(6) 经自身感染　猪带绦虫病人可通过逆呕使孕卵节片或虫卵重新进入小肠而感染囊尾蚴病。

3. 易感动物

易感动物是指对某种寄生虫缺乏免疫力或免疫力低下的动物。

某种寄生虫并不能在所有动物体内都能生活，而只能在一种或几种动物体内生存、发育和繁殖，对宿主具有选择性。宿主的易感性高低与动物种类、品种、年龄、性别、饲养方式、营养状况等因素有关，如猪蛔虫只感染猪而不感染其他动物；一般幼年动物易感性较高，如鸡球虫最易感的是15~50日龄的雏鸡；相同动物群体的不同个体之间对寄生虫的易感性也不一样。影响宿主易感性高低最主要的因素是宿主机体的营养状况，营养越好其易感性越低。因此在防治寄生虫病的过程中必须对家畜加强饲养管理，强调全价饲养。

三、动物寄生虫病流行病学的基本内容

寄生虫病流行病学从群体角度出发，研究寄生虫病发生、发展和流行的规律，从而制订防治、控制和消灭寄生虫病的具体措施和规划。其研究的基本内容除寄生虫和宿主的生物学因素外，还包括自然因素和社会因素。

1. 生物学因素

(1) 寄生虫的生活史　了解寄生虫在哪个发育阶段以何种形式排出体外；寄生虫在外界环境发育到感染性阶段所需的时间和条件；寄生虫在自然界保持生命力和感染力的期限以及对外界环境的耐受性如何；寄生虫从感染宿主至发育成熟排卵所需的时间等内容。这对确定动物驱虫时间以及制订相应的防治措施具有极其重要的参考价值。

(2) 寄生虫的寿命　寄生虫在宿主体内寿命的长短决定了其向外界散布病原体的时间。如猪蛔虫成虫的寿命为7~10个月，而猪带绦虫在人体内的存活时间可长达25年以上。

(3) 中间宿主和传播媒介　许多种寄生虫在其发育过程中需要中间宿主和传播媒介的参与，它们的生物学特性对于寄生虫病的流行起着很大的作用。因此，必须要了解它们的分布、密度、习性、栖息场所、出没时间、越冬地点以及有无天敌等特性，除此之外还要了解寄生虫幼虫在其体内的生长发育，以及进入补充宿主、贮藏宿主等的可能和机会。

2. 自然因素

自然因素包括气候、地理、生物种群等方面。气候和地理等自然条件的不同势必影响植被和动物区系的分布，而中间宿主和传播媒介都有其固有的生物学特性，外界自然条件（温度、湿度、空气、阳光、地势等）直接影响其生存、发育和繁殖，也直接影响宿主机体的抵抗力从而影响寄生虫病的发生。因此寄生虫病在自然界的发生和流行具有以下几方面的特点。

(1) 地方性　寄生虫病的发生和流行常有明显的区域性，绝大多数寄生虫病呈地方性流行，少数是散发性，极少数呈流行性。寄生虫的地理分布也称为寄生虫区系。影响寄生虫区系差异的原因主要有如下几项。

① 动物种群的分布不同　动物种群包括寄生虫的终末宿主、中间宿主、补充宿主、保虫宿主、带虫宿主和生物媒介等。由于各种地理区域自然条件的不同，动物种群分布也不同，决定了

与其相关的寄生虫区系的不同。

② 寄生虫对自然条件的适应性不同　各种寄生虫对自然条件的适应性有很大差异，有的寄生虫适于气候温暖潮湿的环境，有的则适于高寒地带。这种寄生虫适应性的差异，决定了不同自然条件的地理区域所特有的寄生虫区系。

③ 寄生虫的发育类型不同　寄生虫生长、发育和繁殖的一个完整循环过程，称为寄生虫的生活史或发育史，可分为两种类型：不需中间宿主的直接发育型和需要中间宿主的间接发育型。一般地，直接发育型的寄生虫（也称为土源性的寄生虫）其地理分布较广，而间接发育型的寄生虫（也称为生物源性的寄生虫）其地理分布受到严格限制。如蛔虫病分布很广，而血吸虫病则只限于长江流域及长江以南。

（2）季节性　寄生虫的生活史比较复杂，各种寄生虫都有其固有的发育过程，多数寄生虫需在外界环境完成其一定的发育阶段。因此，温度、湿度、光照、降雨量等自然条件的季节性变化，使得寄生虫体外发育阶段也具有季节性，动物感染和发病的时间也随之出现季节性变化。另外自然条件的季节性变化也影响了寄生虫中间宿主和传播媒介的活动。因此，间接发育型寄生虫引起的疾病更具有明显的季节性。

（3）慢性和隐性　寄生虫病的发生和流行受很多因素制约，寄生虫并不像细菌、病毒等迅速繁殖，广泛传播，其发育期较长，有的还需要中间宿主和传播媒介的参与。因此，多数寄生虫病的病程呈慢性经过，甚至无临床症状，只有少数呈急性或亚急性过程。决定病程最主要的因素是感染强度，即宿主机体感染寄生虫的数量。因为宿主感染寄生虫后，除原虫和少数寄生虫（如螨虫）可通过繁殖增加数量外，多数寄生虫进入机体后只是继续完成其生活史。因此，动物感染后表现为带虫现象比较普遍。

（4）多寄生性　同一宿主机体混合感染两种或两种以上寄生虫的现象比较常见。通常地，两种寄生虫同时在宿主体内寄生时，一种寄生虫可降低宿主对另一种寄生虫的抵抗力，即出现免疫抑制现象。

（5）自然疫源性　是指某些疾病在一定区域的自然条件下，由于存在某种特有的野生传染源、传播媒介和易感动物而长期在自然界循环，当人和家畜进入这一区域时可能遭到感染。这些地区称为自然疫源地。这类寄生虫病称为疫源性寄生虫病。在自然疫源地中，保虫宿主尤其是往往被忽视而又难以治的野生动物种群在流行病学上起着重要作用。

3. 社会因素

社会经济状况、文化教育和科学技术水平、法律法规的制定和执行、人们的生活方式、风俗习惯、动物饲养管理条件以及防疫保健措施等社会因素对寄生虫病的发生和流行起着重要作用。如人类对自然资源的不断开发利用使得原始的疫源性疾病感染人类和家畜；人类对外交流的频繁使得疾病传播的机会也大大增加；人类的不良饮食及卫生习惯使得一些食源性寄生虫病的发生和流行增多。

第三节　动物寄生虫病诊断方法

一、流行病学调查诊断

流行病学调查可为寄生虫病的诊断提供重要依据。调查的具体内容包括以下几个方面。

（1）基本概况　主要了解当地地理环境、地形地势、河流与水源、降雨量及其季节分布、耕地性质及数量、草原数量、土壤植被特性、野生动物种群及其分布等。

（2）被检动物种群概况　包括被检动物的数量、品种、性别、年龄、组成成分、动物补充来源等，以及动物饲养方式、饲料来源及质量、水源及卫生状况、畜舍卫生、动物生产性能［包括产奶（肉、蛋、毛）量及繁殖率］等方面。

（3）被检动物发病情况　包括发病当时以及近2～3年来动物的营养状况、发病死亡的时间及数量、症状及病变、采取的措施及效果等。

（4）分布情况　中间宿主和传播媒介的存在和分布情况。

（5）人兽共患病调查　怀疑是人兽共患病时，应了解当地居民的饮食卫生习惯、人的发病数量及诊断结果等。与犬、猫等动物相关的疾病，还应调查犬、猫的数量、营养状况以及发病情况等。

二、临床检查诊断

通过临床检查可查明动物的营养状况、临床表现和疾病的危害程度，为寄生虫病的诊断奠定基础。

临床检查中，根据某些寄生虫病特有的临床症状，如脑包虫病的"回旋运动"、疥癣病的"剧痒、脱毛"、球虫病的"球虫性腹泻"等可基本确诊；对于某些外寄生虫病如皮蝇蛆病、各类虱病等可发现病原体，建立诊断；对于非典型症状病例，也能明确疾病的危害程度和主要表现，为下一步采用其他方法诊断提供依据。

寄生虫病的临床诊断与其他疾病相似，多以群体为单位进行大群动物的逐头检查。畜群过大可抽查其中的部分动物。检查中发现可疑病畜或怀疑某种寄生虫病时，随时采取相关病料进行实验室诊断。

三、寄生虫学剖检诊断

寄生虫学剖检是诊断寄生虫病可靠而常用的方法。通过剖检可以确定寄生虫种类和感染强度，明确寄生虫对宿主的危害程度，尤其适合于群体寄生虫病的诊断。剖检时可选用自然死亡的动物、急宰的患病动物或屠宰动物。

寄生虫学剖检除用于诊断外，还用于寄生虫区系调查和动物驱虫效果的评定。一般采用全身各组织器官的全面系统检查，有时也可根据需要，如专门为了解某器官的寄生虫感染状况，而检查一个或几个器官。

四、实验室病原检查诊断

在流行病学调查和临床检查的基础上，通过对各种病料的检查来发现寄生虫的病原体，这是诊断寄生虫病的重要手段。

实验室病原检查的方法很多，不同的寄生虫，采取的病料不同。其检验方法主要如下。

（1）粪便检查　包括粪便的虫体检查法、虫卵检查法、毛蚴孵化法、幼虫检查法等。因为许多种寄生虫的虫卵和卵囊都随粪便排出体外，因此粪便检查是诊断寄生虫病最重要的手段之一。

（2）皮肤及其刮取物检查　此法适于螨病的实验室诊断。

（3）血液检查　用于诊断血液寄生虫病。

（4）尿液检查　如猪冠尾线虫病的实验室虫卵检查。

（5）生殖器官分泌物检查　如毛滴虫病的诊断。

其他实验室病原检查方法还包括肛门周围擦拭物检查、痰液和鼻液检查以及淋巴穿刺物检查等。必要时可进行实验动物接种，多用于上述方法不易检出病原体的某些原虫病。用采自患病动物的病料对易感实验动物进行人工接种，待虫体在其体内大量繁殖后再对实验动物进行虫体检查，如对伊氏锥虫病和弓形虫病的实验室诊断可采用此法。

五、治疗性诊断

针对寄生虫病的可疑病畜，用对该寄生虫病的特效药物进行驱虫或治疗而进行诊断的方法。该法适用于生前不能或无条件进行实验室诊断法进行诊断的寄生虫病。

1. 驱虫诊断

用特效驱虫药对疑似动物进行驱虫，收集驱虫后 3 天内排出的粪便，肉眼观察粪便中的虫体，确定其种类和数量，以达到确诊目的。适用于绦虫病、线虫病等胃肠道寄生虫病。

2. 治疗诊断

用特效抗寄生虫药对疑似病畜进行治疗，根据治疗效果来进行诊断。治疗效果以死亡停止、症状缓解、全身状态好转以至于痊愈等表现来评定。多用于原虫病、螨病以及组织器官内蠕虫病的诊断。

六、免疫学诊断

病原学检测技术虽有确诊疾病的优点，但对早期和隐性感染，以及晚期和未治愈的患者常常出现漏诊。相反，免疫学诊断技术则可作为辅助手段而弥补这方面的不足。随着抗原纯化技术的进步、诊断方法准确性的提高和标准化的解决，使得免疫学诊断技术更加广泛地应用于寄生虫病的临床诊断、疗效考核以及流行病学调查，几乎所有的免疫学方法均可用于寄生虫病的诊断。常用的免疫学诊断方法有：环卵沉淀试验（COPT）、间接红细胞凝集试验（IHA）、酶联免疫吸附试验（ELISA）、间接荧光抗体试验（IFAT）、乳胶凝集试验（LAT）、免疫印迹法（IBT）（又称 Western Blot）、免疫层析技术（ICT）等。

七、分子生物学诊断

分子生物学诊断技术即基因和核酸诊断技术，在寄生虫病的诊断中显示了高度的敏感性和特异性，同时具有早期诊断和确定现症感染等优点。本项技术主要包括 DNA 探针（DNA probe）和聚合酶链反应（polymerase chain reaction，PCR）两种技术。目前，PCR 技术多用于寄生虫病的基因诊断、分子流行病学研究和种株鉴定分析等领域。已应用的虫种包括利什曼原虫、疟原虫、弓形虫、阿米巴原虫、巴贝氏虫、旋毛虫、锥虫、隐孢子虫、猪带绦虫和丝虫等。

第四节　动物寄生虫病综合防治

寄生虫病的防治必须贯彻"预防为主，防重于治"的方针，依据寄生虫的发育史、流行病学与生态学特性等资料，采取各种预防、控制和治疗的综合措施，达到控制寄生虫病发生和流行的目的。

一、控制和消灭感染源

1. 动物驱虫

驱虫是综合防治中的重要环节，通常是用药物杀灭或驱除寄生虫。根据驱虫目的的不同，可分为治疗性驱虫和预防性驱虫两类。

（1）治疗性驱虫（也称紧急性驱虫）　即发现患病动物，及时用药治疗，驱除或杀灭寄生于动物体内或体外的寄生虫。这有助于患病动物恢复健康，同时还可以防止病原散播，减少环境污染。

（2）预防性驱虫（也称计划性驱虫）　根据各种寄生虫的生长发育规律，有计划地进行定期驱虫。对于蠕虫病，可选择虫体进入动物体内但尚未发育到性成熟阶段时进行驱虫，这样既能减轻寄生虫对动物的损害，又能防止外界环境被污染。

无论治疗性驱虫还是预防性驱虫，驱虫后，均应及时收集排出的虫体和粪便进行无害化处理，防止病原散播。

在组织大规模驱虫工作时，应先选小群动物做药效及药物安全性试验。尽量选用广谱、高效、低毒、价廉、使用方便、适口性好的驱虫药。

2. 粪便生物热除虫

也称为粪便的堆积发酵处理。许多寄生在消化道、呼吸道、肝脏、胰腺以及肠系膜血管中的寄生虫，在其繁殖过程中将大量的虫卵、幼虫或卵囊随粪便排出体外，在外界发育到感染期。杀灭粪中寄生虫病原最简单最有效的方法是粪便的堆积发酵处理，因为这些病原体往往对一般的化学消毒药具有强大的抵抗力，但对高温和干燥敏感，在50~60℃下足以被杀死，而粪便经10~20天的堆积发酵后，粪堆中的温度可达60~70℃，几乎可以完全杀死粪堆中的病原体。

3. 加强卫生检验

许多肉类、水产品等食物携带有寄生虫病原体。由于不良的饮食习惯，造成病原体进入人体，而感染食源性寄生虫病，如华支睾吸虫病、颚口线虫病、并殖吸虫病、广州管圆线虫病、猪带绦虫病、牛带绦虫病、旋毛虫病、弓形虫病、曼氏迭宫绦虫病、肝片吸虫病、姜片吸虫病等。加强对肉类、鱼类等食品的卫生检疫工作；加强对患病动物器官和胴体的处理；改变人类生食或半生食肉类以及淡水鱼、虾、蟹等的不良饮食习惯，加强宣传教育等，对公共卫生具有重大意义。

4. 对保虫宿主的处理

某些寄生虫病的流行，与犬、猫、野生动物以及鼠类等关系密切，特别是弓形虫病、肉孢子虫病、利什曼原虫病、贝诺孢子虫病、华支睾吸虫病、裂头蚴病、棘球蚴病、细颈囊尾蚴病、旋毛虫病等，其中有许多是重要的人兽共患病。因此，应加强对犬、猫的管理，大型工厂化和集约化养殖场严禁养猫、犬；城市和农村限制养犬，牧区控制饲养量，对饲养的猫、犬定期检查，及时治疗和驱虫，其粪便深埋或烧毁。对野生动物，可在其活动场所放置驱虫食饵。老鼠是许多寄生虫病的中间宿主和带虫者，在自然疫源地中起着感染源的作用，应搞好灭鼠工件。

二、切断传播途径

1. 轮牧

轮牧是牧区草地除虫的最好措施。放牧过程中动物粪便污染草地，在其病原还未发育到感染期时将动物转移至新草地，旧草地上感染性虫卵或幼虫等经过一定时间后未能感染动物则自行死亡，草地自行净化，这样自然避免了动物感染。轮牧的间隔时间视不同地区、不同季节以及不同寄生虫而定。

2. 合理的饲养方式

随着畜牧业生产的工厂化和集约化，必须改变传统落后的饲养模式，建立新的先进的有利于疾病防治的养殖技术。如根据实际需要，将散养改为圈养、放牧改为舍饲、平养改为笼养等。以减少寄生虫的感染机会。

3. 消灭中间宿主和传播媒介

主要是指经济意义较小的螺、蜊蛄、剑水蚤、蝇、蜱以及吸血昆虫等无脊椎动物。对生物源性的寄生虫病，消灭中间宿主和传播媒介可阻止寄生虫的发育，起到消除感染源和切断感染途径的双重作用，其主要措施如下。

（1）物理法　主要是通过排水、交替升降水位、烧荒和疏通沟渠等方法改造生态环境，使中间宿主和传播媒介失去其必需的栖息环境。

（2）化学法　在中间宿主和传播媒介的栖息场所，使用杀虫剂、灭螺剂等，但必须要注意对环境的污染以及对有益生物的危害。

（3）生物法　利用养殖其捕食者来消灭中间宿主和传播媒介。如养殖可灭螺的水禽、养殖捕食孑孓的柳条鱼、花鳉鱼等。

(4) 生物工程法　培育雄性不育节肢动物，使之与雌性交配后产出不发育卵而减少其种群数量。国外已成功用该法来防治丽蝇和按蚊。

三、免疫接种

随着寄生虫耐药虫株的出现以及消费者对畜禽产品药物残留问题的担忧和环境保护意识的增强，研制疫苗防治寄生虫病已成大势所趋。寄生虫虫苗可分为五类，即弱毒活苗、排泄物-分泌物抗原苗、基因工程苗、化学合成苗和基因苗。目前，国内外已成功研制或正在研制的疫苗有：预防牛羊肺线虫病、捻转血矛线虫病、奥斯特线虫病、毛圆线虫病、泰勒焦虫病、旋毛虫病、弓形虫病、鸡球虫病、疟原虫病、巴贝斯虫病、片形吸虫病、囊尾蚴病和棘球蚴病以及外寄生虫（吸血蝇、毛虱、蜱、螨）病等的疫苗。

四、加强饲养管理

1. 科学饲养

实行科学化养殖，饲喂全价、优质饲料，使动物获得足够的营养，保障机体有坚强的抵抗力，防止寄生虫侵入，或阻止侵入寄生虫的继续发育，甚至将其包埋或致死，使感染维持在最低水平，机体与寄生虫之间处于暂时相对平衡状态，制止寄生虫病的发生。同时减少各种应激因素，使动物有一个利于健康的生活环境。

2. 卫生管理

包括饲料、饮水和畜舍的卫生管理。防止饲料和饮水被污染；禁止在潮湿的低洼地带放牧或收割饲草，必要时晒干或存放 3~6 个月后再利用；禁止饮用不流动的浅水，最好饮用井水、自来水或流动的江河水；畜舍要保持干燥，光线充足，通风良好，饲养密度要适宜，避免过于拥挤；畜舍及运动场保持清洁、干燥，经常清除粪便等垃圾并进行发酵处理。

3. 保护幼畜

一般成年动物对寄生虫感染的抵抗力大，不易感染，即使感染发病也较轻或不发病，但往往是重要的感染源。而幼龄动物抵抗力弱，容易感染且发病严重，死亡率高。因此幼龄动物和成年动物应分群隔离饲养，以减少幼畜被感染的机会。

> **知识链接**
>
> **一、动物传染病的防治**
>
> （一）防治原则
>
> （1）建立和健全各级防疫机构。
>
> （2）贯彻"预防为主"的方针。
>
> （3）落实和执行有关法规。
>
> （二）动物动物传染病的防治措施
>
> 1. 平时的预防措施
>
> （1）加强饲养管理，搞好环境消毒工作，增强动物机体的抵抗力。力求自繁自养，对引入动物要隔离观察并严格检疫，减少疾病传播。
>
> （2）拟定和执行定期预防接种和补种计划。
>
> （3）定期杀虫、灭鼠，进行粪便无害化处理。
>
> （4）认真贯彻执行国境检疫、交通检疫、市场检疫和屠宰检疫等各项法规和制度，以及时发现并消灭传染源。
>
> （5）各地兽医机构应调查研究当地的疫情分布，组织相邻地区进行联防协作，对传染病有计划地进行消灭和控制，并防止外来疫病的侵入。

2.发生疫病时的扑灭措施

(1) 及时发现、诊断和上报疫情,并通知邻近单位做好预防工作。

(2) 迅速隔离患病动物,对污染和疑似污染的地方进行紧急消毒。

(3) 若发现危害性大的疫病(如高致病性禽流感、猪流感、口蹄疫、高致病性猪蓝耳病)应采取封锁等综合措施。

(4) 用疫苗进行紧急接种,对患病动物进行及时、合理的治疗。

(5) 合理处理死亡动物和淘汰患病动物。

[资料来源:葛兆宏.动物传染病.2006.]

二、食源性寄生虫病的分类

食源性寄生虫感染的主要食物是蔬菜、鱼、肉等。按寄生虫污染食品的种类不同分为肉源性寄生虫、水生动物源性寄生虫、水生植物源性寄生虫和蔬菜水果源性寄生虫等。

(1) 肉源性寄生虫 常寄生于畜肉中,热衷于吃生的或通过烧、烤、涮法吃带血丝未煮熟的猪、牛、羊、鸡、鸭、兔肉和野生动物的人容易感染肉源性寄生虫病。如猪带绦虫病、牛带绦虫病、旋毛虫病、肉孢子虫病、弓形虫病、裂头蚴病、线中殖孔绦虫病、异形吸虫病、棘口吸虫病等。

(2) 水生动物源性寄生虫 到目前为止,已知30余种食源性寄生虫病的感染与吃生鱼片、鱼生粥、醉虾蟹和螺、蜊蛄酱或未经彻底加热煮熟的上述水生动物有关。如肝吸虫病、异形吸虫病、棘口吸虫病、棘颚口线虫病、肾膨结线虫病、异尖线虫病、阔节裂头绦虫病、广州管圆线虫病、比翼线虫病等。

(3) 水生植物源性寄生虫 生吃或吃未彻底加热的水生植物或者喝生水容易感染片形吸虫病、姜片吸虫病、曼氏裂头蚴病等。

三、网上冲浪

1. 中国知网:http://www.cnki.com.cn
2. 兽医人技术联盟:http://www.vetedu.com
3. 中国兽医网:http://www.cadc.gov.cn
4. 中国农业科学院哈尔滨兽医研究所:http://www.hvri.ac.cn
5. 中国动物防疫标准网:http://std.epizoo.org

复习思考题

一、简答题

1. 寄生虫病的危害有哪些?
2. 什么叫寄生虫病的流行病学?包括哪些内容?
3. 举例说明寄生虫病的感染途径有哪些?
4. 根据流行病学的内容,请设计一份动物寄生虫病的流行病学调查表。
5. 寄生虫病的综合防治措施包括哪些方面?

二、综合分析题

大理白族自治州是云南省家畜血吸虫病流行最严重的地区,病畜数量占全省的93.5%。2001~2003年各年疫区家畜平均感染率分别为3.06%、2.86%、3.24%,少数村感染率在10%以上,最高达16.67%。2005年魏向阳等对大理白族自治州家畜血吸虫病进行了全面调查,从调查结果分析,引起本病流行的主要原因有:

(1) 疫区地理环境复杂多样,水位难以控制,山区半山区药物灭螺难度大。

(2) 家畜种类多,数量大,且习惯于放牧饲养。

(3) 血吸虫病是一种人畜共患的寄生虫病,两者之间互为因果,要有效控制血吸虫病流行,农业、卫生、畜牧等血防部门应密切合作、通力协作。但大理白族自治州因多方面原因各部门之间难以协调,人、畜防治难以步调一致。

（4）农业血防部门在疫区实施突破传统种植业、养殖业、人畜生产生活和管理方式的"四个突破"工程，因经费投入大、需要多部门的联防作战等原因，"四个突破"工程推行难度大，尚未形成规模。

（5）血防工作是一项复杂的社会系统工程，个别地区对其长期性、艰巨性和复杂性认识不足、重视不够，产生松懈麻痹和厌战情绪。由于血防经费得不到保障等因素，基层技术人员的工作和生活条件较差，人心不稳，人员流动、调换频繁而又缺乏应用技术培训，工作局限于应付交差、完成任务了事。

请根据上述情况，为控制云南省大理白族自治州动物血吸虫病制订一个综合防治方案。

第三章 常规寄生虫检查技术

知识目标

1. 掌握寄生虫粪便检查、螨病诊断、原虫病诊断、免疫学诊断、蠕虫学剖检技术、驱虫技术等。
2. 了解常见蠕虫卵的基本形态。
3. 了解免疫学在寄生虫病诊断上的应用。

能力目标

1. 能熟练运用常规寄生虫病的检查技术。
2. 通过学习，培养学生综合分析和诊断疾病的能力。

指 南 针

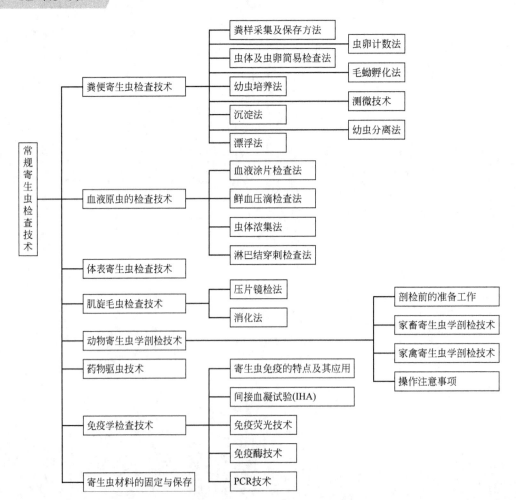

第一节 粪便寄生虫检查技术

寄生虫学粪便检查是寄生虫病,特别是蠕虫病生前诊断的重要方法,具有非常重要的意义,因为大多数的寄生性蠕虫是寄生在消化道内,它们的卵、节片、幼虫或成虫是随宿主粪便排至外界的。

这些方法不仅对寄生于消化道的蠕虫有诊断价值,就是对寄生于肝、胰的蠕虫(它们的卵也排至宿主肠腔)和寄生于呼吸系统的蠕虫(卵和幼虫随痰被咽入宿主的消化道)也有诊断价值。而且在禽类,还能从粪便中发现输卵管和泌尿系统寄生虫的虫卵。

一、粪样采集及保存方法

粪便检查,必须采集新鲜而未被尿液等污染的粪便,最好是在排粪后立即采取没有接触地面的部分,盛于洁净容器内。必要时,对大家畜可由直肠直接采取,其他家畜可用50%甘油或生理盐水灌肠采粪。

采集粪样,大家畜一般不少于60g,并应从粪便的内外两层采取。

采取的粪样,最好立即送检,如当天不能检查,应放在阴凉处或冰箱内(应不超过5℃),但不宜加防腐剂。如需转寄到异地检查时,可浸于等量的5%~10%甲醛液或石炭酸(苯酚)中。但是,这仅能阻止大多数蠕虫卵的发育及幼虫从卵内孵出,而不能阻止少数几种蠕虫卵的发育。为了完全阻止虫卵的发育,可把浸于5%甲醛液中的粪便加热到50~60℃,此时,虫卵即失去了生命力(将粪便固定于25%的甲醛液中也可以取得同样的效果)。

二、虫体及虫卵简易检查法

1. 虫体检查法

动物粪便中的节片或虫体,其中较大者,肉眼很易发现,但对较小的虫体,应先将粪便收集到一个大的玻璃容器内,加普通水5~10倍,搅拌粪便使球粪碎裂与水充分混合均匀,静置20~30min后,倒去上面的液体,再加水,反复搅拌沉淀,待上部液体透明时,最后倒去上部液体。将沉渣倒入大平皿内,衬以暗色背景,用玻璃棒将沉渣展开,用肉眼先检查一遍,再借助放大镜或实体显微镜检查,以确保结论的准确性。

2. 直接涂片虫卵检查法

粪便检查时可发现各种动物虫卵及球虫卵囊。各种动物寄生虫虫卵的形态图在实验项目的实验一后附。直接涂片检查,是最简便、最常用的虫卵检查法,但因其检查粪便量过少,虽能检出各种虫卵和幼虫,但检出率很低,因此只能作为辅助的检查方法。为使检查效果尽量准确,要求每个粪样必须做3张涂片。

在清洁的载玻片上滴少许50%的甘油水溶液,再放少量的被检粪便,然后用火柴杆或牙签等加以搅拌,去掉粪便中硬固的渣子,使载玻片上留有一层均匀的视野,涂片的厚薄以可以看到涂片下面书报上的字迹为宜,盖上盖玻片,置显微镜下观察。检查时应有顺序地将盖片下的所有部分均检查到。

三、沉淀法

主要适用于吸虫和个别线虫(如猪后圆线虫)虫卵的检查。由于这些虫卵的密度较大,不易用漂浮法检出,采用沉淀法可以得到满意的结果。沉淀法又分为自然沉淀法和离心沉淀法。

1. 自然沉淀法

取5~10g被检粪便于烧杯内,先加少量清水,用玻璃棒将粪块打碎与水混匀,再加5倍量清水，并充分混匀；然后将粪液通过40～60目的铜筛（或两层纱布）滤过在另一清洁的烧杯内，用适量的清水洗涮烧杯，将洗涮液经铜筛过滤，最后用水把杯子加满，静置，经10～15min，将上清液倒去，再加入清水，这样反复3～5次，直到上部液体透明为止。倒掉上清液，保留沉淀物。用胶头滴管吸取沉淀物滴于载玻片上一滴，盖上盖玻片，置于生物显微镜下检查。也可将沉淀物倒在平皿或大片的玻璃板上，置于实体显微镜下观察。

2. 离心沉淀法

取自然沉淀法铜筛过滤的粪水，用离心机（约2500r/min）离心1～2min，取出倾去离心管上清液，再加水搅拌，离心，这样反复3次，上部液体达到透明，倒掉上清液，保留沉淀物，然后镜检。此法能节省时间，提高检查效果。

四、漂浮法

又叫饱和盐水浮集法。主要适用于各种线虫卵、绦虫卵及某些原虫卵囊的检查，因为这些虫卵的密度比常水略大，但都小于饱和食盐水，因此利用本法容易检出，但对吸虫卵、后圆线虫卵和棘头虫卵效果差。

最常用的漂浮液是饱和盐水，其制法是将食盐加入沸水中，直至不再溶解生成沉淀为止（1000ml水中约加入400g食盐），用4层纱布过滤后，冷却后备用。用时以密度计测量其相对密度在1.18以上即合乎要求。

方法是取5～10g粪便，放于烧杯中，先加少量的饱和盐水，用玻璃棒将粪样捣碎与盐水混匀，然后再加入100～200ml饱和盐水并用玻璃棒充分搅匀，用40～60目的铜筛（或两层纱布）将粪液滤过于另一干净的烧杯内，弃去粪渣，将滤液倒入小瓶或试管中至满而不溢出为好，静置30min，这时比饱和盐水轻的虫卵就浮集在液体表面。用载玻片蘸取液面，翻转载玻片，盖上盖玻片，置于显微镜下镜检。

为了提高检出效果，还可以用次亚硫酸钠（1L水中溶解1750g次亚硫酸钠，相对密度在1.4左右）、硝酸钠（1L水中溶解1000g硝酸钠）或硫酸镁（1L水中溶溶920.0g硫酸镁）等饱和液代替饱和食盐水。

五、虫卵计数法

虫卵计数法主要用于了解畜禽感染寄生虫的强度及判断驱虫的效果。方法有多种，这里仅介绍三种常用的计数方法。

1. 简易计数法

该法只适用于线虫卵和球虫卵囊的计数。取新鲜的粪便1g，置于小烧杯中，加10倍量水搅拌混合，用金属筛或纱布滤入离心管或试管中，静置30～60min（或离心沉淀2～3min）后弃去上层液体，再加饱和盐水。混合均匀后用滴管滴加盐水到管口，然后管口覆盖22mm×22mm的盖玻片。经30min取下盖玻片，放在载玻片上镜检。分别计算各种线虫卵的数量。每份粪便用同样方法检查3片，其总和为1g粪便的虫卵数。

2. 麦克马斯特氏法（McMaster's Method）

麦克马斯特氏计数板由两片载玻片组成，其中一片较另一片窄一些（便于加液）。在较窄的载玻片上有两个1cm见方的刻度区，每个正方形刻度区中又平分为5个长方格。另有厚度为1.5mm的几个玻璃条垫于两个载玻片之间，以树脂胶黏合。这样就形成了两个计数室，每个计数室的容积为0.15ml（0.15cm³）（图3-1）。

操作方法：取2g被检粪便，放入装有玻璃珠的150ml三角瓶内，加入饱和盐水58ml充分振荡混匀，通过40～60目的粪筛过滤，然后将滤液边摇晃边用吸管吸出少量滴入计数室内，置于显微镜载物台上，静置2～3min后，用40倍物镜将两个计数室内见到的虫卵全部数完，取平均

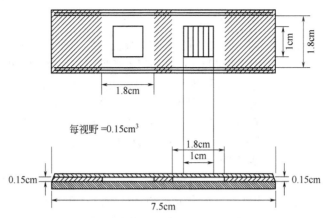

图 3-1 麦克马斯特氏计数板示意图

值，再乘以 200，即为每克粪便中的虫卵数（EPG）。

3. 斯陶尔氏法（Stoll's Method）

用小的特制球状烧瓶，在瓶的下颈部有两个刻度，下面为 56ml，上面为 60ml（没有这种球状烧瓶，可用大的试管或小三角烧杯代替，但必须事先标好上述两个刻度）。计数时，先加入 0.1mol/L（或 4%）NaOH 溶液至 56ml 处，再徐徐加入捣碎的粪便，使液面达 60ml 处为止（大约加进 4g 粪便）。然后再加入十几粒小玻璃球，充分振荡，使呈细致均匀的粪悬液，经过滤后，用吸管吸取过滤液 0.15ml 置载玻片上，盖上 22mm×24mm 的盖玻片镜检计数（没有大盖玻片，可用若干张小盖玻片代替；或将 0.15ml 粪液滴于 2～3 张载玻片上，分别进行计数后，再加起来也可）。所见虫卵总数乘以 100，即为每克粪便中的虫卵数（图 3-2）。

注意：做虫卵计数时，所取粪便应无任何杂物，如沙土、草根等；操作过程中，粪便必须彻底研碎，混合均匀；用吸管吸取粪液时，必须摇匀粪液，在一定深度吸取；采用麦克马斯特氏法计数时，必须调好显微镜焦距（计数室刻度线条必须看到）；虫卵计数时，不能漏掉，也不能重复。

没有计数板或特制球状烧瓶时，也可以用漂浮法或沉淀法来进行虫卵计数。即称取一定量粪便（1～5g），加入适量（10 倍量）的漂浮液或水后，进行过滤，然后漂浮或反复水洗沉淀，最后用盖玻片蘸取表面漂浮液或吸取沉渣，

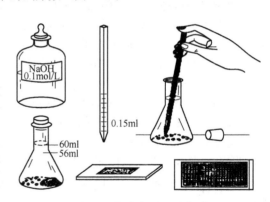

图 3-2 斯陶尔氏法示意图

进行镜检，计数虫卵。反复进行，直到不再发现虫卵或沉渣全部看完为止。然后将见到的虫卵总数除以粪便克数，即为每克粪便虫卵数。

为了取得准确的虫卵计数结果，最好在每天的早、中、晚各检查 1 次，并连续检查 3 天，然后取其平均值。这样就可以避免寄生虫在每昼夜排卵不平衡的影响。将每克粪便虫卵数乘以 24h 粪便的总重量（克），即是每天所排虫卵的总数，再将此总数除以已知成虫每天排卵数（可查书得到），即可得出雌虫的大约寄生数量。如寄生虫是雌雄异体的，则将上述雌虫数再乘以 2，便可得出雌雄成虫寄生总数。

由于粪中虫卵的数目与宿主机体状况、寄生虫的成熟程度、雌虫数目及排卵周期、粪便性状（干湿）、是否经过驱虫及其他多种因素有关，所以虫卵计数只能是对寄生虫感染程度的一个大致推断。

六、毛蚴孵化法

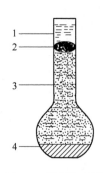

图 3-3 棉析法毛蚴
孵化法装置示意图
1—水平面；2—棉花；
3—浊水层；4—粪渣

毛蚴孵化法是诊断日本分体吸虫病的一种常用方法，其原理是含有日本分体吸虫虫卵的粪便在适宜的温度条件下，很容易孵出毛蚴。所以在夏秋季节，可以由动物直肠内采取新鲜粪便，进行孵化，等毛蚴从虫卵内孵出来后，借着蚴虫向上、向光、向清的特性，进行观察，对畜禽作出确切的诊断。方法有多种，如常规沉淀孵化法、棉析毛蚴孵化法、湿育孵化法、塑料杯顶管孵化法等。这里只介绍其中两种方法。

1. 常规沉孵法

又称沉淀孵化法或沉孵法。取粪便 100g，放入 500ml 的烧杯中，加适量的水调成糊状，然后加至 300～400ml，搅拌均匀，通过 40～60 目的粪筛过滤到另一个烧杯内，加水至九成满，静置沉淀，约 20min 之后将上清液倒掉，再加清水搅匀，沉淀。如此反复 3～4 次，见上清液清亮为止。最后，弃去上清液，将上述反复清洗后的沉淀粪渣加 30℃ 的温水置于三角烧杯中，杯内的水量以至杯口 2cm 处为宜，且使玻璃管中必须有一段露出的水柱，瓶口用中央插有玻璃管的胶塞塞上，开始孵化。夏季可在室温内，冬季要放入 27℃ 左右的温箱中孵化。0.5h 后开始观察水柱内是否有毛蚴；如没有，以后每隔 1h 观察一次。直到发现毛蚴，即可停止观察。

毛蚴为似针尖大小的白色虫体，在水面下方 4cm 以内的水中作快速平行直线运动，或沿管壁绕行。不明显时，可用胶头吸管吸取液体涂片，在显微镜下观察。有时混有纤毛虫，其色彩也为白色，需加以区别。小型纤毛虫呈不规则螺旋形运动或短距离摇摆；大型纤毛虫（呈透明的片状）呈波浪式或翻转运动。

2. 棉析毛蚴孵化法（简称棉析法）

取粪便 50g，经反复漂洗后（不漂洗也可），将粪渣放入 300ml 的平底孵化瓶中，灌注 25℃ 的清水至瓶颈下部，在液面上方塞一薄层脱脂棉，大小以塞住瓶颈下部不浮动为宜，再缓慢加入 20℃ 清水至瓶口 1～3mm 处。如棉层上面水中有粪便浮动，可将这部分水吸去再加清水。然后进行孵化（图 3-3）。

这种方法的优点是粪便只需简单漂洗或不漂洗直接装瓶孵化，毛蚴出现后可集中在棉花上层有限的清水水域中，可和下层混浊的粪液隔开，因而便于毛蚴的观察。

注意被检粪便一定要新鲜，不能触地污染；洗粪容器要足够大，免得增加换水次数，影响毛蚴早期孵出；换水时要一次倒完，避免沉淀物翻动。如有翻动，需等沉淀后再换水；所有用具，应清洗后经煮沸消毒后，方可再用。另外，进行大批检查时，需做好登记，附好标签，以免混乱。

七、测微技术

是显微镜测微器（Micrometry in Parasitology）在寄生虫学方面的应用。显微镜测微器是在光学显微镜下测量细菌、细胞、寄生虫卵、幼虫、某些成虫、原虫等大小的仪器。它由两部分组成：一是目镜测微尺；二是物镜测微尺。目镜测微尺为一圆形小玻璃片，使用时装在目镜里。它的中央刻有 100 等分的小格，每 5 个和 10 个小格之间有一略长线或长线相隔。这些小格在镜下并没有绝对长度的意义，是随着目镜和物镜倍数的不同和镜筒的长短而变化的。因此，在测量前需用物镜测微尺在各种不同放大倍数的目镜和物镜的搭配下测出目镜测微尺每一刻度的绝对值。物镜测微尺为一个特制的载玻片，其中央有一黑圈（或是一个圆玻璃片，上有黑圈），在圈的中间有一长为 1mm 横线，被平均分成 100 个格，每 5 格和 10 格之间有一稍长线或长线相隔。每格为 0.01mm 或 10μm，这是绝对长度。

使用时，将目镜测微尺放于目镜筒内，物镜测微尺放在载物台上。然后用低倍镜调节焦距，使目镜测微尺和物镜测微尺的零点对齐，再寻找目镜测微尺和物镜测微尺较远端的另一重合线，算出目镜测微尺的几格相当于物镜测微尺的几格，从而计算出目镜测微尺上每格的长度，以后测量时，只用目镜测微尺测量就可以了。为了便于计算，可将目镜测微尺在固定显微镜和固定倍数物镜下的0～9格的长度事先计算好，记录下来，具体测量时，一查便知。

注意这样测出的目镜测微尺每格的长度只适用于一定的显微镜，一定的目镜倍数，一定的物镜倍数。更换其中任一因素，其每格的长度必须重新测量换算。此外，如需要用油镜时，必须在物镜测微尺上加盖玻片后再测量，以免损坏格线。

在没有物镜测微尺时，可以用血球计数板代替使用。以该板内两个小方格的长度为准，即可按上述方法测出目镜测微尺每1格的微米数。

用目镜测微尺测量虫卵大小时，一般是测量虫卵的最长处和最宽处，圆形虫卵则是测量直径；测量幼虫和某些成虫时，是测量虫体的长度、宽度及各部构造的尺寸大小；虫体弯曲时，可通过旋转目镜测微尺的办法，来进行分段测量，最后将数据加起来即可（图3-4）。

八、幼虫分离法

本法又称为贝尔曼氏法。主要用于生前诊断一些肺线虫病。即从粪便中分离肺线虫的幼虫，建立生前诊断。也可用于从粪便培养物中分离第三期幼虫或从被剖检畜禽的某些组织中分离幼虫。

  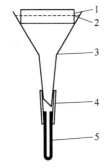

图3-4　测微尺测量虫卵示意图　　　　图3-5　贝尔曼幼虫分离装置示意图
1—铜丝网筛；2—水平面；3—玻璃漏斗；4—乳胶管；5—小试管

操作方法：用贝尔曼氏装置进行（图3-5）。即将一根乳胶管两端分别连接漏斗和小试管，然后置漏斗架上，通过漏斗加入40℃的温水，水量约达到漏斗中部（温水必须充满整个小试管和乳胶管，并使其浸泡住被检材料，使水不致流出为止，中间不得有气泡或空隙）。之后在漏斗内放上有被检粪便的粪筛。静置1h后，拿下小试管，用吸管吸去上清液，吸取管底沉淀物，进行镜检。为了详细地观察虫体的形态，必须使虫体静止不动。为此，可将放有沉淀物的载玻片在酒精灯火焰上迅速往返3～4次，使幼虫达到不死不动的状态观察最为适宜。

也可以用简单的方法来分离幼虫，即取粪球3～10个（注意此时则将完整粪球放入，不必弄碎，以免渣子落入小试管底部，镜检时不易观察），置于放有少量热水（不超过40℃）的平皿内、培氏皿内，经10～15min后，取出粪球，吸取皿内的液体，在显微镜下检查幼虫。

九、幼虫培养法

寄生于畜禽消化道的线虫，有许多种虫卵的大小及外形都十分相似，因而在鉴别时极为困难。为了达到确切诊断的目的，因此要运用实验室诊断手段，常用的方法是虫卵培养，使被检粪便中寄生性线虫的虫卵发育、孵化并达到第三期幼虫阶段，然后在镜下进行鉴别诊断。根据这些幼虫的形态特征进行种类的鉴别。另外，做人工寄生性线虫感染试验时，也要用到幼虫培养技术。

幼虫培养的方法很多，这里仅介绍最简单的一种。即：取新鲜粪便若干，弄碎，置培氏皿中央堆成半球状，顶部略高出，然后在培氏皿内边缘加水少许（如粪便稀可不必加水），加盖盖好使粪与培氏皿接触。放入25～30℃的温箱内培养（夏天放置室内亦可）。每日观察粪便是否干燥，要保持适宜的湿度，经7～15天，第三期幼虫即可出现（Egg-L_1-L_2-L_3），它们从粪便中出来，爬到培氏皿的盖上或四周。这时，实验者可用胶头吸管吸上生理盐水把幼虫冲洗下来，滴在载玻片上，覆以盖玻片，在显微镜下进行观察。在观察幼虫时，如幼虫运动活跃，不易看清，这时可将载玻片通过酒精灯火焰或加碘液将幼虫杀死后，再做仔细观察。

培养幼虫时如无培氏皿，可用一大一小两个平皿来代替，将小平皿（去掉盖）加上粪便放于大平皿中央，大平皿内加少许水，然后用大平皿盖盖上，即可进行培养。

也可用两个塑料杯来培养幼虫，效果更好。即先将一个塑料杯（上大下小）一截为二，较小的底部用针扎许多小孔，装满待培养粪便，上面用双层纱布蒙上，再把截下的那部分套上（大头向下），使纱布绷紧；然后在另一个塑料杯内加少量水，把需培养的粪便杯套在该杯上（纱布面朝下），外面套上塑料袋进行培养即可。培养好后，用幼虫分离法分离幼虫。即把装粪便的小杯放在分离装置的漏斗上（用三角量筒也可），同时把塑料杯内的水也倒入（用水冲洗几次）。注意在放培养物时务必小心，不要使粪便散开。

如果是为了研究某种蠕虫卵或幼虫的生物学特性，那就必须先将患畜粪便用蠕虫卵检查法或蠕虫幼虫检查法加以处理，然后将同种的虫卵或幼虫搜集在一起，放于培氏皿内，在25～30℃的温箱中进行培育。培氏皿内必须预先放好培养基。对于吸虫的、绦虫的、棘头虫的和大多数线虫的卵，可用水或生理盐水做培养基。最好的培养基是灭菌的粪便或粪汁，尤以后者为佳。因为用粪汁培育虫卵或幼虫时，可以直接将培育有虫卵或幼虫的平皿放于显微镜下，观察虫卵或幼虫的发育情况。粪便和粪汁的灭菌方法是100℃的温度下煮沸2h。接种虫卵或幼虫之前，需先将粪汁用棉絮过滤。

第二节　血液原虫的检查技术

血液内的寄生性原虫主要有伊氏锥虫、梨形虫（焦虫）、附红细胞体及住白细胞虫。检查血液内的原虫多在耳静脉或颈静脉采取血液。临床上最常用的是制作血液涂片，经染色、镜检来发现血浆或血细胞内的虫体。同时为了观察活虫亦可用鲜血压滴检查法。

一、血液涂片检查法

此方法是临床上最常用的血液原虫病的病原检查方法。采取新鲜血，滴一滴于载玻片一端，以常规方法推成血片，干燥后，将少量甲醇滴于血膜上，待甲醇自然干燥后即达固定，然后用吉姆萨染液或瑞氏染液染色，用油镜检查。此种染色方法适用于各种血液原虫的检查。

二、鲜血压滴检查法

本方法主要用于伊氏锥虫活虫的检查，在压滴的标本内，可以很容易观察到虫体的活泼运动。将采出的血液滴在洁净的载玻片上1小滴，加上等量的生理盐水与血液混合，加上盖玻片，置于显微镜载物台上，用低倍镜检查，发现有活动的虫体时，再换高倍镜检查。如在检查时气温较低，可将载玻片在酒精灯上稍微加温或放在手背上，以保持虫体的活力。由于虫体未经染色，检查时最好使视野的光线稍暗一些，以便于观察虫体。

三、虫体浓集法

当动物血液内虫体较少时，临床上常用虫体浓集法。将虫体浓集后再作相应的检查，以提高诊断的准确性。

在离心管内先加 2% 柠檬酸钠生理盐水 3~4ml，再加被检血液 6~7ml，充分混合后，以 500r/min 离心 5min，使其中的大部分红细胞沉降，然后将红细胞上面的液体用胶头吸管吸至另一离心管内，并在其中补加一些生理盐水，再以 2500r/min 离心 8min，即可得到沉淀物。

用此沉淀物作涂片、染色、镜检，可以较容易地查到虫体。

本法适用于对伊氏锥虫和梨形虫病的检查，其原理是伊氏锥虫及感染有虫体的红细胞比正常红细胞的比重轻，当第 1 次离心时，正常红细胞下降，而锥虫或感染有虫体的红细胞还浮在血浆中，经过第 2 次较高速的离心则浓集于管底。

四、淋巴结穿刺检查法

用采血针头，选取体表肿大的淋巴结进行穿刺，取其穿刺液做涂片，检查有无虫卵或幼虫，以便作出早期诊断。检查牛泰勒虫病时，就采用此方法。

第三节　体表寄生虫检查技术

蜱、螨所引起的疾病诊断是以临床症状和病原诊断为依据的，从各种病料中检出病原体是诊断的重要手段。

一、疥螨和痒螨的检查技术

疥螨（图 3-6）、痒螨的病料采取与观察。螨的个体较小，要刮取皮屑，于显微镜下寻找虫体或虫卵。

首先详细检查病畜全身，找出所有患部，然后在新生的患部与健康部交界的地方，剪去长毛，用锐匙或外科刀在体表刮取病料（所用器械要在酒精灯上消毒后）。取病料的器械要与皮肤表面垂直，反复刮取表皮，直到稍微出血为止，此点对检查寄生于皮内的疥螨尤为重要。将刮到的病料收集到培养皿或其他容器内，取样处用碘酒消毒。

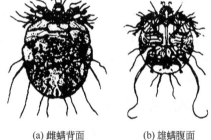

(a) 雌螨背面　　(b) 雄螨腹面

图 3-6　疥螨

在野外进行工作时，为了避免风将刮下的皮屑吹跑，刮时可将刀子蘸上甘油或甘油与水的混合液。这样可将皮屑粘在刀上。将刮取到的病料收集到容器内带回准备进行检查与制作标本。

1. 直接检查法

将刮下物放在黑纸上或有黑色背景的容器内，置温箱中（30~40℃）或用白炽灯照射一段时间，然后收集从皮屑中爬出的黄白色针尖大小的点状物在镜下检查。此法较适用于体形较大的螨（如痒螨图 3-7）。检查水牛痒螨时，可把水牛牵到阳光下揭去"油漆起爆"状的痂皮，在痂皮下即可看到淡黄白色的鼓皮样缓慢爬动的痒螨。还可以把刮取的皮屑握在手里，不久会有虫体爬动的感觉。

2. 显微镜下直接检查法

将刮下的皮屑，放于载玻片上，滴加 50% 甘油溶液 1 滴，再覆盖上一张载玻片搓压，使病料散开，置显微镜下检查。

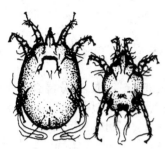

(a) 雌虫腹面　(b) 雄虫腹面

图 3-7　痒螨

3. 虫体浓集法

为了在较多的病料中，检出其中较少的虫体，可采用虫体浓集法提高检出率。

先取较多的病料，置于试管中，加入10%氢氧化钠溶液。浸泡过夜（如急需检查可在酒精灯上煮数分钟），使皮屑溶解，虫体自皮屑中分离出来。而后待其自然沉淀（或以2000r/min的速度离心沉淀5min），虫体即沉于管底，弃去上层液体，吸取沉渣镜检。

也可采用上面的方法将病料加热溶解离心后，倒去上清液，再加入60%硫代硫酸钠溶液，充分混匀后再以2000r/min的速度离心沉淀2~3min，螨虫即漂浮于液面，用金属圈蘸取表面薄膜，抖落于载玻片上，加盖玻片镜检。

4. 温水检查法

即用幼虫分离法装置，将刮取物放在盛有40℃左右温水的漏斗上的铜筛中，经0.5~1h，由于温热作用，螨从痂皮中爬出集成小团沉于管底，取沉淀物进行检查。

也可将病料浸入40~45℃的温水里，置恒温箱中1~2h后，将其倾在表玻璃上，解剖镜下检查。活螨在温热的作用下，由皮屑内爬出，集结成团，沉于水底部。

5. 培养皿内加温法

将刮取到的干的病料，放于培养皿内，加盖。将培养皿放于盛有40~45℃温水的杯上，经10~15min后，将皿翻转，则虫体与少量皮屑贴附于皿底，大量皮屑则落于皿盖上，取皿底检查。可以反复进行如上操作。该方法可收集到与皮屑分离的干净虫体，供观察和制作封片标本之用。

二、蠕形螨的检查技术

蠕形螨（图3-8）寄生在毛囊内，检查时要先在动物四肢的外侧和腹部两侧、背部、眼眶四周、颊部和鼻部的皮肤上按摩，看是否有砂粒样或黄豆大的结节。如有，用小刀切开挤压，看到有脓性分泌物或淡黄色干酪样团块时，则可将其挤出，放在载玻片上，滴加生理盐水1~2滴，均匀涂成薄片，盖上盖玻片，在显微镜下进行观察。

三、蜱的检查技术

在畜禽体表，常有蜱类寄生，尤其是放牧的牛、羊。蜱的个体较大，通过肉眼观察即可发现（图3-9）。在检查发现后用手或小镊子捏取，或将附有虫体的羽或毛剪下，置于培养皿中，再仔

(a) 雌虫背面　(b) 雌虫腹面　(c) 雄虫背面

图 3-8　蠕形螨

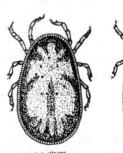

(a) 背面　　　　　(b) 腹面

图 3-9　软蜱

细收集。寄生在畜体上的蜱类，常将假头埋入皮肤，如不小心拔下，则可将其口器折断而留于皮肤中，致使标本既不完整，且留在皮下的假头还会引起局部炎症。拔取时应使虫体与皮肤垂直，慢慢地拔出假头，或将煤油、乙醚或氯仿抹在蜱身上和被叮咬处，而后拔取。

四、其他体表寄生虫检查技术

1. 虱和羽虱

虱和羽虱引起的症状与螨病极相似，但不如螨病严重，特别是皮肤病变，用手触摸，没有硬的感觉。虱多寄生在动物的颈部、耳翼及胸部等避光处，眼观仔细检查体表即可发现虱或虱的卵，据此可作出诊断。禽的羽虱多寄生在翅下、颈部、肛门周围。

2. 蚤

确诊本病必须在动物体上发现。蚤一般情况下只有在吸血时才停留在宿主身上，也有的蚤长期停留在动物体被毛间，对动物进行仔细检查，可在被毛间发现蚤和蚤的碎屑，在头部、臀部和尾尖部附近较多。

3. 牛皮蝇

牛皮蝇早期诊断比较困难，夏秋季牛被毛上存在虫卵，可为诊断提供参考。虫卵淡黄色，长圆形，大小为 $(0.76 \sim 0.8)$ mm $\times (0.21 \sim 0.29)$ mm，牛皮蝇卵单个固着于牛毛上，或成排固着于牛毛上。也可用幼虫浸出物作皮内变态反应，方法与牛结核菌素皮下变态反应基本相同。

幼虫在皮下寄生时易于诊断，在冬末和春初时，用手抚摸牛背可摸到长圆形硬结，以后可摸到核桃大肿瘤，肿瘤中间有 2~4mm 的破孔，并可挤出幼虫。

死后剖检，可在食管和椎管下硬膜外脂肪中发现第二期幼虫，幼虫白色，长 1.3~3mm。在背部皮下可发现第三期幼虫。

第四节 肌旋毛虫检查技术

由于动物感染旋毛虫病后，一般不显临床症状，故生前诊断较为困难。目前认为血清学诊断对该病具有特异、快速、灵敏和简便等优点。其检测方法很多，其中以酶联免疫吸附试验应用最为广泛。我国目前在某些重点疫区已采用酶联免疫吸附试验进行血清学普查。死后最可靠的方法是采用压片镜检法和消化法检查肌肉中有无旋毛虫幼虫。尤其是压片镜检法仍是目前小型屠宰场（站、点）检验旋毛虫病肉的常规方法。近年来，国内一些地区将快速 ELISA 应用于宰后鲜猪肉中旋毛虫抗体的检测，取得了良好效果。根据试验，在应用快速 ELISA 时，对旋毛虫病肉的卫生处理，应结合压片镜检法，这是提高肌旋毛虫检出率和效率的一条可靠途径。

一、压片镜检法

取胴体左右膈肌脚各一块（30~50g）肉样，撕去肌膜，纵向拉平肉样，先目检有无半透明状微隆起的乳白色或灰白色针尖样病灶，如发现，将其仔细剪下压片检查。

用剪刀在肉样正反面剪取麦粒大小肉粒（两块共 24 粒），放在旋毛虫检查压片器（两厚载玻片，两端用螺丝固定）或两块载玻片上制成压片，用显微镜低倍镜观察，旋毛虫幼虫在肌纤维间呈直杆状或卷曲状，形成包囊的虫体呈卷曲状，包囊圆形或椭圆形，钙化则呈黑色团状，需加 10% 盐酸脱钙后观察。

二、消化法

消化法可提高检出率，适用于大批量检查。将一组采集的肉样，撕去腱膜、肌筋并除去脂肪，分组加入胃蛋白酶捣碎、消化，用 5% 盐酸调整 pH 值为 1.6~1.8，在 38~41℃消化 2~

5min，过滤，沉淀，取其沉淀物显微镜下观察。

第五节 动物寄生虫学剖检技术

根据实际工作中的要求不同，蠕虫学完全剖检术可分为寄生虫学完全剖检法、某个器官的寄生虫剖检法（如旋毛虫的调查等）和某些器官内的某一种寄生虫的剖检法（如牛血吸虫的剖检收集法）。

一、剖检前的准备工作

1. 动物的选择

对于因感染寄生虫病而需作出诊断的动物及驱虫药物试验的动物则可直接用于寄生虫学剖检。而为了查明某一地区的寄生虫区系时，动物必须选择确实在该地区生长的，并应尽可能包括不同的年龄和性别，同时瘦弱或有临床症状的动物被视为主要的调查对象。也可以采用因病死亡的家畜进行剖检。死亡时间一般不能超过24h（一般虫体在病畜死亡24～48h崩解消失）。

对每头用于寄生虫学剖检的动物都应在登记表上详细填写动物种类、品种、年龄、性别、编号、营养状况、临床症状等。

2. 剖检的家畜绝食

选定做剖检的家畜在剖检前先绝食1～2天，以减少胃肠内容物，便于寄生虫的检出。

3. 家畜进行剖检前应做体表检查

对家畜进行剖检前，对其体表应做认真检查和寄生虫的采集工作。观察体表的被毛和皮肤有无瘀痕、结痂、出血、皲裂、肥厚等病变，并注意对体外寄生虫（虱、虱蝇、蜱、螨、皮蝇幼虫等）的采集。

4. 家畜进行剖检前先取粪便进行虫卵检查

在进行剖检前最好先取粪便进行虫卵检查、计数，初步确定该畜体内寄生虫的寄生情况，对以后寻找虫体时会有很大的帮助。但也应注意，不要因为粪便的检查结果，而给工作者带来片面的主观印象，忽略了在粪便中未发现虫卵的那些虫体的寻找。

5. 剖检家畜处死方法

剖检家畜进行动脉放血处死，如利用屠宰场的屠畜可按屠宰场的常规处理，但脏器的采集必须合乎寄生虫检查的要求。

二、动物寄生虫学剖检技术

1. 家畜寄生虫学剖检技术

在家畜死亡或捕杀后，首先制作血液涂片，染色镜检，观察血液中有无寄生虫，然后进行剖检。剖检程序如下。

（1）淋巴结和皮下组织的检查 按照一般解剖方法进行剥皮，并随即观察身体各部淋巴结和皮下组织有无虫体寄生。发现虫体随即采集并做记录。

（2）头部各器官的检查 头部从枕骨后方切下，首先检查头部各个部位和感觉器官。然后沿鼻中隔的左或右约0.3cm处的矢状面纵形锯开头骨，撬开鼻中隔，进行检查。

① 检查鼻腔鼻窦 沿两侧鼻翼和内眼角连线切开，再沿两眼内角连线锯开，然后在水中冲洗，待沉淀后检查沉淀物。观察有无羊鼻蝇蛆、水蛭（水牛）、疥癣、锯齿状舌形虫寄生。

② 检查脑部和脊髓 打开脑腔和脊髓管后先用肉眼检查有无绦虫蚴（脑多头蚴或猪囊尾蚴）、羊鼻蝇蛆寄生。再切成薄片压薄镜检，检查有无微丝蚴寄生。

③ 检查眼部 先眼观检查，再将眼睑结膜在水中刮取表层，水洗沉淀后检查沉淀物，最后

剖开眼球，将眼房水收集在平皿内，在放大镜下检查是否有丝虫的幼虫、囊尾蚴、吸吮线虫寄生。

④ 检查口腔　检查唇、颊、牙齿间、舌肌有无囊尾蚴、蝇蛆、筒线虫、蛭类寄生。

(3) 腹腔各脏器的检查　按照一般解剖方法剖开腹腔，首先检查脏器表面的寄生虫和病变。再逐一对各个内脏器官进行检查，然后收集腹水，沉淀后观察其中有无寄生虫寄生。

① 消化系统检查及寄生虫采集　结扎食管前端和直肠后端，小心取出整个消化系统（包括肝和胰）。再将食管、胃（反刍动物的四个胃应分开）、小肠、大肠、盲肠分段做二重结扎后分离。胃肠内有大量的内容物，应在生理盐水中剖开，将内容物洗入液体中，然后对黏膜循序仔细检查，洗下的内容物则反复加生理盐水冲洗沉淀，待液体清澈无色为止，取沉渣在黑色的背景上进行检查。也可在沉渣中滴加碘液，使粪渣和虫体均染成棕黄色，继之以5%的硫代硫酸钠溶液脱色，但虫体着色后不脱色，仍然保持棕黄色，而粪渣和纤维均脱色，故棕色虫体易于辨认。

a. 食管：先检查食管的浆膜面，观察食管肌肉内有无虫体，必要时可取肌肉压片镜检，观察有无肉孢子虫（牛、羊）。再剖开食管，仔细检查食管黏膜面有无寄生虫寄生。用小刀或载玻片刮取黏膜表层，压在两块载玻片之间检查，置解剖镜下观察。应注意观察黏膜面是否有筒线虫、纹皮蝇（牛）、毛细线虫（鸽子等鸟类）、狼尾旋线虫（犬、猫）寄生。

b. 胃：应先检查胃壁外面。对于单胃动物，可沿胃大弯剪开，将内容物倒在指定的容器内，检出较大的虫体。然后用生理盐水将胃壁洗净，取出胃壁并刮取胃壁黏膜的表层，把刮下物放在两块玻片之间做成压片镜检。洗下物应加生理盐水，反复多次洗涤，沉淀，等液体清净透明后，分批取少量沉渣，放入大培养皿中，先后放在白色或黑色的背景上，仔细观察并检出所有虫体。在胃内寄生的有马的胃线虫、胃蝇蛆等，多种动物的颚口线虫和毛圆线虫等。如有肿瘤时可切开检查。

对反刍动物可以先把第一、二、三、四胃分开。检查第一胃时主要观察有无前后盘吸虫。第二胃、第三胃的检查方法同第一胃，但对第三胃延伸到第四胃的相连处要仔细检查。第四胃的检查方法同单胃动物胃的检查方法。注意观察是否有捻转血矛线虫、奥斯特线虫、形长刺线虫、马歇尔线虫、古柏线虫等，发现虫体全部检出来。

c. 肠系膜：分离前先以双手提起肠管，把肠系膜充分展开，然后对着光线从十二指肠起向后依次检查，看静脉中有无虫体（血吸虫）寄生，分离后剥开淋巴结，切成小块，压片镜检。

d. 小肠：把小肠分为十二指肠、空肠、回肠三段，分别检查。先将每段内容物倒入指定的容器内，再将肠管剪开，然后用生理盐水洗涤肠黏膜面，仔细检出残留在上面的虫体，洗下物和沉淀物分别用反复沉淀法处理后，检查沉淀物中所有的虫体。看是否有毛圆线虫、钩虫、蛔虫、旋毛虫、同盘吸虫、华支睾吸虫、棘头虫以及寄生于各种动物的相应的绦虫、胃蝇蛆和球虫寄生。

e. 大肠：大肠分为盲肠、结肠和直肠三段，分段进行检查。在分段以前先对肠系膜淋巴结进行检查。在肠系膜附着部的对侧沿纵轴剪开肠壁，倾出内容物，以反复沉淀法检查沉淀物内寄生虫，对叮咬在肠黏膜上的寄生虫可直接采取，然后把肠壁用生理盐水洗净，仍用反复沉淀法检出洗下物中所有的虫体，已洗净的肠黏膜面再做一次仔细检查，最后再取肠黏膜压片检查，以免遗漏虫体。

f. 肝脏：首先观察肝表面有无寄生虫结节，如有可做压片检查。然后沿总胆管剪开肝脏，检查有无寄生虫，其次把肝脏自胆管的横断面切成数块放在水中用两手挤压，或将其撕成小块，置37℃温水中，待虫体自行走出（即贝尔曼法原理）。充分水洗后，取出肝组织碎块并用反复沉淀法检查沉淀物。对有胆囊的动物要注意检查胆囊，可以先把胆囊从肝上剥离，把胆汁倾入大平皿内，加生理盐水稀释，检出所有的虫体，最后检查胆汁、黏膜上有无虫体附着，也可用水冲洗，把冲洗后的水沉淀后，详细检查。

g. 胰腺：用剪刀沿胰管剪开，检查其中虫体，而后将其撕成小块，并用手挤压组织，最后在液体沉淀中寻找虫体。

h. 脾脏：检查法与胰腺相同。

② 泌尿系统检查及寄生虫采集　骨盆腔脏器亦与消化系统同样的方式全部取出。先行眼观检查肾周围组织有无寄生虫。注意肾周围脂肪和输尿管壁有无肿瘤及包囊，如发现后切开检查，取出虫体。随后切取腹腔大血管，采取肾脏。剖开肾脏，先对肾盂进行肉眼检查，再刮取肾盂黏膜检查，最后将肾实质切成薄片，压于两载玻片间，在放大镜或解剖镜下检查。剪开输尿管、膀胱和尿道检查其黏膜，并注意黏膜下有无包囊。收集尿液，用反复沉淀法处理。检查有无肾虫寄生。

③ 生殖器官的检查及寄生虫采集　检查内腔，并刮取黏膜表面做压片及涂片镜检。怀疑为马媾疫或牛胎儿毛滴虫时，应涂片染色后油镜检查。

（4）胸腔各器官的检查及寄生虫的采集　胸腔脏器的采取：按一般解剖方法切开胸壁，注意观察脏器表面有无细颈囊尾蚴及其自然位置与状态，然后连同食管和气管摘取胸腔内的全部脏器，并收集贮留在胸腔内的液体，用水洗沉淀法进行寄生虫检查。

① 呼吸系统检查及寄生虫检查（肺脏和气管）　从喉头沿气管、支气管剪开，注意不要把管道内的虫体剪坏，发现虫体即可直接采取。然后用载玻片刮取黏液加水稀释后镜检。再将肺组织在水中撕碎，按肝脏处理法检查沉淀物。对反刍动物肺脏的检查应特别注意小型肺线虫，可把寄生性结节取出放在盛有微温生理盐水的平皿内，然后分离结节的结缔组织，仔细摘出虫体，洗净后，即行固定。

② 心脏及大血管　先观察心脏外面，检查心外膜及冠状动脉沟。然后剪开心脏仔细的观察内腔及内壁。将内容物洗于1%的盐水中，用反复沉淀法检查。对大血管也应剪开，特别是肠系膜动脉和静脉要剪开检查，注意是否有吸虫、线虫以及线虫幼虫存在（对血管内的分体吸虫的收集见后）。如有虫体，小心取出。马匹应检查肠系膜动脉根部有无寄生性肿瘤。对血液应做涂片检查。

（5）其他部位的检查及寄生虫的采集

① 膈肌及其他部位肌肉的检查　从膈肌脚及其他部位的肌肉切取小块，仔细眼观检查，然后做压片镜检。取咬肌、腰肌及臀肌检查囊尾蚴，取膈肌检查旋毛虫及肉孢子虫。

② 腱与韧带的检查　有可疑病变时检查相应部位的腱与韧带。注意观察蟠尾丝虫等。

2. 家禽寄生虫学剖检技术

先分别采集体表的寄生虫，然后杀死，检查皮肤表面的所有的赘生物和结节，腹部向上置于解剖盘内，拔去颈、胸和腹部羽毛，剥开皮肤后，注意检查皮下组织。

用外科刀切断连接两个肩胛骨和肱骨背面的肌肉，然后用一手固定头的后部，以另一手提取切断的胸骨部，逐渐向前翻折，最后完全掀下带肌肉的胸骨，用解剖刀柄把整个腹部的皮肤和肌肉分离开，向两侧拉开皮肤，露出所有的器官。

检查时除应特别注意各脏器的采取外，还可以把消化道分为食管、嗉囊、肌胃、腺胃、小肠、盲肠、直肠等部位，每段进行两端结扎，分别进行寄生虫的检查。嗉囊的检查，剪开囊壁后，倒出内容物作一般眼观检查，然后把囊壁拉紧透光检查。肌胃的检查，切开胃壁，倒出内容物，作一般检查后，剥离角质膜再作眼观检查。仔细检查气囊和法氏囊。

其他各脏器的检查方法和上述方法基本相同。各脏器的内容物如限于时间不能当日检查完毕，可在反复沉淀之后，在沉淀物中加入4%甲醛保存，以待日后检查。在应用反复沉淀法时，应注意防止微小虫体随水倒掉。采取虫体时应避免将其损坏，捡出的虫体应随时放入预先盛有生理盐水和记有编号与脏器名称标签的平皿内。禽类胃肠道的虫体应在尸体冷却前检出。

三、操作注意事项

（1）各种寄生虫都有它自己的固定寄生部位，在进行畜禽全身（某器官组织）解剖、检查并采集寄生虫时，应注意到该器官、组织部位可能有什么寄生虫寄生从而进行仔细的观察与检查。有些季节性寄生虫，还应注意剖检的季节。有些寄生虫受年龄免疫的影响，则应考虑到年龄问题，避免某些寄生虫被遗漏。

（2）检查过程中，若脏器内容物不能立即检查完毕，可在反复水洗沉淀后，在沉淀物内加4%的甲醛保存，以后再详细进行检查。

（3）注意观察寄生虫所寄生器官的病变，对虫体进行计数，为寄生虫病的准确诊断提供依据。病理组织或含虫组织标本用10%甲醛溶液固定保存。对有疑问的病理组织应做切片检查。

（4）采集的寄生虫标本分别置于不同的容器内。按有关各类寄生虫标本处理方法和要求进行处理保存（具体方法参见寄生虫材料的固定与保存部分），以备鉴定。由不同脏器、部位取得的虫体，应按种类分别计数，分别保存，均采用双标签，即投入容器中的内标签和贴在容器外的外标签，最后把容器密封。内标签可用普通铅笔书写，标签上应写明：动物的种类、性别、年龄、解剖编号、虫体寄生部位、初步鉴定结果、剖检日期、地点、解剖者姓名、虫体数目等。

在采集标本时，还应有登记表，将标本采集时的有关情况，按标本编号，记于登记表（表3-1）上。对虫体所引起的宿主的主要病理变化也应做详细的记载。然后统计寄生虫的种类、感染率和感染强度，以便汇总。

表3-1 畜禽寄生虫剖检记录表

剖检日期　　年　　月　　日

发生地区									
畜禽类别		品种		性别		年龄		产地	
临床表现									
寄生虫收集情况	寄生部位		虫名		数目（条）		瓶号	主要病变	备注
附记									

剖检单位：　　　　　剖检者姓名：

（5）对所有虫体标本必须逐一观察，鉴定到种或属，遇有疑问时应将虫体取出单放，注明来自何种动物脏器及有关资料，然后寄交有关单位协助鉴定，并在原登记表中注明寄出标本的种类、数量、寄出的日期等。对于特殊和有价值的标本应进行绘图，测定虫体尺寸，并进行显微镜照相。已鉴定的虫体标本可按寄生部位和寄生虫种类分别保存，并更换新的标签。

第六节　药物驱虫技术

畜禽寄生虫病是危害畜牧生产的一类常见病和多发病，它不仅造成畜禽的生产性能下降甚至造成死亡。而且某些人畜共患的寄生虫病还能危及人体健康。因此，防治寄生虫病，对于发展畜牧业生产和保障人民健康具有重要意义。

一、驱虫药的选择

抗寄生虫药物种类繁多，应合理选择，正确应用，以便更好地发挥药物的疗效。本类药物发展的主要趋向，要求具备高效、广谱、低毒、投药方便、价格低廉、无残留和不易产生耐药性等条件。这些是衡量抗寄生虫药临床价值的标准，也是选用抗寄生虫药的基本原则。

1. 高效

良好的抗寄生虫药应该是使用小剂量即能达到满意的驱虫效果。所谓高效的抗寄生虫药即对成虫、幼虫，甚至虫卵都有很好的驱杀效果，且使用剂量小。

一般来说，其虫卵减少率应达95%以上，若小于70%则属较差；使用剂量应小于10mg/kg，若应用剂量太大，给使用带来不便，推广困难。但目前较好的抗蠕虫药亦难达到如此效果。对幼虫无效者则需间隔一定时间重复用药。

2. 广谱

广谱是指驱虫范围广。家畜的寄生虫病多属混合感染，如线虫、绦虫及吸虫同时存在的混合感染，因此选用广谱驱虫药或杀虫药，就显得更有实际意义。目前能同时有效的驱出两种蠕虫的驱虫药已经有不少了，例如吡喹酮可用于治疗血吸虫和绦虫感染；伊维菌素对线虫和体外寄生虫有效；像阿苯达唑对线虫、绦虫和吸虫均有效的药物仍很少。因此，在实际应用中可根据具体情况，联合用药以扩大驱虫范围。

3. 安全低毒

抗蠕虫药应该对虫体有强大的杀灭作用，而对宿主无毒或毒性很小。如果所干扰的是虫体特异的生化过程而不影响宿主，则该药安全范围就大。安全范围大小的衡量标准是化疗指数［半数中毒量（LD_{50}）/半数有效量（ED_{50}）］，越大越好，表示药物对机体的毒性愈小，对家畜愈安全。一般认为化疗指数必须大于3，才有临床应用意义。

4. 投药方便

以内服给药的驱体内寄生虫药应无味、无臭、适口性好，可混饲给药。若还能溶于水，则更为理想，可通过饮水给药。用于注射给药的制剂，对局部应无刺激。杀体外寄生虫药应能溶于一定溶剂中，以喷雾方式给药。更为理想的广谱抗寄生虫药是在溶于一定的溶剂中后，以浇淋的方法给药或涂擦于动物皮肤上，既能杀灭体外寄生虫，又能通过皮肤吸收，驱杀体内寄生虫。这样可节约人力、物力，提高工作效率。

5. 价格低廉

畜禽属经济动物，在驱虫时必然要考虑到经济核算，尤其是在牧区，家畜较多，用药量大，价格一定要低廉。如果要大规模推广时，价格更是一个重要条件。

6. 无残留

食品动物应用后，药物不残留于肉、蛋和乳及其制品中，或通过遵守休药期等措施控制药物在动物性食品中的残留。

二、驱虫时间

对于定期驱虫来说，驱虫效果的好坏与驱虫时间选择的合适与否密切相关。大多数寄生虫病具有明显的季节性，这与寄生虫从发育到感染期所需的气候条件、中间宿主或传播媒介的活动有关。因此各类寄生虫的驱虫时间应根据其传播规律和流行季节或当地寄生虫病的流行特点来确定，通常在发病季节前对畜禽进行预防性驱虫。治疗性驱虫一般要赶在"虫体性成熟前"，防止性成熟的成虫排出虫卵或幼虫对外界环境的污染。或采取"秋冬季驱虫"，此时驱虫有利于保护畜禽安全过冬。如肠道球虫病，发病季节与气温和湿度密切相关，其流行季节为4~10月份，其中以5~8月份发病率最高，在这个时期饲养雏禽尤其要注意球虫病的预防。一般对仔猪蛔虫可于 2.5~3 月龄和 5 月龄各进行 1 次驱虫，对犊牛、羔羊的绦虫，应于当年开始放牧后 1 个月内进行驱虫。

三、驱虫的实施及注意事项

近年来，抗寄生虫药物的种类不断增加，但是仍然未能满足畜牧业发展的需要，尤其是大多数药物的用法不够方便，如不溶于水，在应用上受限制。国内外对驱虫药的应用方法进行了不少改进。

1. 驱虫的实施

在兽医临床，抗寄生虫药的种类很多，应用有内服、注射及外用等给药途径。具体实施应在现场诊断的基础上，依据当地存在的寄生虫病，选择以下驱虫药。

（1）药物的选择　采用两种或两种以上的驱虫药联合应用，既起到了协同作用，又扩大了驱虫范围，提高了疗效。

① 球虫病　复方抗球虫药，例如磺胺喹噁啉＋二甲氧苄啶（DVD）、盐酸氨丙啉＋乙氧酰胺苯甲酯、盐酸氨丙啉＋磺胺喹噁啉、盐酸氨丙啉＋乙氧酰胺苯甲酯＋磺胺喹噁啉、尼卡巴嗪＋乙氧酰胺苯甲酯、甲基盐霉素＋尼卡巴嗪、氯羟吡啶＋苄氧喹甲酯等。

② 肝片形吸虫病　可用硝氯酚或硫双二氯酚驱虫。

③ 莫尼茨绦虫病　可用硫双二氯酚或氯硝柳胺驱虫。

④ 线虫病　可选择相应的驱虫药物，如圆形线虫病可选用左咪唑驱虫。

⑤ 混合感染的驱虫　可用复方药物，如硫双二氯酚配合左咪唑；或硝氯酚、氯硝柳胺与左咪唑相配合。复方中药的剂量与单独使用时相同。

（2）剂型的选择　内服用的剂型有片剂、预混剂、水溶性粉、溶液、混悬液、糊剂、膏剂、小丸剂、颗粒剂等；适用于外用的剂型有乳化溶液、洗液、喷雾剂、气雾剂、浇注剂、喷滴剂、香波等。一般来说，驱除胃肠道的寄生虫宜选用供内服的剂型；胃肠道以外寄生的虫体可选用注射剂型或内服剂型；而体外寄生虫可选择外用剂型药浴或浸泡、喷雾给药。也可选择内服、注射均对体外寄生虫有杀灭作用的阿维菌素类药物，这种药效果较好。为投药方便，集约化饲养或大群畜禽的集体驱虫多选用药物溶于饮水（如盐酸左旋咪唑）或混饲给药法。为便于放牧牛、羊的投药，国外已有浇注和喷滴剂型供兽医使用，国内亦有左旋咪唑浇注剂用于驱除羊、猪的胃肠道线虫。为达到长效驱虫目的，国内外还制成了瘤胃控释剂、大丸剂、脉冲缓释剂、微囊、毫微球等剂型。例如，阿苯达唑瘤胃控释制剂，一次投药能维持药效达 2~3 个月，可节省人力，提高工作效率，便于大规模驱虫；毒性较大、不宜内服驱虫的敌敌畏，制成树脂塑丸缓释剂后，既能发挥驱虫作用，又降低了药物的毒性作用。

（3）药量的确定及给药　驱虫药多是按体重计算药量的，所以首先用称量法或体重估算法确定驱虫畜禽的体重，再根据体重确定药量和悬浮液的给药量。家畜多为个体给药，根据所选药物的要求，选择相应的给药方法，具体投药技术与临床常用给药法相同。家禽多为群体给药（饮水和拌料给药）。拌料时先按群体体重计算好总药量，将总药量混于少量拌湿料中，然后均匀与日粮混合进行饲喂。

2. 注意事项

（1）因地制宜，合理使用抗寄生虫药　在选用前应了解寄生虫的种类、寄生方式、生活史、感染程度、流行病学情况，以及畜禽品种、个体、性别、年龄、营养状况等，根据本地的药品供应、价格，结合畜禽场的具体条件，选用理想的药物。只有充分了解药物、寄生虫和畜禽三者之间的关系，熟悉药物的理化性质，采用合理的剂型、剂量、给药方法和疗程，才能达到满意的防治效果。

（2）避免畜禽发生药物中毒　使用某种抗寄生虫药驱虫时，药物的用量最好按《中华人民共和国兽药典》或《中华人民共和国兽药规范》所规定的剂量。一般来说，使用这种剂量对大多数畜禽是安全的，即使偶尔出现一些不良反应亦能耐过。若用药不当，则可能引起毒性反应，甚至导致畜禽死亡。因此，要注意药物的使用剂量、给药间隔和疗程。由于畜禽的年龄、性别、体质、病理状况、饲养管理等因素均能影响抗寄生虫药的作用，因此在进行大规模的驱虫前，最好选择少数有代表性的畜禽（包括不同年龄、性别、体况的畜禽）先做预试，取得经验后，才能进行全群驱虫；特别对试用阶段的新型抗寄生虫药尤为重要。此外，同一药物，相同的给药方法，还可能因溶剂的不同而发生意外事故。例如，硫双二氯酚混悬水剂给羊内服时安全有效，若用乙醇溶解后灌服同样剂量的药物，可引起约25%的羊只中毒死亡。

（3）防止寄生虫产生耐药性　小剂量多次或长期使用某些抗寄生虫药物，虫体对该药物可产生耐药性，尤其是球虫对抗球虫药极易产生耐药。一旦出现耐药虫株，不仅原有的治疗药物无效，甚至对结构相似或作用机理相同的同类药物亦可产生交叉耐药现象。虽然寄生虫的耐药现象不像细菌耐药那么普遍和严重，但也应引起足够的重视。在制订动物的驱、杀虫计划时，应定期更换或轮换使用几种不同的抗寄生虫药，以避免或减少因长期或反复使用某些抗寄生虫药而导致虫体产生耐药性。

（4）注意避免药物在畜禽体内的残留　畜禽体内的抗寄生虫药应能及时迅速地消除，否则畜禽产品如肉、乳和蛋会有药物残留，不仅影响畜禽产品的质量，而且危害人类的健康。目前世界各国都很重视这个问题，明文规定抗寄生虫药的最高残留限量及屠宰前的休药期，我国亦规定了不少抗寄生虫药的最高残留限量和休药期。例如，左旋咪唑在牛、羊、猪、禽的肌肉、脂肪、肾中的最高残留限量均为10μg/kg，肝为100μg/kg。内服盐酸左旋咪唑在牛、羊、猪、禽的休药期分别是2天、3天、3天、28天，牛、羊、猪皮下或肌内注射盐酸左旋咪唑的休药期分别是14天、28天、28天。

四、驱虫效果评定

驱虫是寄生虫病防治的重要措施，通常是指用药物将寄生于畜禽体内外的寄生虫杀灭或驱除。目的有两个：一是把宿主体内或体表的寄生虫驱除或杀灭使宿主得到康复；二是杀灭寄生虫就是减少病原体向自然界的扩散，也就是对健康动物的保护和预防。

驱虫可分为治疗性驱虫和预防性驱虫两种类型。治疗性驱虫是指当畜禽感染寄生虫之后出现明显的临床症状时要及时用特效驱虫药对患病畜禽进行治疗。预防性驱虫是指按照寄生虫病的流行规律，定时投药，而不论其发病与否。防治蠕虫病常采用定期预防性驱虫，防治球虫病常采用长期给药预防。一般在选择用药和实施大规模驱虫之前都要对畜禽进行驱虫试验，然后进行驱虫效果评定。

驱虫效果评定主要是通过驱虫前后动物各方面情况对比来确定，包括对比驱虫前后的发病率与死亡；对比驱虫前后的各种营养状况比例；观察驱虫前后临床症状减轻与消失的情况；计算动物的虫卵减少率和虫卵转阴率；必要时通过剖检等方法，计算出粗计与精计驱虫率；综合以上情况进行全面的效果评定工作。为了准确的评价驱虫效果，驱虫前后粪便检查时所用器具、粪样数量以及操作中每一步骤所用时间都要完全一致；驱虫后的粪便检查时间不宜过早（一般为10天左右），以避免出现人为的误差；应在驱虫前、后各粪检3次。驱虫药药效的评定计算公式如下：

$$虫卵转阴率 = \frac{虫卵转阴动物数}{试验动物数} \times 100\%$$

虫卵减少率 =（驱虫前 EPG－驱虫后 EPG）/驱虫前 EPG×100%

注：EPG 是每克粪便中的虫卵数。

$$精计驱虫率 = \frac{排出虫体数}{排出虫体数 + 残留虫体数} \times 100\%$$

$$粗计驱虫率 = \frac{对照组平均残留虫体数 - 试验组平均残留虫体数}{对照组平均残留虫体数} \times 100\%$$

$$驱净率 = 驱净虫体的动物数/全部试验动物数 \times 100\%$$

对于家禽驱虫时,一般按家禽群总重量计算药量,喂前应选择出10只以上具有代表性个体做安全试验。喂时先计算好总药量,拌在少量湿料内,然后再混匀于日常饲料中,在绝食6~12h后喂服。禽的驱虫效果评定,要做驱虫前后家禽的营养状况、生长速度、产蛋率等情况对比,还要通过粪便学检查及配合剖检法计算出虫卵减少率和虫卵转阴率,以及粗计驱虫率或精计驱虫率。

第七节 免疫学检查技术

免疫学诊断是根据寄生虫感染的免疫机理而建立起来的较为先进的诊断方法,如果在患病动物体内查到某种寄生虫的相应抗体或抗原时,即可作出诊断。

一、寄生虫免疫的特点及其应用

1. 寄生虫免疫的特点

寄生虫同其他病原体一样,感染动物后,在其整个寄生过程中,从生长、发育、繁殖到死亡,有分泌、有排泄、有死后虫体的崩解。这些代谢物和虫体崩解的产物在宿主体内均起着抗原的作用,诱导动物机体产生免疫应答。因此,可以利用抗原抗体反应或是其他免疫反应来诊断寄生虫病。但是寄生虫免疫具有与微生物免疫所不同的特点,主要体现在免疫复杂性和带虫免疫两个方面。由于绝大多数寄生虫是多细胞动物,因而组织结构复杂;虫种发生过程中存在遗传差异,有些为适应环境变化而产生变异;寄生虫生活史十分复杂,不同发育阶段而具有不同的组织结构。这些因素决定了寄生虫抗原的复杂性,因而其免疫反应亦会十分复杂。带虫免疫是寄生虫感染中常见的一种免疫状态,虽然可以在一定程度上抵制再感染,但这种抵抗力往往并不十分强大和持久。

2. 寄生虫免疫应用

由于寄生虫组织结构和生活史复杂等因素,致使获得足够量的特异性抗原还有困难,而其功能性抗原的鉴别和批量生产更为不易。因此,寄生虫免疫预防和诊断等实际应用时受到限制,但也取得了一些成果。对于一些只有解剖动物或检查活组织才能发现病原的寄生虫来讲,免疫学方法也有着其他方法不可替代的优越性。

(1) 免疫接种 利用虫苗免疫是可行且有前途的方法,如牛环形泰勒虫裂殖体胶冻细胞苗已在流行区广泛应用;弓形虫苗和旋毛虫苗已基本成功。但由于寄生虫除原虫外均属于多细胞生物,结构相对复杂,加之发育复杂等诸多因素决定了免疫的复杂性,因此许多因素限制了虫苗的实际应用。实践证明,用感染期的致弱虫株、分类学上近似的虫种、人工培养时的分泌物和代谢产物等制成的活苗,免疫效果较好;而用杀死的虫体及其匀浆或提取物制成的死苗则免疫效果不良。

(2) 免疫学诊断 免疫学诊断是利用寄生虫所产生的抗原与宿主产生的抗体之间的特异性反应,或其他免疫反应而进行的诊断,当前在重要的动物寄生虫病以及人畜共患的寄生虫病方面已相继建立了许多免疫诊断的方法,并得到了广泛的应用。如变态反应、沉淀反应、凝集反应、补体结合试验、免疫荧光抗体技术、免疫酶技术、放射免疫分析技术、免疫印渍技术等。其中,间接血凝试验已在肝片形吸虫病、日本分体吸虫病、猪囊尾蚴病、棘球蚴病、旋毛虫病、弓形虫病、利什曼原虫病的诊断与防治中得到应用。免疫酶技术(ELISA)已在多种寄生虫病的诊断中广泛应用。

二、间接血凝试验

1. 间接血凝试验分类

间接红细胞凝集试验,简称间接血凝试验(IHA)。是以人 O 型红细胞或绵羊红细胞为载体,经特殊处理后吸附上特异性抗原,结合有抗原的红细胞叫做致敏红细胞,在遇到相应抗体后发生特异性结合,使红细胞发生凝集成肉眼可见的团块,即为阳性。如无特异性抗体存在则红细胞不发生凝集而均匀沉积于板底,为阴性。该方法可用于血吸虫病、弓形虫病、利什曼原虫病、钩虫病、旋毛虫病、阿米巴病、疟疾等寄生虫病诊断和流行病学调查。

根据所用的试剂和反应方式,可分为四类。

① 间接血凝试验(IHA) 先将抗原吸附于红细胞表面,以检测标本中的抗体。将抗原或抗体吸附于红细胞表面的过程,称为致敏。吸附有抗原或抗体的红细胞称致敏红细胞。

② 反向间接血凝试验(RIHA) 用特异性抗体致敏红细胞,以检测标本中的抗原。

③ 间接血凝抑制试验(IHAI) 该实验用抗原致敏的红细胞来检测相应的抗原。方法是先在被检样本中加入相应抗体,作用一段时间后再加入致敏红细胞。如标本中含有相应的抗原,则抗原将先与抗体结合,再加入抗原致敏的红细胞后则不出现凝集。若标本中不存在抗原,则出现凝集。

④ 反向间接血凝抑制试验(RIHAI) 该实验用抗体致敏的红细胞检测标本中的抗体。方法为先在待检样本中加入相应抗原,作用一段时间后再加入致敏红细胞。若标本中含有相应抗体,则不出现凝集,若不含抗体,则出现凝集。

2. 间接血凝试验的应用

(1) 原理 将可溶性抗原吸附于红细胞(一般多用绵羊红细胞,SRBC)表面,然后再用这种红细胞与相应抗体起反应,在有介质存在的条件下,抗原抗体的特异性反应通过红细胞凝聚而间接地表现出来。以红细胞作载体,大小均匀、性能稳定,且红细胞的红色起到指示作用,便于肉眼观察,故此法简便、快速,有较高的敏感性和特异性,已在很多寄生虫病的免疫诊断上应用。

(2) 材料 以犬、猫弓形虫病为例。

① 诊断液 致敏血球悬液和非致敏血球悬液,由生物制品厂提供。

② 阳性对照高免血清和阴性对照血清 供参照用。

③ 稀释液为磷酸缓冲液(PB 或 PBS) 取 1/15mol/L 磷酸氢二钾(23.77g $K_2HPO_4 \cdot 12H_2O$ 加蒸馏水至 1000ml)72 份,加入 1/15mol/L 磷酸二氢钾(9.08g KH_2PO_4 加重蒸馏水至 1000ml)28 份,即成磷酸缓冲液,再加入 0.85% NaCl 即成 PBS。分装高压灭菌后备用。

④ 器械 V 形(96 孔)微量血凝板、微量移液器等。

(3) 操作方法

① 先将 96 孔 V 形微量血凝板按血清编号,每份被检血清为一排,阳性和阴性对照血清各为一排,每排最后一孔为致敏红细胞空白对照。

② 每孔加入稀释液 25μL,吸取待检测血清 25μL,加于每排第一孔,自左至右按次序做倍比稀释。同时做阴、阳性对照。

③ 每孔滴加致敏红细胞悬液 25μL。

④ 滴好后用微型振荡器或以指尖轻轻拍匀,在 25℃左右恒温箱内静置 2~3h 即可判定结果。

(4) 判定结果

① 凝集反应强度

"++++":红细胞呈均匀薄层平铺孔底,周边皱缩或呈圆圈状。

"+++":红细胞呈均匀薄层平铺孔底,似毛玻璃状。

"++":红细胞平铺孔底,中间有少量的红细胞集中的小点。

"+"：红细胞大部分沉于孔底中心，周围有轻微的凝集小点。

"-"：红细胞全部沉于孔底中心，边缘光滑呈圆点状。

② 判断标准　"++"以上判为凝集反应即为阳性，血清凝集价在1：64以上为阳性；大于或等于1：32而小于1：64为可疑；1：16以下为阴性；可疑血清再经4~5天采血复检，其凝集价在1：64以上为阳性，否则判为阴性。

三、免疫荧光技术

1. 免疫荧光技术的基本方法

免疫荧光技术（IF）是根据抗原-抗体反应的原理，先将已知的抗原或抗体标记上荧光素制成荧光标记物，再用这种荧光抗体（或抗原）作为分子探针检查细胞或组织内的相应抗原（或抗体）。常用的荧光素有异硫氰酸荧光素（FITC）和藻红蛋白（PE），前者发黄绿色荧光，后者发橘红色荧光。在细胞或组织中形成的抗原-抗体复合物上含有荧光素，利用荧光显微镜观察标本，荧光素受激发的照射而发出明亮的荧光（黄绿色或橘红色），可以看见荧光所在的细胞或组织，从而确定抗原或抗体的性质、定位以及利用定量技术测定含量。由于荧光抗体具有安全、灵敏的特点，因此已广泛应用在免疫荧光检测领域。根据荧光素标记的方式不同，可分为直接荧光抗体和间接荧光抗体。近年来，随着荧光素和荧光检测技术的不断进步，荧光检测的灵敏度已经接近同位素检测的水平，直接标记的荧光抗体逐渐取代间接标记抗体。用荧光抗体示踪或检查相应抗原的方法称为荧光抗体法；用已知的荧光抗原标记物示踪或检查相应抗体的方法称为荧光抗原法。这两种方法总称免疫荧光技术，以荧光抗体法较为常用。所以免疫荧光技术又称免疫抗体技术。用免疫荧光技术显示和检查细胞或组织内抗原物质或半抗原物质等方法称为免疫荧光细胞（或组织）化学技术。根据抗原-抗体反应的安排不同，免疫荧光技术的基本方法有以下三种。

（1）直接荧光法　将荧光素标记在相应的抗体上，直接与相应抗原反应。其优点是方法简便、特异性高，非特异性荧光染色少；缺点是敏感性偏低，而且每检查一种抗原就需要制备一种荧光抗体。此法常用于细菌、病毒等病原微生物的快速鉴定。

（2）间接荧光法　用一抗与标本中抗原结合，再用荧光素标记的二抗染色。该法优点是灵敏度比直接荧光法高，制备一种荧光素标记的二抗即可用于多种抗原的检查，但非特异性反应亦增加。染色程序分为两步，首先用未知未标记的抗体（待检标本）加到已知抗原标本上，在湿盒中37℃保温30min，使抗原抗体充分结合，后洗涤，除去未结合的抗体；然后加上荧光标记的抗球蛋白抗体或抗IgG、IgM抗体。如果第一步发生了抗原-抗体反应，标记的抗球蛋白抗体就会和已结合抗原的抗体进一步结合，从而可鉴定未知抗体。

由于间接荧光抗体试验的特异性、快速性和在细胞和分子水平定位的敏感性与准确性，在动物寄生虫病生前诊断方面得到了广泛应用。

（3）抗补体染色法　抗补体染色法简称补体法，这是间接染色法的一种改良法。本法是利用补体结合反应的原理，以荧光素标记抗补体抗体，检查未知抗原或抗体的一种方法。此方法比较麻烦，应用较少，在这里不做详细介绍。

2. 间接荧光抗体试验（IFAT）的应用

（1）原理　将已知或未知抗原固定在载玻片上，滴加待测血清或已知特异性抗体，使之发生抗原抗体反应，再滴加荧光素标记的特异性抗抗体（标记二抗），形成带荧光素的抗原-抗体-抗抗体复合物，在荧光显微镜下观察。由于显微镜高压汞灯光源的紫外光或蓝-紫外光的照射，将标本中复合物的荧光素激发出荧光。荧光的出现就表示特异性抗体或抗原的存在。本法的优点是制备一种荧光标记的抗体，可以用于多种抗原、抗体系统的检查，既可用以测定抗原，也可用来测定抗体。最常用的荧光素为异硫氰酸荧光素。

（2）材料　以犬吉氏巴贝斯虫病为例。

① 抗原 从自然感染的犬分离。
② 免疫荧光用载玻片 12穴玻片。
③ 荧光抗体 兔抗犬IgG荧光标记抗体，兔抗犬IgM荧光标记抗体。
④ 血清 标准阳性血清，标准阴性血清。
⑤ 甘油磷酸缓冲液
a. 配制pH 8.0磷酸缓冲液
0.1mol/L Na_2HPO_4 94.50ml
0.05mol/L NaH_2PO_4 5.50ml
b. 9份甘油与1份pH 8.0磷酸缓冲液混合，即为甘油磷酸缓冲液。
(3) 操作方法
① 抗原包被 将染虫率为10%左右的病犬抗凝血液用pH 8.0的PBS洗涤3次，取红细胞泥2ml，加PBS 8ml悬浮，于免疫荧光用载玻片上每穴加3μL，自然干燥，包装，−80℃保存备用。
② 从冰柜中取出已包被的抗原玻片，在超净工作台上风干。
③ 冷丙酮固定30min，于室温下干燥。
④ 每穴加入相应编号的经PBS稀释的待检血清20μL，置湿盒中37℃下作用30min。
⑤ 用PBS轻轻冲洗，然后浸泡于PBS盒中，于摇床上轻微摇动，10min内共洗涤3次。
⑥ 轻轻擦干，加入经荧光稀释液（3%犊牛血清+PBS+0.01%叠氮钠）稀释的荧光标记抗体IgG+荧光标记抗体IgM，每穴10μL，置湿盒中37℃下作用30min。
⑦ 重复5次操作。
⑧ 稍干后加入pH 8.0甘油缓冲液封片、镜检。
此法在试验时需设阳性对照、阴性对照。
(4) 结果判定 用荧光显微镜观察，抗原+标准阳性血清+荧光标记抗体，每个视野有数个特异性黄绿色荧光时，阳性血清对照成立；抗原+标准阴性血清+荧光标记抗体，视野中没有特异性黄绿色荧光时，阴性血清对照成立。当阳性和阴性对照都成立时，被检样品检查判定结果有效。被检样品每个视野有数个特异性黄绿色荧光时，可判定为阳性结果；如无特异性黄绿色荧光时，判定为阴性结果。

四、免疫酶技术

1. 免疫酶技术分类

免疫酶技术是继免疫荧光技术和放射免疫技术之后发展起来的一种免疫标记技术。免疫酶技术就是用酶（如辣根过氧化物酶）标记已知抗体（或抗原），然后与组织标本在一定条件下反应，能催化底物水解、氧化或还原，产生显色反应，生成可溶性或不溶性有色物质。如生成的物质为可溶性，则可用肉眼或比色法定性或定量；如生成的物质为不溶性沉淀物，同时又是电子致密物质，则可用光学显微镜或电子显微镜识别和定位。因此，免疫酶技术是一项定位、定性和定量的综合技术。免疫酶技术种类繁多，大体分类如下。

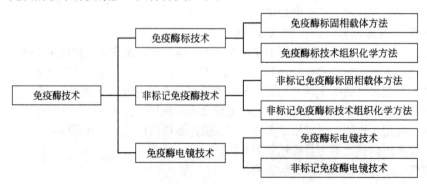

免疫酶标固相载体方法又叫酶联免疫吸附试验，免疫酶标技术组织化学方法又叫免疫酶染色法。

在众多免疫酶技术的方法中，以酶联免疫吸附试验和免疫酶染色法应用最多。近年来，单克隆抗体、金黄色葡萄球菌A蛋白（SPA）、凝集素、生物素与亲和素等已成功地引入免疫酶技术，从而使该技术的应用范围进一步扩大，并在不同程度上提高了检测方法的特异性与敏感性。目前，免疫酶技术在人畜共患寄生虫病的诊断和许多领域中正发挥着重要作用。

2. 酶联免疫吸附试验的应用

（1）原理 本法是将抗原或抗体同酶相结合，使其保持着免疫学的特异性和酶的活性。经酶联的抗原或抗体与酶的底物混合后，由于酶的催化作用，使无色的底物或化合物产生氧化还原反应或水解反应而显示颜色。此法具有很高的特异性和敏感性，可检测出血清中的微量抗体或抗原，很适合于轻度感染和早期感染的诊断。此外，由于操作自动化，减少了主观判读结果的误差，是一种很好的免疫学诊断方法。

（2）材料 以某生物技术有限公司研制的弓形虫循环抗原检测试剂盒为例，材料包括：

① 预包被板；
② 酶结合物；
③ 浓缩洗涤液，按说明书稀释；
④ 底物；
⑤ 显色剂；
⑥ 终止液；
⑦ 阳性对照、阴性对照。

（3）操作方法

① 待测孔每孔加稀释的洗涤液40μL，血清样本10μL，混匀，同时设阴性对照、阳性对照及空白对照各一孔。
② 每孔再加稀释的酶结合物50μL（空白孔除外），混匀，37℃反应60min。
③ 甩去孔内液体，用稀释液洗涤5次，每次间隔3min，吸干。
④ 每孔加底物和显色剂各一滴，37℃下避光反应10min，加终止液一滴混匀，终止反应。

（4）判定结果

① 肉眼观察 不加终止液观察，基本无色或微蓝色为阴性，呈明显的蓝色为阳性。
② 仪器判断 加终止液，以空白对照调零于45nm读取OD值，待检孔OD值大于阴性对照2.1倍者为阳性。当阴性对照OD值低于0.07时按0.07算。

五、PCR技术

1. PCR技术的特点

PCR技术又称聚合酶链反应技术，是一种既敏感又特异的DNA体外扩增方法，可将一小段目的DNA扩增上百万倍，其扩增效率可检测到单个虫体的微量DNA。它的特异性通过设计特异引物，扩增出独特DNA产物，用琼脂糖电泳很容易检测出来，而且操作过程也相对简便快捷，无需对病原进行分离纯化。该方法还可以克服抗原和抗体持续存在的干扰，直接检测到病原体的DNA，既可用于临床诊断，又可用于流行病学的调查。

2. PCR技术的应用原理

首先要进行PCR扩增：在存在DNA模板、引物、dNTP、适当缓冲液（Mg^{2+}）的反应混合物中，在热稳定DNA聚合酶的催化下，对一寡核苷酸引物所界定的DNA片段进行扩增。这种扩增是通过模板DNA、引物之间的变性，退火（复性），延伸三步反应为一周期（Cycle），循环进行，使目的DNA片段得以扩增。由于每一周期所产生的DNA片段均能成为下一次循环的模板，故PCR产物以指数方式递增，经30个周期后，特定DNA片段的数量从理论上计算可增加到10^9倍。在实际应用中，一般用30多个循环。随着PCR技术的不断完善与发展，它已广泛应用于分子生物学、生物技术、临床医学等各个领域，应用前景巨大。在寄生虫病诊断上，可建立特异、敏感、快速的特异PCR诊断技术。

第八节 寄生虫材料的固定与保存

一、吸虫的固定与保存

1. 固定方法

虫体洗净后，较小的虫体，先将其放在薄荷脑溶液中使虫体松弛。

薄荷脑溶液的配制：取薄荷脑24g，溶于10ml 95%的乙醇中，为薄荷脑饱和乙醇溶液，使用时在100ml水中加入此液一滴即可。

较大较厚的虫体标本，为了以后制作压片标本的方便，可先将虫体压入两载玻片间，为了不使虫体压得太薄，可在载玻片两端垫以适当厚度的纸片，然后用橡皮筋扎紧载玻片两端，把它放到下列任何一种固定液中即可。

固定吸虫时常用的固定液有如下两种。

(1) 劳氏固定液

配制：

饱和升汞溶液（约含升汞7%）　　100ml
冰醋酸　　　　　　　　　　　　　2ml

混合即成。

适用于小型吸虫。固定虫体时，将虫体放于一小试管中，加入盐水，达试管的1/2处，用力摇晃，充分冲洗虫体，再加入劳氏固定液摇匀，放置12h后，方可移入保存液中保存。

(2) 甲醛固定液

配制：

甲醛　　　　　　　　　　　　　　10ml
水　　　　　　　　　　　　　　　90ml

混合即得。

将小型吸虫虫体或夹于载玻片间的大型虫体投入固定液中，经24h即固定完毕。较大的夹于两载玻片间的吸虫，固定液渗入较难，可在固定数小时后，将两载玻片分开，这时虫体将贴附于一载玻片上，将附有虫体的载玻片继续放入固定液中过夜。

2. 保存方法

(1) 吸虫瓶装浸渍陈列保存

在劳氏（Looss）固定液中固定的虫体放置12h后，将虫体移到70%乙醇溶液中保存，如需长期保存应在乙醇中加5%甘油。

在甲醛固定液中固定的虫体，最后将虫体置于3%~5%的甲醛溶液中保存。

经过固定的标本，需要保存时密封瓶口，贴上标签。

(2) 制片保存

进行吸虫标本形态观察时，需要制成染色装片标本。下面介绍一种虫体整体装片标本的制法。

① 苏木素染色法　德氏（Delafield）苏木素染液配制：

a. 先将苏木素4g溶于25ml 95%乙醇中；

b. 再向其中加入400ml的饱和铵明矾溶液（约含铵明矾11%）；

c.将此混合液曝晒于日光及空气中3~7天（或更长时间），待其充分氧化成熟；

　　d.再加入甘油100ml和甲醇100ml保存，待其颜色充分变暗，用滤纸过滤，装于密闭的瓶中备用。

　②染色步骤

　　a.将保存于甲醛固定液中的虫体，取出以流水冲洗。如虫体原保存于70%乙醇中，则先后将虫体移经50%乙醇和30%乙醇中各1h，再移入蒸馏水中。

　　b.将德氏苏木素染液加蒸馏水10~15倍，使呈浓酒红色。将以上虫体移入此稀释的染液内，放置过夜。

　　c.取出染色后的虫体，在蒸馏水中清洗染液，再依次通过30%、50%、70%乙醇各0.5~1h。

　　d.虫体移入酸乙醇中褪色（酸乙醇是在100ml 80%乙醇中加入浓盐酸2ml），待虫体变成淡红色。

　　e.再将虫体移到80%乙醇中，再循序通过90%、95%和无水乙醇各0.5~1h。

　　f.将虫体由无水乙醇中移入二甲苯或水杨酸甲酯（冬青油）中，透明0.5~1h。

　　g.将透明的虫体放于载玻片上，滴一滴加拿大树胶，加盖玻片封固，待干燥后即成。

二、绦虫的固定与保存

1.固定方法

将收集到的绦虫，浸入劳氏固定液、70%乙醇或5%甲醛液中固定。准备做瓶装陈列的标本，以甲醛溶液固定较好。如欲制成染色装片标本以观察其内部结构，则以劳氏固定液或乙醇固定为好。

绦虫有时很长（可达数米），容易断而又易于相互打结，故固定时应注意。不太长的虫体，可提住虫体后端，将虫体悬空伸长，然后将虫体陆续下放，逐步地浸入固定液中。过长的虫体，可先缠在玻璃板上，连玻璃板一同浸入固定液内。也可在大烧杯中，先放入用固定液浸湿的滤纸一张，提取虫体后端，使虫体由头节开始，逐步放落在滤纸上，加盖一层湿滤纸；再用同样方法，放上第2条虫体；如是操作，全部放好所有虫体，最后用固定液轻轻注满烧杯，固定24h后取出。

保存于瓶内的标本应登记并加标签，其注意事项同吸虫。

2.保存方法

（1）绦虫瓶装浸渍陈列保存　将经固定后的绦虫，放入瓶中，保存于加有5%甘油的70%乙醇中长期保存。做瓶装陈列标本。

（2）绦虫制片法　绦虫虫体较长，在制片时要切断虫体，根据观察的需要，采取具有代表性的部位节片，染色后做成装片标本。绦虫的头节是决定绦虫种类的重要依据之一，应首选为装片标本的材料；此外，成熟节片和孕卵节片，应各切取3~4节，制成染色装片标本。其染色和装片方法与吸虫相同，在此不再赘述。

三、线虫的固定与保存

1.固定方法

采集到线虫标本后应尽快洗净，立即放入固定液中固定，否则虫体易于破裂。线虫雌雄异体，雌虫一般较雄虫大，在虫体鉴定时，常将雄虫的某些形态特征作为依据，因此，采集虫体时不可忽视较小虫体的采集。一些有较大口囊的线虫（如圆线虫、钩口线虫等）和有发达交合伞的线虫，其口囊或交合伞中，常夹杂着大量杂质，妨碍以后的观察，应在固定前用毛笔洗去，或充分振荡以洗去，然后固定。

可采用乙醇或甲醛固定。

用乙醇固定时，系用70%乙醇，加热到70℃左右（在火焰上加热时，乙醇中有小气泡升起时即约为70℃），将洗净的虫体放入，虫体即在热固定液中伸直而固定，直到乙醇冷却将虫体移入含5%甘油的80%乙醇中，加标签保存。

用甲醛固定液固定虫体时也可先将固定液加热到70℃，再放入虫体，固定时间在24h以上。甲醛固定液配制：30%甲醛3ml加到100ml生理盐水中。

2. 保存方法

（1）线虫瓶装陈列标本保存　固定后的线虫标本即可保存于固定液内，也可以移入含5%甘油的80%乙醇中，加标签保存。

（2）线虫的制片

① 线虫经固定后，是不透明的，欲进行线虫形态的观察，必须先进行透明或装片。为了能从不同的侧面对虫体形态进行观察，以不做固定装片为好，这样可以在载玻片上将虫体翻动，观察得更仔细。

虫体的透明方法，常用的有以下几种。

a. 甘油透明法：将保存于含5%甘油的80%乙醇中的虫体，连同保存液一起倒入蒸发皿中，放置温箱中，并不断滴加少量甘油，直到乙醇全部蒸发，此时留在残存甘油中的虫体已经透明。可供观察。

如欲在短时间内完成这一透明过程，可将蒸发皿放在加有热水的烧杯上，用酒精灯加热，促使蒸发皿中的乙醇在短时间内挥发，而达到虫体透明的目的。

此法透明后的标本，即可保存于甘油内。

b. 乳酚透明法：乳酚透明液配制：甘油2份，乳酸1份，苯酚1份和蒸馏水1份混合而成。是一种良好的透明液。虫体自保存液中取出后，应先移入乳酚透明液与水的等量混合液中，0.5h后再移入乳酚透明液中，数分钟后，虫体即透明，可供观察。观察后虫体应自透明液中取出，移回原保存液中保存。

② 制成虫体装片的方法

a. 甘油明胶封片法：制片时，将甘油明胶滴一滴于载玻片上，然后将固定液中的虫体挑出放在上面，之后在虫体上再加1~2滴甘油明胶液，加甘油明胶的量以恰好充满于盖玻片下，但又不溢出为宜。加盖玻片时，慢慢平行放入，以免出现气泡，最后将制片平放于晒片架上，待其自然干燥。大型虫体可切取前、后部，进行制片。最好每一片上有一雄虫和一雌虫。

将上述制片贴上标签就可以使用了。但为了长期保存，可用解剖针蘸取油漆轻轻地涂在盖玻片的四周边缘上，干燥之后就可以长期保存了。

b. 光学树脂胶或加拿大树胶封片法，此法是寄生虫制片的较好方法，适用于多种寄生虫的制片，而且效果好，可永久保存。

只是制片时不染色，将虫体循序通过70%、80%、90%，无水乙醇中各0.5h，最后在水杨酸甲酯或二甲苯中透明，透明后放置在载玻片上，滴加光学树脂胶或加拿大树胶，拨正位置，加盖玻片封片。

四、蜱螨与昆虫的固定与保存

收集到的虫体，根据其种类的不同或今后工作的需要，采用下列方法进行固定与保存。

1. 蜱螨的固定与保存

在动物体表或外界环境中采集到蜱螨类，可按以下方法固定和保存。

（1）湿固定　蜱、螨用液体固定可使标本保持原来形态，利于教学和科研用。蜱应小心地由动物体表摘下或从拖网上取下，以防止蜱的假头断落，先投入开水中数分钟，让其肢体伸直，便于日后观察。然后保存在70%乙醇内，为防止乙醇蒸发使蜱的肢体变脆，可加入数滴甘油。或把蜱螨类先投入经加温的70%乙醇（60~70℃）固定，1天后保存于5%甘油乙醇（70%）中；也可用5%~10%甲醛和布勒氏（Bless）液固定保存。固定液体积必须超过所固定标本体积的10倍以上，才能保证标本的质量。如此保存的蜱、螨标本可供随时观察。上述固定液固定的标本，可用来制片，观察其外部构造用。如果为了做切片标本，还是用布勒氏液固定为佳。

布勒氏液配方：甲醛原液7ml，70%乙醇90ml，冰醋酸（临用前加入）3~5ml混合配成。

所有保存标本必须详细记录标本名称、宿主、采集地点、采集日期及采集者姓名。用铅笔写好标签放入瓶内，保存标本的瓶应用蜡封严。

(2) 湿封法　蜱螨类标本通常不染色，不作完全脱水，可用湿封法制成标本。即用新鲜采得的病料散放在一块玻璃上，铺成薄层，病料四周应涂少量凡士林，以防止虫体爬散，为了促使螨类活动加强，可将玻璃稍微加温，然后用低倍镜检查，如发现虫体爬行于绒毛和皮屑之间，及时用分离针尖挑出单独的虫体，放置在预先安排好的其上有1滴布勒氏液的载玻片上，移到显微镜下判定其需要的背或腹面，然后盖一个1/4盖玻片的小盖玻片，再用分离针尖轻压小盖玻片，并作圆圈运动，尽量使其肢体伸直。待自然干燥约1周时间，再在小盖玻片上加盖普通盖玻片，用加拿大树胶封固，即成为永久保存的标本了。

2. 昆虫的固定与保存

(1) 浸渍保存　适用于无翅昆虫等（如虱、虱蝇、蚤以及各种昆虫的幼虫和蛹）。如采集的标本吸食了大量的血液，则在采集后应先存放一定时间，等体内吸食的血液消化吸收后再固定。

① 固定　固定液可用70%乙醇或5%~10%的甲醛溶液。如用专门的昆虫固定液效果更好。当虫体较大时，浸入在75%乙醇中的虫体，于24h后，应将原浸渍的乙醇倒去，加上新的70%乙醇。在昆虫固定液中固定的虫体，经过一夜后，也应将虫体取出，换入75%乙醇中保存。

昆虫固定液配方：在120ml的75%乙醇中，溶解苦味酸12g，待溶解后再加入三氯甲烷20ml和乙酸10ml。

② 保存　保存液的配制：100ml 70%的乙醇中，加入5ml甘油。浸渍标本加标签后，保存于标本瓶或标本缸内，每瓶中的标本应占瓶容量的1/3，不宜过多，保存液则应占瓶容量的2/3，加塞密封。

(2) 干燥保存　本法主要是保存有翅昆虫，如蚊子、虻、蝇等的成虫，又分为针插保存和瓶装保存两种。

① 固定　采集到的有翅昆虫，要先放入毒瓶中致死，毒瓶的制备如下：氯仿毒瓶是取一大标本管（长10cm，直径3cm），在管底放入碎橡皮块，约占管高的1/5；注入氯仿，将橡皮块淹没，用软木塞塞紧（不可用橡皮塞）过夜；此时氯仿即被橡皮块吸收，然后剪取一张与管口内径相一致的圆形厚纸片，其上用针刺若干小孔，盖于橡皮块之上即可。氯仿用完后，应将圆纸片取出，再度注入氯仿，处理方法同前。使用时，将活的昆虫移入瓶内，每次每瓶放入的昆虫不宜过多。昆虫入毒瓶后，很快即昏迷而失去运动能力，但到完全死亡，则需5~7h，死后将昆虫取出保存。

② 保存

a. 针插保存：本法保存的昆虫，能使体表的毛、刚毛、小刺、鳞片等均完整无缺。并保有原有的色泽，是较理想的方法。其具体步骤如下。

Ⅰ. 插制：对大型昆虫，如虻、蝇等，可将虫体放于手指间以2号或3号昆虫针，自虫体的背面中胸的偏右侧垂直插进。针由虫体腹面穿出，并使虫体停留于昆虫针上部的2/3处，注意保存虫体中胸左侧的完整，以便鉴定。对小型昆虫，如蚊、蚋、蠓等，应采用二重插制法。即先将00号昆虫针（又称二重针）先插入一硬纸片或软木条[硬纸片（软木条）长15mm，宽5mm]的一端，并使硬纸片（软木条）停留于00号昆虫针的后端，再将此针向昆虫胸部腹面第2对足的中间插入，但不要穿透。再以一根3号昆虫针在硬纸片（软木条）的另一端，与00号昆虫针相反而平行的方向插入即成。在缺少00号昆虫针时，可用硬纸片胶粘法，即取长8mm和底边宽4mm的等腰三角形硬纸片（软木条），在三角形的顶角蘸取加拿大树胶少许，贴在昆虫胸部的侧面，再将此硬纸片的另一端，以3号昆虫针插入。插制昆虫标本，应在虫体未干之前进行，如虫体已干，则插制前应使虫体回软，以免断裂。

Ⅱ．标签：标签用硬质纸片制成，15mm×15mm，以黑色墨水写上虫名、采集地点、采集日期等，并将其插于昆虫针上，虫体的下方。

Ⅲ．整理与烘干：将插好的标本，以解剖针或小镊子将虫体的足和翅等的位置加以整理，使保持生活状态时的姿势，再插于软木板上，放入30~35℃的温箱中待干。

Ⅳ．保存：将烘干的标本，整齐地插入标本盒中，标本盒应有较密闭的盖子，盒内应放入樟脑球（可用大头针烧热，插入球内，再将其插在标本盒的四角上），盒口应涂以二二三油膏，以防虫蛀。标本盒应放于干燥避光的地方。在梅雨季，要减少开启次数，以防潮湿发霉。

b.瓶装保存：大量同种的昆虫，不需个别保存时，可将经毒瓶毒死的昆虫，放在大盘内，在干燥箱内干燥，待全部干燥后，放于广口试剂瓶中保存。在广口试剂瓶底部先放一层樟脑粉，上加一层棉花压紧，在棉花上再铺一层滤纸。将已干的虫体逐个放入，每放一层后，再放一些软纸片或纸条，以使虫体互相隔开，避免挤压过紧。最后在瓶塞上涂二二三软膏，塞紧。在瓶内和瓶外应分别贴上标签。

(3) 制片 多数昆虫和蜱、螨的鉴定分类，均以其外部形态结构为依据。可直接在解剖镜下或低倍显微镜下观察，也可制成永久装片标本观察。

干燥保存的标本，在虫体取出后，脆而易碎，应先经过回软。回软是在干燥器内进行的，在干燥器底部铺一薄层洗净的沙粒，沙中加少量的清水，再滴几滴石炭酸，放上有孔的瓷隔板，然后将要回软的标本放在隔板上，加盖，经2~8h即可回软。

① 直接观察 将浸渍的昆虫标本或回软的标本直接放于解剖镜下或放大镜下观察。必要时可在解剖镜镜台上放一小平皿，内加清水或浸渍液，使被检虫体浸没于液体中，可减少折光，便于观察。

② 为了工作的需要，可将小昆虫的整个虫体或昆虫身体的某些部位制成装片标本。制片准备工作是先将虫体或其局部浸入10%的氢氧化钾溶液中，煮沸数分钟使虫体内部的肌肉和内脏溶解，并使体表软化透明，便于制片观察。较大的虫体，浸入氢氧化钾溶液后，尚可用昆虫针在虫体上刺些小孔，以利虫体内部组织的溶解。身体较柔软的昆虫或幼虫，也要浸入10%氢氧化钾溶液中，待虫体软化透明后制片。经氢氧化钾处理后的虫体，应在水中洗去其碱液再行制片。其后的操作如下。

a.加拿大树胶封片：取已准备好的昆虫虫体或虫体的一部分，经30%、50%、70%、85%、90%、95%各级乙醇逐级脱水，最后移入无水乙醇中，使完全脱水。再移入二甲苯或水杨酸甲酯中透明，透明后，取出放在载玻片上，滴一些加拿大树胶，覆以盖玻片即成。本法经过各级乙醇所需的时间，按虫体的大小而有所不同，一般需15~30min，较大的虫体需要的时间要稍长一些。

b.洪氏液封片。

洪氏封片液配制：

鸡蛋白　　　50ml
甲醛　　　　40ml
甘油　　　　40ml

三者装在瓶中，加塞振荡，彻底均匀，放置，待其中气泡上升逸出，最后倒入平皿中，置干燥器中吸去其中水分，待液体仅占原容量的1/2时，即可取出装入瓶中，密封待用。

取洪氏液滴于载玻片上，再取以氢氧化钾处理过并经洗净的小型昆虫虫体，无需脱水，直接移入洪氏液中，加盖玻片盖好即成。

c. 甘油明胶封片。

甘油明胶封片剂配制：

水　　　　　6ml
明胶　　　　1g
甘油　　　　7ml
石炭酸　　　0.13g

水与明胶溶解后，加入甘油混匀，并在其中加石炭酸，加温15min制成。另可用培氏胶液，螨的体积很小，比较适合这种方法制片。

培氏胶液配制：

阿拉伯胶　　15g
蒸馏水　　　20ml
葡萄糖浆　　10ml
醋酸　　　　5ml
水合氯醛　　100g

先用蒸馏水将阿拉伯胶溶解，再加入葡萄糖浆（每100ml水中含糖68g）、醋酸，最后加入水合氯醛混匀即成。

用以上两种封片剂的任何一种时，氢氧化钾处理过的虫体经洗净后均无需脱水，直接放于载玻片上，除去多余的水分，滴加甘油明胶或培氏胶液，加盖玻片封固即可。

以上各种方法中，以加拿大树胶封制的装片保存较久；其余各法的封固剂，时间过久后，会失去水分而干裂，有时在盖玻片周围用油漆环封，以减少水分散失，延长保存时间。但并不能完全阻止水分的丧失。

五、原虫的固定与保存

寄生性原虫的种类很多，不同种类的原虫寄生部位不同，因此在取材方面有所差别，但制片方法基本相仿。

（1）血液　涂片干燥后，用吉姆萨液或瑞氏液染色。

① 吉姆萨液染色

a. 先用甲醇固定3min左右。

b. 用蒸馏水1ml加吉姆萨原液1.5～2滴，混匀后染片。

c. 在20℃室温内放置1.5h。

d. 用中性蒸馏水冲之（注意冲时不要先倒掉染液），干后镜检。

② 瑞氏染色　因染料溶于甲醇中，故不必事先用甲醇固定。

a. 在染色片上加瑞氏染色液10滴，静置1min。

b. 再加入等量缓冲液静置3～5min。

c. 用缓冲液或蒸馏水急冲半分钟。干后镜检。

检验效果：核呈紫蓝色或深紫色，酸性颗粒粉红色，盐基性颗粒紫蓝色或深蓝色，红细胞橙黄色或浅红色，淋巴细胞紫蓝色。

（2）脏器　涂片、染色、制片同上。

（3）形态较大的原虫　如肉孢子虫，若观其内部构造，就需要做组织切片，可以用石蜡包埋切片或冰冻切片技术，此处略。

以上原虫制片，为了长期保存，也可以用二甲苯逐级透明后，再用光学树脂胶封片。

六、蠕虫卵的固定与保存

为了教学与研究的需要，常需将蠕虫虫卵保存，留待以后的检查。

1. 虫卵材料的采集

（1）从患畜粪便中收集虫卵　可参照蠕虫卵的各种集卵法。从患畜粪便中收集虫卵的缺点在于多数家畜体内常有多种寄生虫同时寄生，很难获得单一种的虫卵。

（2）生理盐水收集虫卵　将解剖家畜时所采集的每种寄生虫挑入生理盐水中，此时虫体尚未死亡，常可在盐水中继续产出一部分虫卵，然后将虫体取出，将盐水静置、沉淀，待虫卵集中于底部后收集之。

此法所得到的虫卵，未经肠道与粪便混合所以是无色的，与粪便中所见虫卵，在颜色上有所不同，为此可将取得的虫卵混入粪便中，存放数天，使之染色。

2. 虫卵标本的固定与保存

先将含有虫卵的沉淀物倒入一小烧杯中，加入已加热到70～80℃的巴氏液，进行固定。等凉后，保存于小口试剂瓶中，用时吸取沉淀，放于载玻片上检查即可。在以上操作中，保存液的加热很重要。否则有些虫卵在保存液中，仍然存活并继续发育或变形。

巴氏液配制：

甲醛	30ml
氯化钠	7.5g
水	1000ml

混合而成。

有人建议改用下列固定液加入虫卵沉淀中以保存虫卵。

配比：

甲醛	10ml
95%乙醇	30ml
甘油	40ml

七、标签

凡是要保存的虫体和病理标本，都应附有标签，注明采自动物种类、器官、寄生虫的名称，采取的日期和地点。瓶装浸渍标本应有内、外标签，内标签是用硬质铅笔写的标签。标签式样见表 3-2。

表 3-2　寄生虫标本瓶标签式样

编号……	No.　　36
动物种类、性别、年龄、及产地……	山羊、♀、2岁　朝阳　凌源
寄生虫名称及寄生部位、条数……	肝片吸虫　肝脏　12
解剖者姓名及剖检时间……	李×× 2007.3.27

知识链接

一、食肉动物的寄生虫完全剖检技术

食肉动物如犬、狼、狐等的寄生虫，有些种（如棘球绦虫）是人兽共患寄生虫，在剖检动物时，必须严防操作者被感染和污染环境。所以，剖检时要求按照如下操作方法来做。

1. 剖检前准备

（1）防护用品的准备　紧袖口工作服，长筒胶靴，乳胶手套，口罩，白帽。

（2）器材、药品的准备　直径30～40cm瓷盆3个或4个，较大的长方形瓷盘3个或4个，

500~1000ml瓷量杯2个，20cm左右长柄镊子2把，15cm长钝头剪刀2把，无齿组织镊子3把，直径55mm的玻璃平皿4副，直径10cm左右的平皿10副，有刻度（0.5~2ml）带胶皮头的玻璃滴管10支，300ml玻璃烧杯5个，载玻片2盒，20mm×20mm盖玻片1盒，12cm×6cm的普通玻璃块10~120块，铁水桶1个，肥皂粉2包，毛巾2条，生理盐水500ml，20%甲醛2000ml，10%甲醛1000ml，5%甲醛500ml，5%甘油酒精，70%酒精500ml，1%盐水20L，汽油喷灯1台，生石灰若干千克。

（3）地坑的准备　在较偏僻处事前挖一个地坑，深2~3m，为掩埋剖检处理后的尸体、内脏，以及所有污物之用。有焚尸炉设备的，应将上述各物投入焚尸炉内烧掉。

2.剖检操作顺序

剖检前先观察体表有无寄生虫，如有寄生虫如蚤、虱、蜱、螨等，直接采集保存于70%酒精中，然后将动物固定于解剖台上（腹部向上），切开腹壁，先检查体腔内有无寄生虫，再查看内脏有无寄生虫病变，然后分别采取胸、腹腔内器官，分别置于盆内。

（1）准备好瓷盆　先将瓷盆编号，并在瓷盆内壁划出盛1000~1500ml液体的记号，用于放置不同肠段内容物，以便计算总虫数用。

（2）准备好用具　在1000ml瓷烧杯中，盛20%甲醛400ml，把剖检时需用的镊子、剪刀、无齿组织镊子、长胶皮头滴管等插入其中，随用随拿。用后即时又插入杯中，禁止在实验台面或地面上随便乱放，以防污染。

（3）剖检及虫体标本的采取　操作者应穿戴个人防护衣帽、胶靴、手套、口罩，两人为一组，先在每个瓷盆内加入1%盐水1000ml，操作动作要轻快、稳准，以防止盛脏器内容物的盐水溅出。一人手持镊子，另一人手握肠管、剪刀，两人合作。剖检消化道时，先剪开肠系膜，注意不要损破肠壁，使肠管能拉直，把肠管分段再把小肠放在另一盆内，其余肠段留在原盆内。徐徐剪开小肠壁，边剪边仔细观察有无寄生虫，有虫时则把肠内容物及肠黏膜一起刮入盆中，刮时要慢要稳，防止内容物溅出。如内容物中小型虫体很多，可把盆内容物搅匀后，即用带刻度的长胶皮头滴管吸取10~15ml，置直径55mm玻璃平皿中（每平皿内盛5ml），在低倍镜下依次全面查虫，分类计数，然后计算出盆内多类虫体的总数。大型绦虫标本采取时，应将吸附有头节的肠壁部分剪下，连同整个虫体浸入清水中数小时，则绦虫头节即自然与肠壁脱离，如果强行拉下虫体，则吸附于肠壁的头节与链体断离，损坏标本。完整的绦虫标本取得后，再移置于清水中漂洗除去黏附的污物，再浸入清水中8~12h，使虫体松弛，然后将虫体放置于较大的长方形瓷盘中，倾入5%甲醛液固定。对小型虫体如棘球属绦虫，放在1%盐水中洗，再移入缓冲液中洗，把洗净的虫体用滴管吸上置载玻片上，以2或3条为一组，盖玻片稍加压力，使虫体变扁薄，但又不破裂，从旁滴加10%甲醛固定4h以上，然后连载玻片、虫体和盖玻片一同置入盛10%甲醛的烧杯中，浸泡1~2天，再将虫体移入5%甲醛液中保存。对中型线虫，检出后放在生理盐水中漂洗，和其他肠段的线虫一样，洗净后用5%甘油酒精固定保存。

其他各种内脏的处理和标本的采集方法，同家畜的寄生虫剖检技术。

在整个剖检过程中，特别是对棘球细虫患犬的剖检，应时刻注意凡是用过的任何用具、肠管、内容物、洗液等，绝不能到处乱放，必须煮沸30min后，待自然冷却到30℃左右，虫卵已被杀灭，再把肠及内容物倒入地坑内。对所有用具要用肥皂、清水洗净。操作者虽然穿戴着防护服装，但应尽量做到不污染。所用手套浸泡在10%甲醛液中1~2天，工作服煮沸消毒，地面可撒上石灰或用喷灯喷烧。

二、网上冲浪

1. 中国畜牧业信息网：http://www.caaa.cn
2. 中国畜牧兽医信息网：http://www.cav.net.cn
3. 中国牧业网：http://www.china-ah.com
4. 中国养殖网：http://www.chinabreed.com

复习思考题

一、简答题

1. 叙述寄生虫病粪便检查的重要意义。
2. 掌握不同动物蠕虫卵的形态特征。
3. 列举旋毛虫病肉品检验的常用技术，比较其优缺点。
4. 哪些寄生虫病适合于免疫学诊断？
5. 驱虫在防治寄生虫病中有何意义？

二、综合分析题

某集约化猪场气喘病危害较严重，部分种猪咳嗽严重，该猪场去年又发生过高致病性猪蓝耳病，死亡和淘汰种猪200多头，请结合这一情况，为该猪场制订一份驱虫计划书。

第四章 人兽共患寄生虫病的诊断与防治技术

知识目标
1. 了解人兽共患寄生虫病的分类，掌握人兽共患寄生虫病的概念。
2. 了解人兽共患寄生虫病流行的影响因素，掌握其综合防治措施。
3. 了解主要人兽共患寄生虫病的临床症状和剖检病变等特征，掌握其病原形态及流行病学。

能力目标
1. 对于几种主要的人兽共患寄生虫病，学生能正确掌握其诊断方法。
2. 通过对某些人兽共患寄生虫病的典型案例的诊断和分析，培养学生综合分析和诊断人兽共患寄生虫病的能力。

指南针

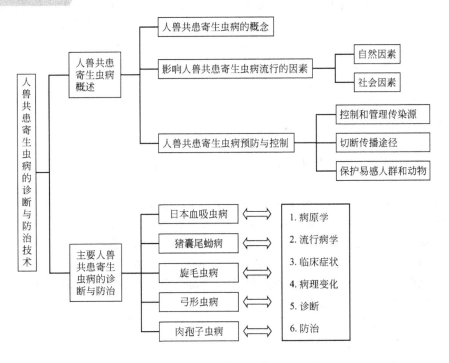

第一节 人兽共患寄生虫病概述

一、人兽共患寄生虫病概念与分类

1. 人兽共患寄生虫病概念

人兽共患寄生虫病是指脊椎动物与人之间自然传播的寄生虫病，即以寄生虫为病原体，既可感染人又可感染动物的一类疾病。包括寄生性原虫、蠕虫、能进入宿主皮肤和体内的节肢动物，但不包括在宿主体表吸血和寄居的暂时性寄生虫。

2. 人兽共患寄生虫病分类

人兽共患寄生虫病的分类方法多样，主要有三种。

（1）按寄生虫学分类

① 吸虫病　约 19 种，如华支睾吸虫病、姜片吸虫病、日本分体吸虫病、肝片形吸虫病、并殖吸虫病等。

② 绦虫（蚴）病　约 15 种，如棘球蚴病、猪带绦虫病、脑多头蚴病、裂头绦虫病、迭宫绦虫病等。

③ 线虫病　约 27 种，如旋毛虫病、钩虫病、筒线虫病、丝虫病等。

④ 原虫病　约 17 种，如隐孢子虫病、利什曼原虫病、肉孢子虫病、弓形虫病等。

⑤ 节肢动物病　约 14 种。

⑥ 棘头虫病。

（2）按寄生虫的贮存宿主性质分类

① 人源性人兽共患寄生虫病　寄生虫的贮存宿主主要是人，通常在人间传播，偶尔感染动物，如阿米巴原虫病。

② 动物源性人兽共患寄生虫病　寄生虫的贮存宿主主要是动物，通常在动物间传播，偶尔感染人，如弓形虫病、旋毛虫病、棘球蚴病。

③ 互源性人兽共患寄生虫病　即人与动物都是寄生虫的贮存宿主，自然条件下，寄生虫可在人间、动物间及人与动物间相互感染，人和动物互为传染源，如日本分体吸虫病。

④ 真性人兽共患寄生虫病　指寄生虫的生活史必须以人和某种动物分别作为其终末宿主和中间宿主，缺一不可。属于这一类的只有两种病，即猪带绦虫病和牛带绦虫病。猪带绦虫病和牛带绦虫分别以猪、牛为中间宿主，人为其终末宿主。

（3）按感染途径分类

① 经口感染引起的人体寄生虫病

a. 食品源性

Ⅰ 病原体经肉品感染人，如猪带绦虫病、肥胖带绦虫病、旋毛虫病、肉孢子虫病、弓形虫病等。

Ⅱ 病原体经淡水鱼、虾、蟹和贝类等水产品感染人，如裂头绦虫病、迭宫绦虫病、并殖吸虫病、后殖吸虫病、异形吸虫病、后睾吸虫病、华支睾吸虫病、棘口吸虫病等。

Ⅲ 病原体经蛙、蛇等特殊食品感染人，如迭宫绦虫病、中绦绦虫病。

Ⅳ 病原体随被污染的食品、水、手，再经食品而感染人，如姜片吸虫病、片形吸虫病、腹盘吸虫病、囊尾蚴病、脑多头蚴病、细颈囊尾蚴病、棘球蚴病、旋毛虫病、毛细线虫病、毛圆线虫病、小袋虫病、弓形虫病、球虫病等。

b. 非食品源性：病原体经媒介动物携带而误入口中感染人，如双腔吸虫病、复孔绦虫病；膜壳绦虫病、伪裸头绦虫病、龙线虫病等。

② 经皮肤（黏膜）感染引起的人体寄生虫病

a. 直接钻入：病原体直接钻入皮肤，如分体吸虫病、类圆线虫病、钩虫病，还有动物寄生虫的感染性幼虫引起人的皮肤幼虫移行症。

b. 生物媒介带入：病原体经生物媒介带入，如丝虫病、吸吮线虫病、利什曼原虫病、锥虫病、巴贝斯虫病、疟疾、蝇蛆病等。

③ 接触感染：病原体通过动物与人的直接或间接接触而感染，如疥螨等。

二、影响人兽共患寄生虫病流行的因素

人兽共患寄生虫病的流行虽然决定于传染源、传播途径和易感宿主，但也受环境因素的影响。环境因素可促进或阻碍疾病的发生和流行。环境因素可分为自然因素和社会因素。

1. 自然因素

（1）地理气候因素　季节和气候的变化可以影响寄生虫的抵抗力和活动情况，从而影响寄生虫的繁殖、释放和扩散，进而影响疾病的发生频率和流行规模。气候变暖和生态平衡失调是主要自然因素，如蚊子和蜱的生长和分布，均与周围环境温度有着密切的联系。现在中南美洲有50%的人受黄热病、登革热和南美锥虫病的威胁，全球气候变暖会使这些疾病向北传播。如1993年美国西南部的降雨量超过了正常，结果植被大量生长，导致啮齿类动物数量剧增，而啮齿类动物数量的增多又可使之与人类的接触更为频繁，最终导致美国汉坦病毒的首次流行。

（2）动物的迁徙和动物群体密度波动的影响　候鸟的迁徙可远距离传播病原体。从森林捕捉野生动物引进动物园或住宅饲养，有可能把某些自然疫源性疾病带到人口密集的地方。从国外引进的稀有观赏动物或良种畜禽、动物产品等也有可能输入国内尚不存在的人兽共患病。动物群体密度的波动也是造成人兽共患病流行的重要因素。畜牧业中大规模集约化工厂式的饲养，单位面积内动物饲养量显著增加，兽医防疫工作稍有疏忽就会引起疾病的暴发流行。

2. 社会因素

社会因素主要包括社会制度、生产力、经济和科技水平、人民的文化水平、风俗习惯、政府相关法规的建设及执行情况等。这些因素可促进人兽共患病的发生和流行，也可成为控制和消灭人兽共患病的有利因素。

（1）社会制度和国家综合实力因素的影响　落后的国家和地区，政府无力对人兽共患病实施有效的防治措施，导致人兽共患病的数量不断增加，传染的活动范围扩大，使疾病的流行区域扩大而难以控制和消失。如非洲地区由于贫穷和落后，至今仍有很多人兽共患病在流行，严重阻碍社会经济的发展。而先进的社会制度，经济、文化和科技发达的国家和地区，能对人兽共患病进行有效的监测和预防，使疾病得到及时的控制和消灭，如英国对疯牛病和口蹄疫及中国对非典采取的措施等。

（2）自然疫源地的开发　随着全球人口不断地增加和经济发展的需要，人类需要进入迄今尚未开发或人烟稀少的地区。许多尚未被人们所认识的致病性微生物生存在人们所接触不到的远在的生态环境中，直到这些地方被开发。自然生态平衡遭到了破坏，这就增加人类感染疾病的机会，还可将病原体带出自然疫源地，扩大疾病的传播范围。如我国1982年东北某单位进入林区修路，十多天内有106人发生流行性出血热，占总人数的25.5%。

（3）风俗与饮食习惯的影响　人兽共患病的流行与民族（宗教）或地区风俗习惯有着密切的关系。如肯尼亚西北部的图加那牧民是世界上细粒棘球蚴感染最严重的人群，这是由于按照宗教习惯，人死后尸体要让狗吃掉，从而使病原体的发育环得以维持。狗的感染率高，自然就增加了人类感染的机会。如我国广东、福建和越南的农村中，还有习惯用蛙肉敷贴伤口或病眼，有的吞食活蛙以治疗疥癣病，因此，孟氏裂头蚴病在这些地区比较流行。人们的卫生知识、饮食习惯与不良的嗜好也是造成人兽共患病流行的重要的因素。在人兽共患病由动物感染给人的过程中，食品和饮水起着很重要的作用。其中动物性食品是许多疾病重要的传播媒介，如日本人嗜食生鱼片，人体棘颚口线虫感染率很高，有的地区竟占总人口的1/3以上。有的家庭和饭店，切肉的刀具和砧板生熟不分，有的人习惯在烹调肉食的过程中，品尝调味是否得当，这些不良习惯都可能感染疾病。

（4）职业性质　由于人们的职业不同，有些从业者容易与某些人兽共患病的传染源或媒介接触，其受感染的机会明显增加。如黎巴嫩的制鞋工人习惯用嘴唇沾湿缝线，由于当地仍有在狗粪煎液（其中蛋白酶软化兽皮）中锤打兽皮的制革方法，因而容易感染棘球蚴病。热带森林中橡胶园工人的黏膜皮肤利什曼病、茶农和果农的皮肤游走性幼虫病等。

（5）人类对生态系统和生物系统的影响　主要指生物污染，即病原微生物和寄生虫卵、幼虫对环境的污染，从而污染人们生活的水源。畜牧场、屠宰场和肉食加工厂排出的大量污水和动物废弃物，如果处理不当，就会污染环境，成为传播疾病的重要因素。交通工具的迅速发展，洲际或横贯大陆的飞行能够将隐藏在机舱座内的感染有人兽共患病病原体的节肢动物媒介不经意传播开来。例美国威斯康星州密尔沃基市由于小球隐孢子虫的卵囊污染饮水造成近40万人感染，近百人死亡。

三、人兽共患寄生虫病预防与控制

人兽共患寄生虫病的流行是由传染源、传染途径和易感人群和/或动物三个因素相互联系的复杂过程。因此，采取相应的防治措施，主要是消除或切断造成流行过程的三个环节之间的相互联系和作用，达到控制和阻断疾病传播与流行的目的。

1. 控制和管理传染源

（1）对患者及患畜主要实行早发现、早诊断、早报告、早隔离、早治疗"五早"措施。

（2）定期对种畜场的畜群进行流行病学监测，对血清学阳性动物及时隔离饲养或有计划淘汰，以消除感染源。病愈后的牲畜不能作为种畜。畜舍内应严禁养猫、狗、并防止猫、狗进入厩舍。严防猫粪、狗粪污染饲料和饮水；屠宰废弃物必须煮熟后方可作为饲料。

（3）密切接触家畜的人，如屠宰场、肉类加工厂、畜牧场的工作人员应定期作血清学检查。

（4）儿童不要逗猫、狗玩耍，孕妇更不要与猫、狗接触。

2. 切断传播途径

（1）一般卫生管理　加强卫生管理是预防和控制传染病流行的一项基础工作。其工作的重点是针对人、动物的生活环境，建立良好的卫生设施和管理制度，改善饮食饮水卫生、保持环境整洁和个体卫生，做好污物的排放和处理等。

① 宠物圈舍应及时清扫，并定期以55℃以上热水或0.5％氨水消毒。

② 培养良好的卫生习惯，饭前便后勤洗手，禁食生肉半生肉、生乳及生蛋；切生、熟肉的用具应严格分用分放；接触生肉、尸体后应严格消毒。

（2）消毒　消毒是切断人兽共患寄生虫病传播途径的重要手段，消毒的目的是为了清除或杀灭停留在外界环境中的病原体，减少疾病的传染源。

（3）杀虫　即杀灭人与动物生活环境中存在的传播媒介——节肢动物，如蚊、蝇、蚤、虱、白蛉、蜱、螨等，这是切断人兽共患寄生虫病传染途径的重要措施。

（4）灭鼠　老鼠与人类的生活相当密切，而且也是某些人兽共患寄生虫病的主要传染源，如鼠疫等。因此，开展灭鼠工作，也是切断疫病传播途径的一项重要措施。

3. 保护易感人群和动物

（1）免疫预防　目前，能够商业应用的寄生虫虫苗尚不多见，但有多种虫苗正在研制或进入中试。如猪囊虫基因工程重组苗、日本分体吸虫基因工程重组苗、旋毛虫灭活苗、弓形虫的减毒苗等已进入动物临床试验阶段。

（2）药物预防　防治寄生虫病的化学药物目前已广泛应用，对某些尚无特异性免疫方法或免疫效果不甚理想的人兽共患寄生虫病，在疫病流行期间可给易感人群和动物某些药物进行预防，这对于降低发病率和控制疫病流行具有一定的作用。

（3）健康教育与促进　通过传播媒介的宣传、健康知识培训和心理咨询与干预等措施，教育和帮助人们改变不良行为、生活方式或动物圈养方式,改善人和动物的饮食营养和生活环境状况,加强个体防护和医疗卫生保健措施,增强人与动物对传染病的免疫能力。

第二节 主要人兽共患寄生虫病的诊断与防治

一、日本血吸虫病

日本分体吸虫病是由分体科分体属的日本分体吸虫寄生于人和牛、羊等多种动物的门静脉系统的小血管内引起的一种危害严重的人兽共患寄生虫病。又称为日本血吸虫病。其主要特征为急性或慢性肠炎、肝硬化、贫血、消瘦。

日本血吸虫病流行于76个国家,受感染人数2.5亿,威胁人群5亿~6亿,死亡人数1.5万~2万/年,重症和伤残病人2千万人,是WHO重点控制的寄生虫病之一。中华人民共和国成立初期我国南方12个省、直辖市、自治区广泛流行日本血吸虫病,当时全国有病人1160.2万(当时全国只有4.5亿人口),病牛120万头,钉螺面积143亿平方米。日本血吸虫病的流行使许多疫区田地荒芜、村毁人亡,疫区世代流传着:"头大肩膀拢,肚子像水桶,骨瘦如柴棍,命短早进墓"的民谣。目前,中国约有日本血吸虫病病人84.3万。据卫生部门统计,中国血吸虫病尚未得到控制的地区主要集中在长江流域的湖南、湖北、江西、安徽、江苏、四川、云南7省的110个县(市、区),生活在疫区的人口约6000万。重疫区主要是江汉平原、洞庭湖区、鄱阳湖区、沿长江的江(湖、洲)滩地区,以及四川、云南的部分山区。

1. 病原学

(1) 形态构造 日本分体吸虫(*Schistosoma japonicum*),其成虫寄生在门静脉和肠系膜静脉中,雌雄异体,呈线状。雄虫为乳白色,较粗短,大小为(10~20)mm×(0.5~0.55)mm,口吸盘在体前端,腹吸盘在其后方,具有短而粗的柄与虫体相连。从腹吸盘后至尾部,体壁两侧向腹面卷起形成抱雌沟,雌虫常居其中,二者呈合抱状态。消化器官有口、食管、缺咽,2条肠管从腹吸盘之前起,在虫体后1/3处合并为一条。雄虫有睾丸7个,呈椭圆形,在腹吸盘后单行排列。生殖孔开口在腹吸盘后抱雌沟内。

雌虫呈暗褐色,较雄虫细长,大小为(15~26)mm×0.3mm。口、腹吸盘较雄虫小。卵巢呈椭圆形,位于虫体中部偏后两肠管之间。输卵管折向前方,在卵巢前与卵黄管合并形成卵膜。子宫呈管状,位于卵膜前,内含50~300个虫卵。卵黄腺呈规则分枝状,位于虫体后1/4处。生殖孔开口于腹吸盘后方(图4-1)。

虫卵呈短椭圆形,淡黄色,壳薄无盖,在其侧方有一小刺,大小为(70~100)μm×(50~65)μm,卵内含毛蚴。

(2) 生活史

① 中间宿主 钉螺。

② 终末宿主 主要为人和牛;其次为羊、猪、马、犬、猫、兔、啮齿类动物及多种野生哺乳动物。

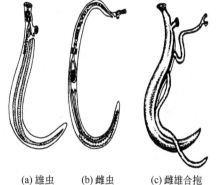

(a)雄虫　(b)雌虫　(c)雌雄合抱

图4-1 日本分体吸虫

③ 发育过程 日本分体吸虫寄生于终末宿主的门静脉和肠系膜静脉内,雌、雄虫交配后,雌虫产出虫卵。虫卵一部分随血流到达肝脏,被结缔组织包围;另一部分逆血流到达肠黏膜下,虫卵在肝脏和肠壁发育成熟,其内毛蚴分泌溶组织酶由卵壳微孔渗透到组织,破坏血管壁,并造成周围肠黏膜组织炎症和坏死,同时借助肠壁肌肉收缩,使结节及坏死组织向肠腔内破溃,虫卵进入肠腔,随粪便排出体外。虫卵落入水中,在适宜条件下很快孵出毛蚴,毛蚴游于水中,遇钉

螺即钻入其体内，经母胞蚴、子胞蚴发育为尾蚴。尾蚴离开螺体游于水表面，遇终末宿主后从皮肤侵入，经小血管或淋巴管随血流经右心、肺、体循环到达肠系膜静脉和门静脉内发育为成虫（图4-2）。

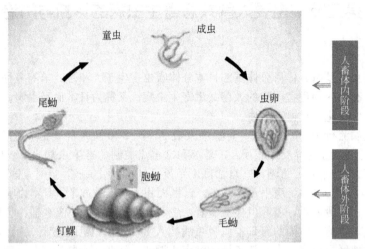

图4-2　日本分体吸虫的生活史

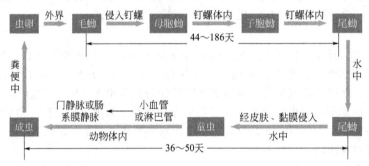

图4-3　日本分体吸虫的发育时间

④ 发育时间　虫卵在水中，25～30℃，pH 7.4～7.8时，几个小时即可孵出毛蚴；侵入中间宿主体内的毛蚴发育为尾蚴约需3个月；侵入黄牛、奶牛、水牛体后尾蚴发育为成虫分别经历39～42天、36～38天和46～50天（图4-3）。

⑤ 成虫寿命　一般为3～4年，在黄牛体内可达10年以上。

2. 流行病学

（1）感染源　患病或带虫牛、人等（尤其是牛）是主要感染源。其虫卵存在于粪便中。

（2）感染途径　终末宿主主要经皮肤感染，亦可通过口腔黏膜感染，还可经胎盘感染。

（3）易感动物　人、牛、羊、猪、狗、鼠等40多种哺乳动物易感。

（4）流行特点

① 繁殖力强　1条雌虫可产卵1000个左右，1个毛蚴在钉螺体内经无性繁殖，可产出数万条尾蚴。但尾蚴在水中遇不到终末宿主时，可在数天内死亡。

② 有明显季节性　钉螺的存在对本病的流行起着决定性作用，钉螺的消长，决定了本病有明显的季节性。在流行区内，钉螺常于3月份开始出现，4～5月和9～10月是繁殖旺季。掌握钉螺的分布及繁殖规律，对防治本病具有重要意义。

③ 种间差异　黄牛的感染率和感染强度高于水牛。犊牛和犬的症状较重，羊和猪较轻，黄牛比水牛明显。

④ 年龄动态　黄牛年龄越大，阳性率越高。而水牛随着年龄增长，其阳性率则有所降低，并有自愈现象，多为带虫者。

3. 临床症状

（1）牛　3岁以下黄牛多呈急性经过，其症状很明显，主要表现为精神委靡，食欲减退，下痢，进而粪便水样，体温升至40～41℃，可视黏膜苍白、水肿，运动无力，日渐消瘦，因衰竭死亡。慢性病例食欲尚好，精神不振，畏寒，消化不良，渐进性消瘦，发育迟缓甚至完全停滞。奶牛感染后首先是产奶量下降，同时母牛有不发情、不孕、流产等症状，重者主要表现下痢，粪便含有黏液和血液。

（2）羊　母羊不孕、流产。绵羊和山羊的急性症状主要表现为食欲减退，消瘦，腹泻，贫血，严重者衰竭而死。

4. 病理变化

尸体消瘦、贫血、腹水增多。虫卵沉积于肠、肝、心、肾、脾、胰、胃等器官组织形成虫卵结节，即虫卵肉芽肿。主要病变在肝脏和肠壁，肝脏表面凸凹不平，表面和切面有米粒大灰白色虫卵结节，初期肝肿大，后期肝萎缩、硬化。虫卵沉积于肠壁，使肠壁肥厚，表面粗糙不平，各段均有虫卵结节，尤以直肠为重。脾脏肿大明显，肠系膜淋巴结肿大，肠系膜静脉和门静脉血管壁增厚，血管内有多量雌雄合抱的虫体。

5. 诊断

先进行流行病学调查，确定是否有中间宿主存在。然后结合临诊症状、粪便检查和剖检变化进行综合诊断。在农村进行粪便检查时常采用毛蚴孵化法。剖检发现虫体和虫卵结节等病理变化可以确诊。进行普查时，可用免疫学诊断法，如间接血凝试验、斑点金标免疫渗滤法和环卵沉淀试验等，其检出率均很高。

6. 防治

（1）预防措施　本病是危害人畜健康的重要人兽共患病之一，应采取"查、防、管、灭、治、宣相结合"、"人畜同防"、"化疗为主"的综合性防治措施。

① 消灭感染源　流行区每年都应对人和易感动物进行普查，对患病者和带虫者进行及时治疗；在农村推行"一池（即沼气池）三改（即改厨、改厕、改圈）"，以加强终末宿主粪便管理，粪便发酵后再做肥料，严防粪便污染水源。

② 消灭中间宿主　是防治本病的重要环节。可采用化学、物理、生物等方法灭螺。常用化学灭螺，在钉螺滋生处喷洒五氯酚钠、溴乙酰胺、茶子饼、生石灰等药物灭螺。

③ 避免接触疫水　注意饮水卫生，划定禁牧区，严禁人和易感动物接触"疫水"，对被污染的水源应作出明显的标志，疫区要建立易感动物安全饮水池。在疫区推行"以机代牛"政策。

④ 经口给予预防药物　对家畜定期用吡喹酮、青蒿素等药物进行预防性驱虫。

⑤ 加强疫苗研制　加强基因工程疫苗、DNA疫苗的研制。

（2）治疗　可选用以下药物进行治疗。

① 吡喹酮　为治疗人和牛、羊等血吸虫病的首选药物。用量为每千克体重30mg，一次经口给予，最大用药量黄牛不超过9g，水牛不超过10.5g。

② 青蒿素（青蒿琥酯）肌内注射、内服量均为：一次量，牛5mg/kg，首次量加倍，每天2次，连用2～4天。

③ 硝硫氰胺（7505）用量为60mg/kg体重，一次经口给予，最大用药量黄牛不能超过18g，水牛不能超过24g。也可配成1.5%的混悬液，黄牛按2mg/kg体重，水牛按1.5mg/kg体重，一次静脉注射。

④ 硝硫氰醚（7804）用量为牛5～15mg/kg体重，瓣胃注射，也可按20～60mg/kg体重，一次经口给予。

⑤ 六氯对二甲苯（血防-846） 用于急性期病例，黄牛120mg/kg体重，水牛90mg/kg体重，经口给予，每天一次，连用10天。黄牛每日极量为36g，水牛为36g。20%油溶液，按40mg/kg体重，每日一次，5天为1个疗程，15天后再注1次。

二、猪囊尾蚴病

猪囊尾蚴病俗称囊虫病，是由有钩绦虫的幼虫（Cysticercus Cellulosae，猪囊尾蚴）寄生于猪或人体内所引起的寄生虫病，患此病的猪肉，俗称"豆猪肉"或"米猪肉"。猪囊尾蚴在人体寄生的部位很广，肌肉、皮下组织、脑、眼、心、舌、肺等处都可见到猪囊虫寄生。猪囊尾蚴病是一种人兽共患的、在公共卫生上占有重要地位的蠕虫病之一，是我国重点防治的寄生虫病。囊虫病不但影响猪的健康，更重要的是也会对人的健康造成危害，严重的人体囊虫病可以危及生命。

1. 病原学

（1）形态结构　猪囊尾蚴的成虫为猪肉绦虫，又叫有钩绦虫、猪带绦虫、链状带绦虫（Taenia solium），寄生于人体的小肠内。成虫扁平带状，由近千节片构成，分为头节、颈节和链体3部分（图4-4）。头节粟粒大，近球形，有4个吸盘和1个顶突。顶突在头节的顶端，具有角质小钩，排成大小相同的两圈，内圈的钩较大，外圈的钩稍小；头节下为颈节，细长狭小，下接链体，有节片800～900片。未成熟节片宽而短，成熟节片长宽几乎相等呈四方形，孕卵节片则长度大于宽度。每节片边缘各有一个生殖孔，不规则地排列于链体两侧。每节片具雌、雄性生殖器官各一套。睾丸呈滤泡状，150～200个，分布在节片两侧。卵巢分三叶，位于节片中后部，两

(a) 头节　　(b) 成熟节片
图4-4　猪带绦虫

侧叶大，中间一叶较小。孕节中除充满虫卵的子宫外，其他器官均退化。孕卵节片内子宫由主干分出7～13对侧支。每一孕节含虫卵3万～5万个，孕节单个或成段脱落。

囊尾蚴呈囊状，故又称猪囊虫，成熟的猪囊虫呈椭圆形，长8～18mm，宽5mm，呈白色半透明状，内有白色头节1个，上有4个吸盘和有小钩的顶突。囊尾蚴的大小与形态因寄生部位的不同而不同，在疏松组织与脑室中多呈圆形，直径5～8mm；在肌肉中略长；在脑底部可大至2.5cm。

虫卵呈球形，卵壳两层，外层薄、无色透明，且易脱落；内为胚膜，棕黄色，厚而坚固。胚膜光镜下呈放射状条纹，内含具有3对小钩的球形幼虫，称为六钩蚴。虫卵大小为31～43μm。

（2）生活史

① 中间宿主　猪为中间宿主，但人也可以作为其中间宿主。

② 终末宿主　人为猪带绦虫的唯一终末宿主。

③ 发育过程　猪带绦虫寄生于人的小肠中，其孕卵节片脱落后随人的粪便排出体外，孕卵节片在直肠或外界由于机械作用破裂而散出虫卵，猪吞食孕卵节片或虫卵而感染。孕节片或虫卵经消化液的作用而破裂，六钩蚴借助小钩钻入肠黏膜的血管或淋巴管内，随血流到达猪体的各部组织中，主要是横纹肌内，发育为成熟的猪囊尾蚴。人吃入含有猪囊尾蚴的病肉而感染。猪囊尾蚴在胃液和胆汁的作用下，于小肠内翻出头节，用其小钩和吸盘固着于肠黏膜上发育为成虫。一般只寄生1条，偶有数条，国内报道一例最多感染19条（图4-5）。

④ 发育时间　在猪体内，虫卵发育为囊尾蚴需2个月；在人小肠，幼虫发育为成虫需2～3个月。

⑤ 成虫寿命　在人的小肠内可存活数年至数十年。

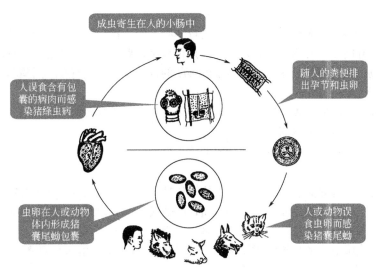

图 4-5 猪带绦虫生活史

2. 流行病学

（1）感染源　猪带绦虫病人和囊尾蚴病猪。

（2）感染途径　猪和人均经口感染。

人感染囊尾蚴的途径和方式有两种。

① 异体感染　也称外源性感染，由于食入了被虫卵污染的食物而感染。

② 自体感染　是因体内有猪带绦虫寄生而发生的囊尾蚴感染。若患者食入自己排出的粪便中的虫卵而造成的感染，称自身体外感染；若因患者恶心、呕吐引起肠管逆蠕动，使肠中的孕节返入胃或十二指肠中，绦虫卵经消化孵出六钩蚴而造成的感染，称自身体内感染。据调查自体感染只占30%～40%，异体感染为主要感染方式。用未经处理的人粪便施肥或随地大便都会造成孕节或虫卵污染环境，没有养成饭前便后洗手的卫生习惯的人，外界虫卵和自身虫卵容易沾在手指及指甲缝中，极易误食虫卵而致感染猪囊尾蚴。

（3）易感对象　感染对象为猪、人。

（4）繁殖力　绦虫患者每天通过粪便向外界排出孕卵节片和虫卵，每月可排出200多节，可持续数年甚至20余年。每个孕卵节片含虫卵3万～5万个。

（5）抵抗力　虫卵在外界抵抗力较强，一般能存活1～6个月。

（6）流行特点　猪带绦虫在全世界分布广泛，但主要流行于发展中国家。在我国主要分布在东北、华北、中原和西南的某些地区，北方各省较多，长江流域较少，有的地方呈局限性流行或散在发生。

3. 临床症状

猪囊尾蚴寄生在脑时可引起神经障碍；寄生在肌肉中时，一般不表现明显的致病作用。猪感染少量的猪囊尾蚴时，症状不明显。幼猪被大量寄生时，可能造成生长迟缓，发育不良。寄生于眼结膜下组织或舌部表层时，可见寄生处呈现豆状肿胀。重症病猪可见呼吸困难或声音嘶哑、打呼噜、视力减退、眼神痴呆、醉酒状等；两肩外张，臀部异常肥胖而呈哑铃形或狮体状体形。

人患猪带绦虫病时，表现为肠炎、腹痛、肠痉挛。虫体分泌物和代谢物等毒性物质被吸收后，可引起胃肠功能失调和神经症状。猪囊尾蚴寄生于脑时，多数患者有癫痫发作，头痛、眩晕、恶心、呕吐、记忆力减退和消失，严重者可致死亡。寄生在眼时可导致视力减弱，甚至失明。寄生于皮下或肌肉组织时肌肉酸痛无力。

4. 诊断

生前诊断比较困难，对感染严重猪可以通过"听、看、检"的方法进行检查，即听病猪的呼吸声音，有无打呼噜或声音嘶哑；看猪体外形是否呈哑铃形或狮体状体形；检查眼结膜和舌根部有无因猪囊尾蚴引起的豆状肿胀，可作为生前诊断的依据。一般只有在宰后检验时才能确诊。

5. 病理变化

宰后检验咬肌、腰肌、骨骼肌及心肌，看是否有乳白色椭圆形的猪囊尾蚴。血清学诊断方法已经被应用于猪囊尾蚴病的诊断上。

人猪带绦虫病可通过粪便检查发现孕卵节片和虫卵确诊。

6. 防治

（1）预防措施　首先必须广泛深入开展预防猪带绦虫与囊虫病卫生知识的宣传教育，注意个人卫生及饮食卫生，养成饭前便后洗手的习惯，以防误食虫卵；肉制品应熟透后食用，切生肉及熟食的菜刀、砧板要分开使用，提高人们对猪囊尾蚴病的危害及感染途径和方式的认识，使预防知识家喻户晓，增强群众的自我保健意识；采取驱除人体绦虫，消灭传染源，切断传播途径的"驱、检、管、灭"的综合性对策和措施。

① 驱除人体绦虫，消灭囊虫　在绦虫病发生地区以村为单位，逐户进行普查，对查出的绦虫病患者应及时进行驱虫治疗。以驱出完整绦虫虫体并有头节方为驱虫成功。此外，应积极开展对猪的检查和治疗。

② 开展城乡市场上出售的肉类食品卫生检疫　定点集中屠宰，加强市场肉食品及集贸市场检疫工作，病猪肉必须经过严格的处理或销毁，杜绝囊虫猪肉进入市场销售。

③ 管理好人兽粪便　修建卫生厕所，实行猪圈养，防止猪吞食入人粪中的虫卵。教育群众不随地大便，人兽粪便经厌氧或高温发酵无害化处理后再施肥，杀灭虫卵，切断猪的感染途径。

（2）治疗

① 对猪囊尾蚴病的治疗

a. 吡喹酮 30~60mg/kg 体重，1天1次，连用3天。

b. 丙硫咪唑 30mg/kg 体重，一次经口给予，隔48h再服一次，共服3次。

② 对人脑囊虫病的治疗

a. 吡喹酮，20mg/kg 体重，每日分两次服用，连服6天。

b. 丙硫咪唑，20mg/kg 体重，分两次口服，15天为一疗程，间隔15天，至少服3个疗程。

③ 对人绦虫病的治疗

a. 南瓜子和槟榔合剂：南瓜子50g，槟榔片100g，硫酸镁30g。南瓜子炒后去皮磨碎，槟榔片作成煎剂，晨空腹先服南瓜子粉，1h后再服槟榔煎剂，0.5h后服硫酸镁。应多喝白开水，服药后4h可排出虫体。

b. 用仙鹤草根芽晒干粉碎，成人25g，晨空腹一次服下。

c. 氯硝柳胺（灭绦灵），成人用量3g，晨空腹两次分服，药片嚼碎后用温水送下，否则无效，间隔0.5h再服另一半，1h后服硫酸镁。

人驱虫后应注意检查排出的虫体有无头节，如无头节，虫体还会生长。

三、旋毛虫病

旋毛虫病是由毛形科毛形属的旋毛虫寄生于多种动物和人引起的疾病。成虫寄生于哺乳动物小肠，幼虫寄生于肌肉组织，是重要的人畜共患病，可致人死亡。

1. 病原学

（1）形态结构　旋毛虫（*Trichinella spiralis*），成虫细小，前部较细，后部较粗（图4-6）。雄虫长1.4~1.6mm，层端有泄殖孔，无交合伞和交合刺，有两个呈耳状悬垂的交配叶（图4-6）。

雌虫长 3～4mm，阴门位于身体前部的中央，胎生。成虫寄生于终末宿主小肠，称为肠旋毛虫。幼虫长 1.15mm，蜷曲并形成包囊，包囊呈圆形、椭圆形或梭形。幼虫寄生于肌纤维间，称为肌旋毛虫（图 4-7）。

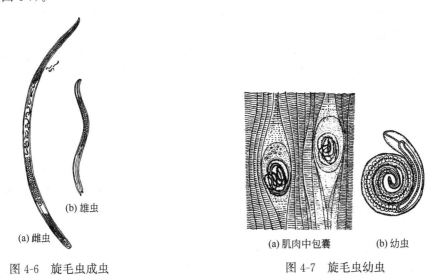

图 4-6　旋毛虫成虫

图 4-7　旋毛虫幼虫

（2）生活史

① 宿主　宿主范围广，有近 50 种动物，包括人、猪、鼠、犬、猫、熊、狐、狼、貂和黄鼠狼等。成虫与幼虫可寄生于同一宿主。动物和人感染时，先为终末宿主，后成为中间宿主。

② 发育过程　终末宿主因摄食了含有包囊幼虫的动物肌肉而受感染。包囊在宿主胃内被溶解，幼虫释出后经两昼夜发育为成虫。在小肠内雌雄虫交配后，雄虫死亡。雌虫钻入肠腺或肠黏膜下淋巴间隙产出大量幼虫，幼虫随淋巴经胸导管、前腔静脉入心脏，然后随血循散布到全身，只有到达横纹肌的幼虫才能继续发育。在感染后 17～20 天肌肉内的幼虫开始蜷曲，周围逐渐形成包囊，到第 7～8 周时包囊完全形成，此时的幼虫具有感染力。每个包囊一般只有 1 条虫体，偶有多条。到 6～9 个月后，包囊从两端向中间钙化，全部钙化后虫体死亡（图 4-8）。否则幼虫可长期生存，保持生命力由数年至 25 年之久。

图 4-8　旋毛虫生活史

2. 流行病学

（1）感染源　患病或带虫猪、犬、猫、鼠等动物都是感染源。

（2）感染途径　经口感染。

猪感染旋毛虫主要是由于吞食了老鼠。动物尸体、蝇蛆、步行虫均可成为感染源；用生的病肉屑、洗肉水和含有病肉的废弃物喂猪都可引起旋毛虫的感染。

人感染旋毛虫病多与食用腌制或烧烤不当的猪肉制品有关；个别地区有吃生肉或半生不熟肉的习惯；切过生肉的菜刀、砧板均可能黏附有旋毛虫的包囊，亦可能污染食品而造成食源性感染。

（3）易感动物　近50种动物包括人、猪、鼠、犬、猫、熊、狐、狼、貂和黄鼠狼等，甚至许多昆虫（如蝇蛆和步行虫）都能感染并传播本病。

（4）流行特点

旋毛虫病属世界性分布。繁殖能力强，1条雌虫能产出1000~10000条幼虫。包囊幼虫的抵抗力很强，在-20℃时可保持生命力57天，高温70℃才能杀死；盐渍和熏蒸不能杀死肌肉深部的幼虫；在腐败肉里能活100天以上。

3. 临床症状

旋毛虫对人危害较大，严重感染可造成死亡。对猪和其他动物致病力较轻。

猪感染时往往不显病状，严重感染时，初期有食欲不振、呕吐和腹泻症状；随后出现肌肉疼痛、步伐僵硬、呼吸和吞咽亦有不同程度的障碍，有时眼睑、四肢水肿，很少死亡，病状可自行恢复。

人的旋毛虫病症状明显。成虫侵入肠黏膜时引起肠炎，严重时会出现带血性腹泻。幼虫进入肌肉，特征为急性肌炎，发热和肌肉疼痛；同时出现吞咽、咀嚼、行走和呼吸困难；眼睑水肿，食欲不振，极度消瘦。严重感染时多因呼吸肌麻痹、心肌及其他脏器的病变和毒素的刺激而引起死亡。

4. 病理变化

成虫可引起肠黏膜出血、发炎和绒毛坏死。幼虫移行时引起肌炎、血管炎和胰腺炎，在肌肉定居后引起肌细胞萎缩、肌纤维结缔组织增生。

5. 诊断

生前诊断困难，可采用间接血凝试验和酶联免疫吸附试验等免疫学方法。目前国内已有快速诊断试剂盒。死后诊断可用肌肉压片法和消化法检查幼虫。

（1）病原检查　将患者吃剩下的肉或带肉馅的食品，用压片法检查包囊，消化法分离包囊和动物接种。

肌肉活组织检查：感染后第4周取三角肌或腓肠肌（肌痛最显著的部位）一小片，置两玻璃片中压成薄片，低倍显微镜下观察，可见蜷曲活动的幼虫。但肌肉活检受摘取组织局限性的影响，在感染早期及轻度感染者不易检出幼虫。

（2）免疫学诊断　我国旋毛虫病酶联免疫吸附试验快速诊断试剂盒已经商品化。

（3）血象检查　早期移行期白细胞总数增多，但外周血液中嗜酸粒细胞显著增多是人体旋毛虫病最常见的指征之一。

6. 防治

（1）预防措施

① 健康教育　人群感染均系不良的饮食和卫生习惯所致。因此，健康教育是防治的重要措施，要使群众了解本病的传播途径及其危害性，把好"病从口入"关，不吃生的或半熟的肉类，菜刀和砧板要生熟分开，注意个人卫生及饮食卫生，养成饭前便后洗手的习惯。

② 提倡家畜集中屠宰，加强肉品检验，加强肉类加工企业废弃物的无害化管理。

③ 治疗患者、病畜，减少传染源。
④ 长期坚持灭鼠工作。
⑤ 禁止用生肉喂猫、犬等动物；流行地区猪只不能放牧，不用生废肉屑和含有生肉屑的泔水或垃圾喂猪。

(2) 治疗　丙硫咪唑为首选药物，一般于服药后 2～3 天体温下降、肌痛减轻、水肿消失。

四、弓形虫病

弓形虫病是由刚地弓形虫寄生所引起的一种人兽共患疾病。该病对家畜的危害严重，许多畜禽如猪、牛、猫、犬、羊、马、骆驼、家兔、鸡、鸭等都可以感染弓形虫且出现病症。孕妇和免疫功能缺陷者感染弓形虫危害严重，先天性弓形虫感染可造成智力障碍、脑炎、流产、畸胎或死胎等严重后果；对免疫功能缺陷者如器官移植、恶性肿瘤及艾滋病患者，慢性期缓殖子的活化有致命的危险。

刚地弓形虫是一种重要的机会致病性原虫，本病在全世界广泛存在和流行。

1. 病原学

(1) 形态结构　弓形虫发育的全过程，可有 5 种不同形态的阶段：即滋养体、包囊、裂殖体、配子体和卵囊（图 4-9）。滋养体和包囊出现在中间宿主体内；裂殖体、配子体和卵囊出现在终末宿主猫和猫科动物体内。

① 滋养体　又称速殖子，长 4～7μm，最宽处 2～4μm。主要出现于急性病例的腹水中，常可见到游离于细胞外的单个虫体。游离的虫体呈弓形或月牙形，一端较尖，一端钝圆；一边扁平，另一边较膨隆。经吉姆萨染色或瑞氏染色后可见胞浆呈蓝色，胞核呈紫红色，核位于虫体中央。细胞内寄生的虫体呈纺锤形或椭圆形，一般含数个至十多个虫体。这个被宿主细胞膜包绕的虫体集合体称假包囊，其内速殖子增殖至一定数目时，胞膜破裂，速殖子释出，随血流至其他细胞内继续繁殖。

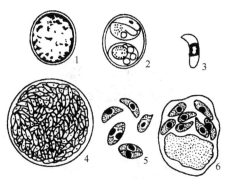

图 4-9　弓形虫
1—未孢子化卵囊；2—孢子化卵囊；3—子孢子；
4—包囊；5—速殖子；6—假包囊

② 包囊　圆形或椭圆形，直径 5～100μm，具有一层富有弹性的坚韧囊壁。见于慢性病例的脑、骨骼肌、心肌和视网膜等处。囊内滋养体称缓殖子，可不断增殖，内含数个至数百个虫体，在一定条件下可破裂，缓殖子重新进入新的细胞形成新的包囊，可长期在组织内生存。

③ 裂殖体　在终末宿主猫和猫科动物小肠绒毛上皮细胞内发育，成熟的裂殖体为长椭圆形，内含 4～29 个裂殖子，以 10～15 个居多，呈扇状排列，裂殖子形如新月状，前尖后钝，较滋养体为小。

④ 配子体　一部分游离的裂殖子侵入肠上皮细胞发育形成配子母细胞，进而发育为配子体，有雌雄之分。雌、雄配子体发育为雌、雄配子，雌、雄配子受精结合发育为合子，而后发育成卵囊。

⑤ 卵囊　刚从猫粪排出的卵囊为圆形或椭圆形，大小为 10～12μm；具两层光滑透明的囊壁，内充满均匀小颗粒。成熟卵囊含 2 个孢子囊，每个分别由 4 个子孢子组成，相互交错在一起，呈新月形。卵囊对外界抵抗力较大，对酸、碱、消毒剂均有相当强的抵抗力，在室温可生存 3～18 个月，猫粪内可存活 1 年，对干燥和热的抗力较差，80℃ 1min 即可杀死，因此加热是防止卵囊传播最有效的方法。

(2) 生活史

① 宿主　中间宿主有哺乳类、鸟类、鱼类、爬行类和人，终末宿主为猫和猫科动物。弓形虫对中间宿主的选择极不严格，哺乳类、鸟类、鱼类、爬行类和人都可寄生，对寄生组织的选择也无特异亲嗜性，除红细胞外的有核细胞均可寄生。

② 发育过程　弓形虫全部发育过程需要两种宿主，需经过三个阶段（图4-10）：a.无性生殖阶段，在其寄生的肠上皮细胞内以裂殖生殖法进行；b.有性生殖阶段，在其寄生的肠上皮细胞内以配子生殖法进行；裂殖子形成大、小配子体，进而形成大、小配子，小配子钻入大配子内形成合子，合子周围迅速形成一层被膜即形成卵囊；c.孢子生殖阶段，卵囊随粪便排出体外，在外界环境中经数天发育为孢子化卵囊。弓形虫在终末宿主猫（或猫科动物）体内完成有性生殖阶段（同时也进行无性增殖，也兼中间宿主）；在中间宿主人或其他动物体内只能完成无性繁殖阶段。在外界完成孢子生殖阶段。有性生殖只限于在猫科动物小肠上皮细胞内进行，称为肠内期发育。无性繁殖阶段可在其他组织、细胞内进行，称为肠外期发育。

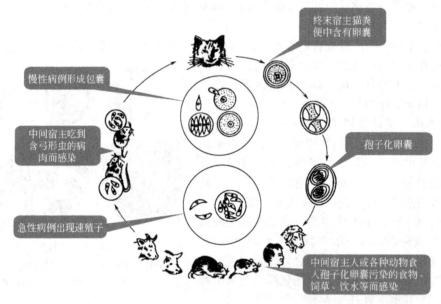

图4-10　弓形虫生活史

终末宿主猫（或猫科动物）吞食带有弓形虫包囊或假包囊的内脏或肉类组织以及食入或饮入被成熟卵囊污染的食物或水时即可感染。速殖子或子孢子在小肠腔逸出，侵入小肠上皮细胞，经3～7天发育繁殖，形成多个核的裂殖体，成熟后释出裂殖子，侵入新的肠上皮细胞形成第二、三代裂殖体，经数代增殖后，部分裂殖子发育为雌、雄配子体，雌、雄配子受精成为合子，最后形成卵囊，破出上皮细胞进入肠腔，随粪便排出体外。在适宜温、湿度环境中经2～4天即发育为具感染性的成熟卵囊。受感染的猫，一般每天可排出卵囊1000万个，可持续10～20天。

中间宿主吃入猫（或猫科动物）排出的卵囊或含有滋养体或包囊的病肉而感染，子孢子、缓殖子或速殖子在肠内逸出，随即侵入肠壁经血或淋巴扩散至全身各器官组织，然后进入细胞内发育繁殖，直至细胞破裂，速殖子重行侵入新的组织、细胞，反复繁殖。

在免疫功能正常的机体，部分速殖子侵入宿主细胞后，虫体繁殖速度减慢并形成包囊，包囊在宿主体内可存活数月、数年，甚至终身不等。当机体免疫功能低下或长期应用免疫抑制剂时，组织内的包囊可破裂，释出缓殖子，进入血流和其他新的组织细胞继续发育繁殖。

2. 流行病学

该病为动物源性疾病，分布于全世界五大洲的各个地区，许多哺乳动物、鸟类是本病的重要传染源，人群感染也相当普遍。据血清学调查，全世界人群抗体阳性率为25%～50%，我国为5%～20%，多数属隐性感染。家畜的阳性率可达10%～50%，可食用的肉类感染相当普遍，常形成局部暴发流行，严重影响畜牧业发展，亦威胁人类健康。

本虫感染与地理、自然气候条件关系不大，常与饮食习惯、生活条件、接触猫科动物、职业因素有关。

（1）感染源　主要是病人、病畜及带虫动物，他们体内有弓形虫滋养体、包囊和假包囊。已证明病畜的唾液、痰、粪、尿、乳汁、腹腔液、肉、内脏、淋巴结以及急性病例的血液中都可能含有滋养体。猫是本病最重要的传染源，吞食了患病动物的尸体后，经3～20天的发育，从粪便中就会排出大量卵囊。一般一天可排出1000万个卵囊，排囊可持续10～20天。新鲜卵囊在外界短期发育才具有感染性。

感染性卵囊在外界环境中的抵抗力很强，-5℃下可存活120天，-20℃下可存活60天。

（2）感染途径　有先天性和获得性两种。先天性是指胎儿在母体经胎盘而感染；获得性者主要是经口、鼻、咽、呼吸道黏膜、眼结膜感染。病猫排出的卵囊及被卵囊污染的土壤、水源、饲料、牧草或食具均可成为人、畜感染的重要来源。曾有人因喝生羊奶而致急性感染的报道。经损伤的皮肤和黏膜也是一种传染途径。国外已有经胎盘、输血、器官移植而发生弓形虫病的报道。节肢动物携带卵囊也具有一定的传播意义。

（3）易感对象　弓形虫为细胞内寄生虫，人类及各种家畜（如猫、狗、鼠、兔、猪、牛、羊）都会感染发病。人类对弓形虫普遍易感，尤其是胎儿、婴幼儿、肿瘤患者和艾滋病患者等。在家畜中，弓形虫对猪和羊的危害最大。其他动物包括200余种哺乳动物、70种鸟类、5种爬行动物和一些节肢动物。

（4）感染季节　人弓形虫的感染率一般是在温暖潮湿地区较寒冷干燥地区为高。但对于人发病季节性尚无资料记载。家畜弓形虫病一年四季均可发病，但一般以夏秋季居多。如我猪弓形虫病的发病季节在每年的5～10月份。

3. 临床症状

弓形虫病主要引起神经、消化及呼吸系统的症状。

（1）猪　急性猪弓形虫病的潜伏期为3～7天，病初体温升高，幅度在40～42℃，呈稽留热，食欲减退，常出现异嗜、精神委顿和喜卧等，症状颇似猪瘟，被毛蓬乱无光泽，尿液呈橘黄色，粪便多数干燥，呈暗红或煤焦油色，有的猪往往下痢和便秘交替发生。呼吸困难，呈腹式或犬坐姿势呼吸，吸气深，呼气浅短。皮肤有紫斑，体表淋巴结肿胀。怀孕母猪表现为高热、废食、精神委顿和昏睡，此种症状持续数天后可产出死胎或流产，即使产出活仔，也可发生急性死亡或发育不全，不会吃奶或产畸形怪胎。

（2）羊　羊弓形虫病的临床表现主要以流产为主。在流产羊组织内可见有弓形虫速殖子，其他症状不明显。

（3）猫　猫感染此病后，通常无明显症状。

4. 病理变化

（1）急性型　急性病例多见于年幼动物，出现全身性病变：淋巴结、肝、肺和心脏等器官肿大，有许多出血点和坏死灶。肾脏黄褐色，常见针尖大出血点或坏死灶。肠道重度充血，肠黏膜可见坏死灶。腹腔积液。

（2）慢性型　慢性病例多可见内脏器官水肿，并有散在的坏死灶。

5. 诊断

根据流行病学资料（宿主范围广，秋冬季和早春发病率高）、临床症状（高热持续，呼吸困难，皮肤出现紫斑，体表淋巴结肿大)和病理剖检(全身淋巴结肿大、出血或坏死，肺高度水肿)等可作出初步诊断。由于弓形虫病无特异性临床症状，易与多种疾病混淆，故必须依靠病原学和血液学检查结果，方可确诊。

(1) 病原学检查 生前检查可采用病人、病畜发热期的血液、脑脊髓、眼分泌物、尿、唾液以及淋巴结穿刺液作为检查材料；死后采取心血、心、肝、脾、肺、脑、淋巴结及胸、腹水等。此外，在猫还应收集其粪便，检查是否有卵囊存在。

① 直接涂片检查 在体液涂片中发现弓形虫速殖子，一般可作为急性期感染的诊断。

② 动物接种试验 一般是将被检材料接种幼龄小鼠腹腔，观察其发病情况，并从腹腔液检查速殖子。

(2) 血清学诊断 血清学试验有染色试验、间接血凝试验和酶联免疫吸附试验等。

(3) 分子生物学检查 近年来随着分子生物学技术的发展，PCR 及 DNA 探针技术均已应用检测弓形虫感染，尤其是 PCR 更具有灵敏、特异、早期诊断的意义，已在有条件的实验室用于临床。

6. 防治

(1) 预防措施 本病重在预防，应采取综合防治措施。

① 猫舍应及时清扫，并定期以 55℃ 以上热水或 0.5% 氨水消毒。

② 定期对种猪场的猪群进行流行病学监测，对血清学阳性猪只及时隔离饲养或有计划淘汰，以消除感染源。病愈后的猪不能作为种猪。畜舍内应严禁养猫，并防止猫进入厩舍。严防猫粪污染饲料和饮水；扑灭圈舍内外的老鼠；屠宰废弃物必须煮熟后方可作为饲料。

③ 密切接触家畜的人，如屠宰场、肉类加工厂、畜牧场的工作人员应定期作血清学检查。

④ 禁食生肉、半生肉 (-10℃ 15 天，-15℃ 3 天可杀死虫体)、生乳及生蛋；切生、熟肉的用具应严格分用、分放；接触生肉、尸体后应严格消毒。

⑤ 儿童不要逗猫、狗玩耍，孕妇更不要与猫、狗接触。

⑥ 利用疫苗预防亦初显成效。但弓形虫的弱毒株的最大缺点是在免疫动物体内残留包囊，这种包囊可在机体免疫力低下时活化而成为潜在的感染源。

⑦ 近年来，亚单位疫苗和核酸疫苗成为新的研究热点。

总之，培养良好的卫生习惯，饭前便后勤洗手，去除不良饮食习惯，不吃半生不熟的食品，不喝生牛奶，对预防弓形虫感染有重要作用。

(2) 治疗 磺胺类药物对弓形虫病有很好的治疗效果，磺胺类药物和抗菌增效剂联合作用的疗效最好，但应注意在发病初期及时用药；否则，虽可使临床症状消失，但不能抑制虫体进入组织形成包囊，使病人或病畜成为带虫者；使用磺胺类药物应首次剂量加倍。用药或注射后 1~3 天体温即可逐渐恢复正常，一般需连用 3~4 天。

对于孕妇应首选螺旋霉素，因此药毒性较小，口服剂量为每天 2~3g，分 4 次服用，连用 3~4 周，间隔 2 周，重复使用。

五、肉孢子虫病

肉孢子虫病是肉孢子虫寄生于多种动物和人横纹肌所引起的一种人兽共患病。主要对畜牧业造成危害，偶尔寄生于人体。

肉孢子虫为一种常见于食草动物(如牛、羊、马等)的寄生虫，已记载的有 120 种以上，寄生于家畜的有 20 余种。寄生于人肠并以人为终末宿主的肉孢子虫只有两种，即牛肉孢子虫 (*Sarcocystis fusiformis*) 和猪肉孢子虫 (*S. miescheriana*)，前者的中间宿主是牛，后者的中间宿主是猪。上述两种均寄生于人的小肠，故又统称人肠肉孢子虫。

1. 病原学

（1）形态结构　肉孢子虫在不同发育阶段有不同的形态（图 4-11）。

① 包囊（米氏囊）　见于中间宿主的肌纤维之间。多呈纺锤形、圆柱形或卵圆形，乳白色。包囊壁由两层组成，内层向囊内延伸，构成很多纵隔将囊腔分成许多小室。发育成熟的包囊，小室中有许多肾形或香蕉形的滋养体（缓殖子），又称为南雷氏小体。猪体内的包囊为 0.5～5mm，而牛、羊、马体内包囊均在 6mm 以上，肉眼易见。

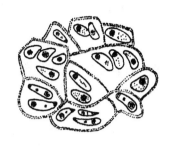
(a) 包囊全形　　　　(b) 包囊部分结构放大

图 4-11　肉孢子虫

② 卵囊　见于终末宿主的小肠上皮细胞内或肠内容物中。呈椭圆形，壁薄，内含 2 个孢子囊，每个孢子囊内有 4 个子孢子。

（2）生活史

① 中间宿主　十分广泛，如哺乳类、禽类、啮齿类、鸟类、爬行类和鱼类。偶尔寄生于人。

② 终末宿主　犬等肉食动物、猪、猫和人等。

③ 发育过程　肉孢子虫全部发育过程需要两种宿主。终末宿主吞食含有包囊的中间宿主肌肉后，包囊被消化，慢殖子逸出，侵入小肠上皮细胞发育为大配子体和小配子体，大、小配子体又分裂成许多大、小配子，大、小配子结合为合子后发育为卵囊，之后在肠壁内发育为孢子化卵囊。成熟的卵囊多自行破裂进入肠腔随粪便排出，因此随粪便排到外界的卵囊较少，多数为孢子囊。孢子囊和卵囊被中间宿主吞食后，脱囊后的子孢子经血液循环到达各脏器，在血管内皮细胞中进行两次裂殖生殖，然后进入血液或单核细胞中进行第 3 次裂殖生殖，裂殖子随血液侵入横纹肌纤维内，经 1 个月或数月发育为成熟包囊。

2. 流行病学

（1）感染源　患病或带虫的食肉动物和猪、犬、猫、牛、人等。

（2）传播途径　终末宿主和中间宿主均经口感染。终末宿主粪便中的孢子囊可以通过鸟类、蝇和食粪甲虫等而散播。

人感染肉孢子虫是由于进食了未经煮熟或生的带有肉孢子虫包囊的猪肉、牛肉等所致。与人们的饮食习惯有重要关系，如云南有些少数民族有嗜食生猪肉的习惯等。

牛、羊等中间宿主因污染的饲草、饮水吞食孢子囊后感染。

（3）易感动物　肉孢子虫广泛寄生于各种家畜、鼠类、鸟类、爬行类和鱼类，人也可被感染。

（4）流行特点　各年龄的动物均可感染，但牛、羊随着年龄增长感染率增高。孢子囊对外界环境的抵抗力强，适宜温度条件下可存活 1 个月以上。但对高温和冷冻敏感，60～70℃经 100min、冷冻 1 周或－20℃存放 3 天均可灭活。

3. 临床症状

成年动物多为隐性经过。幼年动物感染后，经 20～30 天可能出现症状。犊牛表现为发热，厌食，流涎，淋巴结肿大，贫血，消瘦，尾尖脱毛，发育迟缓。羔羊与犊牛症状相似，但体温变化不明显，严重感染时可死亡。仔猪表现精神沉郁、腹泻、发育不良，严重感染时（1g 膈肌有 40 个以上虫体），表现出不安、腰无力、肌肉僵硬和短时间的后肢瘫痪等。妊娠动物易发生流产。猫、犬等肉食动物感染后症状不明显。

人作为中间宿主时症状不明显，少数病人有发热、肌肉疼痛。人作为终末宿主时，在感染后

9～10天从粪便中排出虫卵，并有厌食、恶心、腹痛和腹泻症状。

4. 病理变化

在后肢、侧腹、腰肌、食管、心脏、膈肌等处，可见到顺着肌纤维方向有大量包囊状物，呈灰白色或乳白色，有两层膜，囊内有很多小室，小室内有许多香蕉形的、活动的滋养体。在心脏时可导致严重的心肌炎。

5. 诊断

（1）人　常用硫酸锌浮聚法检查粪便中孢子囊或卵囊，并用活组织检查肌肉孢子虫囊。

（2）动物　动物肉孢子虫的生前诊断主要采用血清学方法。目前已建立的方法有间接血凝试验、酶联免疫吸附试验、间接荧光抗体试验等。死后剖检发现包囊确诊。最常寄生的部位：牛为食管肌、心肌和膈肌；猪为心肌和膈肌；绵羊为食管肌、膈肌和心肌；禽为头颈部肌肉、心肌和肌胃。取病变肌肉压片，检查香蕉形的慢殖子，也可用吉姆萨染色后观察。注意与弓形虫区别，肉孢子虫染色质少，着色不均，弓形虫染色质多，着色均匀。

6. 防治

（1）预防措施　由于目前尚无特效的治疗药物，该病的预防就显得尤为重要。关键在于切断肉孢子虫病的传播途径。

① 加强肉品检验工作，对严重感染的带虫肉作工业用或销毁，轻度感染者应做无害化处理后方可出厂，或在 $-20℃$ 下冷冻3天、$-27℃$ 冷冻一昼夜，或腌制、煮沸2h。

② 严禁用生肉喂犬、猫等终末宿主。对接触牛、羊的人、犬、猫应定期进行粪便检查，发现病畜应及进行治疗。

③ 对犬、猫或人等终末宿主的粪便要进行无害化处理。严禁犬、猫等终末宿主接近家畜，避免其粪便污染牛、羊的饲草、饮水和养殖场地，以切断粪—口传播途径。

④ 人也是牛、猪的肉孢子虫的终末宿主，应注意个人的饮食卫生，不吃生的或未煮熟的肉食。

（2）治疗　对肉孢子虫病的治疗目前仍处于探索阶段。有报道认为，应用抗球虫药如盐霉素、氨丙啉、莫能菌素、常山酮等预防牛、羊的肉孢子虫病可收到一定的效果。

目前对于人的肉孢子虫病也尚无特效的治疗药物，仅知氨丙啉可减轻中间宿主急性感染的症状。

案例分析

【案例一】 丈夫，37岁，平时喜食货郎担叫卖的肉包、云吞。半年后粪便中见有能伸缩活动的虫体节片。2008年3月，自觉肛门周围间断性异物感，前往医院就诊。粪检发现猪带绦虫卵及节片，诊断为猪带绦虫病。给予口服槟榔、南瓜子驱虫，排出虫体1条。此后未再排出虫体节片，1个月后粪检虫卵转阴，治愈。

妻子，女，38岁，家庭妇女。2008年9月，先后在腹、背部和颈部皮下发现数个圆形活动结节，拇指大。10月，在县医院手术切除腹部结节，病理诊断为猪囊尾蚴结节，前来医院就诊。囊尾蚴血清抗体检测阳性，诊断为皮下肌肉囊尾蚴病。即用吡喹酮治疗。治后结节先是肿大，后逐渐缩小、消失。间隔2个月后同法再治疗1个疗程。半年后随访复查，皮下结节全部消失，血清抗体检测阴性。经询问，平时喜吃用自家粪肥浇灌的生芫荽和生葱。

女儿，14岁，学生。2008年9月突然神志不清，右上肢抽搐，眼球上翻，持续1个多小时后出现恶心、呕吐伴头晕、头痛和全身酸痛。即送当地县医院，被诊断为癫痫。给予对症治疗，症状、体征缓解。但8h后再次发作，即转市某医院诊治。核磁共振成像（MRI）检查提示脑脓肿，给予降颅压、抗感染治疗，未见好转。第5天再转省级医院诊治，MRI检查仍诊断为脑脓肿伴脑膜炎。治后癫痫发作频繁，2008年10月经专家会诊疑为囊尾蚴病，血清送检后结果呈强阳性，诊断为脑囊尾蚴病。给予吡喹酮治疗。治后症状明显好转，脑 MRI 复查，左侧顶叶结节灶和周围指状水肿影缩小。患者癫痫发作间隔时间延长，每次发作持续时间缩短。2009 年 2 月进行第 2 疗程治疗。疗程结束后 5 个月随访，癫痫不再发作，临床治愈。

分析：

1. 猪带绦虫病，是由于吃了生或未煮熟的含囊尾蚴的猪肉，囊尾蚴逸出后在小肠内发育为成虫所致。如果人吞食了猪带绦虫卵，即可能患猪囊尾蚴病；或者本身即是猪带绦虫病患者，在呕（胃）酸时将小肠内的猪带绦虫成虫孕节呕至胃，虫卵经胃液消化后六钩蚴逸出，进入消化道血管至全身各部位寄生，即可导致猪囊尾蚴病。如皮下肌肉囊尾蚴病、脑囊尾蚴病等。

2. 当地个体养猪，猪囊尾蚴病发病率较高，屠宰后即私下卖给饮食摊点制作肉馅，造成人的猪带绦虫病不断传播。

3. 本案例表明猪囊尾蚴病与猪带绦虫病具有家庭聚集性特点，丈夫患猪带绦虫病，可能与喜食街上叫卖零售的肉包、云吞的饮食习惯有关。妻子和女儿患猪囊尾蚴病，根据病史可知，平时喜吃用自家粪肥浇灌的生芫荽和生葱。案例一中的丈夫患了猪带绦虫病，排出的粪便未经无害化处理即用于施肥，其中的虫卵很容易污染芫荽和生葱，被母女吞食后而感染囊尾蚴病。

4. 南瓜子和槟榔合剂可驱除人体内的绦虫；吡喹酮用于皮下肌肉囊尾蚴病、脑囊尾蚴病的治疗，效果好。

5. 对于预防囊尾蚴病，首先必须广泛深入开展预防猪带绦虫与囊虫病卫生知识的宣传教育，注意个人卫生及饮食卫生，养成饭前便后洗手的习惯，以防误食虫卵。提高人们对猪囊尾蚴病的危害及感染途径和方式的认识，使预防知识家喻户晓，增强群众的自我保健意识。

【案例二】 2009 年 1 月 27 日大理白族自治州某镇一户人家杀猪请客，共屠宰生猪 8 头，均未检疫，参加者 1920 人，从 2 月 9 日后部分村民陆续发生畏寒、发热（热度≥38.5℃）、乏力、全身疼痛［尤以四肢酸痛（双腿内侧，双臂内侧肌肉为甚）］、颜面水肿等症状，至 2 月 27 日有发热等症状病人达 132 人。仁里村居民多为白族，有吃生猪肉的习惯。132 例病人均在赴宴时进食生猪肉。随机抽取进食生猪肉并有症状者血清 7 份，采用酶联免疫吸附试验查旋毛虫抗体，结果均为阳性，结合流行病学调查，确定为一起食源性群体旋毛虫感染。经口服丙硫咪唑治疗，所有患者全部治愈，无一例死亡。

分析：

1. 旋毛虫病是一种人兽共患寄生虫病。约有 100 多种动物可感染旋毛虫病，家畜中猪的感染很常见。人由于食入含有活的旋毛虫幼虫包囊的猪肉后即被感染。

2. 大理白族自治州是以白族为主的少数民族聚居地，历来有进食生猪肉的习俗。此次食源性群体旋毛虫感染因居民吃生猪肉引发，发病人数多、范围大。

3. 丙硫咪唑为治疗旋毛虫病的首选药物，一般于服药后 2～3 天体温下降、肌痛减轻、水肿消失。

4. 预防该病主要是加强卫生宣传教育，认清旋毛虫病对人畜的危害，养成良好的生活习惯，不食生的或未熟透的肉制品。加强对猪肉和其他肉类的管理和检疫，对不合格的猪肉，严禁投放市场。

【案例三】 2008 年有学者采用问卷调查与血清学检测相结合的方法分别在济宁、枣庄、临沂随机选择了 1～2 个居民区进行了弓形虫病流行因素的调查研究，目的是分析饲养宠物以及卫生状况与弓形虫病传播的关系。对养犬和养猫者进行问卷和血清流行病学调查，酶联免疫吸附法检测弓形虫抗体。共调查 368 户，442 人，63 人抗体阳性，整体阳性率为 14.25%，明显高于 10 年前的调查结果（1.53%）。不养宠物者抗体阳性率为 8.60%，养宠物者抗体阳性率为 19.91%，两者差异显著（$P<0.01$）。单纯养犬者阳性率为 16.54%（21/127），单纯养猫者阳性率为 24.47%（23/94）。饭前便后每次洗手和经常洗手者感染率为 13.19%，偶尔和不洗手者感染率为 34.04%。吃生鸡蛋组感染率（21.05%）明显高于不吃生鸡蛋组（13.61%）。有喝生牛奶史

者感染率高于无此习惯者。单纯养犬者中52.38%的感染是养犬所致，单纯养猫者约70.96%的感染因养猫所致。

分析：

1. 本次调查结果显示，总体阳性率为14.25%，约为10年前1.53%的10倍，说明养犬或猫明显增加了感染弓形虫的机会。与对照组比较，单纯养犬、养猫者比值比分别为1.92、2.84，感染机会约为对照组的2倍。

2. 养猫比养犬的感染机会更大，因为猫是弓形虫唯一的终末宿主，卵囊随猫粪排出体外，污染环境，人类误食而感染，犬则通过机械携带卵囊污染环境，也进一步证实了粪—口途径是人类感染的最为重要的途径。

3. 结果显示，饭前便后每次洗手或经常洗手对防止弓形虫感染有很大作用，弓形虫感染率与洗手频率呈负相关，显而易见，不洗手增加了吞食卵囊而感染的机会。

4. 鸡蛋的弓形虫感染率虽不明确，但本次调查结果提示鸡蛋中有弓形虫，并可通过消化道黏膜侵入人体，一部分人有生食鸡蛋的习惯，对其进行适当的卫生宣传是很有必要的。

5. 喝生牛奶可能感染弓形虫，人群中有此习惯者虽然不多，但感染比例却很高（3/6），杜绝这一不良习惯对防治弓形虫病的作用不可忽视。

6. 养犬/猫与弓形虫感染密切相关。培养良好的卫生习惯，不吃生或不熟的食品，不喝生奶，对预防弓形虫感染有重要作用。

知识链接

一、猪瘟、流感、链球菌病、弓形虫病四个病的鉴别诊断

病原	猪瘟	流感	链球菌病	弓形虫病
流行特点	仅感染猪，其他动物不易感染	所有年龄的猪都易感且有明显季节性，流行快，病程短，死亡率低	一年四季均可发生，可感染多种动物，各种年龄的猪都可以感染发病	一年四季都可发生，各种猪群都可感染，青年母猪和小猪易感
临床特征	体温升高，达40～41.5℃，先便秘，后转水样下痢，怕冷，皮肤弥漫性发绀	体温升高，厌食，精神沉郁，流鼻涕，呼吸困难，呈明显腹式呼吸	可分为四型，分别为：败血型，脑膜炎型，关节炎型，化脓性淋巴结炎型	高热稽留，弓背厌食。严重病猪的耳部、四肢弥漫性发绀，呼吸困难
剖检特点	可见脾周边梗死，肾、膀胱、喉头有出血点，盲肠内膜有纽扣状溃疡，淋巴结大理石样变	病变主要在呼吸道，咽喉出血，鼻腔至支气管黏膜潮红肿胀，肺肿大出血	败血型主要表现为各器官充血、出血，神经症状的猪脑膜充血、出血，关节周围肿大，多液	皮下淋巴结充血、出血，肺肿胀，肾、脾、肝表面有白色或灰黄色坏死灶
实验室检查	应用ELISA检测猪瘟免疫抗体	用血凝抑制试验测定抗体	革兰染色镜检可见链球菌	吉姆萨染色可见月牙状、弓形的滋养体

二、人感染急性血吸虫病的临床症状

人感染急性血吸虫病时，主要临床表现是发热，体温多在38～40℃，热型以间歇热为主，其次为弛张热。约50%的患者有腹部压痛、腹泻、恶心、呕吐、干咳。大部分患者肝脾肿大。人逐渐消瘦、贫血。如治疗不及时，可发展为慢性甚至晚期血吸虫病。

三、网上冲浪

1. 中国疾病预防控制中心寄生虫病预防控制所：http://www.ipd.org.cn
2. "食源性寄生虫病"专题学习网站：http://www.zsuparasit.cn/para/default.aspx
3. 云南省寄生虫病防治网：http://www.yipd.org
4. 山东省寄生虫病防治研究所：http://www.sdipd.com

复习思考题

一、简答题

1. 试述人兽共患寄生虫病的分类？
2. 影响人兽共患寄生虫病流行的因素是什么？
3. 人兽共患寄生虫病的预防和控制措施有哪些？
4. 试述猪囊尾蚴的生活史？
5. 试述旋毛虫的生活史？
6. 试述弓形虫的生活史？
7. 试述猪肉孢子虫的生活史？
8. 猪感染肉孢子虫的主要症状有哪些？
9. 猪囊虫病的流行特征是什么？如何预防此病？
10. 弓形虫流行特征是什么？如何预防此病？
11. 弓形虫病有几种病原体及感染途径？人患弓形虫病有何症状？

二、综合分析题

1. 《中国血吸虫病防治》杂志披露，2002年我国南方12个血吸虫病流行省（自治区、直辖市）中，共有427个流行县（市、区），37246个流行村，流行村总人口为6453万人；近几年，血吸虫病流行有所回头，危害非常严重，全国共有血吸虫病人81万人，其中晚期病人26046人。此后，湖北省委、省政府提出了"综合治理、整体推进"方案，将血吸虫防治工作与新农村建设有机结合，推动了该省新农村建设，疫区面貌也发生了翻天覆地的变化。中新网2008年12月30日电，湖北省卫生厅近日组织血防办与疾病预防控制中心专家组，对全省8个重点县市血吸虫病综合治理情况进行了调查。调查结果显示，湖北8个重点县市血吸虫疫情得到有效控制，达到了国家要求标准。请你对湖北省近几年血吸虫防治工作进行调查，总结分析他们在血吸虫病的预防控制方面都取得了哪些成功的经验？

2. 1998年，由于洪水泛滥，湖南省桃源县发现了一个新的血吸虫病疫区。试结合日本血吸虫的生活史，为该县制订一个有效的防治措施。

3. 为防止血吸虫病在消灭10年后出现疫情反弹，长沙市政府2003年10月底出台了《关于进一步加强血防工作的决定》，于11月初开始治理湘江洲滩，在湘江长沙段沿江洲滩的草丛里喷洒能杀灭钉螺的氯硝柳胺乙醇胺盐。据湖南省血防办一位负责人介绍，长沙这次采取的"药粉土埋法"对消灭钉螺非常有效，而且此次"灭螺"行动中所采用的药粉对人畜无害。大规模使用药物杀灭中间宿主——钉螺的方法来控制日本血吸虫病，能收到一定好的效果，这种方法你赞成吗？请阐述你的理由？

第五章 吸虫病的诊断与防治技术

知识目标

1. 了解吸虫的一般形态结构,掌握主要吸虫的形态结构和生活史。
2. 了解各常见吸虫病的流行病学、临床症状和剖检病变等特征,掌握其诊断方法。
3. 了解当地主要吸虫病的流行规律,掌握其综合防治措施。

能力目标

1. 通过对主要吸虫病病原的识别,使学生能正确区分各种吸虫的形态结构特点及其生活史的异同。
2. 通过对某些吸虫病的典型案例的诊断和分析,培养学生综合分析和诊断疾病的能力。

指 南 针

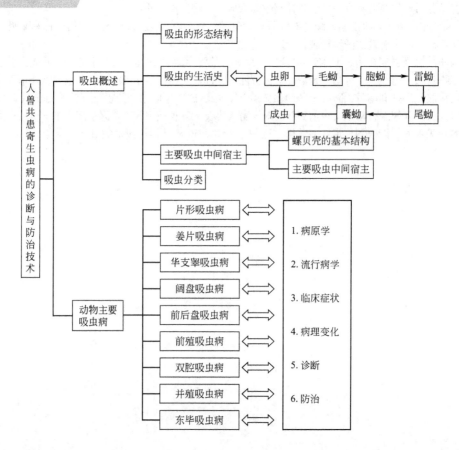

第一节 吸虫概述

吸虫属于扁形动物门吸虫纲，包括单殖吸虫、盾腹吸虫和复殖吸虫三大类。寄生于畜、禽的吸虫以复殖吸虫为主。

一、吸虫的形态结构

1. 外部形态

虫体多背腹扁平，呈叶状、舌状，有的近似圆形或圆锥状；大小不一，长度范围在 0.3～75mm。体表光滑或有小刺、小棘等。通常具有两个肌质的杯状吸盘，一个是环绕着口孔的口吸盘，另一个为虫体腹部某处的腹吸盘。腹吸盘的位置前后不定。生殖孔通常位于腹吸盘的前缘或后缘处，排泄孔位于虫体的后端。

2. 体壁

吸虫无表皮，体壁由皮层和肌层构成皮肌囊。无体腔，囊内由网状组织（实质）包裹着各器官。皮层从外向内由外质膜、基质和基质膜构成。外质膜的成分为酸性黏多糖或糖蛋白，具有抗宿主消化酶和保护虫体的作用。皮层具有分泌与排泄功能，可进行氧气和二氧化碳交换，还具有吸收营养的功能，其营养物质以葡萄糖为主，亦可吸收氨基酸。肌层由外环肌、内纵肌和中斜肌组成，是虫体伸缩活动的组织。

3. 消化系统

包括口、前咽、咽、食管和肠管。口通常位于虫体前端，由口吸盘围绕。前咽短小或缺，无前咽时，口下即为咽，呈球形。咽后接食管，下分两条位于虫体两侧的肠管，向后延伸至虫体后部，其末端为盲管称为盲肠。无肛门，肠内废物经口排出体外。吸虫的营养物质为宿主的上皮细胞、黏液、肝分泌物、血液以及宿主已消化的消化道内容物等。

4. 排泄系统

由焰细胞、毛细管、前后集合管、排泄总管、排泄囊和排泄孔等部分组成。焰细胞布满虫体的各部分，位于毛细管的末端，为凹形细胞，在凹入处有一束纤毛，纤毛颤动时很像火焰跳动，因而得名。复殖吸虫的排泄孔只有一个，位于虫体的后端。在吸虫的各幼虫期（毛蚴、胞蚴、雷蚴）都有一对靠近虫体后端的排泄孔，尾蚴的后端也有两个排泄孔，但在尾部生出后两个孔合而为一。排泄囊形状不一，呈现圆形、管形、"Y"形、"V"形等。焰细胞收集的排泄物，经毛细管、前后集合管集中到排泄囊，最后由排泄孔排出体外，排泄液含有尿素、尿酸和氨。排泄孔的括约肌司孔的开闭。焰细胞的数目与排列，在分类上具有重要意义。

5. 神经系统

咽的两侧各有一个神经节，彼此有横索相连，相当于神经中枢。两神经节向前后各发出三对神经干，分布在虫体背腹和两侧。向后发出的神经干由几条横索相连。由神经干发出的神经末梢分布到口、腹吸盘和咽等器官。在皮层中有许多感觉器官，某些吸虫在其发育中的毛蚴和尾蚴时期就具有眼点，它具备感觉器官的功能。

6. 生殖系统

除分体吸虫外，吸虫均为雌雄同体。生殖系统发达。生殖孔均开口于生殖窦内，有的除口、腹吸盘外还有一个生殖吸盘，如异形吸虫。生殖孔常在口、腹吸盘之间的位置上（肝片形吸虫），但也有在边缘（斯孔吸虫）及背面的（双穴吸虫）。有些吸虫的生殖孔在口的一边（前殖吸虫），另一些在腹吸盘的后面（后口吸虫），少数在端虫体后端（异幻吸虫）。

（1）雄性生殖系统　雄性生殖器官包括睾丸、输出管、输精管、贮精囊、射精管、前列腺、雄茎、雄茎囊和生殖孔等（图5-1）。一般有2个睾丸，圆形、椭圆形或分叶，左右或前后排列在

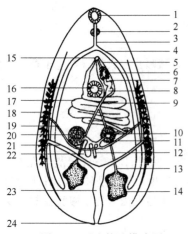

图 5-1 吸虫构造模式图

1—口吸盘；2—咽；3—食管；4—肠；
5—雄茎囊；6—前列腺；7—雄茎；
8—贮精囊；9—输精管；10—卵模；
11—梅氏腺；12—劳氏腺；13—输出管；
14—睾丸；15—生殖孔；16—腹吸盘；
17—子宫；18—卵黄腺；19—卵黄管；
20—卵巢；21—排泄管；22—受精囊；
23—排泄囊；24—排泄孔

腹吸盘后或虫体后半部，各有1条输出管，汇合为1条输精管，远端膨大为贮精囊，通入射精管，其末端为雄茎，开口于生殖孔。贮精囊和雄茎之间有前列腺。贮精囊、射精管、前列腺和雄茎包围在雄茎囊内。贮精囊在雄茎囊内时称为内贮精囊，在其外时称为外贮精囊。雄茎可伸出生殖孔外，与雌性生殖器官交配。

（2）雌性生殖系统　雌性生殖器官包括卵巢、输卵管、卵模、受精囊、梅氏腺、卵黄腺、子宫及生殖孔等。卵巢1个，其形态、大小和位置因种而异，常偏于虫体一侧，所发出的输卵管与受精囊及卵黄总管相接。劳氏管一端连接受精囊或输卵管，另一端开口于虫体背面或成为盲管，有时起阴道的作用。卵黄腺多在虫体两侧，由许多卵黄滤泡组成，左右两条卵黄管汇合为卵黄总管。卵黄总管与输卵管汇合处的囊腔为卵模，其周围的单细胞腺为梅氏腺。卵由卵巢排出后，与受精囊中的精子受精后向前进入卵模，卵黄腺分泌的卵黄颗粒进入卵模，与梅氏腺的分泌物共同形成卵壳。虫卵由卵模进入与此相连的子宫，成熟后通过子宫末端的阴道经生殖孔排出。阴道与雄茎多开口于共同的生殖腔，再经生殖孔通向体外（图5-1）。

另外，单盘类及对盘类吸虫中有类似淋巴系统的构造。由两对、三对或四对纵管及其附属部分组成。纵管一方面和肠管有复杂的联系，另一方面又和口、腹吸盘及淋巴窦相接。通过虫体的伸缩，淋巴液被输送至各组织器官，如睾丸、卵巢等。管壁上有扁平的实质细胞，管内淋巴液中有浮游细胞，即可看作是游离在淋巴液中的实质细胞。上述情况也可说明淋巴系统与营养物质的输送有极大的关系。在那些没有明确的淋巴系统的吸虫中，实质间充满的液体，代替了部分或全部淋巴系统的作用。

二、吸虫的生活史

吸虫发育过程均需要中间宿主，有的还需要补充宿主。中间宿主为淡水螺或陆地螺；补充宿主多为鱼、蛙、螺或昆虫等。发育过程经历虫卵、毛蚴、胞蚴、雷蚴、尾蚴和囊蚴各期（图5-2和图5-3）。

1. 虫卵

多呈椭圆形或卵圆形，为灰白色、淡黄色至棕色，具有卵盖（分体科吸虫除外）。虫卵在子宫内成熟后排出体外。有的吸虫虫卵在产出时仅含卵细胞和卵黄细胞，有的已有毛蚴，有的虫卵在子宫内已孵化，有的必须被中间宿主吞食后才能孵化，但多数虫卵需在宿主体外孵化。

2. 毛蚴

毛蚴体形、外观变化很大，运动时外形近于圆柱形，前部略有些圆，后端尖。不大活动时，外观近似等边三角形，外被纤毛，不食，前部宽，有头腺，有一对眼点。在头部中心有一个向前突出的顶突，或称头乳突。后端狭小，体内有简单的消化道、胚细胞及神经和

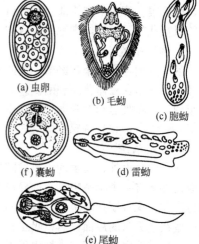

图 5-2 吸虫各期幼虫形态模式图

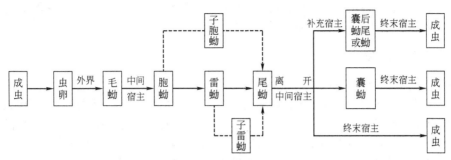

图 5-3　吸虫发育示意图

排泄系统。排泄孔多为一对。毛蚴运动十分活泼，其寿命取决于食物贮存量（因其不食），一般在水中能活 1～2 天。在此期内若能遇到适当的中间宿主——螺时，即利用其顶突腺，钻入螺体内，脱掉其被有纤毛的外膜层，移行到螺的淋巴管内，发育为胞蚴，逐渐移行至螺的肝脏。

3. 胞蚴

呈包囊状，能钻入螺组织深部，通过体壁从宿主组织吸取营养，营无性繁殖，内含胚细胞、胚团及简单的排泄器。胚团或发育成另一代胞蚴（子胞蚴），或本身组织合成雷蚴。

4. 雷蚴

呈包囊状，有咽和一个袋状的盲肠，还有胚细胞和排泄器。有的雷蚴后方有一个产孔。在体长 2/3 处有一对后突起，即运动器。营无性繁殖。有的吸虫只有 1 代雷蚴，有的则有母雷蚴和子雷蚴两期。雷蚴进一步发育为尾蚴，成熟后逸出螺体，游于水中。

5. 尾蚴

尾蚴由体部和尾部构成。在水中运动活跃。体表常有小棘，有 1～2 个吸盘。除原始的生殖器官外，其他器官均开始分化。尾蚴从螺体逸出，黏附在某些物体上形成囊蚴而感染终末宿主；或直接经皮肤钻入终末宿主体内，脱去尾部，移行到寄生部位发育为成虫。有些吸虫尾蚴需进入补充宿主体内发育为囊蚴再感染终末宿主。

6. 囊蚴

囊蚴是尾蚴脱去尾部而形成包囊进而发育成为的。呈圆形或卵圆形。有的生殖系统只有简单的生殖原基细胞，有的则有完整的生殖器官。囊蚴都通过其附着物或补充宿主进入终末宿主的消

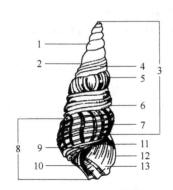

图 5-4　螺贝壳的基本构造

1—螺层；2—缝合线；3—螺旋部；4—螺旋纹；
5—纵肋；6—螺棱；7—瘤状结节；8—体螺层；
9—脐孔；10—轴唇（缘）；11—内唇（缘）；
12—外唇（缘）；13—壳口

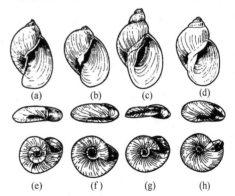

图 5-5　主要吸虫中间宿主（一）

(a) 椭圆萝卜螺；(b) 卵萝卜螺；(c) 狭萝卜螺；
(d) 小土蜗；(e) 凸旋螺；(f) 大脐圆扁螺；
(g) 尖口圆扁螺；(h) 半球多脉扁螺

化道内,囊壁被消化液溶解,幼虫破囊而出,移行至寄生部位发育为成虫(有些吸虫没有囊蚴阶段,尾蚴直接钻入终末宿主皮肤,移行至寄生部位,发育为成虫)。

三、主要吸虫中间宿主

1. 螺贝壳的基本结构

贝壳不对称,呈陀螺形、圆锥形、塔形或耳形,多为右旋,少数为左旋。贝壳分螺旋部和体旋部。螺旋部是内脏盘存之处,一般分几个螺层,其顶部为壳顶,各螺层交界处为缝合线,计数螺层数时使螺口向下,缝合线数加1即为螺层数;体旋部有壳口,是身体外伸的出口。螺的大小,从壳顶至壳底的垂线为高,左右间最大距离为宽。当软体部分缩入贝壳底后,足的后端常分泌1个角质或石灰质的厣封住壳口,起保护作用(图5-4)。

2. 主要吸虫中间宿主

主要吸虫中间宿主的形态见图5-5和图5-6。

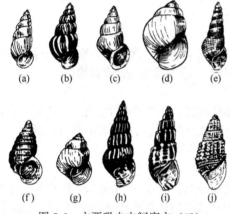

图5-6 主要吸虫中间宿主(二)
(a)泥泞拟钉螺;(b)钉螺指明亚种;
(c)钉螺闽亚种;(d)赤豆螺;(e)放逸短沟螺;(f)中华沼螺;(g)琵琶拟沼螺;(h)色带短沟螺;(i)黑龙江短沟螺;(j)斜粒粒蜷

四、吸虫分类

吸虫属于扁形动物门(Platyhelminthes),吸虫纲(Trematoda),纲下分为3个目:单殖目(Monogenea)、盾腹目(Aspidogastrea)、复殖目(Digenea)。有的分类学家将此3个目提升为亚纲。与动物医学关系密切的为复殖目。

1. 复殖目吸虫的七种基本体形

(1)双(二)盘类 是最常见的类型,虫体前端有一个环绕口孔的口吸盘,腹面某处(不是在后端)有一个腹吸盘。如肝片吸虫(*Fasciola hepatica*),为牛、羊肝脏的寄生虫。

(2)对盘类 大而多肌肉的吸虫,有一个虫体前面的口吸盘和一个位于虫体后端的腹吸盘,又叫后吸盘(Posterior sucker)。如鹿同盘吸虫(*Paramphistomum cervi*)。为反刍动物瘤胃的寄生虫。

(3)单盘类 只有一个吸盘(常为口吸盘)或全无。如多变环腔吸虫(*Cyclocoelum mustabile*),为禽类气囊的寄生虫。

(4)腹盘类 口位于虫体腹面中部,肠呈囊袋状。如多形牛首吸虫(*Bucephalu polymorphus*),为鱼类肠道的寄生虫。

(5)分体(裂体)类 虫体细长,雌雄异体,雄虫通常将雌虫抱在腹面的槽形沟(抱雌沟)内。如日本分体吸虫(*Schistosoma japonicum*),为人及牛的血管内寄生虫。

(6)全盘类 体分前后两部分,体前半部含有口、腹两个吸盘,有时并有黏附器;体后半部含有生殖腺。如优美异幻吸虫(*Apatemon gracilis*),为鸭、鹅肠道的寄生虫。

(7)棘口类 基本是两盘类型,但具有冠和头棘,腹吸盘与口吸盘相距甚近。如卷棘口吸虫(*Echinostoma revolutum*),为鸡、鸭、鹅等禽类肠道的寄生虫。

2. 复殖目吸虫重要的科属

(1)片形科(Fasciolide) 大型虫体,扁平叶状,具有皮棘或缺。口、腹吸盘紧靠。有咽,食管短,肠管多分支或简单。卵巢分支,位于睾丸之前。睾丸前后排列,分叶或分支。雄茎及雄茎囊发达。生殖孔居体中线上,开口于腹吸盘前。卵黄腺充满体两侧,汇合于睾丸之后,延伸至体中央。受精囊不明显或无。子宫位于睾丸前。卵大、壳薄,呈椭圆形。寄生于哺乳类肝脏胆管及肠道。

　　片形属（*Fasciola*）　　　　　　　　姜片属（*Fasciolopsis*）

　　（2）双腔科（歧腔科）(Dicrocoeliidae)　中、小型虫体，体呈扁平叶状、矛形、纺锤形或圆筒形。两个吸盘接近。睾丸离腹吸盘近，平行或斜位排列，在卵巢前方。雄茎囊发达，位于腹吸盘之前。生殖孔开口在肠分叉附近。子宫由许多上、下行的子宫圈组成，内含大量小型、深褐色卵，排出的卵内含有毛蚴。卵黄腺在体中部两侧。寄生于两栖类、爬虫类、鸟类及哺乳类的肝、肠及胰脏。

　　双腔属（歧腔属）（*Dicrocoelium*）　　阔盘属（*Eurytrema*）

　　（3）前殖科（Prosthogonimidae）　小型虫体，前尖后钝。具有皮棘。口吸盘和咽发育良好，有食管，肠支简单，不抵达后端。腹吸盘位于体前半部。睾丸左右排列，在腹吸盘之后。雄茎囊长，雄茎和前列腺不发达。卵巢位于睾丸之间前方。生殖孔在口吸盘附近。卵黄腺呈葡萄状，位于体两侧。子宫盘曲于体后部。寄生于鸟类，较少在哺乳类。

　　前殖属（*Prosthogonimus*）

　　（4）并殖科（Paragonimidae）　中型虫体，近卵圆形，肥厚。具有皮棘。肠管弯曲，抵达体后端。睾丸分枝，位于体后半部。卵巢分叶，在睾丸前的一侧。子宫高度盘曲，与卵巢相对。卵黄腺发达呈网状。生殖孔在腹吸盘后缘。成虫寄生于猪、牛、犬、猫及人的肺脏。中间宿主为淡水螺，补充宿主为甲壳类。

　　并殖属（*Paragonimus*）

　　（5）后睾科（Opisthorchiidae）　中、小型虫体，虫体扁平，前部较窄，透明。口、腹吸盘不发达，相距较近。具咽和食管。肠支抵达体后端。生殖孔开口于腹吸盘前。睾丸呈球形或分支、分叶，斜列或纵列体后部。缺雄茎囊。卵巢在睾丸前。子宫有许多弯曲。寄生于爬虫类、鸟类及哺乳类的胆管或胆囊。卵小，内含毛蚴。

　　后睾属（*Opisthorchis*）　　　　　　对体属（*Amphimerus*）
　　支睾属（*Clonorchis*）　　　　　　　次睾属（*Metorchis*）
　　微口属（*Microtrema*）

　　（6）棘口科（Echinostomatidae）　中、小型虫体，呈长叶形，体表有棘，有头冠，其上有1~2排头棘。睾丸前后排列或斜列，在虫体中后部。卵巢在睾丸之前。子宫长或短，在卵巢与腹吸盘之间。多数种类无受精囊。卵黄腺分布于腹吸盘后方的身体两侧。寄生于爬虫类、鸟类及哺乳类的肠道，偶尔在胆管及子宫。

　　棘口属（*Echinostoma*）　　　　　　低颈属（*Hypoderaeum*）
　　棘隙属（*Echinochasmus*）　　　　　真缘属［*Euparyphium*（*Isthmiophora*）］
　　棘缘属（*Echinoparyphium*）

　　（7）前后盘科（Paramphistomatidae）　虫体肥厚，呈圆锥形、梨形或圆柱状。活体时为白色、粉红色或深红色。体表光滑。有或无口吸盘，腹吸盘发达，在虫体后端。肠支简单，常呈波浪状延伸到腹吸盘。睾丸前后或斜列于虫体中部或后部。卵巢位于睾丸后。生殖孔在体前部。寄生于哺乳类的消化道。

　　前后盘属（*Paramphistomum*）　　　巨咽属（*Macropharynx*）
　　殖盘属（*Cotylophoron*）　　　　　　盘腔属（*Chenocoelium*）
　　杯殖属（*Caliophoron*）　　　　　　锡叶属（*Ceylonocotyle*）
　　巨盘属（*Gigantocotyle*）

　　（8）腹袋科（Gastrothylacidae）　虫体圆柱形，前端较尖，后端较钝。在口吸盘后至腹吸盘的前缘具有腹袋。腹吸盘位于体末端。两肠支短或长而弯曲。生殖孔开口于腹袋内。睾丸左右或背腹排列于虫体后部腹吸盘前。无雄茎囊。寄生于反刍动物瘤胃。

腹袋属（*Gastrothylax*） 卡妙属（*Carmyerius*）
菲策属（*Fishoederius*）

（9）腹盘科（Gastrodiscidae） 虫体扁平，体后部宽大呈盘状，腹面有许多小乳突。口吸盘后有一对支囊，有食管球。睾丸前后排列或斜列，边缘有小缺刻。生殖孔位于肠分支前的食管中央。卵巢分瓣，位于睾丸后体中央。子宫弯曲，沿两睾丸之间上升。卵黄腺分布于肠支外侧。

平腹属（*Homalogaster*） 拟腹盘属（*Gastrodiscoides*）
腹盘属（*Gastrodiscus*）

（10）背孔科（Notocotylidae） 虫体扁，长叶形或卵形，两侧缘较薄时向腹面卷折，背面稍隆。口吸盘小，腹吸盘缺。虫体腹面有3或5行纵列的腹腺。体表前侧方被有细刺。缺咽。食管短。肠支简单，延伸至体末端。生殖孔开口于口吸盘的直后，雄茎囊发达，细长。睾丸并列，位于体末端的肠支外侧。卵巢近圆形或分瓣，位于两睾丸之间，或前或后。卵黄腺占据体后部的侧方，睾丸之前。子宫回旋弯曲于肠管之间，从卵巢延伸至雄茎囊的后方。无受精囊。卵黄腺为滤泡状或管状，分布于睾丸前的肠支外侧。寄生于鸟类盲肠或哺乳类消化道后段。

背孔属（*Notocotylus*） 同口属（*Paramonostomum*）
槽盘属（*Ogmocotyle*） 下殖属（*Catatropis*）

（11）异形科（Heterophyidae） 小型虫体。体后部宽，腹吸盘发达或退化，偶有缺如。食管长。生殖孔开口于腹吸盘附近。睾丸呈卵圆形或稍分叶，并列或前后排列于体后部。无雄茎囊。卵巢呈卵圆形或稍分叶，位于睾丸之前。卵黄腺位于体后两侧。子宫曲折在后半部，内含极少数虫卵。寄生于哺乳动物和鸟类肠道。

异形属（*Heterophyes*） 后殖属（*Metagonimus*）

（12）分体科（Schistosomatidae） 雌雄异体。虫体线形，雌虫较雄虫细，被雄虫抱在"抱雌沟"内。口吸盘和腹吸盘不发达并相距近，有的缺如。缺咽。肠支在体后部联合成单管，抵达体后端。生殖孔开口于腹吸盘之后。睾丸数目多在4个以上，居于肠联合之前或后。卵巢在肠联合处之前。子宫为直管。虫卵壳薄，无卵盖，在其一端常有小刺。寄生于鸟类或哺乳类动物的门静脉血管内。

分体属（*Schistosoma*） 毛毕属（*Trichobitharzia*）
东毕属（*Orientobilharzia*）

吸虫主要科鉴定见图5-7。

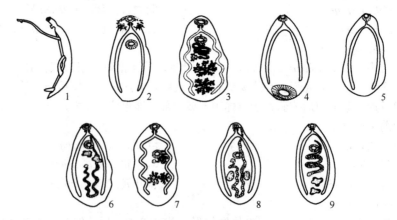

图5-7 吸虫主要科鉴定略图
1—分体科；2—棘口科；3—片形科；4—前后盘科；5—背孔科；
6—双腔科；7—并殖科；8—前殖科；9—后睾科

第二节 动物主要吸虫病

一、片形吸虫病

片形吸虫病又称为"肝蛭"，是由片形科（Fasciolidae）、片形属（Fasciola）的片形吸虫寄生于牛、羊等反刍动物肝胆管中所引起的疾病。是牛、羊、骆驼的主要寄生虫病之一，人偶有感染，主要通过生吃水生植物或饮用生水传播。主要特征为能引起急性或慢性肝炎和胆管炎，并伴发全身性中毒和营养障碍，引起动物消瘦、发育障碍、生产力下降，危害相当严重，特别对幼畜和绵羊，可引起大批死亡。

片形吸虫病呈世界性分布，是我国分布广泛、危害最严重的寄生虫病之一。多发生于低洼、潮湿、好多沼泽的放牧地区，呈地方性流行。

1. 病原学

（1）形态构造　片形吸虫有肝片形吸虫（F. hepatica）和大片形吸虫（F. gigantica）两种，其中以肝片形吸虫最为常见。

① 肝片形吸虫　虫体呈扁平叶状，长21～41mm，宽9～14mm，活体为棕红色，固定后为灰白色。虫体前端有1个三角形的锥状突起，名头锥，其底部较宽似"肩"，从肩往后逐渐变窄。口吸盘位于锥状突起前端，腹吸盘略大于口吸盘，位于肩水平线中央稍后方。消化系统由口吸盘底部的口孔开始，其后为咽和食管及2条盲端肠管，肠管有许多外侧枝，内侧枝少而短。生殖孔在口吸盘和腹吸盘之间。1个鹿角状的卵巢位于腹吸盘后右侧，一端与生殖孔相连。2个高度分支状的睾丸前后排列于虫体的中后部。无受精囊。体后部中央有纵行的排泄管（图5-8）。

虫卵较大，大小为（133～157）μm×（74～91）μm，为长椭圆形，呈黄色或黄褐色，前端较窄，后端较钝，卵盖不明显，卵壳薄而光滑，半透明，分两层，卵内充满卵黄细胞和1个胚细胞。

② 大片形吸虫　形似肝片形吸虫，大小（25～75）mm×（5～12）mm，呈长叶状，虫体两侧缘趋于平行，"肩"不明显，腹吸盘较大。

虫卵的大小为（150～190）μm×（70～90）μm，为长卵圆形，呈黄褐色。

（2）生活史

① 中间宿主　为椎实螺科的淡水螺。肝片形吸虫的中间宿主为小土蜗螺和斯氏萝卜螺。大片形吸虫的中间宿主要为耳萝卜螺，小土蜗螺亦可。

② 终末宿主　肝片形吸虫主要是牛、羊、鹿、骆驼等反刍动物，绵羊敏感。猪、马属动物、兔及一些野生动物也可感染，人亦可感染。大片形吸虫主要感染牛。

③ 发育过程　成虫寄生于终末宿主的肝胆管内产卵，虫卵随胆汁进入肠道后，随粪便排出体外。在适宜的温度（25～26℃）、氧气、水分和光线条件下孵化出毛蚴。毛蚴在水中游动，钻入中间宿主体内进行无性繁殖，经胞蚴、母雷蚴、子雷蚴三个阶段，发育为尾蚴。尾蚴离开螺体，进入水中，在水中或水生植物上脱掉尾部，形成囊蚴。终末宿主饮水或吃草时，吞食囊蚴而感染。囊蚴在十二指肠中脱囊，囊蚴脱囊后发育为童虫，童虫进入肝胆管有3种途径：从胆管开口处直接进入肝脏；钻入肠黏膜，经肠系膜静脉进入肝脏；穿过肠壁进入腹腔，由肝包膜钻入肝脏，童虫进入肝胆管发育为成虫（图5-9）。

图5-8　肝片形吸虫

④ 发育时间　在外界的虫卵发育为毛蚴需10～20天。外界环境中的毛蚴一般只能存活6～36h，若不能进入中间宿主体内则逐渐死亡。毛蚴侵入中间宿主体内经35～50天发育为尾蚴；囊蚴进入终末宿主体内发育为成虫需2～3个月。

⑤ 成虫寿命　成虫可在终末宿主体内寄生3～5年。

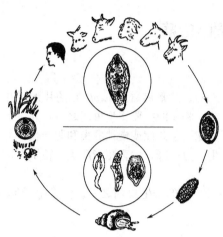

图 5-9　肝片形吸虫生活史

2. 流行病学

(1) 感染源　患病或带虫牛、羊、骆驼等反刍动物，少见于人类，虫卵随粪便排出体外。

(2) 感染途径　终末宿主经口感染。

(3) 易感动物　牛、羊、鹿、骆驼等反刍动物易感染，绵羊最敏感。猪、马属动物、兔及一些野生动物也可感染，人亦可感染。

(4) 流行特点

① 地理分布　片形吸虫病呈世界性分布，在我国分布广泛。多发生在地势低洼、潮湿、多沼泽及水源丰富的放牧地区。

② 流行季节　春末、夏、秋季节适宜幼虫及螺的生长发育，感染季节决定了发病季节，幼虫引起的急性发病多在夏、秋季；成虫引起的慢性发病多在冬、春季。南方温暖季节较长，降雨量高，感染季节也较长。

③ 繁殖力强　1 条成虫 1 昼夜可产卵 8000～13000 个；1 个毛蚴在中间宿主体内进行无性繁殖，可发育为数百个甚至上千个尾蚴。

④ 对外界环境的抵抗力　虫卵抗低温能力强，但结冰后很快死亡，所以虫卵不能越冬。虫卵在 13℃时即可发育，25～30℃时最适宜。虫卵对高温和干燥敏感，40～50℃时几分钟死亡，干燥环境中迅速死亡，在潮湿环境中可存活 8 个月以上；囊蚴对外界环境的抵抗力较强，在潮湿环境中可存活 3～5 个月，但对干燥和阳光直射敏感。

3. 临床症状

临床症状主要取决于虫体寄生的数量、毒素作用的强弱及动物机体的营养状况和抵抗力。可分为急性和慢性两种类型。

(1) 急性型　一般出现症状后 3～5 天内死亡。多发于夏末和秋季，多发生于绵羊，由于短时间内吞食大量囊蚴而引起。童虫在体内移行造成组织器官的损伤和出血，引起急性肝炎。主要表现为体温升高，食欲减退或废绝，精神沉郁，可视黏膜苍白和黄染，触诊肝区有疼痛感。血红蛋白和红细胞数显著降低，嗜酸粒细胞数显著增多。

(2) 慢性型　由成虫引起，一般在吞食囊蚴后 4～5 个月发病。

① 羊　主要表现为食欲不振，渐进性消瘦，贫血，被毛粗乱易脱落，眼睑、颌下水肿，有时波及胸、腹部，早晨水肿明显，运动后减轻。妊娠羊易流产。重者衰竭死亡。

② 牛　多为慢性经过，犊牛症状明显，除上述症状外，常表现前胃弛缓、腹泻、周期性瘤胃臌胀，重者可引起死亡。

4. 病理变化

(1) 急性型　可见幼虫移行时引起的肠壁、肝组织和其他器官的组织损伤和出血，腹腔内和器官上的"虫道"内可发现童虫。

(2) 慢性型　严重贫血，肝脏肿大，胆管呈绳索样凸出于肝脏表面，胆管壁发炎、增厚、内壁粗糙，胆管内有磷酸盐沉积，肝实质变硬。切开后在胆管内可见成虫或童虫，少数个体在胆囊中也可见到成虫。

5. 诊断

根据是否存在中间宿主、发病季节等流行病学资料，结合临诊症状可作出初步诊断，用沉淀法进行粪便检查找到虫体和肝脏剖检发现虫体即可确诊。还可采用固相酶联免疫吸附试验、间接血凝试验等免疫学诊断法进行确诊，不但适用于诊断急、慢性肝片形吸虫病，亦可用于对动物群体进行普查。另外，慢性病例时，r-谷氨酰转移酶（r-GT）升高；急性病例时，谷氨酸脱氢酶（GDH）升高，可作为诊断本病的指标。

6. 防治

（1）预防措施　根据流行病学特点和生活史，制订出适合于本地区的行之有效的综合性防治措施。

① 定期预防性驱虫　驱虫时间和次数可根据当地流行情况而定。针对急性病例，于夏秋季选用肝蛭净等对童虫效果好的药物驱虫。针对慢性病例，北方全年可进行两次驱虫，第一次在冬末春初（3～4月份），由舍饲转为放牧之前进行；第二次在秋末冬初（11～12月份），由放牧转为舍饲之前进行。南方每年可进行3次驱虫。

② 消灭中间宿主　可通过喷洒药物、兴修水利、改造低洼地、饲养水禽等措施消灭中间宿主椎实螺。药物灭螺一般在每年3～5月份进行，用1:50000的硫酸铜或氨水、粗制氯硝柳胺（血防-67，2.5mg/L）等，草地上小范围的死水可用生石灰灭螺。饲养水禽灭螺时，应注意感染禽吸虫病。

③ 科学放牧　尽量不到低洼、潮湿地方放牧，在低洼湿地收割的牧草晒干后再作饲料。避免饮用非流动水。牧区实行划地轮牧，每月轮换一块草场。

④ 粪便无害化处理　对家畜粪便应集中堆放进行生物发酵处理。

（2）治疗

① 三氯苯唑（肝蛭净）　牛10mg/kg体重，羊12mg/kg体重，一次内服，对成虫和童虫都有较高的杀灭效果，休药期14天。

② 丙硫咪唑　牛10mg/kg体重，羊15mg/kg体重，一次内服，对成虫效果良好，但对童虫效果较差。

③ 溴酚磷（蛭得净）　牛12mg/kg体重，羊16mg/kg体重，一次内服，对成虫和童虫均有良好效果。

④ 硝氯酚（拜耳9015）　硝氯酚可用来杀去体内成虫，但对童虫无效。用量为牛3～4mg/kg体重，羊4～5mg/kg体重，一次内服。应用针剂时，牛0.5～1.0mg/kg体重，羊0.75～1.0mg/kg体重，深部肌内注射。

二、姜片吸虫病

姜片吸虫病（Fasciolopsiasis）是由片形科（Fasciolidae）姜片属（*Fasciolopsis*）的布氏姜片吸虫（*Fasciolopsis buski*，简称姜片虫）寄生于猪和人的小肠内引起的一种肠道寄生虫病。临床表现为腹痛、腹泻、营养不良和发育障碍等。

本病主要流行于亚洲的温带和亚热带地区，在我国主要分布在长江流域以南各省。随着饲料商品化生产以及饲养管理方法的改善，不再直接采用新鲜的水生植物喂猪，因而许多地区猪的感染率明显下降。

1. 病原学

（1）形态结构　姜片吸虫是吸虫中最大的一种，成虫大小为$(20～75)mm\times(8～20)mm\times(0.2～0.3)mm$，新鲜时呈肉红色，肥厚，不透明，经福尔马林固定后呈灰白色，形似斜切的姜片，故称姜片吸虫。腹吸盘极大，位于虫体的前方，靠近口吸盘，为口吸盘的4～6倍。咽和食管短，两条肠管弯曲，但不分支，向后延伸至虫体后端。雌雄同体，2个分支状的睾丸，前后排列在虫体后部的中央。卵巢一个，有分支，位于虫体中部稍偏后方。囊蚴呈扁圆形，外形似凹透镜，外壁厚薄不一，脆弱易破，内壁光滑坚韧，厚度均匀，内含一个后尾蚴。

虫卵为长椭圆形或卵圆形，卵壳很薄，有卵盖，呈淡黄色或棕色，虫卵较大，为$(130～175)\mu m\times(85～97)\mu m$。卵内含有一个未分裂的胚细胞和30～50个卵黄细胞，胚细胞常位于卵盖的一端，卵黄细胞分布均匀。

（2）生活史

① 中间宿主　姜片吸虫需要一个中间宿主——扁卷螺。

② 终末宿主　猪和人。

③ 发育过程　成虫寄生在猪或人的十二指肠内，虫卵随粪便排出，落入水中，逸出毛蚴。毛蚴侵入螺体后，发育为胞蚴、母雷蚴、子雷蚴和尾蚴。尾蚴从扁卷螺体内逸出，很快地附在水浮莲、日本水仙、满江红、浮萍、无根萍等各种水生植物的茎和叶上发育形成囊蚴。猪吞吃含有囊蚴的水生植物或成熟的尾蚴而遭到感染。

④ 发育时间　由毛蚴侵入螺体至尾蚴逸出，在水生植物上形成囊蚴，平均需要50天。囊蚴进入猪体内发育至成虫，需2～3个月。

⑤ 成虫寿命　虫体在猪体内的寿命为9～13个月。在人体内的寿命可达4年以上。

2. 流行病学

① 感染源　病猪和病人是主要传染源。

② 感染途径　流行区猪生食了菱角、浮萍、水浮莲等水生植物或饮用了含囊蚴的生水而感染。人常因生食菱角等水生植物而感染。

③ 易感动物　猪和人易感染，狗和野兔也可感染。

④ 流行特点　姜片吸虫病是地方性流行病，以水乡为主，主要发生于以水生饲料喂猪的地区，多发于秋季。

3. 临床症状

病畜表现为精神沉郁，目光呆滞，低头，流涎，眼结膜苍白。食欲减退，消化不良，但有时有饥饿感。腹泻，每日数次、量多、有恶臭，粪便稀薄，混有黏液和未消化的食物。幼猪发育不良，被毛稀疏无光泽。

4. 病理变化

姜片吸虫的口吸盘和腹吸盘发达，可给吸着部位带来机械性损伤，引起肠炎。病畜可见肠黏膜点状出血和水肿，全身贫血、消瘦和营养不良。感染强度高时可导致机械性阻塞，甚至引起肠破裂或肠套叠而死亡。

5. 诊断

根据流行病学、临床症状和病理变化，对病猪作粪便检查，应用直接涂片法和反复沉淀法查出虫卵便可确诊。

6. 防治

（1）预防措施　主要采用加强粪便管理、切断传播途径为主，管理好传染源、保护易感动物为辅的综合防治措施。加强卫生宣传教育，普及防病知识，提倡不食生果品、不喝生水，青饲料经发酵、加热等处理后方可喂猪。

（2）治疗　目前比较常用而且疗效较好的治疗药物有下列四种。

① 吡喹酮（8440）　按50mg/kg体重，一次内服。

② 硫双二氯酚（别丁）　按体重50～100kg以下的猪100mg/kg体重；体重100～150kg以上的猪50～60mg/kg体重，混在少量精料中喂服。

③ 敌百虫（95%纯度）　剂量为0.1g/kg体重，大猪每头极量不超过8g，混在少量精料中喂给，早晨空腹喂猪，隔日一次，两次为一疗程。如有呕吐或卧地不起等不良反应时，应及时皮下注射硫酸阿托品解毒。

④ 硝硫氰胺（7505）　按10mg/kg体重，一次内服。

三、华支睾吸虫病

华支睾吸虫病又称为"肝吸虫病"，该病是由后睾科（Opisthorchiidae）支睾属（*Clonorchis*

华支睾吸虫（*C. sinensis*）寄生于猪、犬、猫、人及其他一些野生动物的肝脏胆管和胆囊内所引起的一种人畜共患疾病。虫体寄生可使肝脏肿大并导致其他肝病变，多呈隐性感染和慢性经过。该病流行广泛，在水源丰富、淡水渔业发达的地区流行非常严重，主要分布于东亚诸国。

1. 病原学

（1）形态结构　华支睾吸虫，背腹扁平，呈叶状，前端稍尖，后端较钝，体表无棘，薄而透明，大小为$(10\sim25)$mm$\times(3\sim5)$mm。口吸盘略大于腹吸盘，腹吸盘位于体前端1/5处。消化器官包括口、咽和短的食管及两条盲肠（直达虫体的后端）。两个大而呈树枝状的睾丸前后排列于虫体的后1/3。无雄茎、雄茎囊及前列腺。卵巢呈分叶状，位于睾丸之前。睾丸与卵巢两者之间有发达的呈椭圆形的受精囊。卵黄腺呈细小颗粒状，分布于虫体中部两侧。生殖孔位于腹吸盘前缘，子宫盘曲于卵巢与腹吸盘之间，内充满虫卵（图5-10）。

图5-10　华支睾吸虫

虫卵很小，大小为$(27\sim35)\mu m\times(12\sim20)\mu m$，黄褐色，形似灯泡，内含毛蚴，上端有卵盖，下端有一小突起。

（2）生活史

① 中间宿主　淡水螺类，在我国已证实有3属7种，其中以纹沼螺、长角涵螺、赤豆螺和方格短沟蜷4种螺分布最广泛，其生活于静水或缓流的坑塘、沟渠、沼泽中，活动于水底或水面下植物的茎叶上，对环境的适应能力很强，广泛存在于我国的南北各地。

② 终末宿主　猪、猫、犬、鼠类和人以及野生的哺乳动物，还有食鱼的动物如鼬、獾、貂、野猫、狐狸等。

③ 补充宿主　70多种淡水鱼和虾。鱼多为鲤科，其中以麦穗鱼感染率最高，还有草鱼、青鱼、鳊鱼、鲤鱼、鲢鱼等；淡水虾如米虾、沼虾等。

④ 发育过程　成虫寄生于终末宿主的肝脏胆管内，所产虫卵随粪便排出体外，被中间宿主吞食后，在其体内约经1h孵出毛蚴。毛蚴进入螺的淋巴系统及肝脏，发育为胞蚴、雷蚴和尾蚴。在适宜的水温下，尾蚴从螺体逸出，游于水中，当遇到适宜的补充宿主时，即钻入其体内发育成囊蚴。终末宿主吞食了生的或半生的含有囊蚴的补充宿主而感染，囊蚴在十二指肠脱囊，一般认为童虫沿着胆汁流动逆方向移行，经总胆管到达胆管，在肝胆管发育为成虫（图5-11）。

⑤ 发育时间　进入中间宿主体内的虫卵发育为尾蚴需30～40天；进入终末宿主体内的囊蚴发育为成虫约需30天。在适宜的条件下，完成全部发育过程约需100天。

⑥ 成虫寿命　在犬、猫体内可分别存活3.5年和12年以上；在人体内可存活20年以上。

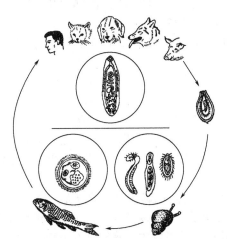

图5-11　华支睾吸虫生活史

2. 流行病学

（1）感染源　患病或带虫动物和人。

（2）感染途径　经口感染。虫卵存在于感染动物的粪便中，患病动物和人的粪便未经处理倒入鱼塘，螺感染后使鱼的感染率上升，有些地区可达50%～100%。囊蚴遍布鱼的全身，以肌肉中最多。动物猫、犬感染多因食入生鱼、虾饲料或由厨房废弃物而引起，猪多因散养或以生鱼及其内脏等作饲料而受感染，人的感染多因食生的或未煮熟的鱼虾类而遭感染。

（3）易感动物　主要侵害犬、猫、猪等动物和人。

（4）流行特点　华支睾吸虫宿主广泛，所引起的疾病具有自然疫源性，是一种重要的人兽共患寄生虫病。在水源丰富、淡水渔业发达地区流行严重。

在流行区，粪便污染水源是影响淡水螺感染率高低的重要因素，如南方地区，厕所多建在鱼塘上，猪舍建在塘边，用新鲜的人、畜粪直接在农田上施肥，含大量虫卵的人、畜粪便直接进入水中，使螺、鱼受到感染，易促成本病的流行。

囊蚴对高温敏感，90℃时立即死亡，有食生鱼菜肴、烫鱼、生鱼粥等习惯的地区，人的感染率很高。

3. 临床症状

多数动物为隐性感染，临床症状不明显。严重感染时，主要表现为消化不良、食欲减退、下痢、贫血、水肿甚至腹水，逐渐消瘦和贫血，肝区叩诊有痛感。病程多为慢性经过，易并发其他疾病而死亡。

人主要表现为胃肠道不适，食欲不佳，消化功能障碍，腹痛，有门静脉淤血症状，肝脏肿大，肝区隐痛，轻度水肿，或有夜盲症。

4. 病理变化

虫体寄生于动物的胆管和胆囊内，由于虫体的机械性刺激，引起胆管炎和胆囊炎。虫体分泌的毒素，可引起贫血。少量虫体寄生时无明显病变。大量虫体寄生时，可造成胆管阻塞，使胆汁分泌障碍，并出现黄疸现象。寄生时间长久，肝脏结缔组织增生，肝细胞变性萎缩，毛细胆管栓塞形成，引起肝硬化。剖检可见卡他性胆管炎和胆囊炎，胆管变粗，胆囊肿大，胆汁浓稠呈草绿色，肝脏脂肪变性，结缔组织增生、硬化。

5. 诊断

根据流行病学、临诊症状、粪便检查和病理变化等综合诊断。在流行区，动物有生食或半生食淡水鱼、虾史，临床上表现为消化功能障碍，肝脏肿大，叩诊肝区时敏感，严重病例有腹水，结合粪便检查（因虫卵小，粪便检查可用漂浮法，沉淀法亦可，但不如前者检出率高）发现虫卵或尸体剖检发现虫体即可确诊。近年来，临床上也应用间接血凝试验或酶联免疫吸附试验作为辅助诊断。

6. 防治

（1）预防措施　流行区的猪、猫、犬和人要定期进行检查和驱虫；禁止以生的或半生的鱼、虾饲喂动物，厨房废弃物经高温处理后再作饲料；防止终末宿主粪便污染水塘；禁止在鱼塘边盖猪舍或厕所。消灭中间宿主淡水螺类；人禁食生鱼、虾，改变不良的鱼、虾烹调习惯，做到熟食。

（2）治疗　可选用以下药物。

① 吡喹酮　为首选药物。犬、猫每千克体重50～60mg/kg，一次经口给予，隔周服用一次。

② 丙硫咪唑　经口给予，30mg/kg体重，每日1次，连用12天。

③ 六氯对二甲苯（血防-846）　犬、猫一次经口给予，50mg/kg体重，每天3次，连用5天，总量不超过25g。出现毒性反应后立即停药。

四、阔盘吸虫病

阔盘吸虫病又称胰吸虫病，本病是由双（歧）腔科阔盘属（*Eurytrema*）的阔盘吸虫寄生于牛、羊等反刍动物胰管内引起的疾病。偶尔寄生于胆管和十二指肠。主要特征为轻度感染时不显症状，严重感染时表现营养障碍、腹泻、消瘦、贫血、水肿。除反刍动物外，猪和人也有寄生的报道。

该病流行广泛，以胰阔盘吸虫和腔阔盘吸虫流行最广，与陆地螺和草螽的分布广泛密切相关。主要发生于放牧牛、羊，而舍饲牛、羊少发。主要分布于亚洲、欧洲及南美洲。在我国各地均有报道，但东北、西北、内蒙古等广大草原上流行较广，危害较大，感染率在60%～70%，一个患畜的含虫量可达数百条至数千条。长江流域、西南各省和广东、福建等省均有本病的发生。流行区中的患畜常在冬、春季因自然气候不良、饲料不足而大批死亡；有的羊群因本病而使羊毛的产量和质量显著降低。

1. 病原学

阔盘吸虫在我国报道的有三种：胰阔盘吸虫（*E. pancreaticum*），腔阔盘吸虫（*E. coelomaticum*）和支睾阔盘吸虫（*E. cladorchis*）。其中胰阔盘吸虫分布最广，危害也较大。

（1）形态结构　上述三种阔盘吸虫，我国均有存在。虫体呈棕红色，长椭圆形，扁平、稍透明，吸盘发达，其大小在 (4.5~16)mm×(2.2~5.8)mm（图 5-12）。它们的具体区别如下。

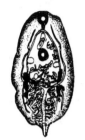

(a)腔阔盘吸虫　(b)胰阔盘吸虫　(c)支睾阔盘吸虫

图 5-12　阔盘吸虫

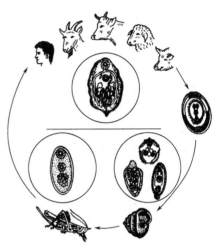

图 5-13　阔盘吸虫生活史

① 胰阔盘吸虫　胰阔盘吸虫较大，呈长椭圆形，长 8~16mm，宽 5~5.8mm。口吸盘大于腹吸盘，睾丸并列在腹吸盘后缘两侧，呈圆形，边缘有缺刻或有小分叶。卵巢分叶 3~6 瓣，位于睾丸之后。受精囊呈圆形，靠近卵巢。子宫有许多弯曲，位于虫体后半部，内充满棕色虫卵。卵黄腺呈颗粒状，位于虫体中部两侧。寄生于羊、牛、人。

② 腔阔盘吸虫　腔阔盘吸虫比前种短小，呈短椭圆形，体后端中央有明显的尾突。(7~8)mm×(3~5)mm；口吸盘小于或等于腹吸盘。睾丸大都为圆形或椭圆形，少数的有不整齐的缺刻。卵巢大多边缘完整，少数有缺刻或分叶。寄生于牛、羊。

③ 支睾阔盘吸虫　此种少见。支睾阔盘吸虫为三者中最小的，体形呈前尖后钝的瓜子形。口吸盘明显地小于腹吸盘。睾丸较大而分支，卵巢有 5~6 个分叶。寄生于牛、羊、鹿、麋。

阔盘吸虫的虫卵大小为 (34~52)μm×(26~34)μm，呈棕色椭圆形，两侧稍不对称，一端有卵盖。成熟的卵内含有毛蚴，透过卵壳可以看到其前端有一条锥刺，后部有两个圆形的排泄孔，在锥刺的后方有一横椭圆形的神经团。

（2）生活史　3 种阔盘吸虫的生活史相似（图 5-13）。

① 中间宿主　陆地螺，主要为条纹蜗牛、枝小丽螺、中华灰巴蜗牛等。

② 补充宿主　胰阔盘吸虫和腔阔盘吸虫的补充宿主为草螽；支睾阔盘吸虫的补充宿主为针蟋。其中胰阔盘吸虫为中华草螽（*Conocephalus chinensis*），腔阔盘吸虫为红脊草螽（*Conocephalus maculatus*）和优草螽（*Euconocephalus varius*），支睾阔盘吸虫为蟋蟀科的针蟀（*Nemobius caibae*）。

③ 发育过程　胰阔盘吸虫在终末宿主胰管内产卵，虫卵随胰液进入肠道，再随粪便排出体外，被中间宿主吞食后，在其体内孵出毛蚴，发育为母胞蚴、子胞蚴。成熟的子胞蚴体内含有许多尾蚴，尾蚴逸出螺体，被补充宿主吞食，发育为囊蚴。终末宿主吞食含有囊蚴的补充宿主而感染，囊蚴在十二指肠内脱囊，由胰管开口进入胰管内发育为成虫。

④ 发育时间　进入中间宿主体内的虫卵发育为尾蚴需 5~6 个月；补充宿主体内的子胞蚴发育为囊蚴需 23~30 天，终末宿主体内的囊蚴发育为成虫需 80~100 天，整个发育期为 10~16 个月。

2. 流行病学

（1）感染源　患病或带虫反刍动物，虫卵随粪便排出体外，污染周围环境。

（2）感染途径　终末宿主经口感染。

（3）易感动物　主要侵害牛、羊等反刍动物，还可感染兔、猪，人亦可感染。

（4）流行特点　7~10 月份草螽最为活跃，但被感染后活动能力降低，故同期很容易被牛、羊随草一起吞食，多在冬、春季节发病。

3. 临床症状

症状取决于虫体寄生强度和动物体况。轻度感染时症状不明显。严重感染时，牛、羊发生代谢失调和营养障碍，表现为消化不良，精神沉郁，消瘦，贫血，下颌及前胸水肿，腹泻，粪便中带有黏液。严重者可因恶病质而导致死亡。

4. 病理变化

阔盘吸虫在牛、羊的胰管中，由于虫体的机械性刺激和排出的毒素的作用，使胰管发生慢性增生性炎症，致使胰管增厚，管腔狭小，严重感染时，可导致管腔堵塞，胰液排出障碍。胰脏肿大，其内有紫黑色斑块或条索，胰管增厚，增生性炎症，胰管黏膜有乳头状小结节。切开可见大量虫体。引起消化不良，动物表现为消瘦，下痢，粪便常混有黏液，毛干、易脱落，贫血，颌下、胸前出现水肿，严重时可导致死亡。

5. 诊断

根据流行病学特点、临诊症状、粪便检查和剖检发现虫体等进行综合诊断。粪便检查用沉淀法，发现大量虫卵时方可确诊。

6. 防治

（1）预防措施　及时诊断和治疗患病动物，驱除成虫，消灭病原；定期预防性驱虫，并加强粪便管理，堆积发酵，以杀死虫卵；消灭中间宿主；避免到补充宿主活跃地带放牧，放牧地区实行轮牧。

（2）治疗　可选用以下药物。

① 吡喹酮　牛 35~45mg/kg 体重，羊 60~70mg/kg 体重，一次经口给予，或牛、羊均按 30~50mg/kg 体重，用液体石蜡或植物油配成灭菌油剂，腹腔注射。

② 六氯对二甲苯　牛 300mg/kg 体重，羊 400~600mg/kg 体重，一次经口给予，隔天 1 次，3 次为一个疗程。

五、前后盘吸虫病

前后盘吸虫病又称为"同盘吸虫病"，是由前后盘科的各属虫体寄生于反刍动物瘤胃所引起的疾病的总称。除平腹属的成虫寄生于牛、羊等反刍动物的盲肠和结肠外，其他各属成虫均寄生于瘤胃。本病的主要特征为感染强度很大，症状较轻；大量童虫在移行过程中有较强的致病作用，甚至引起死亡。

1. 病原学

（1）形态结构　前后盘吸虫种类繁多，其代表种是鹿前后盘吸虫和在我国最常见的长菲策吸虫。它们的共同特征是虫体肥厚，呈圆锥状或圆柱状，口吸盘在虫体前端，另一吸盘较大，在虫体后端，故称前后盘吸虫。

① 鹿前后盘吸虫（*Paramphistomum cervi*）呈圆锥形，活体为粉红色，固定后呈灰白色，大小为 (5~11)mm×(2~4)mm，背面稍拱起，腹面略凹陷，有口吸盘和后吸盘各一。后吸盘

位于虫体后端，吸附在反刍动物的胃壁上。口吸盘内有口孔，无咽，直通食管。有两条盲肠，经3~4个弯曲伸达虫体后部。有两个椭圆形略分叶的睾丸，前后排列于虫体的中部。睾丸后部有圆形卵巢。子宫弯曲，内充满虫卵。卵黄腺呈颗粒状，散布于虫体两侧，从口吸盘延伸到后吸盘（图5-14）。

虫卵的形状与肝片吸虫很相似，灰白色，椭圆形，有卵盖，卵黄细胞不充满整个虫卵。虫卵大小为 (125~132)μm×(70~80)μm。

② 长菲策吸虫（*Fischoederius elongatus*） 虫体前端稍尖，呈长圆筒形，为深红色，固定后呈灰白色，大小为 (10~23)mm×(3~5)mm。体腹面具有楔状大腹袋。两分叉的盲管仅达体中部。有分叶状的两个睾丸，斜列在后吸盘前方。圆形的卵巢位于两侧睾丸之间。卵黄腺呈小颗粒状，散布在虫体的两侧。子宫沿虫体中线向前通到生殖孔，开口于肠管分叉处的前方。

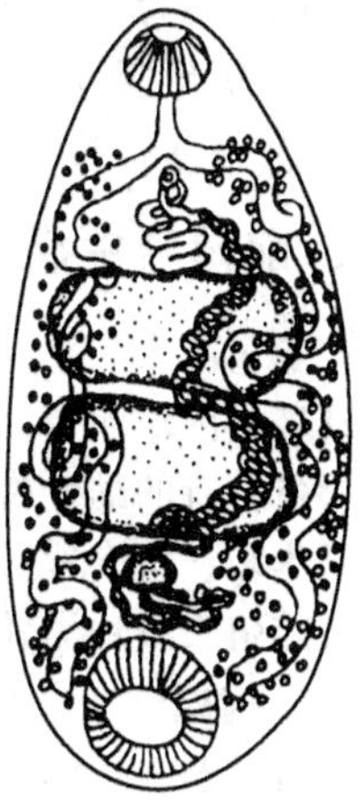

虫卵和鹿前后盘吸虫相似。

图5-14 鹿前后盘吸虫

(2) 生活史

① 中间宿主 淡水螺类，主要为扁卷螺和椎实螺。

② 终末宿主 主要为牛、羊、鹿、骆驼等反刍动物。

③ 发育过程 成虫在反刍动物瘤胃内产卵，虫卵随粪便排出体外，在适宜条件下孵出毛蚴。毛蚴在水中游动，遇到中间宿主即钻入其体内，逐渐发育为胞蚴、雷蚴和尾蚴。尾蚴大约在螺感染后43天开始逸出螺体，附着在水草上很快形成囊蚴。牛、羊等反刍动物吞食含有囊蚴的水草而感染。囊蚴在肠道内脱囊，童虫在小肠、皱胃及其鼓膜下以及胆囊、胆管和腹腔等处移行，经数十天后到达瘤胃，在瘤胃内发育为成虫。

④ 发育时间 在外界的虫卵孵出毛蚴约需14天；侵入中间宿主体内的毛蚴约经43天发育为尾蚴；囊蚴进入终末宿主体内到达瘤胃约经3个月发育为成虫。

2. 流行病学

(1) 感染源 患病或带虫牛、羊等反刍动物。

(2) 传播途径 终末宿主经口感染。虫卵粪便排出，污染水体。

(3) 易感动物 牛、羊、鹿、骆驼等反刍动物易感。

(4) 流行特点 广泛流行，多流行于江河流域、低洼潮湿等水源丰富地区。南方可常年感染，北方主要在5~10月份感染。幼虫引起的急性病例多发生于夏、秋季节，成虫引起的慢性病例多发生于冬、春季节。多雨年份易造成流行。

3. 临床症状

(1) 急性型 童虫大量入侵十二指肠，因童虫的移行和寄生引起严重的临床症状，多见于幼畜。表现为精神沉郁，食欲降低，体温升高，顽固性下痢，粪便带血、恶臭，有时可见幼虫。重者消瘦、贫血，体温升高，嗜中性粒细胞增多且核左移，嗜酸粒细胞和淋巴细胞增多，可衰竭死亡。

(2) 慢性型 由成虫寄生而引起。主要表现为食欲减退、消瘦、贫血、颌下水肿、腹泻等消耗性症状。

4. 病理变化

童虫移行时在小肠、皱胃、胆囊和腹腔等处有"虫道"，使其黏膜和器官有出血点，肝脏淤血，胆汁稀薄，病变处见有大量幼吸虫。慢性病例可见瘤胃壁黏膜肿胀，其上有大量成虫。

5. 诊断

根据流行病学、临诊症状、粪便检查（排出的粪便中常混有虫体）和剖检发现虫体综合诊断。检查粪便中虫卵的方法是沉淀法，发现大量虫卵时方可确诊。

6. 防治

(1) 预防措施　参照肝片形吸虫病。

(2) 治疗　以下两种药物对成虫作用明显，同时对童虫和幼虫的效果也较好。

① 氯硝柳胺（灭绦灵）　牛50~60mg/kg体重，羊70~80mg/体重，一次经口给予。

② 硫双二氯酚　牛40~50mg/kg体重，羊86~100mg/kg体重，一次经口给予。

六、前殖吸虫病

前殖吸虫病是由前殖科（Prosthogonimidae）前殖属（Prosthogonimus）前殖吸虫寄生于家禽及鸟类的输卵管、法氏囊（腔上囊）、泄殖腔及直肠所引起的疾病。常引起输卵管炎，病禽产畸形蛋，有的继发腹膜炎。该病呈世界性分布，在我国的许多省、市和自治区均有报道，主要分布于华东、华南地区。

前殖吸虫种类较多，但以卵圆前殖吸虫和透明前殖吸虫分布较广。

1. 病原学

(1) 形态结构

① 卵圆前殖吸虫（*P. ovatus*）　虫体前端狭，后端钝圆，呈梨形，体表有小刺。大小为(3~6)mm×(1~2)mm。口吸盘小，呈椭圆形，位于虫体前端，腹吸盘位于虫体前1/3处。睾丸不分叶呈椭圆形，并列于虫体中部。卵巢分叶，位于腹吸盘的背面。子宫盘曲于睾丸和腹吸盘前后。卵黄腺在虫体中部两侧。生殖孔开口于口吸盘的左前方。

虫卵呈棕褐色，椭圆形，大小为(22~24)μm×(13~16)μm，一端有卵盖，另一端有小刺，内含卵细胞。

图5-15　透明前殖吸虫

② 透明前殖吸虫（*P. pellucidus*）　前端稍尖，后端钝圆，体表前半部有小棘。大小为(6.5~8.2)mm×(2.5~4.2)mm。口吸盘近圆形，位于虫体前端，腹吸盘呈圆形，位于虫体前1/3处，口吸盘等于或略小于腹吸盘。睾丸卵圆形，并列于虫体中央两侧。卵巢多分叶，位于腹吸盘与睾丸之间。卵黄腺起于腹吸盘后缘终于睾丸之后。生殖孔开口于口吸盘的左前方（图5-15）。

虫卵与卵圆前殖吸虫卵基本相似，大小为(26~32)μm×(10~15)μm。

③ 其他　还有楔形前殖吸虫（*P. cuneatus*）、鲁氏前殖吸虫（*P. rudolphi*）和家鸭前殖吸虫（*P. anatinus*）。

(2) 生活史

① 中间宿主　为淡水螺类。

② 补充宿主　蜻蜓及其稚虫。

③ 终末宿主　家鸡、鸭、鹅、野鸭及其他鸟类。

④ 发育过程　前殖吸虫的发育均需两个中间宿主，第一中间宿主为淡水螺类，第二中间宿主为各种蜻蜓及其稚虫。成虫在终末宿主的寄生部位产卵，虫卵随终末宿主粪便和排泄物排出体外，虫卵被第一中间宿主吞食（或遇水孵出毛蚴）发育为毛蚴，毛蚴在螺体内发育为胞蚴和尾蚴，无雷蚴阶段。尾蚴成熟后逸出螺体，游于水中，遇到第二中间宿主蜻蜓或其稚虫时，由其肛孔进入肌肉形成囊蚴。当蜻蜓稚虫越冬或变为成虫时，囊蚴在其体内仍保持生命力。

家禽由于啄食了含有囊蚴的蜻蜓稚虫或成虫而遭到感染。在消化道内囊蚴壁被消化，幼虫逸出后经肠进入泄殖腔，再转入输卵管或法氏囊发育为成虫（图5-16）。

⑤ 发育时间　侵入蜻蜓稚虫的尾蚴发育为囊蚴约需70天；进入鸡体内的囊蚴发育为成虫需1~2周，在鸭体内约需3周。

⑥ 成虫寿命　在鸡体内 3～6 周，在鸭体内 18 周。

2. 流行病学

（1）感染源　患病或带虫鸡、鸭、鹅等，虫卵存在于患病或带虫动物的粪便和排泄物中。

（2）感染途径　终末宿主经口感染。

（3）易感动物　家鸡、鸭、鹅、野鸭和鸟类。

（4）流行特点　前殖吸虫病多呈地方性流行，流行季节与蜻蜓的出现季节相一致。家禽的感染多因到水池岸边放牧，捕食蜻蜓所引起。

3. 临床症状

本病主要危害鸡，特别是产蛋鸡，对鸭的致病性不强。初期患鸡症状不明显，食欲、产蛋和活动均正常，有时产薄壳蛋且易破，随后产蛋率下降，逐渐产畸形蛋或流出石灰样的液体。随着病情发

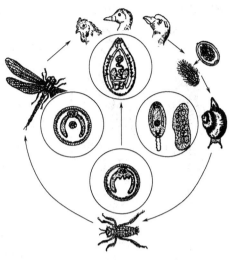

图 5-16　前殖吸虫生活史

展，病鸡食欲减退，消瘦、羽毛蓬乱、脱落，腹部膨大、下垂，产蛋停止，后期体温升高，渴欲增加，全身乏力，腹部压痛，泄殖腔突出，肛门潮红，腹部及肛周围羽毛脱落，严重者可致死。

4. 病理变化

主要病变是输卵管炎，输卵管黏膜充血，极度增厚，在黏膜上可找到虫体。腹膜炎时腹腔内有大量黄色混浊的液体，腹腔器官粘连。脏器被干酪样物黏着在一起，肠管间可见到浓缩的卵黄，浆膜呈现明显的充血和出血。有时出现干性腹膜炎。

5. 诊断

根据临床症状和剖检所见病变，并发现虫卵或用水洗沉淀法检查粪便发现虫卵，便可确诊。

6. 防治

（1）预防措施　定期驱虫，在流行区根据该病的季节动态进行有计划的驱虫，消灭第一中间宿主，驱出的虫体以及排出的粪便应堆积发酵处理后再利用；避免在蜻蜓出现的时间（早、晚和雨后）或到其稚虫栖息的池塘岸边放牧，以防感染。

（2）治疗

① 四氯化碳　吸取药液 2～3ml，胃管投入或嗉囊注射。

② 丙硫咪唑　按 120mg/kg 体重，一次经口给予。

③ 吡喹酮　按 60mg/kg 体重，一次经口给予。

④ 氯硝柳胺　按 100～2000mg/kg 体重，一次经口给予。

七、双腔吸虫病

双腔吸虫病是由双腔科双腔属的矛形双腔吸虫和中华双腔吸虫寄生于牛、羊、鹿和骆驼等反刍动物的肝脏胆管和胆囊内所引起的一种肝脏吸虫病。在我国西北、内蒙古、东北、华东地区最为常见，人也有病例报道，其既可单独感染，也可与肝片吸虫混合感染。主要特征为胆管炎、肝硬变及代谢障碍、营养障碍，常与肝片形吸虫混合感染。

1. 病原学

（1）形态结构

① 矛形双腔吸虫（*Dicrocoelium lanceatum*）　又称支双腔吸虫（*D.dendriticum*），虫体扁平而透明，呈棕红色，可见到内部器官，表面光滑，窄长呈"矛形"。前端较尖锐，体后半部稍宽。虫体大小为 (6.7～8.3)mm×(1.6～2.1)mm，长宽比例为 (3～5)∶1。腹吸盘大于口吸盘。口

吸盘位于前端，腹吸盘位于体前1/5处；消化系统有口、咽、食管和两条简单的肠管。两睾丸前后排列或斜列在腹吸盘后方呈四块状，边缘不整齐或分叶。睾丸后方偏右为卵巢及受精囊，卵巢分叶或呈圆形。子宫弯曲，充满虫体后半部，生殖孔开口于腹吸盘前方肠管分叉处。卵黄腺位于虫体中部两侧，呈细小颗粒状。

虫卵呈卵圆形，黄褐色，一端有卵盖，左右不对称，内含毛蚴。虫卵大小为 (34～44)μm×(29～33)μm。

② 中华双腔吸虫（D. chinensis） 与矛形双腔吸虫相似，但虫体较宽，腹吸盘前方部分呈头锥状，其后两侧作肩样突起。体较宽扁，两个睾丸呈圆形，边缘不整齐或稍分叶，并列于腹吸盘之后。卵巢在一睾丸之后略靠体中线。虫体大小为 (3.5～9.0)mm×(2.0～3.1)mm，长宽之比为 (1.5～3.1)∶1。主要区别为两个睾丸边缘不整齐或稍分叶，左右并列于腹吸盘后（图5-17）。

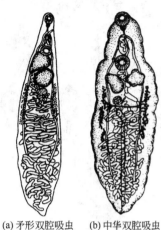

(a) 矛形双腔吸虫　　(b) 中华双腔吸虫

图5-17　双腔吸虫

两种双腔吸虫的虫卵极为相似，为不对称的卵圆形，少数呈椭圆形，咖啡色，一端具稍倾斜的卵盖，壳口边缘有齿状缺刻，透过卵壳可见到包在胚膜中的毛蚴。毛蚴体前端神经团为三角形，体后部有两个圆形的排泄囊泡。

(2) 生活史

① 中间宿主　陆地螺，主要为枝小丽螺等。

② 补充宿主　蚂蚁。

③ 终末宿主　主要是牛、羊、鹿和骆驼等反刍动物。

④ 发育过程　成虫在终末宿主胆管及胆囊内产卵，虫卵随胆汁进入肠道，再随粪便排出体外。虫卵被中间宿主吞食后，在其体内孵出毛蚴，经过母胞蚴、子胞蚴发育为尾蚴。众多尾蚴聚集形成尾蚴群囊，外被黏性物质包裹成为黏性球，从螺的呼吸腔排出，黏附于植物叶及其他物体上，被蚂蚁吞食后，很快在其体内形成囊蚴。终末宿主吞食了含有囊蚴的蚂蚁而感染，囊蚴脱囊后，由十二指肠经总胆管进入胆管及胆囊内发育为成虫（图5-18）。

⑤ 发育时间　进入中间宿主体内的虫卵发育为尾蚴需82～150天；进入终末宿主体内的囊蚴发育为成虫需72～85天。整个发育期为160～240天。

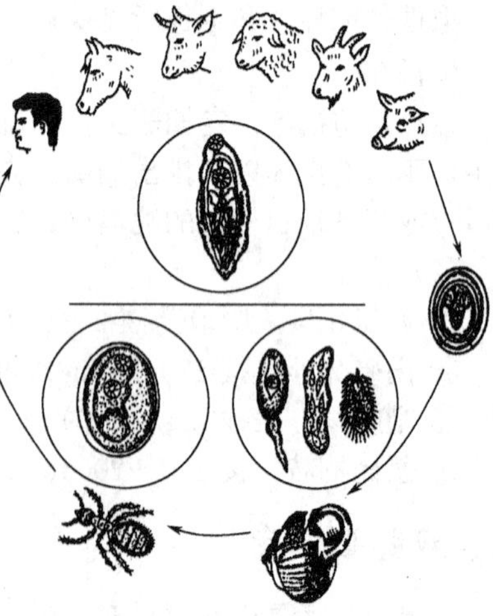

2. 流行病学

(1) 感染源　患病或带虫牛、羊等反刍动物，虫卵存在于粪便中。

(2) 感染途径　经口感染。

图5-18　双腔吸虫生活史

(3) 易感动物　主要感染牛、羊、鹿、骆驼等反刍动物，马属动物、猪、犬、兔、猴等也可感染，偶见于人。

(4) 流行特点　本病几乎遍及世界各地，但多呈地方流行。在我国主要分布于东北、华北、西北和西南诸省和自治区。

宿主范围广，现已记录的哺乳动物达70余种，除牛、羊、鹿、骆驼、马、兔等家畜外，许多野生的偶蹄类动物均可感染。

在温暖潮湿的南方地区，第一、二中间宿主蜗牛和蚂蚁可全年活动，因此，动物几乎全年都可感染；而在寒冷干燥的北方地区，中间宿主要冬眠，动物的感染明显具有春秋两季的特点，但动物发病多在冬、春季节。

动物随年龄的增长，其感染率和感染强度也逐渐增加，感染的虫体数可达数千条，甚至上万条，这说明动物获得性免疫力较差。

虫卵对外界环境条件的抵抗力较强，在土壤和粪便中可存活数月，但仍具感染性。对低温的抵抗力更强，虫卵和在第一、二中间宿主体内各期幼虫均可越冬，且不丧失感染性。

3. 临床症状

轻度感染时症状不明显。严重感染时，尤其在早春症状明显。一般表现为慢性消耗性疾病症状，精神沉郁，食欲不振，逐渐消瘦，可视黏膜苍白、黄染，下颌水肿，腹泻，行动迟缓，喜卧等。本病常与肝片形吸虫混合感染，症状加剧，并可致死亡。

4. 病理变化

由于虫体的机械性刺激和毒素作用，致使胆管卡他性炎症，胆管壁增厚，肝脏肿大，肝被膜肥厚。严重感染的患畜，可见到黏膜黄疸，逐渐消瘦，颌下和胸下水肿，下痢，并可致死亡。

5. 诊断

根据流行病学资料，结合临诊症状、粪便检查和剖检发现虫体综合诊断。粪便检查用沉淀法。因带虫现象极为普遍，发现大量虫卵时方可确诊。

6. 防治

（1）预防措施　定期驱虫最好在每年的秋后和冬季驱虫，以防虫卵污染牧地；在同一牧地上放牧的所有患畜都要同时驱虫，坚持2～3年后可达到净化草场的目的。并要注意加强粪便管理，进行生物热发酵，以杀死虫卵。

消灭中间宿主，灭螺灭蚁，因地制宜，结合开荒种草、消灭灌木丛或烧荒等措施消灭中间宿主。

加强饲养管理，尽量不要在低洼潮湿的牧地放牧，以减少感染的机会。

（2）治疗　可选用以下药物。

① 三氯苯丙酰嗪（海涛林）　牛 30～40mg/kg 体重，羊 40～50mg/kg 体重，配成2%混悬液，经口灌服。

② 丙硫咪唑　牛 10～15mg/kg 体重，羊 30～40mg/kg 体重，一次经口给予。用其油剂腹腔注射，效果良好。

③ 六氯对二甲苯（血防-846）　牛、羊均按 200～300mg/kg 体重，一次经口给予，连用两次。

④ 吡喹酮　牛 35～45mg/kg 体重，羊 60～70mg/kg 体重，一次经口给予。

八、并殖吸虫病

并殖吸虫病是由并殖科（Paragonimidae）并殖属的卫氏并殖吸虫（*Paragonimus westermani*）寄生于犬、猫等多种动物和人肺脏中引起的疾病。又称为"肺吸虫病"。本虫主要分布于东亚及东南亚诸国。在我国的东北、华北、华南、中南及西南等地区的 18 个省、市与自治区均有报道，是一种重要的人兽共患寄生虫病。主要特征为引起肺炎和囊肿，痰液中含有虫卵，异位寄生时引起相应症状。

螺多滋生于山间小溪及溪底布满卵石或岩石的河流中。补充宿主溪蟹类主要分布于小溪河流旁的洞穴及石块下，蝲蛄多居于水流清澈河流的岩石缝内。本病的发生和流行与中间宿主的分布一致。

1. 病原

（1）形态结构　并殖吸虫种类很多，主要是卫氏并殖吸虫，虫体肥厚，卵圆形，腹面扁平，背面隆起，体表被有小棘，活体呈红褐色。大小为（7.5～16）mm×（4～6）mm。口、腹吸盘大小相近，腹吸盘位于体中横线之前。肠支呈波浪状弯曲，终于体末端。卵巢分 5～6 个叶，形如指状，位于腹吸盘的左后侧。子宫与卵巢左右相对，内充满虫卵，其后是并列的分支状睾丸。卵黄腺由密集的卵黄滤泡组成，分布于虫体两侧（图 5-19）。

图 5-19 卫氏并殖吸虫

图 5-20 并殖吸虫生活史

虫卵呈金黄色，椭圆形，卵壳薄厚不均，卵内有十余个卵黄细胞，有卵盖。虫卵大小为（75～118）μm×（48～67）μm。

(2) 生活史

① 中间宿主　淡水螺类的短沟蜷和瘤拟黑螺。

② 补充宿主　溪蟹类和蝲蛄。

③ 发育过程　成虫在终末宿主肺脏产卵，虫卵上行进入支气管和气管，随着宿主的痰液进入口腔，被咽下进入肠道随粪便排出体外，落于水中的虫卵在适宜的温度下孵出毛蚴，毛蚴侵入中间宿主体内发育为胞蚴、母雷蚴、子雷蚴及短尾的尾蚴。尾蚴离开螺体在水中游动，遇到补充宿主即侵入其体内变成囊蚴。终末宿主吃到含有囊蚴的补充宿主后，幼虫在十二指肠破囊而出，穿过肠壁进入腹腔，在脏器间移行窜扰后穿过膈肌进入胸腔，钻过肺膜进入肺脏发育为成虫。成虫常成对被包围在肺组织形成的包囊内，包囊以微小管道与气管相通，虫卵则由此管道进入小支气管（图 5-20）。

④ 发育时间　在外界中的虫卵孵出毛蚴需 2～3 周；从毛蚴进入中间宿主至补充宿主体内出现囊蚴约需 3 个月；进入终末宿主的囊蚴经移行到达肺脏需 5～23 天，到达肺脏的囊蚴发育为成虫需 2～3 个月。

⑤ 成虫寿命　成虫寿命 5～6 年，甚至 20 年。

2. 流行病学

(1) 感染源　病畜或带虫家畜，虫卵存在于粪便中。

(2) 感染途径　终末宿主经口感染。

(3) 易感动物　犬、猫和猪等动物和人易感，还见于野生的犬科和猫科动物中的狐狸、狼、貉、猞猁、狮、虎、豹等。

(4) 流行特点　由于中间宿主和补充宿主分布特点，加之卫氏并殖吸虫的终末宿主范围又较广泛，因此，本病具有自然疫源性。在补充宿主体内的囊蚴抵抗力强，经盐、酒腌浸大部分不能杀死，被浸在酱油、10%～20%盐水或醋中，部分囊蚴可存活 24h 以上，但加热到 70℃3min 时可全部死亡。

3. 临床症状

患病动物表现精神不佳，食欲不振，消瘦，咳嗽，气喘，胸痛，血痰，湿性啰音。因并殖吸虫在体内有到处窜扰的习性，有时出现异位寄生。寄生于脑部时，表现头痛、癫痫、瘫痪等；寄生于脊髓时，出现运动障碍、下肢瘫痪等；寄生于腹部时，可致腹痛、腹泻、便血、肝脏肿大等；寄生于皮肤时，皮下出现游走性结节，有痒感和痛感。

4. 病理变化

主要是虫体形成囊肿，以肺脏最为常见，还可见于全身各内脏器官中。肺脏中的囊肿多位于浅层，有豌豆大，稍凸出于肺表面，呈暗红色或灰白色，单个散在或积聚成团，切开时可见熟稠褐色液体，有的可见虫体，有的有脓汁或纤维素，有的成空囊。有时可见纤维素性胸膜炎、腹膜炎并与脏器粘连。

5. 诊断

根据临诊症状，结合流行病学，并检查痰液及粪便中虫卵确诊。痰液用10%氢氧化钠溶液处理后，离心沉淀检查。粪便检查用沉淀法。还可用X射线诊断和血清学方法诊断，如间接血凝试验及酶联免疫吸附试验等。

6. 防治

（1）预防措施　在流行区防止易感动物及人生食或半生食溪蟹和蝲蛄；粪便无害化处理；患病脏器应销毁；搞好灭螺工作。

（2）治疗　可选用以下药物。

① 硫双二氯酚（别丁）　按50～100mg/kg体重，每日或隔日给药，10～20个治疗日为一个疗程。

② 丙硫咪唑　按50～100mg/kg体重给药，连服2～3周。

③ 吡喹酮　按50mg/kg体重给药，一次经口给予，效果良好。

④ 硝氯酚　按每天1mg/kg体重给药，连服3天；或按2mg/kg体重，分两次给药，隔日服药。

九、东毕吸虫病

东毕吸虫病是由分体科东毕属（Orientobilharzia）的各种吸虫寄生于动物门静脉、肠系膜静脉血管中所引起的一类疾病。主要感染牛、羊、鹿、骆驼等反刍动物；其次是马、驴等单蹄动物。人患此病是尾蚴侵入皮肤而引起皮炎，故称稻田皮炎、游泳皮炎或尾蚴性皮炎。在我国分布极其广泛，主要分布于地势低洼、江河沿岸、水稻种植区等水源较丰富的地区，以内蒙古和我国西北部地区较为严重，可引起动物的死亡。

1. 病原学

（1）形态结构　病原体种类较多，常见的虫种是寄生于牛、羊的土耳其斯坦东毕吸虫（O. turkestanicum）和程氏东毕吸虫（O. cheni）。

① 土耳其斯坦东毕吸虫（Orientobilharzia turkestanicum）　雌雄异体，但雌雄经常呈合抱状态。虫体呈线状。雄虫为乳白色，大小为（3～9）mm×（0.4～0.5）mm；体表光滑无结节，呈"C"字形，腹面有抱雌沟；睾丸数目为78～80个，呈颗粒状，位于腹吸盘下方，呈不规则的双行排列；生殖孔开口于腹吸盘后方。雌虫比雄虫纤细，略长，为（3.9～5.7）mm×（0.07～0.116）mm；卵巢呈螺旋状扭曲，位于两肠管合并处之前；卵黄腺位于肠管两侧；子宫短，在卵巢前方，子宫内通常只有一个虫卵。虫卵椭圆形，无色，无卵盖，一端有一钮状物，另一端有一小刺，内含毛蚴。虫卵大小为（72～74）μm×（22～26）μm。

② 程氏东毕吸虫　体表有结节。雄虫粗大，大小为（3.12～4.99）mm×（0.23～0.34）mm，抱雌沟明显。雌虫比雄虫细短，大小为（2.63～3.00）mm×（0.09～0.14）mm。雄虫睾丸较大，

数目在53～99个，拥挤重叠，单行排列。虫卵大小为（80～130）μm×（30～50）μm。

(2) 生活史

① 中间宿主　为椎实螺类，有耳萝卜螺、卵萝卜螺、小土蜗螺。它们栖息于水田、池塘、水流缓慢及杂草丛生的河滩、死水洼、草塘和水溪等处。

② 终末宿主　主要感染牛、羊、鹿、骆驼等反刍动物；其次是马、驴等单蹄动物和人。

③ 发育过程　成虫寄生于牛、羊等哺乳动物的肠系膜静脉及门脉中产卵，虫卵在肠壁黏膜或被血流冲积到肝脏内形成虫卵结节，结节在肠壁处可破溃而使虫卵进入肠腔；在肝脏处的虫卵或被结缔组织包埋，钙化而死亡；或破坏结节随血流或胆汁而注入小肠，后随粪便排出体外。虫卵在适宜的条件下，经10天左右孵出毛蚴。毛蚴在水中遇到适宜的中间宿主淡水螺，迅速钻入其体内，经过母胞蚴、子胞蚴发育至尾蚴。尾蚴自螺体逸出，在水中遇到牛、羊等即经皮肤侵入，移行至肠系膜血管内发育为成虫。

④ 发育时间　毛蚴侵入螺体发育至尾蚴约需1个月。在终末宿主体内发育为成虫需2～3个月。

2. 流行病学

(1) 感染源

病畜或带虫家畜，虫卵随粪便排出体外。

(2) 感染途径

终末宿主经口感染。

(3) 易感动物

主要感染牛、羊、鹿、骆驼等反刍动物；其次是马、驴等单蹄动物。

(4) 流行特点

东毕吸虫在我国的分布相当广泛，在黑龙江、吉林、辽宁、北京、山西、陕西、甘肃、宁夏、青海、新疆、内蒙古、四川、云南、广西、广东、贵州、湖北、湖南、江西、福建、上海、江苏等省、市和自治区、直辖市均有报道。本病常呈地方性流行，在青海和内蒙古的个别地区十分严重，感染强度往往高达1万～2万条，引起不少羊只死亡。

宿主动物有绵羊、山羊、黄牛、水牛、骆驼和马属动物及一些野生的哺乳动物，主要危害牛和羊。

中间宿主为椎实螺类，有耳萝卜螺（*Radix auricularia*）、卵萝卜螺（*R. ovata*）和小土蜗螺（*Galba pervia*）。它们栖息于水中、池塘、水流缓慢及杂草丛生的河滩、死水洼、草塘和小溪等处。

本病具有一定的季节性，一般从5～10月份感染流行，北方地区多于6～9月份。牛、羊在牧地放牧时，在水中吃草或饮水时经皮肤感染。成年牛、羊的感染率往往比幼龄的高，黄牛和羊的感染率又比水牛为高。

3. 临床症状

多为慢性经过。患畜表现精神不振，食欲减退，贫血，水肿，消瘦，发育不良，长期腹泻，粪便中混有黏液、黏膜和血丝。如饲养管理不善，可因恶病质而死亡。幼牛和羔羊发育不良，妊娠牛易流产，乳牛产乳量下降。严重感染的畜群，可引起急性发作，表现为体温上升到40℃以上，精神沉郁，食欲减退，呼吸促迫，腹泻，直至死亡。

人感染后几小时，皮肤出现米粒大红色丘疹，1～2天内发展成绿豆大，周围有红晕及水肿，有时可连成风疹团，剧痒。注意挠痒破溃后继发感染。

4. 病理变化

尸体消瘦，贫血，腹腔内有大量积水。肠系膜淋巴结肿大，肝脏表面凹凸不平、质硬，上有大小不等散在的灰白色的虫卵结节。肝脏在病的初期呈现肿大，后期萎缩，硬化。小肠壁肥厚，黏膜上有出血点或坏死灶。

5. 诊断

根据流行病学、病状及粪便检查确诊。粪便检查用毛蚴孵化法。

剖检尸体消瘦，贫血，腹腔内有大量积水。肠系膜淋巴结水肿。肝脏病变明显，表面凹凸不平、质硬，上有大小不等散在的灰白色虫卵结节。肝脏病初肿大，后期萎缩、硬化。小肠壁肥厚，黏膜上有出血点或坏死灶。肠壁血管、肠系膜静脉及门静脉中可发现虫体，牛可达数万条之多，绵羊可达万条，能引起羊只死亡。

6. 防治

(1) 预防措施　根据流行病学特点，采取综合性防治措施。

① 定期驱虫　一般应在尾蚴停止感染的秋后进行冬季驱虫，既可治疗病畜，又可消灭感染源。

② 消灭中间宿主　根据椎实螺的生态学特点，因地制宜，结合农牧业生产，采取有效措施，改变淡水螺的生存环境条件，进行灭螺；也可用杀螺剂，如五氯酚钠、氯硝柳胺、氯乙酰胺等灭螺。

③ 加强饲养卫生管理　严禁接触和饮用"疫水"，特别在流行区里不得饮用池塘、水田、沟渠、沼泽、湖水，最好饮用井水或自来水。

④ 加强粪便管理　将粪便堆积发酵，以杀灭虫卵。

(2) 治疗　治疗日本分体吸虫的药物均可试用。

① 硝硫氰胺　绵羊50mg/kg体重，一次内服；牛20mg/kg体重，连用3天为一疗程；也可用2%混悬液静脉注射，绵羊2~3mg/kg体重，牛1.5~2mg/kg体重。驱除绵羊东毕吸虫获得很好的效果。

② 六氯对二甲苯　绵羊100mg/kg体重，一次内服；牛350mg/kg体重，一次内服，连用3天。

③ 吡唑酮　牛、羊30~40mg/kg体重，一次内服，每天一次，连用2天。

案例分析

【案例一】 四川省周某2001年对阿坝州牧区牛、羊肝片吸虫中间宿主——椎实螺的感染情况调查表明，从3月份至9月份感染率（13.9%~80.3%）逐渐上升，从10月份（34.3%）又开始下降。终年放牧草地上的螺体感染率为91.7%，季节轮牧草地为80.3%，较前者低14%。

分析：

1. 椎实螺对肝片吸虫的感染情况，从3月份至9月份感染率（13.9%~80.3%）逐渐上升，从10月份（34.3%）又开始下降，这与牧区的气候变化密切相关。3月份以后越冬复苏的椎实螺和牛、羊粪便中的虫卵活力渐增强，所以椎实螺感染率上升。10月份以后气温变冷，螺蛳和虫卵活力减弱而感染率下降。

2. 终年放牧草地上的螺体感染率为91.7%，季节轮牧草地为80.3%，较前者低14%。说明螺体的感染情况与草场的利用有关，季节轮牧能降低椎实螺对肝片吸虫的感染率。因此，对草场利用时一定要坚持季节性轮牧，或分区轮牧，以降低螺体阳性率，减少对动物的感染机会。

3. 椎实螺主要分布于沼泽地或有泉水浸出的沟内，在较深和易于干枯的水塘内少有存在。因此，避免在沼泽地放牧、饮水，对于控制肝片吸虫的感染，将起到一定的作用。

4. 根据肝片吸虫的发育史以及流行特点，控制病原体——消灭椎实螺是牛、羊肝片吸虫防治重点。每年夏初开始采用药物灭螺，用1:5000的硫酸铜溶液喷洒有螺蛳的水塘、沼泽等地，用药后保持3~5天，如用药后遇雨天则需要重复喷洒。

5. 抓好每年春秋两季的驱虫工作，同时进行粪便收集，并对粪便进行无害化处理，可减少虫卵的排放，是降低螺体感染率的有效措施。可采用抗蠕敏（10~15mg/kg体重）等广谱驱虫药对牛、羊进行预防和治疗性驱虫，以防治本病对动物的危害。

【案例二】李某对湘西自治州有代表性的几个地区的牛、羊东毕吸虫病的流行情况进行了系统的调查研究。采集疫区牛、羊的粪便，通过粪卵毛蚴孵化法和间接血凝试验检查，其结果如下：吉首役牛176头，阳性168头，阳性率95.45%；奶牛20头，阳性4头，阳性率20%。凤凰县山羊70头，阳性30头，阳性率42.86%；役牛50头，阳性15头，阳性率30%。

应用自行制备的由东毕吸虫制备的可溶性抗原，以间接血液凝集试验（IHA）的方法检测牛、羊血液中抗体，共检查吉首役牛176头，阳性165头；奶牛20头，阳性3头；凤凰山羊30头，阳性28头；凤凰役牛50头，阳性14头。比较毛蚴孵化结果，阳性符合率分别为98.2%、75%、93.3%、93.3%。

通过药物筛选试验，以高效、廉价的原则，治疗病畜以硝硫氰醚、青霉胺锑钠和硝硫氰胺疗效较好。用10%硝硫氰醚（7804）水悬剂，黄牛15～20mg/kg体重，第三胃注射，有效率100%，一次驱虫转阴率76.9%。用青霉胺锑钠（4350）悬剂，黄牛20mg/kg体重，混匀后深部肌内注射，有效率100%，一次用药转阴率75.62%。用1.15%硝硫氰胺（7505）超微粉水悬剂，绵羊20mg/kg体重（7～8ml），每只羊用时加5%葡萄糖和3%麻黄素各1ml，混匀自颈静脉注射，有效率100%，一次用药转阴率60%。

分析：

1.湘西自治州部分市、县牛、羊东毕吸虫病的发病率较高，是该地区对人畜危害较大的一种人畜共患寄生虫病。如吉首市疫区牛发病率高达95.45%，凤凰县山羊的发病率达42.86%。

2.采用间接血液凝集试验（IHA）的方法检测牛、羊血液中抗体，其结果与毛蚴孵化法测定结果的阳性符合率高。可见，间接血液凝集试验是检测牛、羊东毕吸虫病的一种快速、方便、实用、准确率又高的检测方法。

3.锑制剂的毒性较大，对胃肠道有强烈刺激作用，可引起黄疸、肝功能衰竭、心律失常等症状，可用阿托品等进行救治。使用锑制剂治疗动物东毕吸虫病时，病畜必须相应地集中，以便观察、护理。兽医人员必须坚持昼夜值班，定期进行体检，特别是病牛、羊的心脏变化。如果体温升高，心律不齐，肌肉抖动，全身震颤，流涎，呼吸急促，应立即停针，进行抢救。

4.东毕吸虫病的防治，必须贯彻以预防为主的方针，根据流行病学的主要环节，拟定出综合防治措施，适时做好驱虫工作。每年进行两次普查，及时发现病畜，治疗病畜。管好病畜粪便，防止虫卵扩散。所有粪便进行热发酵杀灭虫卵后才可作肥料。

知识链接

一、吃生鱼味道鲜，小心病从口入

针对黑龙江沿江居民爱生吃鱼、虾等淡水产品的不良饮食习惯，黑龙江省疾控中心发布健康警报，提醒百姓：生吃淡水鱼虾，会感染肝吸虫病。

2006年8月29日黑龙江日报记者赶赴肇源县实地了解情况。在沿江码头记者见到，鱼馆一家挨着一家，岸边停放着十几艘打渔船。记者走进一个渔民的窝棚，三个老人正在网上摘鱼，他们对今天的收获很满意："在这里打鱼有30多年了，习惯吃生鱼了，生鱼片的味道很好，再喝点白酒，味道好极了。这里的饭店都有这道菜。"正值中午，记者走进停在江中的一艘船上的"九龙鱼坊"，服务员马上推出本店的特色菜"草根鱼肉生拌"。据当地人说，沿江饭店都能做生拌鱼。

然而，肇源县肇源镇的居民董立忠对食生鱼就心有余悸。他说："我是2002年检查出肝吸虫病的，当时我的后腰部位很痛，疼得我浑身都出汗。我现在也特别喜欢吃生鱼，见到就想吃，一吃就疼。"

据疾控中心介绍，目前全省沿江地区的肝吸虫病日趋严重，除了肇源外，宁安、海林、泰来等沿江地区肝吸虫病发病率也很高。

肇源县疾控中心防疫科主任刘国辉对记者说，肝吸虫病，是人因吃了未煮熟的含囊蚴的鱼虾而感染。尽管我们在预防和控制方面做了大量的工作，下令饭店不准做生吃活鱼这道菜，可饭店为了年利，依然我行我素。2001~2004年间，肇源县被确定为中韩蠕虫病控制合作项目省试点地区之一。在这期间疾控中心人员对沿江4.8万人进行项目检测，发现平均感染率为40%。对得肝炎的人进行检测，发现有三分之一的人得的不是肝炎，而是肝吸虫病。在肇源县疾控中心，除本县人外，周边县市有吃生鱼史的人也来检查，平均每天能确诊3~4人。南湖地处嫩江和松花江交界处，当地居民喜欢把鱼生拌吃。近日，黑龙江省疾病控制中心在大庆市肇源县南湖地区作了一项调查，随机选择当地的500位居民进行检查发现，肝吸虫病感染率达到74%左右。近年来，由于居民爱吃鲜嫩的未熟鱼虾，其发病率有上升趋势。

中韩蠕虫病控制合作项目——黑龙江省华支睾吸虫病控制策略研究。根据中国卫生部与韩国国际协力团2000年在北京签署的中韩蠕虫病控制合作项目的计划，黑龙江省被确定为华支睾吸虫控制项目试点地区。该项目历时四年，2004年完成了预期研究任务，取得了十分满意的效果。课题组通过对黑龙江省尚志县、肇源县、海林县、宁安县进行的华支睾吸虫病感染率的基线调查。2001年5月，负责黑龙江省试点区的韩国汉城大学洪性台教授、城均馆大学赵升烈教授及韩国健康管理协会检诊部裴基雄部长，到黑龙江省又进行现场考察，结果确定了9个试点区。为加强对项目的组织领导，成立黑龙江省中韩蠕虫病控制合作项目办公室，由主管厅长负责，20名专业技术人员组成现场工作组；各项目试点区成立由主管局长负责的项目办公室；省卫生厅制定并下发了《黑龙江省华支睾吸虫病预防控制策略工作方案》，制定省、县、乡、村各级工作职责，确保项目顺利完成。开展了技术培训：包括韩国专家培训、中国专家培训、赴韩国接受培训、黑龙江省疾病控制中心对试点区的30余名检验人员进行培训。五年间课题组完成了大量的工作，粪便检查63274人次，治疗华支睾吸虫阳性患者26680人。血清学检验9057人，超声波检查6130人。黑龙江省一位嗜食生鱼片的男患者，最近经医生驱虫治疗后，从其身体内排出的华支睾吸虫总量竟多达9974条，堪称国内外报道之最。由佳木斯大学寄生虫学教研室蔡连顺教授领衔完成的一项流行病学调查表明，目前黑龙江省东部地区已成为华支睾吸虫的"重灾区"，人群感染率为6.96%~66.85%，平均为31.51%，患者有慢性胆囊炎、胆管炎病史者占52%。专家就此发出警示：务请百姓改变生食鱼虾习惯，同时希望有关部门要加强水源管理，严格水产品检疫。

二、华支睾吸虫病发病机制

寄生在肝胆管中的华支睾吸虫的代谢产物和机械刺激使胆管壁反复发生过敏性炎症；虫卵、死亡的虫体及其碎片、脱落的胆道感染，破坏了胆道上皮的正常结构及功能，导致胆汁中细菌性β-葡萄糖醛酸苷酶活性升高，其结果有利于难溶性胆红素钙的形成；胆道分泌糖蛋白增多，并附着于虫卵表面作为结石核心，起支架和黏附剂作用，促进胆红素钙的沉积，最后导致色素类结石（即肝内多发性结石）的出现。此外，国内外一些资料不断提示华支睾吸虫感染与胆管上皮癌、肝细胞癌的发生有一定关系。

三、几种吸虫的宿主及寄生部位比较

虫 名	中间宿主	补充宿主	终末宿主	寄生部位
肝片形吸虫	椎实螺/淡水螺		牛、羊等	肝胆管
姜片吸虫	扁卷螺		猪和人	小肠
矛形双腔吸虫	陆地螺	蚂蚁	牛、羊、鹿、骆驼等反刍动物，马属动物，猪、犬、兔、猴、人	肝脏、胆管、胆囊
前后盘吸虫	淡水螺/椎实螺/扁卷螺		牛、羊、鹿、骆驼等反刍动物	瘤胃、网胃
东毕吸虫	椎实螺		牛、羊、鹿、骆驼等反刍动物	门静脉、肠系膜静脉
华支睾吸虫	淡水螺	淡水鱼、虾	犬、猫、猪、人等	肝脏、胆管、胆囊
胰阔盘吸虫	陆地螺	草螽	牛、羊、兔、猪、人等	胰腺

四、网上冲浪

1. 卡罗林斯卡医学院：http://www.mic.ki.se/diseases/c3.html
2. 与教材配套的课程网站：http://121.10.119.78/jscb
3. Ohio大学寄生虫学图片资源网站：http://www.biosci.ohio-state.edu

复习思考题

一、简答题
1. 吸虫的形态构造有何特点？
2. 华支睾吸虫的生活史需要经历哪几个发育阶段？
3. 叙述所讲述的吸虫病的病原体、虫卵特征、中间宿主、补充宿主、终末宿主及寄生部位。

二、综合分析题
1. 对当地重要吸虫病的流行现状进行调查，分析在该病的防治方面存在哪些问题？
2. 列举当地流行的主要人兽共患吸虫病，并阐明防止人类感染的主要措施。

第六章 线虫病的诊断与防治技术

知识目标

1. 了解线虫的分类，掌握线虫一般形态结构及其生活史。
2. 了解对我国畜禽生产危害较大的线虫病的种类，掌握当地主要线虫病的临床症状。
3. 掌握动物主要线虫病的诊断与防治。

能力目标

1. 能正确识别常见线虫的形态结构。
2. 实际生产中可对动物常见线虫病正确诊断与防治。

指南针

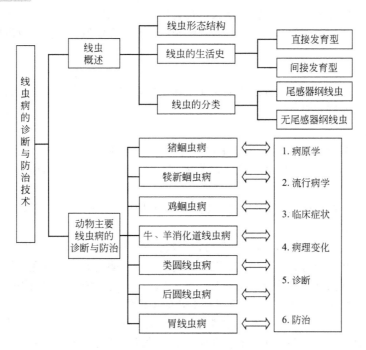

畜禽线虫病是由线形动物门中寄生于家畜和家禽的多种线虫引起的一类疾病。据 Chitwood 和 Chitwood（1937）的统计，各种家畜的重要寄生虫种类的分类大略数目如下：牛 51，羊 63，马 69，猪 33，犬 36，猫 33。几乎没有一头家畜没有线虫寄生，也几乎没有一种脏器和组织不受线虫寄生；而且不是单一虫种，通常系多种混合寄生。虫体的寄生数量一般也很大，如猪蛔虫可寄生达 1000 条以上。有些还能通过胎盘感染，即在母畜体内的仔畜就已有线虫寄生。

第一节 线虫概述

一、线虫形态构造

1. 外部形态

线虫一般为两侧对称，圆柱形或纺锤形，有的呈线状或毛发状。前端钝圆，后端较尖细，不分节。活体呈乳白色或淡黄色，吸血虫体略带红色。线虫大小差别很大，小的仅 1mm 左右，最长可达 1m 以上。寄生性线虫均为雌雄异体，一般为雄虫小，雌虫大。线虫整个虫体可分为头、尾、背、腹和两侧。

2. 体壁

线虫体壁由角皮（角质层）、皮下组织和肌层构成。角皮光滑或有横纹、纵线等。有些线虫体表还常有由角皮参与形成的特殊构造，如头泡、颈泡、唇片、叶冠、颈翼、侧翼、尾翼、乳突、交合伞等，有附着、感觉和辅助交配等功能，其位置、形状和排列是分类的依据。皮下组织在背面、腹面和两侧的中部增厚，形成四条纵索，在两侧索内有排泄管，背索和腹索内有神经干。体壁包围的腔（假体腔）内充满液体，其中有器官和系统。

3. 消化系统

消化系统包括口孔、口腔、食管、肠、直肠、肛门。口孔位于头部顶端，常有唇片围绕，无唇片者，有的在口缘部发育为叶冠、角质环（口领）等。有些线虫的口腔内形成硬质构造，称为口囊，有些在口腔中有齿或切板等。食管多呈圆柱状、棒状或漏斗状，有些线虫食管后部膨大为食管球。食管的形状在分类上具有重要意义。食管后为管状的肠、直肠，末端为肛门。雌虫肛门单独开口。雄虫的直肠和肛门与射精管汇合为泄殖腔，开口在泄殖孔，其附近乳突的数目、形状和排列具有分类意义。

4. 排泄系统

排泄系统有两条从后向前延伸的排泄管在虫体前部相连，排泄孔开口于食管附近的腹面中线上。有些线虫无排泄管而只有排泄腺。

5. 神经系统

神经系统位于食管部的神经环相当于中枢，由此向前后各伸出若干条神经干，分布于虫体各部位。体表有许多乳突，如头乳突、唇乳突、颈乳突、尾乳突或生殖乳突等，均是神经感觉器官。

6. 生殖系统

线虫雌雄异体。雌虫尾部较直，雄虫尾部弯曲或蜷曲。生殖器官都是简单弯曲并相通的管状，形态上几乎没有区别。

雌性生殖器官通常为双管型（双子宫型），少数为单管型（单子宫型）。由卵巢、输卵管、子宫、受精囊、阴道和阴门组成。有些线虫无受精囊或阴道。阴门的位置可在虫体腹面的前部、中部或后部，均位于肛门之前，其位置及形态具有分类意义。有些线虫的阴门被有表皮形成的阴门盖。双管型即有 2 组生殖器官，2 条子宫最后汇合成 1 条阴道。

雄性生殖器官为单管型，由睾丸、输精管、贮精囊和射精管组成，开口于泄殖腔。许多线虫还有辅助交配器官，如交合刺、导刺带、副导刺带、性乳突和交合伞，具有鉴定意义。交合刺多为两根，包藏在交合鞘内并能伸缩，在交配时有掀开雌虫生殖孔的功能。导刺带具有引导交合刺的作用。交合伞为对称的叶状膜，由肌质的腹肋、侧肋和背肋支撑，在交配时具有固定雌虫的功能（图 6-1、图 6-2）。线虫无呼吸器官和循环系统。

二、线虫的生活史

雌虫与雄虫交配受精。大部分线虫为卵生，有的为卵胎生或胎生。卵生是指虫卵尚未卵裂，

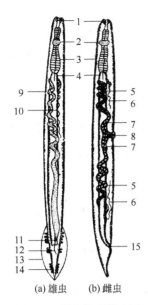

图 6-1 线虫构造模式图
1—口腔；2—神经节；3—食管；4—肠；5—输卵管；
6—卵巢；7—子宫；8—生殖孔；9—输精管；
10—睾丸；11—泄殖腔；12—交合刺；
13—翼膜；14—乳突；15—肛门

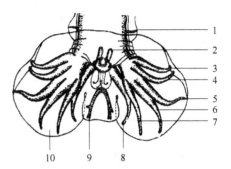

图 6-2 圆形线虫雄虫尾部构造
1—伞前乳突；2—交合刺；3—前腹肋；
4—侧腹肋；5—前侧肋；6—中侧肋；
7—后侧肋；8—外背肋；9—背肋；
10—交合伞膜

处于单细胞期，如蛔虫卵；卵胎生是指虫卵处于早期分裂状态，即已形成胚胎，如后圆线虫卵；胎生是指雌虫直接产出早期幼虫，如旋毛虫。线虫的发育都要经过5个幼虫期，每期之间均要进行蜕皮（蜕化）。因此，需有4次蜕皮。前2次蜕皮在外界环境中完成，后2次在宿主体内完成。蜕皮是幼虫蜕去旧角皮，新生一层新角皮的过程。蜕皮时幼虫处于不生长、不采食、不活动的休眠状态。绝大多数线虫虫卵发育到第3期幼虫才具有感染性，称为感染性幼虫，亦称为披鞘幼虫，对外界环境变化抵抗力强。如果感染性幼虫在卵壳内不孵出，该虫卵称为感染性虫卵，或侵袭性虫卵。

雌虫产出的虫卵或幼虫必须在新的环境中（外界或中间宿主体内）继续发育，才能对终末宿主有感染性。虫卵孵出过程受环境的温度、湿度等因素和幼虫本身的因素控制，其一般是幼虫借分泌酶和本身的运动来损坏内层，然后从环境中摄入水分，膨大，撑破剩余卵壳。如果孵化过程在中间宿主或终末宿主体内完成，则宿主提供刺激，促使其孵化。

在外界，幼虫发育的最适温度为18～26℃。温度太高，幼虫发育快，亦极活跃，这时他们消耗掉大量营养贮存，增加了死亡率，因此很少能发育到第三期幼虫。温度太低，发育减缓；若低于10℃，从虫卵发育到第三期幼虫的过程不能完成；若低于5℃，则第三期幼虫的运动和代谢降到最低，存活能力反而增强。

幼虫发育的最适宜湿度为100%。不过，即使在很干燥的气候条件下，在粪便或土壤表面以下的微环境中仍具有高湿度，足以使幼虫继续发育。

在地面，多数幼虫均很活泼，不过他们的运动需一层水膜存在，并需光与温度的刺激。幼虫的运动多为无向运动，遇到草叶会爬于其上。

根据线虫在发育过程中是否需要中间宿主，可分为直接发育型（土源性）线虫和间接发育型（生物源性）线虫两种类型。

(1) 直接发育型　雌虫产出虫卵，虫卵在外界环境中发育成感染性虫卵或感染性幼虫，被终末宿主吞食后，幼虫逸出后经过移行或不移行（因种而异），再进行两次蜕皮发育为成虫。代表类型有蛲虫型、毛尾线虫型、蛔虫型、圆线虫型、钩虫型等。

（2）间接发育型　雌虫产出虫卵或幼虫，被中间宿主吞食，在其体内发育为感染性幼虫，然后通过中间宿主侵袭动物或被动物吃入而感染，在终末宿主体内经蜕皮后发育为成虫。中间宿主多为无脊椎动物。代表类型有旋尾线虫型、原圆线虫型、丝虫型、旋毛虫型等。

三、线虫的分类

线虫种类繁杂，现已发现50万种以上，大部分是淡水、土壤和海洋中自立生活的线虫，相当一部分寄生于无脊椎动物和植物，小部分寄生于人和动物。与动物有关的线形动物门（Nematoda）分为尾感器纲和无尾感器纲。

1. 尾感器纲（Scernentea）

（1）蛔目（Ascaridata）　口孔通常有三片唇围绕，食管圆柱状。直接型生活史。

蛔科（Ascaridae）　　　　　　　　　　弓首科（Toxocaridae）

蛔型科（Ascaridiidae）　　　　　　　　异尖科（Anisakidae）

（2）尖尾目（Oxyurata）　食管球明显。

异刺科（Heterakidae）　　　　　　　　尖尾科（Ckyuridae）

（3）杆形目（Rhabditata）　口囊及唇均明显，有的种类在发育中有自立生活世代，该世代具有前后食管球；寄生世代为孤雌生殖，无食管球，阴门在虫体后1/3处开口。

类圆科（Strongyloididae）

（4）圆线目（Strongylata）　雄虫尾部有典型交合伞，伞肋由两对腹肋（前、后腹肋），三对侧肋（前、中、后），一对外背肋和一根背肋组成。交合刺两根，等长。有口囊，口孔有小唇或叶冠环绕。

钩口科（Ancylostomatidae）　　　　　圆线科（Strongylidae）

管圆科（Angiostrongylidae）　　　　　盅口科（Cyathostomidae，毛线科 Trichonematidae）

网尾科（Dictyocaulidae）

后圆科（Metastrongylidae）　　　　　比翼科（Syngamidae）

食道口科（Oesophagostomatidae）　　裂口科（Amidostomatidae）

原圆科（Protostrongylidae）　　　　　毛圆科（Trichotrongylidae）

冠尾科（Stephanuridae）

（5）旋尾目（Spirurata）　多有两个侧唇。通常有小的柱状口囊。食管长，由前肌部和后腺部组成。大部分雌雄虫的后部多呈螺旋状蜷曲，有侧翼和乳突。交合刺两根，形状不一，长短不同。雌虫阴门大部分位于中部左右。卵胎生。发育需中间宿主。

锐形科（华首科，Acuariidae）　　　　泡翼科（Physalopteridae）

似蛔科（Ascaropsidae）　　　　　　　尾旋科（Spirocercidae）

颚口科（Gnathostomatiidae）　　　　 旋尾科（Spiruridae）

筒线科（Gorgylonematidae）　　　　　四棱科（Tetrameridae）

柔线科（Habronematidae）　　　　　　吸吮科（Thelaziidae）

（6）驼形目（CamalIanata）　虫体细长，雌虫与雄虫形态差异很大。

驼形科（Camallanata）　　　　　　　 龙线科（Dracunculidae）

（7）丝虫目（Filariata）　虫体丝状。

丝虫科（Filariidae）　　　　　　　　　丝状科（Setariidae）

盘尾科（Onchocercidae）

2. 无尾感器纲（Adeno Phorea）

（1）毛尾目（Trichurata）　虫体一般前部细后部粗。食管长，由单列或双列细胞围绕细食管组成。

毛细科（Capillariidae）　　　　　　　毛尾科（Trichuridae）
毛形科（Trichinellidae）

（2）膨结目（Dioctophyma）　雌虫、雄虫生殖器官均为单管型。雄虫局部有钟形无肋交合伞，交合刺一根。

膨结科（Dioctophymatidae）

第二节　动物主要线虫病的诊断与防治

一、猪蛔虫病

猪蛔虫病是由蛔科蛔属的猪蛔虫寄生于猪小肠中引起的疾病。仔猪感染率高，特别是在卫生状况差的猪场和营养不良的猪群中，感染率更高。主要特征为仔猪生长发育不良，严重的发育停滞，甚至死亡。

1. 病原学

（1）形态构造　猪蛔虫（Ascaris suum），是寄生于猪小肠的大型线虫。虫体近似圆柱形。活体呈淡红色或淡黄色，死后呈苍白色。虫体前端有 3 个唇片，1 片背唇较大，2 片腹唇较小，排列成"品"字形。唇之间为口腔。口腔后为大食管，呈圆柱形。

雄虫体长 15~25cm，宽约 0.3cm。尾端向腹面弯曲，形似鱼钩；泄殖腔开口距后端较近；具有 1 对较粗大的等长的交合刺；无引器。

雌虫体长 20~40cm，宽约 0.5cm。雌虫尾端直；生殖器为双管形；两条子宫合为 1 个短小的阴道，阴门开口于虫体腹中线前 1/3 处；肛门距虫体末端较近（图 6-3）。

虫卵近似圆形，黄褐色，卵壳厚，由四层组成，最外层为呈波浪形的蛋白质膜。虫卵大小为 60μm。未受精卵较狭长，多数没有蛋白质膜，或蛋白质膜甚薄，且不规则，内容物为很多似油滴状的卵黄颗粒和空泡。

（2）生活史　成虫寄生于猪的小肠，雌虫受精后，产出的虫卵随粪便排出体外，在适宜的温度、湿度和充足的氧气环境下，在卵内发育为第 1 期幼虫，蜕皮变为第 2 期幼虫，再经过一段时间发育为感染性虫卵，被猪吞食后在小肠内孵出幼虫。

大多数幼虫很快钻入肠壁血管，随血液循环进入肝脏，进行第 2 次蜕化，变为第 3 期幼虫，幼虫随血液经肝静脉、后腔静脉进入右心房、右心室和肺动脉，穿过肺毛细血

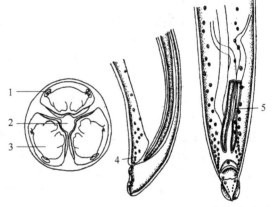

(a) 头部顶面　(b) 雄虫尾部　(c) 雄虫尾部腹面

图 6-3　猪蛔虫

1—乳突；2—口孔；3—唇；4—性乳突；5—交合刺

管进入肺泡，在此进行第 3 次蜕化发育为第 4 期幼虫并继续发育。幼虫上行进入细支气管、支气管、气管，随黏液到达咽部，被咽下后进入小肠，经第 4 次蜕化发育为第 5 期幼虫（童虫），继续发育为成虫（图 6-4）。

2. 流行病学

本病流行广泛，仔猪多见，主要原因是蛔虫生活史简单，虫体繁殖力强，产卵数多，卵对外界因素抵抗力强。

蛔虫有强大的繁殖力，每条雌虫每天平均可产卵 10 万~20 万个。因此，地面受虫卵污染十

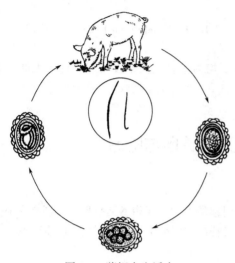

图 6-4 猪蛔虫生活史

分严重。

虫卵对各种环境因素的抵抗力很强，虫卵具有 4 层卵膜，内膜能保护胚胎免受化学物质的侵蚀；中间两层能保存虫卵内水分而不受干燥的影响；外层有阻止紫外线透过的作用，且对外界其他不良因素有很强的抵抗力。此外，虫卵的全部发育过程都在卵壳内进行，使胚胎和幼虫得到保护，因此，大大增加了感染性虫卵在自然界的数量。虫卵的发育除要求一定的湿度外，以温度影响较大。高于 40℃或低于 -2℃时，虫卵停止发育，45~50℃时 30min 死亡。在 -20~-27℃时，感染性虫卵可存活 30 天。在 28~30℃时，虫卵内胚细胞发育为第 1 期幼虫需 10 天，12~18℃时需 40 天。虫卵发育为感染性虫卵需 3~5 周。进入猪体内的感染性虫卵发育为成虫需 2~2.5 个月。虫卵对各种化学药物也有较强的抵抗力，常用消毒药的浓度不能杀死虫卵。在 2%福尔马林中可以正常发育。一般用 60℃以上的 3%~5%热碱水，20%~30%的热草木灰或新鲜石灰水才能杀死虫卵。卵在疏松湿润的耕地或园土中一般可以生存 2~3 年之久；在夏季阳光直射下，数日内死亡。蚯蚓可为本虫的贮藏宿主。成虫寿命 7~10 个月。

本病的发生与环境卫生和饲养管理方式密切相关。在饲养管理不良，卫生条件差，特别在饲料中缺乏维生素和矿物质时易感染。感染来源：患病或带虫猪，虫卵存在于粪便中。感染途径：经口感染。感染原因：猪吃入感染性虫卵污染的饮水、饲料或土壤等；母猪乳房沾染虫卵，仔猪在哺乳时感染。

地理分布：猪蛔虫属土源性寄生虫，分布极其广泛。

季节动态：一年四季均可发生。

年龄动态：以 3~6 月龄的仔猪感染严重；成年猪多为带虫者的感染源。

3. 临床症状

仔猪在感染早期，由于虫体移行引起肺炎，有轻度湿咳，体温可升高至 40℃左右。感染后 14~18 天，可呈现嗜伊红细胞增多症。较为严重者，精神沉郁，食欲缺乏，异嗜，营养不良，被毛粗糙。有的生长发育受阻，成为僵猪。感染严重时呼吸困难，常伴发声音沉重而粗糙的咳嗽，并有呕吐、流涎和腹泻等。可能经 1~2 周好转，或逐渐虚弱，趋于死亡。寄生数量多时，可引起肠道阻塞，表现为疝痛，可引起死亡。

成年猪寄生数量不多时症状不明显，但因胃肠功能遭受破坏，常有食欲不振、磨牙和增重缓慢。

虫体误入胆管时，可引起胆道阻塞而出现黄疸，可引起死亡。

4. 病理变化

初期肺组织致密，表面有大量出血斑点，肝、肺和支气管等器官常可发现大量幼虫。小肠卡他性炎症、出血或出现溃疡。肠破裂时可见有腹膜炎和腹腔内出血。胆道蛔虫时，胆管内有虫体。病程较长者，有化脓性胆管炎或胆管破裂、肝脏黄染和硬变等。

5. 诊断

根据流行病学、临诊症状、粪便检查和剖检等综合判定。粪便检查采用直接涂片法或漂浮法。剖检发现虫体即可确诊。幼虫移行出现肺炎时，用抗生素治疗无效，可为诊断提供参考。

6. 防治

(1) 预防措施

① 定期驱虫　对散养育肥猪，仔猪断奶后驱虫1次，4～6周后再驱虫1次。母猪在怀孕前和产仔前1～2周驱虫。育肥猪在3月龄和5月龄各驱虫1次。引入的种猪进行驱虫。对规模化养猪场，对全群猪驱虫后，以后每年对公猪至少驱虫2次；母猪产前1～2周驱虫1次；仔猪转入新圈、群时驱虫1次；后备猪在配种前驱虫1次。新引入的猪驱虫后再合群。

② 减少虫卵污染　圈舍要及时清理，勤冲洗，勤换垫草，粪便和垫草发酵处理；产房和猪舍在进猪前要彻底清洗和消毒；母猪转入产房前要用肥皂水清洗；运动场保持平整，排水良好。

(2) 治疗　可选用以下药物。

① 左咪唑　按10mg/kg体重，经口给予或混料喂服。

② 丙硫咪唑　按10mg/kg体重，一次经口给予。

③ 甲苯咪唑　按10～20mg/kg体重，混料喂服。

④ 氟苯咪唑　按30mg/kg体重，混料喂服，连用5天。

⑤ 伊维菌素　按0.3mg/kg体重，一次皮下注射。

二、犊新蛔虫病

犊新蛔虫病是由弓首科新蛔属的牛新蛔虫寄生于犊牛小肠内引起的疾病。主要特征为肠炎、腹泻、腹部膨大和腹痛。初生犊牛大量感染时可引起死亡。

1. 病原学

(1) 形态构造　牛新蛔虫（*Neoascaris vitulorum*），又称牛弓首蛔虫（*Toxocara vitulorum*）。虫体粗大，活体呈淡黄色，固定后为灰白色。头端有3片唇。食管呈圆柱形，后端有1个小胃与肠管相接。雄虫长11～26cm，尾部有一个小锥突，弯向腹面，交合刺1对，等长或稍不等长。雌虫长14～30cm，尾直。

虫卵近似圆形，淡黄色，卵壳厚，外层呈蜂窝状，内含1个胚细胞。虫卵大小为（70～80）$\mu m \times$（60～66）μm。

(2) 生活史

① 发育过程　成虫寄生于犊牛小肠内，雌虫产出的虫卵随粪便排出体外，在适宜的条件下发育为感染性虫卵，母牛吞食后，虫卵在小肠内孵出幼虫，穿过肠黏膜移行至母牛的生殖系统组织中。母牛怀孕后，幼虫通过胎盘进入胎儿体内。犊牛出生后，幼虫在小肠发育为成虫。

幼虫在母牛体内移行时，有一部分可经血液循环到达乳腺，使哺乳犊牛吸吮乳汁而感染，在小肠内发育为成虫。

犊牛在外界吞食感染性虫卵后，幼虫可随血液循环在肝、肺等移行后经支气管、气管、口腔，咽入消化道后随粪便排出体外，但不能在小肠内发育。

② 发育时间　在外界的虫卵发育为感染性虫卵需20～30天（27℃）；侵入犊牛体内的幼虫发育为成虫约需1个月。

③ 成虫寿命　成虫在犊牛小肠内可寄生2～5个月，以后逐渐从体内排出。

2. 流行病学

本病多呈地方性流行，以南方多见，北方较少。主要发生于5月龄以内的犊牛。虫卵对一般化学药物抵抗力较强，2%福尔马林中仍可正常发育，29℃时在2%来苏尔中可存活约20h。虫卵对干燥、阳光、高温等因素敏感。对直射阳光抵抗力差，地表面阳光直射下4h全部死亡，干燥环境中48～72h死亡。感染期虫卵需80%的相对湿度才能存活。本病多发生于5月龄内的犊牛，成年牛只在内部器官组织中有移行阶段的幼虫，而无成虫寄生。

3. 临床症状

被感染的犊牛一般在出生2周后症状明显，表现精神沉郁，食欲不振，吮乳无力，贫血。虫体损伤引起小肠黏膜出血和溃疡，继发细菌感染而导致肠炎，出现腹泻、腹痛、便中带血或黏液,腹部膨胀,站立不稳。虫体毒素作用可引起过敏、阵发性痉挛等。成虫寄生数量多时,可致肠阻塞或肠破裂引起死亡。出生后犊牛吞食感染性虫卵,由于幼虫移行损伤肺脏,因而出现咳嗽、呼吸困难等,但可自愈。

4. 病理变化

小肠黏膜出血、出现溃疡。大量寄生时可引起肠阻塞或肠穿孔。出生后犊牛感染,可见肠壁、肝脏、肺脏等组织损伤,有点状出血、炎症。血液中嗜酸粒细胞明显增多。

5. 诊断

根据5月龄以下犊牛多发等流行病学资料和临诊症状可作出初诊。通过粪便检查和剖检发现虫体确诊。粪便检查用漂浮法。

6. 防治

(1) 预防措施 对15~30日龄的犊牛进行驱虫,不仅可以及时治愈病牛,还能减少虫卵对外界环境的污染;加强饲养管理,注意保持犊牛舍及运动场的环境卫生,及时清理粪便进行发酵。

(2) 治疗

① 枸橼酸哌嗪(驱蛔灵) 用量为250mg/kg体重,一次经口给予。

② 丙硫咪唑 用量为10mg/kg体重,一次经口给予。

③ 左咪唑 用量为8mg/kg体重,一次经口给予。

④ 伊维菌素、阿维菌素 用量为0.2mg/kg体重,皮下注射或经口给予。

三、鸡蛔虫病

鸡蛔虫病是由禽蛔科禽蛔属的鸡蛔虫寄生于鸡小肠内引起的疾病。主要特征为引起小肠黏膜发炎、下痢、生长缓慢和产蛋率下降。

1. 病原学

(1) 形态构造 鸡蛔虫(*Ascaridia galli*),是鸡体的1种大型线虫,呈黄白色,头端有3个唇片。雄虫长2.7~7cm,尾端有明显的尾翼和尾乳突,有1个圆形或椭圆形的肛前吸盘,交合刺近于等长。雌虫长6.5~11cm,阴门开口于虫体中部(图6-5)。

虫卵椭圆形,壳厚而光滑,深灰色,内含单个胚细胞。虫卵大小为(70~90)μm×(47~51)μm。

(2) 生活史

① 发育过程 鸡蛔虫卵随鸡粪便排至外界,在空气充足及适宜的温度和湿度条件下,发育为感染性虫卵。鸡吞食感染性虫卵而感染,幼虫在肌胃和腺胃逸出,钻进肠黏膜发育一段时期后,重返肠腔发育为成虫。

② 发育时间 虫卵在外界发育为感染性虫卵需17~18天;感染性虫卵发育为成虫需35~50天。

2. 流行病学

虫卵对外界的环境因素和消毒药有较强的抵抗力,在阴暗潮湿环境中可长期生存,但对于干燥和高温(50℃以上)敏感,特别是阳光直射、沸水处理和粪便堆沤时,虫卵可迅速死亡。

蚯蚓是鸡蛔虫的贮藏宿主,虫卵在蚯蚓体内可长期保持其生命力和感染力,并依靠蚯蚓避免干燥和直射日光的不良影响。

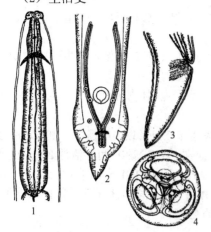

图6-5 鸡蛔虫
1—成虫前部;2—雄虫后部;
3—雌虫尾部;4—成虫头端顶面观

3～4月龄以内的雏鸡易感性强，病情严重，1岁以上多为带虫者。饲养管理条件与感染鸡蛔虫有极大关系，饲料中含丰富的蛋白质、维生素 A 和 B 族维生素等时，可使鸡有较强的抵抗力。

3. 临床症状

鸡蛔虫对雏鸡危害严重，由于虫体机械性刺激和毒素作用并夺取大量营养物质，雏鸡表现为生长发育不良，精神委靡，行动迟缓，常呆立不动，翅膀下垂，羽毛松乱，鸡冠苍白，黏膜贫血，消化功能障碍，逐渐衰弱而死亡。成虫寄生数量多时常引起肠阻塞，甚至肠破裂。成鸡症状不明显。

4. 病理变化

幼虫破坏肠黏膜、肠绒毛和肠腺，造成出血和发炎，并易导致病原菌继发感染，此时在肠壁上常见颗粒状化脓灶或结节。

5. 诊断

粪便检查发现大量虫卵及剖检发现虫体可确诊。粪便检查用漂浮法。

6. 防治

（1）预防措施　在蛔虫病流行的鸡场，每年进行2～3次定期驱虫。雏鸡在2月龄左右进行第1次驱虫，第2次在冬季；成年鸡第1次在10～11月份，第2次在春季产蛋前1个月进行。

成鸡、雏鸡应分群饲养；鸡舍和运动场上的粪便逐日清除，集中发酵处理；饲槽和用具定期消毒；加强饲养管理，增强雏鸡抵抗力。

（2）治疗

① 丙氧咪唑　用量为40mg/kg体重，一次经口给予。

② 左咪唑　用量为30mg/kg体重，一次经口给予。

③ 哌哔嗪　用量为200～300mg/kg体重，一次经口给予。

④ 丙硫咪唑　用量为10～20mg/kg体重，一次经口给予。

⑤ 甲苯咪唑　用量为30mg/kg体重，一次经口给予。

四、牛、羊消化道线虫病

牛、羊消化道线虫病是由许多科、属线虫寄生于牛、羊等反刍动物消化道内引起的各种线虫病的总称。这些线虫分布广泛，且多为混合感染，对牛、羊危害极大。主要特征为贫血、消瘦，可造成牛、羊大批死亡。这些线虫病在流行病学特点、症状、诊断、治疗及防治措施等方面均相似，故综合叙述。

1. 病原学

（1）形态构造　病原种类繁多，主要科、属、种如下。

① 圆线目（Strongylata）

A. 毛圆科（Trichostrongylidae）

a. 血矛属（*Haemonchus*），寄生于皱胃，偶见于小肠。本属危害最大、分布最广泛的是捻转血矛线虫（*H. contortus*），又称捻转胃虫。虫体呈毛发状，因吸血而呈淡红色。颈乳突明显，头端尖细，口囊小，口囊内有1个背侧矛形小齿。雄虫长15～19mm，交合伞发达，有1个"人"字形背肋偏向一侧；交合刺短而粗，末端有小钩，有引器。雌虫长27～30mm，因白色的生殖器官环绕于红色（含血液）的肠道，故形成红白相间的外观。阴门位于虫体后半部，有一个显著的瓣状或舌状阴门盖。虫卵呈短椭圆形，灰白色或无色，卵壳薄，大小为（75～95）μm×（40～50）μm。

b. 毛圆属（*Trichostrongylus*），寄生于小肠和皱胃，主要寄生于小肠。最常见的是蛇形毛圆线虫（*T. colubriformis*），寄生于小肠前部，偶见于皱胃，亦可寄生于兔、猪、犬及人的胃中。虫体细小。雄虫长4～6mm，交合伞侧叶大，背叶不明显，背肋小，末端分小支，1对交合刺粗而短，近于等长，远端具有明显的三角突，引器呈梭形。雌虫长5～6mm，阴门位于虫体后半部。虫卵大小为（79～101）μm×（39～47）μm。

c.长刺属（*Mecistocirrus*），寄生于皱胃。外形与血矛属线虫相似。最常见的是指形长刺线虫（*M.digitatus*）。雄虫长25～31mm，交合刺细长。雌虫长30～45mm，阴门盖为两片，阴门位于肛门附近。虫卵大小为（105～120）μm×（51～57）μm。

d.奥斯特属（*Ostertagia*），主要寄生于皱胃，少见于小肠。虫体呈棕褐色，长10～12mm，口囊浅而宽。雄虫有生殖锥和生殖前锥，交合刺短，末端分2叉或3叉。雌虫尾端常有环纹，阴门在体后部，多具阴门盖。常见的种为环形奥斯特线虫（*O.circumcincta*）和三叉奥斯特线虫（*O.trifurcata*）。

e.马歇尔属（*Marshallagia*），寄生于皱胃，偶见于十二指肠。形态与奥斯特属线虫相似，但不具引器，交合刺分成3支，末端尖。雌虫阴门位于虫体后半部。常见的种为蒙古马歇尔线虫（*M.mongolica*）。虫卵呈长椭圆形，灰白色或无色，两侧厚，两端薄，大小为（173～205）μm×（73～99）μm。

f.古柏属（*Cooperia*），寄生于小肠、胰脏，很少见于皱胃。虫体小于9mm。前方有小的头泡，食管区有横纹，口囊很小。雄虫交合刺短，末端钝，生殖锥和交合伞发达，无引器。本属与毛圆属和类圆属线虫极为相似。常见的种有等侧古柏线虫（*C.laterouniformis*）、叶氏古柏线虫（*C.erchovi*）。

g.细颈属（*Nematodirus*），寄生于小肠。本属线虫种间大小差异大。头前端角皮有横纹，多

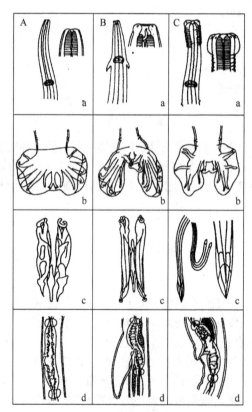

图6-6 毛圆科主要属线虫形态构造图（一）
A—毛圆属；B—血矛属；C—细颈属
a—前部；b—雄性交合伞；c—交合刺；
d—雌虫阴门

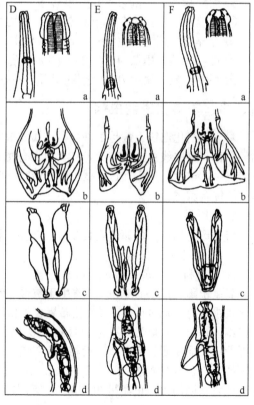

图6-7 毛圆科主要属线虫形态构造图（二）
D—古柏属；E—奥斯特属；F—马歇尔属
a—前部；b—雄性交合伞；
c—交合刺；d—雌虫阴户

数有头泡,颈部常弯曲。雄虫交合伞侧叶大,交合刺细长,远端融合,包在一个共同的薄膜内。雌虫尾端有一个小刺。常见的种类是尖刺细颈线虫(Nematodirus)。虫卵长椭圆形,灰白色或无色,一端较尖,大小为(150~230)μm×(80~110)μm。

h. 似细颈属(Nematodirella),寄生于小肠。形态与细颈属线虫相似,不同点是雄虫交合刺很长,可达全虫的1/2;雌虫前1/4呈线形,以后突然粗大,随后又渐变纤细,阴门位于前1/4~1/3处。常见的种有长刺似细颈线虫(N. longispiculata)、驼似细颈线虫(N. cameli)。

以上毛圆科各属线虫主要部位形态构造见图6-6、图6-7。

B. 盅口科[Cyathostomidae,毛线科(Trichonematidae)]

食道口属(Oesophagostomum),寄生于结肠。有些种类的幼虫可在肠壁形成结节,所以又称为结节虫。口囊小而浅,其外周有明显的口领,口缘有叶冠,有或无须沟,颈乳突位于食管附近两侧,其位置因种不同而异,有或无侧翼膜。雄虫的交合伞发达,有一对等长的交合刺。雌虫阴门位于肛门前方附近,排卵器发达,呈肾形。寄生于羊的主要有:哥伦比亚食道口线虫(Oe. columbianum)、微管食道口线虫(Oe. venulosum)、粗纹食道口线虫(Oe. asperum)、甘肃食道口线虫(Oe. kansuensis)。寄生于牛的主要有辐射食道口线虫(Oe. radiatum)(图6-8)。虫卵椭圆形,灰白色或无色,壳较厚,含8~16个深色胚细胞。虫卵大小为(70~74)μm×(45~57)μm。

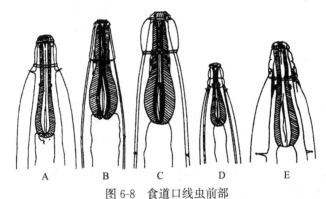

图6-8 食道口线虫前部

A—哥伦比亚食道口线虫前部;B—微管食道口线虫前部;C—粗纹食道口线虫前部;
D—辐射食道口线虫前部;E—甘肃食道口线虫前部

C. 钩口科(Ancylostomatidae)

仰口属(Bunostommum),头端向背面弯曲,口囊大,呈漏斗状,口孔腹缘有1对半月形切板。雄虫交合伞外背肋不对称。雌虫阴门在虫体中部之前。虫卵具有特征性。

羊仰口线虫(B. trigonocephalum),寄生于羊小肠。口囊底部背侧有1个大背齿,腹侧有1对小亚腹侧齿。雄虫长12.5~17mm,交合伞发达,外背肋不对称,交合刺扭曲、较短,无引器。雌虫长15.5~21mm,尾端钝圆,阴门位于体后部。虫卵呈钝椭圆形,两侧平直,壳薄,灰白或无色,胚细胞大而少,内含暗色颗粒。虫卵大小为(82~97)μm×(47~57)μm。

牛仰口线虫(B. phlebotomum),寄生于牛小肠,主要是十二指肠。与羊仰口线虫相似,区别为口囊底部腹侧有2对亚腹侧齿,雄虫交合刺长,为羊仰口线虫的5~6倍,阴门位于虫体中部前。虫卵两端钝圆,胚细胞呈暗黑色(图6-9)。

D. 圆线科(Strongymoidea)

夏伯特属(Chabertia)寄生于大肠。有或无颈沟,颈沟前有不明显的头泡,或无头泡;口孔开口于前腹侧,有两圈不发达的叶冠;口囊呈亚球形,底部无齿。雄虫交合伞发

(a)羊仰口线虫头部 (b)牛仰口线虫头部

图6-9 牛、羊仰口线虫头部

达，交合刺等长且较细，有引器。雌虫阴门靠近肛门。常见的种有绵羊夏伯特线虫（*C. ovina*）和叶氏夏伯特线虫（*C. erschowi*）（图6-10）。虫卵椭圆形，灰白或无色，壳较厚，含10多个胚细胞。虫卵大小为（83～110）$\mu m \times$（47～59）μm。

② 毛尾目（Trichurata）　　　　　　　毛尾科（Trichuridae）

毛尾属（*Trichuris*），寄生于盲肠。虫体呈乳白色，前部细长呈毛发状，后部短粗，虫体粗细过渡突然，外形似鞭，又称为鞭虫。雄虫尾部蜷曲，有1根交合刺，有交合刺鞘。雌虫尾部稍弯曲，后端钝圆，阴门位于粗细交界处（图6-11）。虫卵呈褐色或棕色，壳厚，两端具塞，呈腰鼓状。虫卵大小为（70～75）$\mu m \times$（31～35）μm。

图6-10　绵羊夏伯特线虫前部

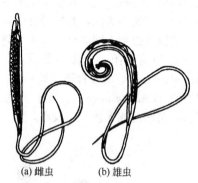

图6-11　绵羊毛尾线虫

(2) 生活史　牛、羊消化道线虫的发育过程基本相似。毛尾线虫的感染期为感染性虫卵，其余消化道线虫的感染期均为感染性幼虫（第3期幼虫）。均属直接发育型。

感染途径：消化道线虫均经口感染。但仰口线虫亦可经皮肤感染，而且幼虫发育率可达80%以上，而经口感染时，发育率仅为10%左右。

发育过程：毛圆科线虫产出的虫卵随粪便排出体外，在适宜的条件下，约需1周，逸出的幼虫经2次蜕皮发育为感染性幼虫。幼虫移动到牧草的茎叶上，牛、羊吃草或饮水时吞食而感染，幼虫在皱胃或小肠黏膜内进行第3次蜕皮，第4期幼虫返回皱胃和肠腔，附着在黏膜上进行最后1次蜕皮，逐渐发育为成虫（图6-12）。

仰口线虫经皮肤感染后，幼虫进入血液循环到达肺脏，进入肺泡进行第3次蜕皮发育为第4期幼虫，再移行至支气管、气管、咽，被咽下后进入小肠，进行第4次蜕皮发育为第5期幼虫，最后发育为成虫。此过程需50～60天。

食道口线虫的感染性幼虫感染牛、羊后，大部分幼虫钻入结肠固有层形成结节，在其中进行第3次蜕皮变为第4期幼虫，再返回结肠中经第4次蜕皮发育为第5期幼虫，最后发育为成虫。幼虫在结节内停留的时间，与牛、羊的年龄和抵抗力有关，短则6～8天，长则1～3个月或更长，甚至不能发育为成虫。微管食道口线虫很少造成肠壁结节。

图6-12　毛圆科线虫生活史

毛尾线虫的虫卵随粪便排出体外，在适宜的条件下经2周或数月发育为感染性虫卵，牛、羊经口感染后，卵内幼虫在肠道孵出，以细长的头部固着在肠壁内，约经12周发育为成虫。

2. 流行病学

虫卵和幼虫在发育过程中与温度和湿度的关系极为密切。

捻转血矛线虫比其他毛圆科线虫产卵多。虫卵的最适发育温度为22℃。第一期幼虫经两次蜕皮，需3.5～4天发育为第3期幼虫。从虫卵发育到第3期幼虫，所需要的时间为：11℃时需15～20天，37℃时需3～4天。食道口线虫卵在低于9℃时不能发育，高于35℃时停止发育。仰口线虫卵在潮湿的环境下有利于发育，当温度在12～24℃时，卵发育为幼虫需9～11天，31℃时只需4天，最适发育温度为24～31℃。

第3期幼虫很活跃，虽不采食，但在外界可以长时间保持其生命力。可抵抗干燥、低温和高温等不利因素的影响；许多种线虫在牧场可越冬。在一般情况下，第3期幼虫可生存3个月。牛、羊粪和土壤是幼虫的隐蔽所，感染性幼虫有背地性和向光性反应，在温度、湿度和光照适宜时，幼虫就从牛、羊粪或土壤中爬到牧草上；环境不利时又回到土壤中隐蔽，故牧草受幼虫污染时，土壤为主要来源。

羔羊和犊牛对多数线虫易感，但食道口线虫往往对3月龄以内的羔羊和犊牛感染力低。

牛、羊消化道线虫，因虫种不同，其感染性幼虫对外界环境因素抵抗力也有差异，因此具有一定的地区性。细颈线虫病、马歇尔线虫病、奥斯特线虫病和夏伯特线虫病一般在高寒地带多发，而血矛线虫病、仰口线虫病和食道口线虫病在气候比较温暖的地区较为多见。

春季高潮是指每年春季（4～5月份）牛、羊消化道线虫病发病出现高峰期。我国许多地区有此现象，尤其以西北地区明显。关于春季高潮来源说法不一。有学者认为来自牧草上的幼虫，有的学者认为来自羊真胃黏膜内休眠越冬的幼虫，但主要归结为两点：一是可以越冬的感染性幼虫，致使牛、羊春季放牧后很快获得感染；二是牛、羊当年感染时，由于牧草充足，抵抗力强，使体内的幼虫发育受阻，而当冬末春初，草料不足，抵抗力下降时，幼虫开始活跃发育，至春季4～5月份，其成虫数量在体内迅速达到高峰，即"成虫高潮"，牛、羊发病数量剧增。

3. 临床症状

牛、羊经常混合感染多种消化道线虫，而多数线虫以吸食血液为生，因此，引起宿主贫血，虫体的毒素作用干扰宿主的造血功能或抑制红细胞的生成，使贫血加重。虫体的机械性刺激，使胃、肠组织损伤，消化、吸收功能降低。表现高度营养不良，渐进性消瘦，贫血，可视黏膜苍白，下颌及腹下水肿，腹泻或顽固性下痢，有时便中带血，有时便秘与腹泻交替，精神沉郁，食欲不振，可因衰竭而死亡。尤其羔羊和犊牛发育受阻，死亡率高。死亡多发生在"春季高潮"时期。

4. 病理变化

尸体消瘦、贫血、水肿。幼虫移行经过的器官出现淤血性出血和小出血点。胃、肠黏膜发炎、有出血点，肠内容物呈褐色或血红色。食道口线虫可引起肠壁结节，新结节中常有幼虫。在胃、肠道内发现大量虫体。

5. 诊断

应根据流行病学、临诊症状、粪便检查和剖检发现虫体进行综合诊断。粪便检查用漂浮法。因牛、羊带虫现象极为普遍，故发现大量虫卵时才能确诊。

6. 防治

（1）预防措施　应根据流行病学特点制订综合性预防措施。

① 定期驱虫　一般应在春秋两季各进行1次驱虫。北方地区可在冬末、春初进行驱虫，可有效防止"春季高潮"。

② 粪便处理　对计划性驱虫和治疗性驱虫后排出的粪便应及时清理，进行发酵，以杀死其中的病原体，消除感染源。

③ 提高机体抵抗力　注意饲料、饮水清洁卫生，尤其在冬、春季，牛、羊要合理地补充精

料、矿物质、多种维生素，以增强抗病力。

④ 科学放牧　放牧牛、羊尽量避开潮湿地及幼虫活跃时间，以减少感染机会。有条件的地方实行划区轮牧或畜种间轮牧。

(2) 治疗　对重症病例，应配合对症、支持疗法。

① 左咪唑　牛、羊用量为 6～10mg/kg 体重，一次经口给予，奶牛、奶羊休药期不得少于 3 天。

② 丙硫咪唑　牛、羊用量为 10～15mg/kg 体重，一次经口给予。

③ 甲苯咪唑　牛、羊用量为 10～15mg/kg 体重，一次经口给予。

④ 伊维菌素或阿维菌素　牛、羊用量为 0.2mg/kg 体重，一次经口给予或皮下注射。

五、类圆线虫病

类圆线虫病是由小杆科类圆属的兰氏类圆线虫寄生于猪小肠黏膜内引起的疾病。又称为"杆虫病"。主要特征为严重的肠炎，消瘦，生长迟缓，甚至大批死亡。

1. 病原学

(1) 形态构造　兰氏类圆线虫（*Strongyloides ransomi*），不同的生殖阶段其形态各异。

寄生性雌虫细小，呈乳白色。长 2～2.5mm。口具有 4 个不明显的唇片，口囊小，食管细长，为体长的 1/5～1/3；阴门位于体中 1/3 与后 1/3 交界处，阴门为两片小唇，稍向外突出。

自由生活的雌虫，长 1～1.5mm。头端有 2 个侧唇，每唇顶端又分 3 个小唇；食管为杆状型；生殖器官为双管型；阴门位于体中 1/3 处，具 2 片小唇，稍向外突出；尾端尖细。

自由生活的雄虫，长 0.7～0.8mm。食管长，尾部尖细、向腹面弯曲，有 1 对等长的交合刺；引器呈匙状。

虫卵较小，呈椭圆形，卵壳薄而透明，内含幼虫。营寄生生活雌虫产出的虫卵大小为 $53\mu m \times 32\mu m$；营自由生活雌虫产出的虫卵大小为 $70\mu m \times 40\mu m$。

(2) 生活史

① 发育过程　成虫的生殖方式为孤雌生殖，猪体内只有雌虫寄生。

虫卵随猪的粪便排出体外，在外界很快孵化出第 1 期幼虫（杆虫型幼虫）。当外界环境条件不适宜时，第 1 期幼虫进行直接发育，发育为感染性幼虫（丝虫型幼虫）；当外界环境条件适宜时，第 1 期幼虫进行间接发育，成为营自由生活的雌虫和雄虫，雌、雄虫交配后，雌虫产出含有杆虫型幼虫的虫卵，幼虫在外界孵出，根据条件而进行直接发育或间接发育，重复上述过程。

感染性幼虫经皮肤钻入或被吃入使猪感染。经皮肤钻入时，幼虫直接侵入血管；当被吃入时，幼虫从胃黏膜钻入血管。幼虫进入血液循环后，经心脏、肺脏到咽，被咽下到小肠发育为雌性成虫。

② 发育时间　在外界环境中的虫卵孵化出第 1 期幼虫需 12～18h；从皮肤侵入猪体内的感染性幼虫发育为成虫需 6～10 天，经口感染时需 14 天。

2. 流行病学

类圆线虫幼虫不带鞘，对外界环境比较敏感，温暖和潮湿的环境有利于其发育和存活，因此本病在温度潮湿的夏季比较流行。类圆线虫主要侵害仔猪，1 月龄左右感染最严重，2～3 月龄后逐渐减少。幼猪可以从母乳、皮肤、胎盘或口腔获得感染。经口感染的第 3 期幼虫在胃中会被胃液杀灭，皮肤感染是主要的感染途径，在感染后 6～10 天发育为成虫；仔猪也可经初乳感染，母猪初乳中的幼虫与第 3 期幼虫在生理上不同，可经胃到小肠，14 天即可发育为成虫。哺乳仔猪还可经胎盘感染，即母体内的幼虫在妊娠后期的胎儿组织中聚集，仔猪出生后迅速移行到小肠中发育为成虫。

3. 临床症状

本病主要侵害仔猪。幼虫移行引起肺炎时体温升高。病猪消瘦，贫血，呕吐，腹痛，最后多因极度衰竭而死亡。少量寄生时不显症状，但影响生长发育。

4. 病理变化

幼虫穿过皮肤移行时，常引起湿疹（仔猪）、支气管炎、肺炎和胸膜炎。仔猪寄生强度大时，小肠充血、出血和出现溃疡。

5. 诊断

根据流行病学、临诊症状、粪便检查等综合诊断。粪便检查用漂浮法，发现大量虫卵时才能确诊。也可用幼虫检查法。剖检发现虫体可确诊。

6. 防治

（1）预防措施　猪舍及运动场应保持清洁、干燥、通风，避免阴暗潮湿；妊娠母猪和哺乳母猪及时驱虫，以防止感染幼猪；及时清扫粪便，堆积在固定场所发酵；幼猪、母猪、病猪和健康猪均应分开饲养。

（2）治疗　参照猪蛔虫病。

六、后圆线虫病

后圆线虫病是由后圆科后圆属的多种线虫寄生于猪支气管、细支气管和肺泡所引起的疾病。又称为"肺线虫病"。主要特征为危害仔猪，引起支气管炎和支气管肺炎，严重时可造成大批死亡。

1. 病原学

（1）形态构造　猪后圆线虫（*Metastrongylus* spp.）又称猪肺线虫。虫体呈乳白色或灰色，口囊很小，口缘有1对分3叶的侧唇。雄虫交合伞有一定程度的退化，有1对细长的交合刺。雌虫两条子宫并列，至后部合为阴道，阴门紧靠肛门，前方覆角质盖，虫体后端有时弯向腹侧。卵胎生。常见的病原体如下。

① 长刺后圆线虫（*M. elongatus*）又称野猪后圆线虫（*M. apri*）。雄虫大小为（14~26）mm×（0.12~0.22）mm，交合刺较长，为3.8~5.5mm，呈丝状，末端有单钩，无导刺带。雌虫大小为（28~50）mm×（0.28~0.45）mm，阴道长，为2.18mm，尾端稍弯向腹面（图6-13）。虫卵呈钝椭圆形，壳厚，表面不光滑。排出时已含有发育成形的幼虫盘曲在内。虫卵大小为（45~54）μm×（32~44）μm。

② 复阴后圆线虫（*M. pudendotectus*）雄虫长16~18mm，交合伞较大，交合刺末端有双钩，有导刺带。雌虫长20~40mm，阴道短，为0.5mm，尾直，有较大的角质膨大覆盖肛门和阴门。虫卵大小为（50~64）μm×（35~43）μm。

③ 萨氏后圆线虫（*M. salmi*）雄虫长15~18mm，交合刺长，末端有单钩，有导刺带。雌虫长30~45mm，阴道较长，为1.5mm，尾端稍弯向腹面（图6-14）。虫卵大小为（40~55）μm×

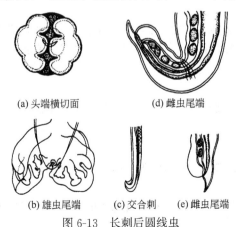

(a) 头端横切面　(d) 雌虫尾端
(b) 雄虫尾端　(c) 交合刺　(e) 雌虫尾端
图6-13　长刺后圆线虫

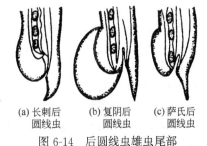

(a) 长刺后　(b) 复阴后　(c) 萨氏后
圆线虫　　圆线虫　　圆线虫
图6-14　后圆线虫雄虫尾部

(33~41)μm。

(2) 生活史

① 中间宿主　蚯蚓。

② 终末宿主　野猪后圆线虫除寄生于猪和野猪外，偶见于羊、鹿、牛和其他反刍动物，亦偶见于人。复阴后圆线虫和萨氏后圆线虫寄生于猪和野猪。

③ 发育过程　雌虫在宿主支气管内产卵，虫卵随唾液转至口腔被咽下，再经消化道随粪便排到外界。虫卵在潮湿的土壤中，可因吸收水分，卵壳膨大而破裂，孵出第1期幼虫。蚯蚓吞食了第1期幼虫或虫卵（第1期幼虫在其体内孵化），经2次蜕化变为感染性幼虫，随蚯蚓粪便排至土壤中。蚯蚓受伤时幼虫也可经伤口逸出。猪吞食了蚯蚓或土壤中的感染性幼虫而感染，幼虫在小肠逸出钻入肠壁，沿淋巴系统进入肠系膜淋巴结，在此蜕化变为第4期幼虫，然后沿淋巴进入循环系统，随血流至心脏和肺脏，穿过肺泡进入支气管，再蜕化变为第5期幼虫，进而发育为成虫（图6-15）。

图6-15　后圆线虫生活史

④ 发育时间　进入蚯蚓体内的第1期幼虫发育为感染性幼虫约需10天；进入猪体内的感染性幼虫发育为成虫需25~35天。

⑤ 成虫寿命　一般可生存1年左右。

2. 流行病学

后圆线虫的虫卵和第1期幼虫对外界的抵抗力较强，在外界可生存6个月以上。感染性幼虫可在蚯蚓体内长期保持感染性。本病分布很广，尤其是野猪后圆线虫病遍布各地。猪的发病季节与蚯蚓的活动季节是一致的，一般在夏秋季发生感染。后圆线虫感染主要发生于6~12月龄的散养猪。

3. 临床症状

轻度感染时症状不明显，但影响猪的生长。严重感染时，猪发育不良，阵发性咳嗽，尤其在早晚运动或遇冷空气刺激时，咳嗽尤为剧烈；被毛干燥、无光泽，鼻孔内有脓性黏稠液体流出，呼吸困难。病程长者常形成僵猪。有的在胸下、四肢和眼睑部呈现水肿。严重病例发生呕吐、腹泻，最后因极度衰竭而死亡。

4. 病理变化

眼观病变常不显著。严重感染时在肺膈叶腹面边缘有楔状气肿区，支气管增厚、扩张，靠近气肿区有坚实的灰色小结，小支气管周围呈淋巴样组织增生和肌纤维状肥大，支气管内有虫体和黏液。

5. 诊断

根据流行病学、临诊症状和粪便检查综合确诊。粪便检查用漂浮法。只有检出大量虫卵时才能认定。

6. 防治

(1) 预防措施　在流行地区，春、秋各进行1次驱虫；猪实行圈养，防止采食蚯蚓；及时清除粪便，进行生物热发酵。

(2) 治疗　可用丙硫咪唑、苯硫咪唑或伊维菌素等药物驱虫。对出现肺炎的猪，应采用抗生素治疗，防止继发感染。

七、胃线虫病

猪胃线虫病是由似蛔科似蛔属、泡首属、西蒙属及颚口科颚口属的多种线虫寄生于猪胃内所引起疾病的总称。主要特征为急、慢性胃炎及胃炎后继发的代谢紊乱。

1. 病原学

（1）形态构造　主要有6种。

① 圆形似蛔线虫（*Ascarops strongylina*）　属于似蛔属。虫体咽壁上有3或4叠的螺旋形角质厚纹，在虫体左侧有1个颈翼膜。雄虫长10～15mm，右侧尾翼膜大，有4对肛前乳突和1对肛后乳突，均不对称，交合刺大小和形状均不相同。雌虫长16～22mm，阴门位于虫体中部稍前方。虫卵呈椭圆形，淡黄色，卵壳厚，内含幼虫。虫卵大小为（34～39）μm×（15～20）μm。

② 有齿似蛔线虫（*Ascarops dentata*）　属于似蛔属。该种比前一种大，雄虫体长约25mm，雌虫体长约55mm。口囊前部有1对齿。

③ 六翼泡首线虫（*Physocephalus sexalatus*）　属于泡首属。虫体前部（咽区）角皮略微膨大，其后每侧有3个颈翼膜，颈乳突的位置不对称，口小，无齿。雄虫长61mm，尾翼膜窄且对称，有肛前乳突和肛后乳突各4对，交合刺不等长。雌虫长13～22mm，阴门位于虫体中部后方。

④ 奇异西蒙线虫（*Simondsia paradosa*）　属于西蒙属。雌雄异形。虫体有1对颈翼，口腔有背齿和腹齿各1个。雄虫长12～15mm，尾部呈螺旋状蜷曲，游离于胃腔或部分埋入胃黏膜中。孕卵雌虫长15mm，后部呈球形，嵌于胃壁中的囊内，前部纤细突出于胃腔。

⑤ 棘颚口线虫（*Gnathostoma hispidum*）　属于颚口属。活体呈淡红色，表皮菲薄，可透见体内的白色生殖器官。头端呈球形膨大，其上有11列横列的小棘；全身均有小棘排成环，体前部的棘较大，呈三角形，排列较稀疏，体后部的棘较细，形如针状，排列较密。雄虫长15～25mm，有1对不等长的交合刺（图6-16）。雌虫长22～45mm。虫卵呈椭圆形，黄褐色，表面颗粒状，一端有帽状结构。虫卵大小为72μm×41μm。

⑥ 陶氏颚口线虫（*G. doloresi*）　属于颚口属。虫体头球膨大呈黄褐色，其上生有8～10列小棘，前部头棘小于后部；口孔在头部顶端，两侧各有明显的3叶唇瓣，每一唇瓣各有1对唇乳突。虫体全身密布体棘，仅前端的体棘分齿。雄虫后部稍向腹面弯曲，交合刺末端钝圆，不等长。雌虫阴门位于虫体腹面中部稍后方。虫卵呈椭圆形，大小为64μm×30μm，两端各有1个透明帽状突起。

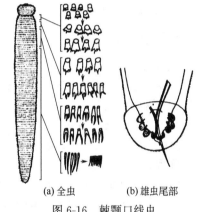

(a) 全虫　　(b) 雄虫尾部

图6-16　棘颚口线虫

（2）生活史

① 中间宿主　似蛔科线虫的中间宿主为食粪甲虫；颚口科线虫的中间宿主为剑水蚤，鱼类、蛙或爬行动物可作为贮藏宿主。

② 发育过程　虫卵随猪的粪便排至外界，被中间宿主吞食后发育为感染性幼虫。猪采食中间宿主而感染，幼虫钻入胃黏膜内发育为成虫。

当含有感染性幼虫的中间宿主被不适宜的宿主采食后，幼虫可在其体内形成包囊，猪也可因采食这些宿主而感染。

③ 发育时间　圆形似蛔线虫在中间宿主体内的幼虫发育为感染性幼虫需20天，六翼泡首线虫需36天，颚口线虫需7～17天。在猪体内的感染性幼虫发育为成虫约为6个月。

2. 流行病学

（1）感染源　患病或带虫猪，虫卵存在于粪便中。

(2) 感染途径　终末宿主经口感染。
(3) 易感动物　猪易感。
(4) 流行特点　主要发生于南方散养猪。

3. 临床症状
轻度感染时不显症状。严重感染时，病猪呈慢性或急性胃炎症状，表现食欲不振，渴欲增加，严重者呕吐，营养障碍，生长发育受阻，可引起死亡。

4. 病理变化
成虫以其头部深入胃壁中，形成空腔，内含淡红色液体，周围组织红肿、发炎，黏膜显著肥厚，可形成局灶性溃疡。

5. 诊断
根据流行病学、临诊症状、粪便检查和剖检综合诊断。

6. 防治
(1) 预防措施　每日清扫粪便，并进行无害化处理；定期驱虫；防止猪吃到中间宿主和贮藏宿主。
(2) 治疗
① 敌百虫　按100mg/kg体重，一次内服。
② 丙硫咪唑　驱泡首线虫按用量为5mg/kg体重，驱似蛔线虫按用量为60mg/kg体重，驱颚口线虫按20mg/kg体重，均为一次经口给予。
还可选用左咪唑、氯氰碘柳胺钠等。

案例分析

【案例】
黑龙江省某肉羊屠宰场检疫时发现，在发病羊群中屠宰87只，其中62只真胃内检出捻转血矛线虫，感染率71%。对该羊群剩余的150只大羊应用阿丙二合一乳悬剂，每只大羊3ml经口给予，间隔15天后，屠宰其中20只肉羊，均未发现胃内有虫体。[摘自苏风琴等．羊捻转血矛线虫病的诊断与防治．中国兽医寄生虫病，2005，13（3）：5]

分析：
1. 羊捻转血矛线虫病在我国草地牧区普遍流行，可引起羊贫血、消瘦、慢性消耗性症状，并可引起死亡，给养羊业带来严重损失。本案例再次证明，该病对我国养羊业危害严重。
2. 本病流行季节性强，高发季节开始于4月青草萌发时，5～6月达高峰，随后呈下降趋势，但在多雨、气温闷热的8～10月也易暴发。所以，在春秋两季分别对羊进行一次预防性驱虫，能有效预防和控制本病的流行。
3. 每只大羊经口给予3ml阿丙二合一乳悬剂，对该病有很好的治疗效果。

知识链接

一、犬、猫蛔虫病
犬、猫蛔虫病是由弓首科弓首属、蛔科弓蛔属的蛔虫寄生于犬、猫小肠内引起的疾病。主要为犬弓首蛔虫。主要特征为幼犬和幼猫发育不良、生长缓慢。

1. 病原形态构造
犬弓首蛔虫（*Toxocara canis*），属于弓首属。头端有3片唇，虫体前端两侧有向后延展的颈翼膜，食管通过小胃与肠管相连。雄虫长5～11cm，尾端弯曲，有1小锥突，有尾翼；交合刺不等长，无引器。雌虫长9～18cm，尾端直，阴门开口于虫体前半部。虫卵呈亚球形，卵壳厚，表面有许多点状凹陷。虫卵大小为（68～85）μm×（64～72）μm。

猫弓首蛔虫（T. cati），属于弓首属。外形与犬弓首蛔虫近似，颈翼前窄后宽。雄虫长3～6cm，尾部有指状突起。雌虫长4～10cm。虫卵与犬弓首蛔虫卵相似，大小为65μm×70μm。

狮弓蛔虫（Toxascaris leonina），属于弓蛔属。头端向背侧弯曲，颈翼中间宽，两端窄，使头端呈矛尖形，无小胃（图6-17）。雄虫长3～7cm，雌虫长3～10cm，阴门开口于虫体前1/3处。虫卵呈钝椭圆形，壳厚且光滑。虫卵大小为(74～86)μm×(49～61)μm。

2.生活史

发育过程：犬弓首蛔虫虫卵随犬的粪便排出体外，在适宜的条件下发育为感染性虫卵，幼犬吞食后在肠内孵出幼虫，进入血液循环经肝、肺移行，到达咽后重返小肠发育为成虫。成年母犬感染后，幼虫随血流到达各器官组织中形成包囊，但不进一步发育。母犬怀孕后，幼虫经胎盘或以后经母乳感染犬胎，犬在出生后23～40天内小肠中已有成虫。感染性虫卵如被贮藏宿主吞入，在其体内形成含有第3期幼虫的包囊，犬摄入贮藏宿主后感染。

猫弓首蛔虫移行途径与犬弓首蛔虫相似，亦可经母乳感染。

(a) 猫弓首蛔虫　　(c) 犬弓首蛔虫　　(e) 狮弓蛔虫

(b) 猫弓首蛔虫　　(d) 犬弓首蛔虫　　(f) 狮弓蛔虫

图6-17　肉食动物蛔虫前部及头端

狮弓蛔虫生活史简单。宿主吞食了感染性虫卵后，逸出的幼虫钻入肠壁内发育，其后返回肠腔，经3～4周发育为成虫。

3.流行病学

(1) 感染来源　患病或带虫犬、猫，虫卵存在于粪便中。怀孕母犬器官组织中的幼虫，可抵抗驱虫药物的作用，而成为幼犬的重要感染来源。

(2) 感染途径　经口感染，亦可经胎盘或母乳感染。

(3) 贮藏宿主　犬弓首蛔虫的贮藏宿主为啮齿类动物。猫弓首蛔虫的贮藏宿主为蚯蚓、蟑螂、一些鸟类和啮齿类动物。狮弓蛔虫的贮藏宿主多为啮齿类动物、食虫目动物和小的肉食动物。

(4) 年龄动态　主要发生于6月龄以下幼犬，成年犬则很少发生。

(5) 繁殖力　繁殖力极强，每条犬弓首蛔虫雌虫每天随每克粪便可排出700个虫卵。

(6) 抵抗力　虫卵对外界环境的抵抗力非常强，在土壤中可存活数年。

4.主要症状与病理变化

幼虫移行时引起腹膜炎、肝炎和蛔虫性肺炎。在肺脏移行时出现咳嗽，呼吸加快，有泡沫状鼻漏，重者死亡。成虫寄生时刺激肠道可引起卡他性肠炎和黏膜出血，表现为胃肠功能紊乱，呕吐，腹泻或与便秘交替出现，贫血，神经症状，生长缓慢，被毛粗乱。虫体大量寄生时可引起肠阻塞，亦可导致肠破裂、腹膜炎而死亡。当宿主发热、怀孕、饥饿、饲料成分发生改变或有应激反应时，虫体可能窜入胃、胆管或胰管。

5.诊断

根据临诊症状、呕吐物和粪便中混有虫体，结合粪便检查可确诊。粪便检查用漂浮法。

6.防治

(1) 预防措施　对犬、猫定期驱虫，母犬在怀孕后第40天至产后14天驱虫，以减少围产期感染；幼犬在2周龄首次驱虫，2周后再次驱虫，2月龄时第3次驱虫；哺乳期母犬与幼犬同时驱虫；犬、猫避免吃入贮藏宿主。

(2) 治疗　常用驱线虫药均有效。可选用以下药物。

① 芬苯哒唑　用量为50mg/kg体重，每天一次，连喂3天。

② 哌嗪盐　用量为 40～65mg/kg 体重（指含哌嗪的量），一次经口给予。
③ 左咪唑　用量为 10mg/kg 体重，一次内服。
④ 伊维菌素　用量为 0.2～0.3mg/kg 体重，皮下注射或经口给予。有柯利血统的犬禁用。

二、网上冲浪

1. 中国农业科学院兰州兽医研究所：http://www.chvst.com
2. 中国兽药信息网：http://www.ivdc.gov.cn
3. 三农在线：http://www.farmer.com.cn

复习思考题

一、简答题

1. 简述线虫的形态构造特征。
2. 简述线虫的生活史及其类型。
3. 简述畜禽蛔虫病病原体形态特征、发育特性、治疗及防治措施。

二、综合分析题

1. 调查当地有哪些寄生性线虫，并分析主要线虫的鉴别要点及发育特性（可列表说明）。
2. 拟定当地主要动物线虫病的治疗方案，制订常规性综合性防治措施。

第七章 绦虫病的诊断与防治技术

知识目标

1. 了解绦虫的分类，掌握绦虫一般形态结构及其生活史。
2. 了解我国畜禽生产危害较大的绦虫病的种类，掌握当地主要绦虫病的临床症状。
3. 掌握动物主要绦虫病的诊断方法与防治措施。

能力目标

1. 能通过观察绦虫的卵、节片和虫体的形态结构，鉴别绦虫的种类。
2. 能对动物常见绦虫病进行诊断，并能采取有效措施进行防治。

指南针

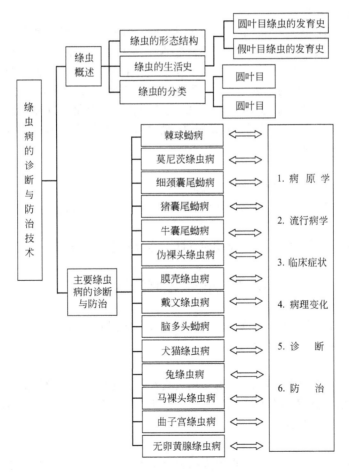

绦虫病是由扁形动物门、绦虫纲的多节绦虫亚纲所属的各种寄生性绦虫寄生于动物和人体内

而引起的一类蠕虫病。其中只有圆叶目和假叶目绦虫对畜禽和人具有感染性，绦虫的成虫和绦虫蚴均可致人畜严重的疾患。

第一节 绦虫概述

绦虫又称带虫，属于扁形动物门、绦虫纲的多节绦虫亚纲，该纲绦虫全部营寄生生活。绦虫和其他扁形动物一样，缺乏体腔。绦虫的成虫绝大多数寄生在脊椎动物的消化道中。生活史均需1~2个中间宿主，但个别的无需中间宿主。在中间宿主中的各期称为中绦期，有不同的类型。

一、绦虫的形态结构

1. 一般形态

成虫呈背腹扁平的带状，大多分节。为白色或乳白色，不透明，虫体大小有很大差异，小的仅有几毫米，大的可达10m以上，最长可达25m以上。雌雄同体。虫体从前至后分为头节（Scolex）、颈节（Neck）与体节（Strobila）三部分。

（1）头节 细小，位于虫体前端，为固着器官，绦虫依靠头节固着在宿主肠壁上。一般分为三种类型，即吸盘型、吸槽型和吸叶型。吸盘型头节多呈球形，具有四个圆形吸盘，对称地排列在头节的四面，有的绦虫头节顶端中央有顶突，其上有一排或数排小钩；吸槽型头节呈梭形，在背腹面各具有一向内凹入的沟样吸槽；吸叶型具有四个长形叶状的吸着器官，分别附在可弯曲的小柄上或直接长在头节上。

（2）颈节 短而较纤细，不分节，具有生发功能，体节的节片均由颈节从前向后生长而成。

（3）体节 颈部以后是分节的体节（又称链体）。是虫体最显著部分，由3~4个节片至数千个节片组成，越往后越宽大。根据发育程度不同分成三个部分，靠近颈部的节片较细小，其内的生殖器官尚未发育成熟，称为未成熟节片（简称幼节）；其后的节片较大，已形成两性生殖器官，故称为成熟节片（简称成节）；最后部分节片的生殖器官萎缩退化，只有充满虫卵的子宫，故称为孕卵节片（简称孕节）。末端的孕节可从链体上脱落，新的节片又不断从颈部长出，这样就使绦虫得以始终保持一定的长度。

2. 体壁

绦虫无体腔，体壁分为两层，即皮层和肌层（皮下层）。体表为皮层，其下为肌层，肌层由环肌、纵肌、少量的斜肌组成，在节片成熟后，节片间的肌纤维会逐渐退化，因而孕节能自链体脱落。

皮层外表面具有无数微小的指状细胞质突起，称微绒毛（Microthrix），其末端呈尖棘状。微毛遍被整个虫体，包括吸盘表面。

绦虫没有消化系统，通过体表的渗透作用吸收营养物质。

3. 实质

绦虫无体腔，由体壁围成一个囊状结构，称为皮肤肌肉囊（简称皮肌囊），皮肌囊内充满海绵样的实质，各器官均埋藏于实质内。

4. 消化系统

无口和消化道。靠体壁微绒毛的渗透作用吸收营养。而且绒毛尖端能擦伤宿主肠黏膜上皮细胞，从而使高浓度且富有营养的肠上皮细胞胞浆渗出在虫体周围。另外，绒毛还具有吸附能力，可防止虫体被宿主从消化道排出。

5. 神经系统

神经中枢在头节中，自中枢发出两条大的和几条小的纵神经干，贯穿于各个链节，直达虫体后端。

6. 排泄系统

由若干焰细胞和与其相连的四根纵行的排泄管组成，排泄管贯穿链体，每侧有背、腹两条，腹面的较粗大。排泄系统起始于焰细胞，由焰细胞发出来的细管汇集成为较大的排泄管，与虫体两侧的纵排泄管相连，纵排泄管与每一体节后缘的横管相通，在最后体节后缘中部有一个总排泄孔通向体外。

7. 生殖系统

绦虫多为雌雄同体，每个节片中都具有雄性和雌性生殖系统各一组或两组。

（1）雄性生殖器官　有一个至数百个圆形或椭圆形的睾丸，连接着输出管，输出管再互相连接成网状，在节片中央部附近汇合成输精管，输精管曲折向节片边缘，并有两个膨大部：一个在雄茎囊外，称为外贮精囊；另一个在雄茎囊内，称为内贮精囊。输精管末端为射精管和雄茎，雄茎可自生殖腔伸出体节边缘，向生殖腔开口，生殖腔在边缘开口处为生殖孔。内贮精囊、射精管、前列腺及雄茎的大部分均包含在圆形的雄茎囊内。

（2）雌性生殖器官　卵模处在雌性生殖器官的中心位置。卵巢在节片的后半部，一般呈两瓣状，均为许多细胞组成，各细胞有小管，最后汇合成一支输卵管通入卵模。阴道的膨大部分为受精囊，近端通入卵模，远端开口于生殖腔的雄茎下方。卵黄腺分为两叶或一叶，位于卵巢附近（圆叶目），或成泡状散在（假叶目），由卵黄管通向卵模。圆叶目绦虫的子宫一般为盲囊状，无子宫孔，故虫卵不能自动排出，随着其内虫卵的增多和发育而膨大，或向两侧分支几乎占满整个节片，等到孕卵节片脱落破裂时才散出虫卵。而假叶目绦虫子宫有子宫孔通向体外，成熟的虫卵可由子宫孔排出，故子宫不如圆叶目绦虫的子宫发达，成节和孕节结构相似（图 7-1）。

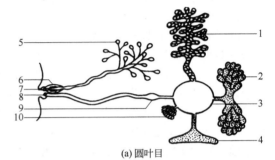

(a) 圆叶目
1—子宫；2—卵巢；3—卵模；4—卵黄腺；5—睾丸；6—雄茎囊；
7—雌性生殖孔；8—雄性生殖孔；9—受精囊；10—梅氏腺

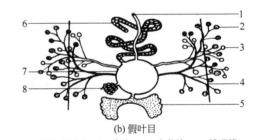

(b) 假叶目
1—雌性生殖孔；2—睾丸；3—卵黄腺；4—排泄管；
5—卵巢；6—子宫；7—卵模；8—梅氏腺

图 7-1　绦虫生殖系统构造模式图

圆叶目绦虫节片受精后，雄性生殖系统逐渐萎缩直至消失，而雌性生殖系统则加快发育，最终充满虫卵的子宫占有整个节片，而雌性器官的其他部分逐渐萎缩，直至消失，此即成为孕节。

二、绦虫的生活史

绦虫成虫多寄生在脊椎动物的消化道中，多数绦虫的发育都需要一个或两个中间宿主，才能完成其整个生活史。绦虫的发育过程经虫卵、中绦期（绦虫蚴期）、成虫期三个阶段。在中间宿主体内发育的时期称为中绦期，各种绦虫的中绦期结构和名称不同。

1. 圆叶目绦虫的发育史

圆叶目绦虫生活史只需一个中间宿主，个别种类甚至可以无需中间宿主。圆叶目绦虫成虫寄生于终末宿主的小肠内，孕卵节片（或孕卵节片先已破裂释放出虫卵）随粪便排出体外，被中间宿主吞食后，卵内六钩蚴（具有三对小钩的胚胎）逸出，然后钻入宿主肠壁，随血流到达组织内，发育成各种中绦期幼虫。如果以哺乳动物作为中间宿主，在其体内发育为囊尾蚴、多头蚴、棘球蚴等类型的幼虫；如果以节肢动物和软体动物等无脊椎动物作为中间宿主，则发育为似囊尾蚴。以上各种类型的中绦期幼虫被各自固有的终末宿主吞食后，在肠道内受胆汁的刺激才能翻出头节或脱囊，逐渐发育为成虫。成虫在终末宿主体内存活的时间随种类而不同，从几天到几周，甚至长达几十年。

圆叶目绦虫卵的发育是在成虫体内进行的。卵内有已在母体内发育成熟的六钩蚴。卵呈圆形，无卵盖。卵壳脆弱，多在未离母体前脱落。圆叶目绦虫无子宫孔，虫卵必须待孕节自链体脱落后，由于孕节的活动挤压或破裂才得以散出。

圆叶目绦虫的中绦期有似囊尾蚴和囊尾蚴两种类型。似囊尾蚴前端为一个含有凹入头节的双层囊状体，后部则是实心的带小钩的尾状结构。囊尾蚴俗称囊虫，是半透明的囊体，其中充满囊液，囊壁上有一个向内翻转的头节；有的囊内有多个似头样的原头蚴，称多头蚴；还有的囊内有无数生发囊，每个生发囊内有许多原头蚴，称棘球蚴；此外，还有链状囊尾蚴，其头节在体前端，小囊泡在体末端，头节与囊泡间是长且分节但无性器官的链体。多头蚴、棘球蚴、链状囊尾蚴结构与囊尾蚴相似，故归在囊尾蚴里。

2. 假叶目绦虫的发育史

假叶目绦虫的生活史中需要两个中间宿主。假叶目绦虫的虫卵随宿主粪便排出体外后，必须进入水中才能继续发育，孵出的幼虫亦有3对小钩，但体外被有一层纤毛，能在水中游动，称为钩毛蚴或钩球蚴。钩球蚴被第一中间宿主（甲壳纲昆虫）如剑水蚤吞食后，在其体内发育成原尾蚴；含有原尾蚴的剑水蚤被第二中间宿主（鱼、蛙、蝌蚪等）吞食后，在第二中间宿主体内，由原尾蚴继续发育为实尾蚴（或称裂头蚴）。成熟的裂头蚴被终末宿主吞食后，在胃肠道内经消化液作用，蚴体逸出，头节外翻，并用附着器官吸附在肠壁上，发育成成虫。

假叶目虫卵与吸虫卵相似，呈椭圆形，卵壳厚，一端有卵盖，新排出卵内充满卵黄细胞，胚细胞团无六钩蚴，在外界水中经过发育，变为有3对小钩的钩毛蚴（胚膜上密布纤毛）（图7-2）。

假叶目绦虫的中绦虫期类型为实心结构的原尾蚴和实尾蚴。原尾蚴存在于第一中间宿主剑水蚤等体内，为实心结构，体后端有一小尾球，3对小钩在尾球内。实尾蚴（或称裂头蚴）存在于第二中间宿主鱼、蛙、蝌蚪等体内，已具成虫样的头节，无小钩，白色，带状，但不分节，仅具不规则的横皱褶，链体和生殖器官尚未发育成熟（图7-3）。

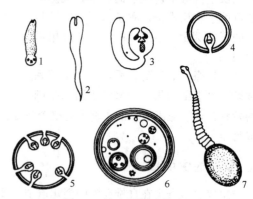

(a) 假叶目绦虫卵　　(b) 圆叶目绦虫卵
图7-2　绦虫卵模式构造

图7-3　绦虫蚴构造模式图
1—原尾蚴；2—裂头蚴；3—似囊尾蚴；4—囊尾蚴；
5—多头蚴；6—棘球蚴；7—链尾蚴

三、绦虫的分类

绦虫隶属于扁形动物门绦虫纲（Cestoidea），与畜禽和人类关系较大的有两个目。分别是圆叶目和假叶目，其中以圆叶目绦虫为多见。

1. 圆叶目（Cyclophyllidea）

头节上有4个吸盘，顶端常带有顶突，其上有钩或无钩。体节明显。生殖孔开口于体节侧缘，无子宫孔。缺卵盖，内含六钩蚴。主要有以下几个科。

（1）裸头科（Anoplocephalidae） 为大、中型虫体。头节上有吸盘，但无顶突及小钩。每体节有一组或两组生殖器官。睾丸数目多。子宫为横管状或网管状。幼虫为似囊尾蚴，寄生于无脊椎动物（地螨）体内；成虫寄生于马、牛、羊等哺乳动物体内。裸头科绦虫包括以下属。

莫尼茨属（Moniezia）　　　　　　　　无卵黄腺属（Avitellina）

裸头属（Anoplocephala）　　　　　　　曲子宫属（Helictometra）

副裸头属（Paranoplocephala）

（2）带科（Taeniidae） 为大、中、小型虫体，头节上有4个吸盘，其上无小棘。顶突不能回缩，上有两行钩（牛带绦虫除外）。生殖孔明显，不规则地交替排列。睾丸数目众多。卵巢双叶，子宫为管状，孕节子宫有主干和许多侧分支。幼虫为囊尾蚴、多头蚴或棘球蚴，寄生于草食动物或杂食动物（包括人）；成虫寄生于食肉动物或人。

带属（Taenia）　　　　　　　　　　　带吻属（Taeniarhynchus）

多头属（Multiceps）　　　　　　　　　泡尾带属（Hydatigera）

棘球属（Echinococcus）

（3）戴文科（Davaineidae） 为中、小型虫体，头节上有4个吸盘，吸盘上有细小的小棘。顶突上有2或3排斧型小钩，每节有一套生殖器官（偶有两套），卵袋取代孕节的子宫。幼虫寄生于无脊椎动物；成虫一般寄生于鸟类，有的寄生于哺乳动物。

赖利属（Raillietina）　　　　　　　　 戴文属（Davainea）

（4）膜壳科（Hymenolepididae） 为中、小型虫体，头节上有可伸缩的顶突，具有8～10个单行排列的小钩。节片通常宽大于长，每节有一套生殖系统。生殖孔为单侧。睾丸大，一般不超过4个。孕节子宫为横管。通常以无脊椎动物作为中间宿主，个别虫种甚至可以不需要中间宿主而能直接发育；成虫寄生于脊椎动物。

膜壳属（Hymenolepis）　　　　　　　 皱褶属（Fimbriaria）

伪膜壳属（Pseudohymenolepis）　　　　剑带属（Drepanidotaenia）

（5）中绦科（Mesocestoididae） 为中、小型虫体，头节上有4个突出的吸盘，无顶突。生殖孔位于腹面的中线上。虫卵居于厚壁的副子宫器内。成虫寄生于鸟类和哺乳动物。

中绦属（Mesocestoides）

（6）双壳科（Dilepididae） 为中、小型虫体，头节上有4个吸盘，上有或无小棘。有可伸缩的顶突（极少数无顶突），上有1行、2行或多行小钩。每节有一或两组生殖器官。睾丸数目很多。孕节子宫为横的袋状或分叶状，或为副子宫器或卵囊。成虫寄生于鸟类和哺乳动物（如犬、猫）。

复孔属（Dipylidium）

2. 假叶目（Pseudophyllidea）

头节一般为双槽型。分节明显或不明显。生殖器官每节常有一组，偶有两组者。生殖孔位于体节中间或边缘。睾丸众多，分散排列。孕卵节片子宫常呈弯曲管状。卵通常有卵盖。在第一中间宿主体内发育为原尾蚴，在第二中间宿主体内发育为实尾蚴，成虫大多数寄生于鱼类。

（1）双叶槽科（Diphyllobothriidae） 为大、中型虫体，头节上有吸槽。分节明显。子宫孔、生殖孔同在腹面。卵巢位于体后部的髓质区内。子宫为螺旋的管状。卵有盖，产出后孵化。成虫主要寄生于鱼类，此外，也可寄生于爬行类、鸟类和哺乳动物。

双叶槽属（Diphyllobothrium）　　　　迭宫属（Spirometra）

舌形绦属（*Ligula*）

（2）头槽科（Bothriocephalidae） 成虫寄生于鱼类的肠道。

头槽属（*Bothriocephalus*）

第二节　主要绦虫病的诊断与防治

一、棘球蚴病

棘球蚴又名包虫，是带科棘球属的棘球绦虫的中绦期，寄生于牛、羊、猪、马、骆驼等家畜及多种野生动物和人的肝、肺及其他器官内。其引起的棘球蚴病是一种严重的人畜共患病。成虫棘球绦虫，寄生于犬、狼、狐狸等动物的小肠。

棘球蚴蚴体生长力强，体积大，不仅压迫周围组织使之萎缩和发生功能障碍，还易造成继发感染。如果蚴体包囊破裂，还可引起变态（过敏）反应，严重时可导致死亡。在动物中，棘球蚴病对绵羊和骆驼的危害最为严重。该病呈世界性分布。

1. 病原学

（1）形态结构　棘球蚴的形状常因其寄生部位的不同而异，一般近似球形，直径为5～10cm，小的仅有黄豆大，巨大的虫体直径可达50cm，含囊液10余升。棘球蚴的囊壁分为两层，外为乳白色的角质层，内为生发层，生发层含有丰富的细胞结构，并有成群的细胞向囊腔内芽生出有囊腔的子囊和原头节，有小蒂与母囊的生发层相连接或脱落后游离于囊液中。子囊壁的构造与母囊相同，其生发层同样可以芽生出不同数目的孙囊和原头节（有些子囊不能长孙囊和原头节，称为不育囊；能长孙囊和原头节的子囊称为育囊）。原头节（Protoscolex）和成虫头节的区别是：体积小而无顶突腺。母囊向内芽生子囊，子囊再向内芽生孙囊，且它们都能芽生原头节。所以在一个发育良好的棘球蚴内产生的原头节数可多达200万个（图7-4）。

① 细粒棘球绦虫　虫体很小，全长2～7mm，由一个头节和3～4个节片构成。头节上有吸盘、顶突，顶突上有36～40个小钩。成节含雌雄生殖器官各一套，生殖孔位于节片侧缘后半部，睾丸35～55个；卵巢左右两瓣，孕节子宫膨大为盲囊状，内充满虫卵（图7-5）。虫卵直径为30～36μm，外被一层辐射状的胚膜。

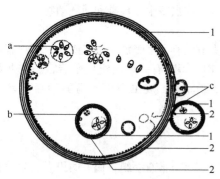

图7-4　棘球蚴构造模式
a—生发囊；b—内生性子囊；c—外生性子囊
1—角皮层；2—胚层

图7-5　细粒棘球绦虫

② 多房棘球绦虫　虫体与细粒棘球绦虫相似，但更小，仅1.2～4.5mm。顶突上有14～34个小钩。睾丸14～35个。生殖孔位于节片侧缘前半部。孕节内子宫呈袋状，无侧支。虫卵大小为（30～38）μm×（29～34）μm。

(2) 发育史

① 细粒棘球绦虫　寄生于犬、狼、狐狸的小肠，虫卵和孕节随终末宿主的粪便排出体外，中间宿主因食入被虫卵污染的饲草、饲料、饮水而感染，虫卵内的六钩蚴在消化道逸出，钻入肠壁，随血流或淋巴散布到体内各处，以肝、肺最常见。经6～12个月发育为具有感染性的棘球蚴。犬等终末宿主吞食了含有棘球蚴的中间宿主的脏器而感染，经40～50天发育为细粒棘球绦虫。成虫在犬等体内的寿命为5～6个月（图7-6）。

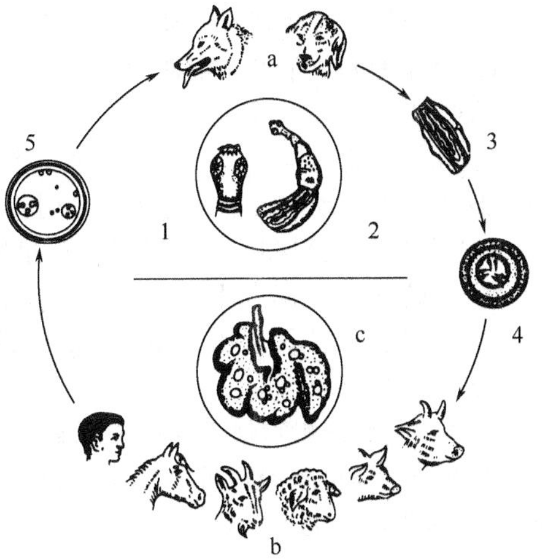

② 多房棘球蚴　寄生于啮齿类动物的肝脏，在肝脏中发育很快。狐狸、犬等吞食含有棘球蚴的肝脏后经30～33天发育为成虫，成虫的寿命为3～3.5个月。

图7-6　棘球绦虫发育史
a—终末宿主；b—中间宿主；c—病变肝脏
1—头节；2—成虫；3—孕节；
4—虫卵；5—棘球蚴

2. 流行病学

棘球绦虫有4种，其中细粒棘球绦虫（*E. granulosus*）和多房棘球绦虫（*E. multilocularis*）在国内有分布，少节棘球绦虫（*E. oligathrus*）和福氏棘球绦虫（*E. vogeli*）主要分布在南美洲，国内未见报道。

细粒棘球蚴病呈世界性分布，尤以牧区为多。我国有23个省（市）区有报道，西北地区、内蒙古、西藏和四川流行严重，其中以新疆最为严重。绵羊感染率最高，受威胁最大。其他动物，如山羊、牛、马、猪、骆驼、野生反刍动物亦可感染。犬、狼、狐狸是散布虫卵的主要来源，尤其是牧区的牧羊犬。

多房棘球蚴在新疆、青海、宁夏、内蒙古、四川和西藏等地亦有发生，以宁夏为多发区。国内已证实的终末宿主有沙狐、红狐、狼及犬等，中间宿主有布氏田鼠、长爪沙鼠、黄鼠和中华鼢鼠等啮齿类动物。

两种棘球蚴均感染人，人的感染多因直接接触犬、狐狸，致使虫卵粘在手上而经口感染，或因吞食被虫卵污染的水、蔬菜等而感染，或在处理和加工狐狸、狼等的皮毛过程中而感染。

3. 临床症状

绵羊对细粒棘球蚴敏感，死亡率较高，严重者表现为消瘦、被毛逆立、脱毛、呼吸困难、咳嗽、倒地不起。牛严重感染时，常见消瘦、衰弱、呼吸困难或轻度咳嗽，剧烈运动时症状加重，产奶量下降。各种动物都可因囊泡破裂而产生严重的过敏反应，突然死亡。

绵羊对本病比较敏感，死亡率比牛高。

4. 病理变化

可见肝脏、肺脏等器官有粟粒大到足球大，甚至更大的棘球蚴寄生。

其成虫对犬等的致病作用不明显，一般无明显的临床表现。

棘球蚴对人的危害尤为明显，多房棘球蚴比细粒棘球蚴对人的危害更大。人体棘球蚴病以慢性消耗为主，往往使患者丧失劳动能力。

5. 诊断

动物棘球蚴病的生前诊断比较困难。根据流行病学资料和临床症状，采用皮内变态反应、IHA和ELISA等方法对动物和人的棘球蚴病有较高的检出率。对动物尸体剖检时，在肝、肺等处发现棘球蚴可以确诊。对人和动物亦可用X射线和超声波诊断本病。

6. 防治

（1）预防措施　预防本病的关键是不以病畜内脏喂犬及对犬定期驱虫，防止其散播病原。

① 禁止用感染棘球蚴的动物肝、肺等器官组织喂犬。

② 对家犬和牧羊犬应定期驱虫，以根除感染源，驱虫后的犬粪，要进行无害化处理，杀灭其中的虫卵。

③ 保持畜舍、饲草、饲料和饮水卫生，防止被犬粪污染。

④ 人与犬等动物接触或加工毛皮时，应注意个人防护，以免感染。

(2) 治疗　在早期诊断的基础上尽早用药，方可取得较好的效果。

① 丙硫咪唑　绵羊剂量为 90mg/kg 体重，连服 2 次，对原头蚴的杀虫率为 82%～100%。

② 吡喹酮　剂量为 25～30mg/kg 体重（总剂量为 125～150mg/kg 体重），每天服一次，连用 5 天，有较好的疗效。

人体内的棘球蚴可通过外科手术摘除，也可用吡喹酮和丙硫咪唑等治疗。

对犬棘球绦虫的治疗可采用吡喹酮 5mg/kg 体重、甲苯咪唑 8mg/kg 体重或氢溴酸槟榔碱 2mg/kg 体重，一次经口给予。

二、莫尼茨绦虫病

莫尼茨绦虫病是由裸头科莫尼茨属的扩展莫尼茨绦虫（*Moniezia expansa*）和贝氏莫尼茨绦虫（*M.benedeni*）寄生于牛、羊、骆驼等反刍动物的小肠内而引起的一种重要寄生虫病。本病分布于世界各地，我国各地均有报道，多呈地方性流行。主要危害羔羊和犊牛，影响幼畜生长发育，严重感染时，可导致大批死亡。

1. 病原学

(1) 形态结构　在我国常见的莫尼茨绦虫有两种：扩展莫尼茨绦虫和贝氏莫尼茨绦虫。它们均为大型绦虫，外观相似，头节小，近似球形，上有 4 个吸盘，无顶突和小钩。体节宽而短，成节内有两套生殖器官，每侧一套，生殖孔开口于节片的两侧。扇形的卵巢和块状的卵黄腺在体两侧构成花环状。睾丸数百个，分布于两纵排泄管间。子宫呈网状。两种虫体各节片的后缘均有横列的节间腺（Interproglottidal glands）。虫卵直径 56～67μm，内含梨形器，梨形器内含六钩蚴。

扩展莫尼茨绦虫长可达 10m，宽可达 1.6cm，呈乳白色。一排节间腺呈大囊泡状，沿节片后缘分布，范围大。虫卵近似三角形。

贝氏莫尼茨绦虫长可达 4m，宽可达 2.6cm，呈黄白色。节间腺呈小点密布的横带状，位于节片后缘的中央部位。虫卵为四角形（图 7-7）。

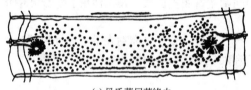

(a) 贝氏莫尼茨绦虫

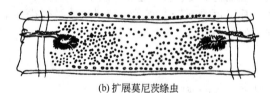

(b) 扩展莫尼茨绦虫

图 7-7　莫尼茨绦虫成节

(2) 发育史　莫尼茨绦虫的中间宿主为地螨，易感的地螨有：肋甲螨和腹翼甲螨。虫卵和孕节随终末宿主的粪便排至体外，虫卵被中间宿主吞食后，六钩蚴穿过消化道壁，进入体腔，发育成具有感染性的似囊尾蚴。动物吃草时吞食了含似囊尾蚴的地螨而受感染，在其体内经 45～60 天发育为成虫。成虫在动物体内的寿命为 2～6 个月，后自动排出体外（图 7-8）。

2. 流行病学

莫尼茨绦虫为世界性分布，在我国的东北、西北和内蒙古的牧区流行广泛；在华北、华东、中南及西南各地也经常发生。农区较不严重。莫尼茨绦虫主要危害 1.5～8 个月的羔羊和当年生的犊牛。

动物感染莫尼茨绦虫是由于吞食了含似囊尾蚴的地螨。地螨种类繁多，现已查明有 30 余种地螨可作为莫尼茨绦虫的中间宿主，其中以肋甲螨和腹翼甲螨感染率较高。地螨在富含腐殖质的林区、潮湿的牧地及草原上数量较多，而在开阔的荒地及耕种的熟地里数量较少。地螨性喜温暖与潮湿，在早晚或阴雨天气时，经常爬至草叶上；干燥或日晒时便钻入土中。雨后牧场上，地螨数量显著增加。成螨在牧地上可存活14～19个月，因此，被污染的牧地可保持感染力达近两年之久。地螨体内的似囊尾蚴可随地螨越冬，所以，动物在初春放牧一开始，即可遭受感染。

本病有明显的季节性，这与地螨的习性和分布密切相关。各地主要感染期有所不同，南方感染高峰在4～6月份，北方主要在5～8月份。

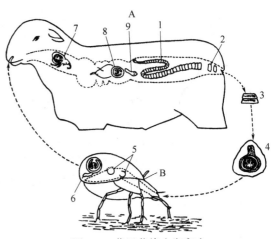

图7-8 莫尼茨绦虫发育史
A—终末宿主；B—中间宿主
1—小肠中的成虫；2—孕节随粪便排出；3—孕节；
4—虫卵释出；5—地螨吞食了虫卵，卵在肠内孵化，六钩蚴移行至体腔发育；6—发育成熟的似囊尾蚴；
7—地螨被吞食；8—地螨被消化，似囊尾蚴释出；
9—头节伸出吸附在肠壁上，5～6周发育为成虫

3. 临床症状

莫尼茨绦虫病主要危害幼畜，成年动物一般无临床症状。幼年羊最初的表现是精神不振、消瘦、离群、粪便变软，后发展为腹泻，粪中含黏液和孕节片，进而衰弱、贫血。有的病畜有明显的神经症状，如无目的的运动、步样蹒跚，有时有震颤。神经型的莫尼茨绦虫病羊往往以死亡告终。

4. 病理变化

尸体贫血、消瘦，黏膜苍白。胸腹腔有多量渗出液。肠有时发生阻塞或扭转。肠黏膜出血，小肠内有虫体。

5. 诊断

根据患病犊牛或羔羊粪球表面有黄白色的孕节片，形似煮熟的米粒，孕节涂片检查时，可见到大量灰白色、特征性的虫卵；或用饱和盐水浮集法检查粪便，发现虫卵，结合临床症状和流行病学资料等分析即可确诊。或死后剖检，在小肠内发现虫体亦可确诊。

6. 防治

(1) 预防措施 由于莫尼茨绦虫病主要危害犊牛和羔羊，因此要做好幼畜的防护。

① 鉴于幼畜在开春一放牧即可感染，故应在放牧后4～5周时进行"成虫期前驱虫"，间隔2～3周，再进行第二次驱虫。驱虫的对象应是幼畜；但成年动物一般为带虫者，是重要的感染源，因此也应定期驱虫。

② 污染的牧地，特别是潮湿和森林牧地空闲两年后可以净化。

③ 土地经过几年的耕作后，地螨量可大大减少，有利于莫尼茨绦虫的预防。

④ 避免在湿地放牧，避免在清晨、黄昏和雨天放牧，以减少感染机会。

(2) 治疗 常用的驱虫药物如下。

① 硫双二氯酚 剂量为羊75～100mg/kg体重，牛50mg/kg体重，一次经口给予。

② 氯硝柳胺（灭绦灵） 剂量为羊75～80mg/kg体重，牛60～70mg/kg体重，制成10%水悬液灌服。

③ 丙硫咪唑 剂量为牛、羊10～20mg/kg体重，制成1%水悬液灌服。

④ 吡喹酮 剂量为羊10～15mg/kg体重，牛5～10mg/kg体重，一次经口给予。

三、细颈囊尾蚴病

细颈囊尾蚴（*Cysticercus tenuicollis*）是泡状带绦虫（*Taenia hydatigena*）的中绦期，寄生于猪、绵羊、山羊、黄牛等多种家畜及野生动物的肝脏浆膜、大网膜及肠系膜等处，严重感染时还可进入胸腔，寄生于肺部。成虫为泡状带绦虫，寄生于犬、狼等食肉动物的小肠。细颈囊尾蚴病呈世界性分布，我国各地普通流行，尤其是猪，感染率为50%左右，个别地区高达70%，且大小猪只都可感染，除影响仔猪的生长发育和增重外，严重时可引起仔猪死亡；对于肉类加工业，可因屠宰失重和胴体品质降低而导致巨大的经济损失。

图7-9 细颈囊尾蚴

1. 病原学

（1）形态结构 细颈囊尾蚴俗称"水铃铛"，呈乳白色、囊泡状，大小不等，可达鸡蛋大或更大。囊壁上有一乳白色结节，为颈和内凹的头节，如将结节内凹翻转出来，则可见一细长的颈部和游离端的头节，故称细颈囊尾蚴。囊内含透明液体和一个白色的头节（图7-9）。脏器中的囊体，常被一层宿主组织产生的厚膜所包围，故不透明，易与棘球蚴相混淆。

泡状带绦虫呈乳白色或淡黄色，体长可达5m，头节稍宽于颈节，顶突上有26～46个小钩，排成两圈；前部的节片宽而短，向后逐渐加长，孕节的长度大于宽度。孕节子宫每侧有5～16个粗大分支，每支又有小分支，全被虫卵充满。虫卵近似椭圆形，内含六钩蚴，大小为（36～39）$\mu m\times$（31～35）μm（图7-10）。

（2）发育史 成虫寄生于犬、狼等食肉动物的小肠中，孕卵节片随粪便排出体外，散出虫卵，污染草地、饲料和饮水，猪、羊等动物采食时受到感染，在消化道内六钩蚴逸出，并钻入肠壁，随血液到达肝实质，再由肝实质移行到肝脏表面，进入腹腔，附在肠系膜、大网膜等处，2～3个月后发育成细颈囊尾蚴。含有细颈囊尾蚴的脏器被狗等终末宿主吞食后，细颈囊尾蚴在其小肠内翻出头节，附着在肠壁上，经约51天发育为成虫，成虫在犬的小肠可生存一年之久。

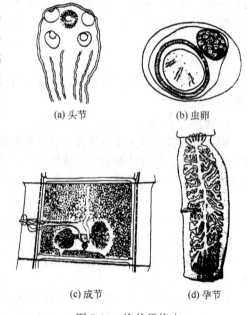

(a) 头节　　(b) 虫卵

(c) 成节　　(d) 孕节

图7-10 泡状带绦虫

2. 流行病学

本病分布广泛，凡有狗分布的地方，一般都有牲畜感染细颈囊尾蚴，以猪的感染最为普遍。流行原因主要是由于感染泡状带绦虫的犬、狼等动物的粪便中排出绦虫的节片或虫卵，它们随着终末宿主的活动污染了牧场、饲料和饮水而使猪等中间宿主遭受感染。每逢农村宰猪或牧区宰羊时，犬多守立于旁，凡不宜食用的废弃内脏便丢弃在地，任犬吞食，这是犬易于感染泡状带绦虫的主要原因；犬的这种感染方式和这种形式的循环，在我国不少地方的农村是很常见的。细颈囊尾蚴对幼畜致病力强，尤以仔猪、羔羊与犊牛为甚。

3. 临床症状

多呈慢性经过，感染早期，大猪一般无明显症状。但仔猪可能出现急性出血性肝炎和腹膜炎症状，体温升高，腹部因腹水或腹腔内出血而增大，可能于急性期死亡；耐过者生长发育受阻，但多数仅表现虚弱,消瘦。

4. 病理变化

急性病例,六钩蚴由肝实质向肝包膜移行时,可造成孔道,引起急性出血性肝炎,可见到肝脏肿大,肝表面有很多小结节和出血点,实质中能找到虫体移行的虫道。初期虫道内充满血液,以后逐渐变为黄灰色。当大部分幼虫最后到达大网膜、肠系膜或其他浆膜发育时,其致病力即行减弱,但有时可引起局限性或弥散性腹膜炎。严重感染时,细颈囊尾蚴还能侵入胸腔、肺实质及其他脏器,引起胸膜炎或肺炎。有时腹腔内有大量带血色的渗出液和幼虫。

慢性病例,肝脏局部组织色泽变淡,呈萎缩现象,肝浆膜层发生纤维素性炎症,形成所谓"绒毛肝"。肠系膜、大网膜和肝脏表面有大小不等的水铃铛。

5. 诊断

本病生前诊断比较困难,可用血清学方法诊断;尸体剖检时发现虫体即可确诊。肝脏中的细颈囊尾蚴应注意与棘球蚴相区别,前者只有一个头节,且囊壁薄而透明,后者囊壁厚而不透明。

6. 防治

(1) 预防措施 本病重在预防,而不是治疗,预防必须采取综合性预防措施。

① 禁止犬类进入屠宰场,禁止把含细颈囊尾蚴的脏器丢弃喂犬。

② 防止犬进入猪舍,避免饲料、饮水被犬粪便污染。

③ 对犬定期驱虫,扑杀野犬。

(2) 治疗 治疗可采用吡喹酮,按 50mg/kg 体重,与液体石蜡按 1∶6 比例混合研磨均匀,分两次间隔 1 天深部肌内注射,可全部杀死虫体;或硫双二氯酚 0.1g/kg 体重喂服。

四、猪囊尾蚴病

猪囊尾蚴病(猪囊虫病)是由带科带属的猪带绦虫(有钩绦虫)(*Taenia solium*)的幼虫猪囊尾蚴(*Cysticercus cellulosae*)寄生于猪的肌肉和其他器官中引起的一种寄生虫病。猪囊虫不仅可寄生于猪,也可寄生于犬、猫等动物和人,因此猪囊尾蚴病是一种危害严重的人兽共患寄生虫病。人是猪带绦虫的唯一终末宿主。

1. 病原学

(1) 形态结构 猪囊尾蚴(猪囊虫)呈椭圆形、白色、半透明的囊泡状,囊内充满液体。大小为 (6~10)mm×5mm,囊壁上有一个粟粒大小、乳白色、内嵌的头节,头节上有四个吸盘,具有顶突,顶突上有两圈小钩(图7-11)。

猪带绦虫,亦称有钩绦虫或链状带绦虫,呈乳白色,扁平带状,成虫体长 2~5m,偶有长达 8m 的。头节小,呈球形,直径约 1mm,其上有 4 个吸盘,有顶突,顶突上有 25~50 个小钩分两圈排列。整个虫体由 700~1000 个节片组成。未成熟节片宽而短,成熟节片长宽几乎相等,呈四方形,孕卵节片则长度大于宽度。每个节片内有一组生殖系统,睾丸为泡状,有 150~300 个,分布于节片的背侧。生殖孔略突出,在体节两侧不规则地交互开口。孕卵节片内子宫由主干分出

图 7-11 猪囊尾蚴

(a) 头节

(b) 成节

图 7-12 猪带绦虫成虫头节及成节

7~12对侧支。每一孕节含虫卵3万~5万个，孕节可单个或成段脱落（图7-12）。

虫卵呈圆形，浅褐色，大小为31~43μm。卵壳外层薄，易脱落，内层较厚，有辐射状的条纹，称胚膜。卵内是具有3对小钩的六钩蚴。

(2) 发育史　猪带绦虫寄生于人的小肠中，其孕节不断脱落，并随人的粪便排出体外，污染地面、食物或饮水。猪或人等中间宿主食入孕节或由孕节释出的虫卵，在消化道中消化液的作用下，六钩蚴从卵中逸出，钻入肠黏膜的血管或淋巴管内，随血流被带到机体各组织器官中，但主要是到达横纹肌内发育，逐渐形成一个充满液体的囊泡体，之后囊上出现凹陷，并在凹陷处形成头节，长出吸盘和顶突，形成成熟的囊尾蚴。

猪囊尾蚴主要寄生于横纹肌，尤其活动性较强的咬肌、舌肌、膈肌、心肌等处。严重感染者还可寄生于肝、肺、肾、脑等内脏器官。

人主要通过下列方式感染猪囊尾蚴：一是食入被猪带绦虫的虫卵污染的食物；二是猪带绦虫患者的自身感染（内源性感染）。这是由于患者肠逆蠕动（如呕吐）时，孕节随肠内容物进入胃，在胃液作用下，六钩蚴逸出，进入血液循环，再到机体各组织器官发育形成囊尾蚴（图7-13）。

人感染猪带绦虫是由于食入了生的或半生的含有囊尾蚴的猪肉。囊尾蚴在胃肠消化液的作用下，在小肠内翻出头节，以其吸盘和小钩固着于肠黏膜上发育，从颈节不断长出体节。感染后2~3个月发育成猪带绦虫，在人体内可寄生数年至数十年，其间不断向外排出孕节，成为猪囊尾蚴病的感染来源。人体通常只寄生1条，偶尔多至4条。

2. 流行病学

目前本病主要在发展中国家流行。我国是猪囊虫病的高发区，以华北、东北、西南等地区发生较多；北方各省较多，长江流域较少。人的有钩绦虫病的感染源为猪囊虫；猪囊虫病的感染源是人体内寄生的有钩绦虫排出的虫卵。这种由猪到人、由人到猪的往复循环，构成了流行的要素。更重要的是，人可以因摄入有钩绦虫卵而患囊虫病。猪囊尾蚴病的发生和流行与人的粪便管理及猪的

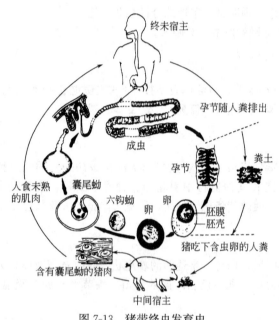

图7-13　猪带绦虫发育史

饲养方式密切相关，一般本病发生于落后的地区，常常是由于人无厕所、猪无圈；或是人的厕所与猪圈相通连（连茅圈）所致。此外，人感染猪带绦虫与饮食卫生习惯、烹调和食肉方法有关，喜食生肉或烹制方法不当是人感染猪带绦虫的主要原因。

3. 临床症状

猪感染少量的猪囊尾蚴时，无明显的变化。大量寄生时，可表现为肌肉疼痛、肢体僵硬、跛行、呼吸困难等；幼猪可表现生长发育不良。

猪囊尾蚴对人的危害亦取决于寄生部位和寄生数量。寄生于脑可引起头晕、恶心、呕吐以及癫痫等症状；寄生于眼部，可导致视力下降甚至失明；寄生于肌肉组织则引起局部肌肉疼痛。

4. 病理变化

猪囊尾蚴寄生在猪肌肉里，特别是活动性较大的肌肉，通常在咬肌、心肌、舌肌和肋间肌、腰肌等处最为多见，严重时可见于眼球和脑内。虫体为一个长约1cm的椭圆形无色半透明包囊，

内含囊液，囊壁的一侧有一个乳白色的结节，内含一个由囊壁向内嵌入的头节。囊虫包埋在肌纤维间，如散在的豆粒，故常称有猪囊虫的肉为"米糁肉"、"豆猪肉"或"米猪肉"。囊尾蚴在猪肉中的数量，可由数个到成千上万个。

5. 诊断

生前诊断比较困难，可以检查眼睑和舌部，看有无因猪囊尾蚴引起的豆状肿胀。触摸到舌部有稍硬的豆状结节时，可作为生前诊断的依据。

一般只有在宰后检验时才能确诊。宰后检验咬肌、腰肌等骨骼肌以及心肌，看是否有乳白色椭圆形或圆形的猪囊虫。镜检，可见猪囊虫头节上有4个吸盘及两圈小钩。钙化后的囊虫，包囊中呈现大小不同的黄白色颗粒。

目前血清学诊断方法也已经被应用于猪囊虫病的诊断上，如间接血凝试验、间接荧光抗体试验、酶联免疫吸附试验等。

6. 防治

（1）预防措施 由于有钩绦虫病和猪囊尾蚴病对人的危害性很大，因此防治猪囊尾蚴病是一项非常重要的工作。另外，有囊尾蚴的猪肉，常不能食用，造成很大的经济损失。对于猪囊尾蚴病必须采取综合性的预防措施。

① 加强城乡肉品卫生检验，实行定点屠宰、集中检疫。对有囊尾蚴的猪肉，应做无害化处理。

② 做到人有厕所、猪有圈。在北方主要是改造连茅圈，防止猪食人粪而感染囊虫，彻底杜绝猪和人粪的接触机会。人粪需经无害化处理后方可利用。

③ 普查普治高发人群，发现人患绦虫病时，及时驱虫。驱虫后排出的虫体和粪便必须严格处理。

④ 注意个人卫生，改变饮食习惯，不吃生的或未煮熟的猪肉。

⑤ 加强科普宣传教育，提高人们对猪囊尾蚴病的危害以及感染途径和方式的认识，自觉参与防治囊虫病。

（2）治疗 可用下列药物治疗。

① 吡喹酮 按30~60mg/kg体重，每天1次，用药3次。

② 丙硫咪唑 按30mg/kg体重，每天1次，用药3次，早晨空腹服药。此外，氟苯咪唑也有很好的治疗效果。

五、牛囊尾蚴病

牛囊尾蚴病是由带吻属的肥胖带吻绦虫（*Taeniarhynchus saginatus*）的中绦期——牛囊尾蚴（*Cysticercus bovis*）寄生于牛的肌肉内而引起的一种寄生虫病。肥胖带吻绦虫又称牛带绦虫、无钩绦虫，寄生于人的小肠。牛囊尾蚴又称牛囊虫。本病在人和牛之间传播，属人畜共患病。

1. 病原学

（1）形态结构 牛囊尾蚴外形与猪囊尾蚴相似，为灰白色、椭圆形半透明囊泡，大小为(5~9)mm×(3~6)mm。囊壁上有一内陷的乳白色头节，头节上有四个吸盘，但没有顶突和小钩，这是与猪囊尾蚴的主要区别。

牛带吻绦虫体长5~10m，最长可达25m，由1000~2000个节片组成。头节上有四个吸盘，但无顶突和小钩。每个成熟节片含有雌雄生殖器官各一组，其生殖孔不规则地交替开口于节片侧缘。睾丸数目为300~400个。卵巢分两大叶。孕节子宫每侧有15~30个分支。每个孕节约含卵为10万个（图7-14）。

虫卵近圆形，黄褐色，胚膜甚厚，具辐射纹，卵的大小为(30~40)μm×(20~30)μm，内有一个六钩蚴。

  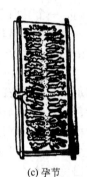

(a) 头节　　　　　(b) 成节　　　　　(c) 孕节

图 7-14　牛带吻绦虫

（2）发育史　牛带绦虫成虫寄生在人小肠中，孕节能自动地爬出肛门，或随粪便排出；虫卵散出，污染饲料、饮水及牧场，中间宿主牛食入虫卵后，六钩蚴在小肠逸出，并钻入肠壁，随血流到达牛的心肌、舌肌、嚼肌等各部分肌肉中，经 10～12 周发育为成熟的囊尾蚴。

人食用生的或未煮熟含有囊尾蚴的牛肉后，囊尾蚴在小肠内经 2～3 个月发育为成虫。成虫在人体内可生存 20～30 年，亦有生存 60 年的报道。

2. 流行病学

牛带吻绦虫分布于世界各地，以亚洲和非洲较多，在北美洲和欧洲多零星发生。在我国西藏、内蒙古、四川、贵州、广西等有吃生的或未熟的牛肉习惯的地区呈地方性流行，其余地区多系散发。

牛感染囊尾蚴与人的粪便管理不当有关。凡患牛带绦虫病的病人，所排粪便中必有孕节或虫卵。虫卵在外界可存活 200 天以上，如果污染了牧地、饲料与饮水，被牛吞食后就会感染。在牛囊尾蚴流行地区，往往是人们不习惯使用厕所，致使人粪污染牧场、水源的机会增加。还有将粪便直接排在牛栏里的，在这些地方，牛群的囊尾蚴感染率很高，有的地方可高达 40%。犊牛较成年牛易感，还发现有经胎盘感染的犊牛。

3. 临床症状

牛感染囊尾蚴后初期由于六钩蚴在体内移行，症状明显，表现为体温升高到 40～41℃，食欲不振，虚弱，腹泻，甚至导致反刍消失，长时间躺卧，有时可引起死亡。在肌肉内定居和发育时症状即消失。

牛带吻绦虫可引起人腹痛、腹泻、恶心、消瘦、贫血等症状。

4. 病理变化

牛囊尾蚴的分布很不均匀，以咬肌、舌肌、心肌、肩胛外侧肌、臀肌、腰肌等处较多，除寄生于肌肉组织外，也可寄生于脂肪、肝脏、肾脏和肺脏等处，在寄生部位形成囊肿块。组织内的囊尾蚴 6 个月后多已钙化，形成钙化灶。

5. 诊断

牛囊尾蚴的生前诊断较困难，可采用血清学方法进行诊断。宰后尸体剖检发现囊尾蚴即可确诊，但一般感染度较低，应仔细进行肉品检验。

对人体牛带绦虫病的诊断主要是检查粪便中的孕节和虫卵，也可用棉签拭抹病人肛门周围做涂片检查。

6. 防治

（1）预防措施　预防本病的关键是不让牛吃到人粪，同时人不吃生的和未熟的牛肉，这样本病基本可以逐渐消灭。

① 在本病流行区应对人的牛带绦虫病进行普查，对患者必须进行驱虫。

② 做好人粪便的管理，防止人粪污染牲畜饲料、饮水与牧场；改进牛的饲养管理方法，防

止牛接触人粪污染的饲草、饮水等。

③ 加强肉品卫生检验，凡查出有牛囊尾蚴者必须无害化处理后才能出售（牛肉肉品检验常规和猪囊尾蚴相同）。

④ 不吃生的或未熟的牛肉，同时生、熟菜刀及砧板应分开。

（2）治疗　牛囊尾蚴病治疗困难，可试用吡喹酮、丙硫咪唑或甲苯咪唑。人的牛带吻绦虫病可用氯硝柳胺、吡喹酮、丙硫咪唑等治疗。

六、伪裸头绦虫病

伪裸头绦虫病是由膜壳科伪裸头属的柯氏伪裸头绦虫（*Pseudanoplocephala crawfordi*）寄生于猪、野猪及人的小肠内而引起的一种人畜共患寄生虫病。病原最早在斯里兰卡的野猪体内发现，以后在印度、中国和日本的猪体内也有发现。1980年首次在中国陕西户县发现10例人体感染的病例，引起了医学界的广泛重视。我国辽宁、甘肃、陕西、山东、河南、上海、江苏、福建、广东、贵州等地的猪均发现过本病原。该虫的同种异名较多，最近认为盛氏伪裸头绦虫（*pshengi*）、盛氏许壳绦虫（*Hsuolepis shengi*）和陕西许壳绦虫（*H. shensiensis*）均为该虫的同种异名。

1. 病原学

（1）形态结构　柯氏伪裸头绦虫虫体呈乳白色，长97~167cm或更长，宽0.38~0.59cm。头节近圆形，有4个吸盘和不发达的顶突，无小钩。全部节片均宽大于长。生殖孔开口于同侧节片边缘正中位置。睾丸近圆形，24~43个，不规则地分布在卵巢和卵黄腺两侧，在生殖孔一侧的睾丸数少于对侧的数目。雄茎囊短，阴茎常伸出于生殖孔外。卵巢分叶如菊花状，位于节片正中；卵黄腺块状，位于卵巢之后。孕卵节片子宫内充满虫卵。虫卵圆形，棕黄色，直径51.8~110μm，卵壳较厚，表面有颗粒状突起，易破裂，卵内含一六钩蚴，六钩蚴与胚膜间有明显的空隙。

（2）发育史　柯氏伪裸头绦虫的中间宿主为鞘翅目的赤拟谷盗（*Tribolium castameam*）等昆虫。它们大多为贮粮害虫，在米、面、糠麸等堆积处滋生。柯氏伪裸头绦虫虫卵被中间宿主采食后，经27~31天，六钩蚴在中间宿主的血腔内发育为似囊尾蚴。人、猪因误食含似囊尾蚴的中间宿主而引起感染，在肠道内，似囊尾蚴约经30天可发育为成虫。

2. 流行病学

本病在我国甘肃、陕西、河南、山东、江苏、上海、福建、云南和贵州等地流行，尤其在猪群中流行严重，国内已发现26例病人。引人注意的是褐家鼠的感染率高达21.88%，在病原的散播上起着重要作用。褐家鼠常出没于粮、糠各类食品、酒厂以及饲料库，这些地方正是各类甲虫的滋生环境，极易形成褐家鼠、病原体和甲虫三者间的恶性循环，在本病流行病学上起着不可忽视的重要作用。据报道河南安阳、新乡、开封、洛阳、许昌、南阳猪的感染率为1.6%，感染强度为11。

3. 临床症状

猪轻度感染时，无明显症状；重度感染时，表现为生长发育受阻，消瘦，被毛无光泽，甚至引起肠阻塞，有阵发性腹痛、腹泻、呕吐、厌食等症状。

4. 病理变化

表现为寄生部位的黏膜充血，细胞浸润，黏膜细胞变性、坏死，黏膜脱落及水肿。

5. 诊断

粪便检查，在猪粪中找到虫卵或孕节即可确诊。虫卵为圆球形，棕黄色，直径为51.8~110μm，卵壳较厚，很多已破裂，表面有颗粒状突起，内层为胚膜，胚膜与卵壳之间充满胶质体，胚膜内含六钩蚴。

6. 防治

（1）预防措施　积极杀灭粮仓害虫，注意猪饲料的堆放和处理，做好猪粪的无害化处理等在预防本病方面有重要意义。

（2）治疗　可采用硫双二氯酚、吡喹酮、灭绦灵等药物治疗本病。

七、膜壳绦虫病

膜壳绦虫病主要是由膜壳科剑带属的矛形剑带绦虫、皱褶属的片形皱褶绦虫及膜壳属的鸡膜壳绦虫和冠状膜壳绦虫寄生于禽的小肠而引起的一种寄生虫病。散发或呈地方性流行。

1. 病原学

（1）形态结构　病原主要是矛形剑带绦虫、片形皱褶绦虫和禽膜壳绦虫。

① 矛形剑带绦虫　寄生于鸭、鹅等水禽的小肠。虫体呈乳白色，体长6～16cm。虫体前窄后宽，形似矛头。头节小、呈梨形，上有4个圆形或椭圆形的吸盘，其上无棘。顶突上具8个小钩。颈部短宽。有一套生殖器官。睾丸3枚，圆形或椭圆形，横列于节片中部偏生殖孔侧（某些变态节片可有4个睾丸）。卵巢呈瓣状分支，有左右两部分。孕节中子宫呈长囊状，横于节片中。成熟的虫卵呈卵圆形，薄而透明，大小为100μm×(82～83)μm。主要分布于江苏、江西、福建、四川、湖南、吉林、黑龙江等省。

② 片形皱褶绦虫　寄生于家鸭、鹅、鸡及其他雁形目鸟类的小肠中。其形态特点是体前部有一个扩展的皱褶状假头节，假头节长1.9～6.0mm，宽1.5mm，由许多无生殖器官的节片组成，为虫体的附着器官。虫体全长20～40cm。真头节位于假头节顶端，上有四个吸盘，顶突上有10个小钩。生殖孔位于一侧。卵巢呈网状，串联于全部成节。子宫贯穿整个链体。孕节子宫为短管状，内充满虫卵（图7-15）。虫卵呈椭圆形，两端稍尖，大小为131μm×74μm。我国台湾、福建、湖北、宁夏等省均有发现。

③ 禽膜壳绦虫　寄生于陆栖禽和水禽小肠中。禽膜壳绦虫种类繁多，我国已知的达20多种，且分布广泛。寄生于陆栖禽类的代表种为鸡膜壳绦虫，寄生于鸡和火鸡的小肠中，虫体长3～8cm，细似棉线。节片多达500个，头节纤细，易断裂，顶突无钩，有3个睾丸。寄生于水禽类的代表种为冠状膜壳绦虫，寄生于鸭、鹅及其他水禽的小肠中，虫体长12～19cm，顶突上有20～26个小钩，排成一圈，呈冠状，3个睾丸排成等腰三角形。

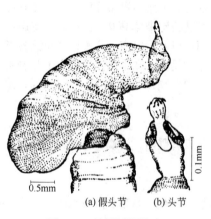

图7-15　片形皱褶绦虫
(a) 假头节　(b) 头节

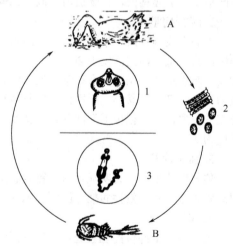

图7-16　剑带绦虫发育史
A—终末宿主（水禽）；B—中间宿主（剑水蚤）
1—剑带绦虫头节；2—孕节及虫卵；3—似囊尾蚴

(2) 发育史　矛形剑带绦虫的中间宿主为剑水蚤，片形皱褶绦虫的中间宿主为镖水蚤、剑水蚤等，鸡膜壳绦虫的中间宿主为食粪的甲虫和刺蝇，冠状膜壳绦虫的中间宿主为甲壳类和螺类。

寄生于禽肠道中的成熟虫体定期脱落孕卵节片，孕节和虫卵随宿主粪便排出体外，散出的虫卵被中间宿主吞食后，在其体内发育为成熟的似囊尾蚴。禽食入了含似囊尾蚴的中间宿主后，似囊尾蚴释出，伸出头节，借助于附着器官固着于肠黏膜上，发育为成虫（图7-16）。

2. 临床症状

膜壳绦虫寄生于禽的小肠，以其吸盘或吻突的小钩固着于肠壁，引起腹泻，粪便中有时可见混杂其中的虫体节片，贫血、消瘦、精神委顿，羽毛蓬乱，行动迟缓，后期偶见痉挛症状，常因极度消瘦和渐进性麻痹而死亡。雏禽严重感染时可导致死亡。

3. 病理变化

肠道黏膜发炎，充血，出血或形成溃疡灶。

4. 诊断

用淘洗法检查粪便，查找虫体节片，或用漂浮法检查粪便中有无虫卵。也可进行诊断性驱虫，必要时可剖检病禽，将肠管放于清水中漂洗，检查虫体。

5. 防治

（1）预防措施

① 应选择岸边无水草滋生的水池或水流较急的河岸水域放牧，以减少感染。

② 定期驱虫，消灭病原。在流行地区，成年鹅、鸭应于每年春秋放牧结束后和春季开始放牧前各驱虫一次，以驱除体内成虫及防止放牧时虫卵落入水中感染中间宿主。

③ 经常清扫禽舍和运动场，将粪便堆积发酵，杀死虫卵。

（2）治疗　一般可选用下列药物。

① 吡喹酮　按 $10\sim20$ mg/kg 体重，经口给予。

② 丙硫咪唑　按 $10\sim15$ mg/kg 体重，一次经口给予或拌料。

③ 氯硝柳胺　按 $50\sim60$ mg/kg 体重，经口给予。

④ 氢溴酸槟榔碱　按 $1\sim1.5$ mg/kg 体重溶于水中内服。

⑤ 硫双二氯酚　按 $30\sim50$ mg/kg 体重，经口给予。

八、戴文绦虫病

禽戴文绦虫病是由戴文科赖利属和戴文属的绦虫寄生于禽类小肠而引起的一种寄生虫病。

1. 赖利绦虫病

赖利绦虫病是由戴文科赖利属的绦虫寄生于鸡、火鸡等禽类小肠中而引起的一类寄生虫病。常见的赖利绦虫有三种：棘沟赖利绦虫（*Raillietina echinobothridae*）、四角赖利绦虫（*R. tetragona*）和有轮赖利绦虫（*R. cesticillus*），此外还有小钩赖利绦虫（*R. parviuncinata*）、台湾赖利绦虫（*R. taiwanensis*）、山东赖利绦虫（*R. shantungensis*）、拟四角赖利绦虫（*R. tetragonoides*）、穿孔赖利绦虫（*R. penetrans*）等。

（1）病原学

① 形态结构　禽赖利绦虫病的病原主要是四角赖利绦虫、棘沟赖利绦虫和有轮赖利绦虫（图7-17）。

a. 四角赖利绦虫：成虫可寄生于鸡、火鸡、吐绶鸡、孔雀等的小肠，为大型绦虫。虫体长 $98\sim250$ mm，最大体宽 $2\sim4$ mm。头节类球形，上有4个长椭圆形的吸盘，吸盘上有 $8\sim10$ 圈小钩。顶突小，上有 $90\sim130$ 个小钩，排成 $1\sim3$ 圈。颈部明显。节片宽而短。有睾丸 $18\sim37$ 个，分布于卵巢两侧。生殖孔位于单侧（偶见个别节片有交叉）。卵巢如花朵样分瓣，位于节片中央。卵黄腺呈豆状，位于卵巢下方。每个孕节内含 $34\sim103$ 个卵袋，每个卵袋内含 $6\sim12$ 个虫卵。

(a) 四角赖利绦虫头节　　(b) 棘沟赖利绦虫头节　　(c) 有轮赖利绦虫头节

图 7-17　赖利绦虫头节

b. 棘沟赖利绦虫：成虫寄生于鸡、火鸡等的小肠。虫体长 85～240mm，最大宽度约 3mm。头节上有四个圆形吸盘，吸盘上有 8～10 圈小钩。顶突上有两圈小钩，198～244 个。颈部肥而短，几乎与头节一样宽大。生殖孔多位于节片单侧，少数呈左右交叉。睾丸 28～35 个，分布于卵巢两侧和卵黄腺之后缘。卵巢瓣状分叶如花朵或扇叶状，位于节片中央，其后有肾形的卵黄腺。每个孕节内含 90～150 个卵袋，每个卵袋内含 6～12 个虫卵。虫卵直径 25～40μm，六钩蚴大小为 21μm×22μm。

c. 有轮赖利绦虫：成虫寄生于鸡、火鸡、雉和珠鸡的小肠。虫体一般不超过 40mm，也有的可达 150mm。头节大，上有四个不具小棘的吸盘。顶突呈轮盘状，突出于前端，上有 400～500 个小钩，排成两圈。生殖孔不规则地交替开口于节片侧缘。睾丸 15～29 个，分布于节片中央的后半部。孕节中有许多卵袋，每个卵袋中只有一个虫卵。虫卵直径 75～88μm。

② 发育史　赖利绦虫的发育均需要中间宿主：四角赖利绦虫和棘沟赖利绦虫的中间宿主为蚂蚁；有轮赖利绦虫的中间宿主为金龟子、蝇类等昆虫。

成虫寄生在小肠，孕节脱落后随粪便排出，节片在外界破裂，虫卵逸出，四处散播。当虫卵被蚂蚁等中间宿主吞食后，在其体内经 2 周发育为似囊尾蚴。禽啄食了带有似囊尾蚴的中间宿主而感染。中间宿主被禽消化后，逸出的似囊尾蚴进入小肠，以吸盘和顶突固着于小肠壁上，经 2～3 周发育为成虫（图 7-18）。

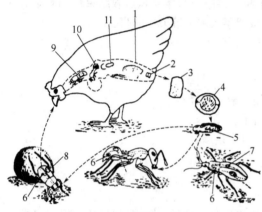

图 7-18　赖利绦虫发育史
1—成虫在小肠中；2—孕节；3—排出的孕节；4—虫卵；5—粪便中的节片；6—卵在中间宿主体内孵化出六钩蚴；7—六钩蚴移行至体腔；8—似囊尾蚴；9—中间宿主被终末宿主吞食；10—似囊尾蚴释出；11—头节翻出，吸附肠壁发育为成虫

（2）流行病学　据林宇光等调查（1984）：福建地区鸡有轮赖利绦虫、棘沟赖利绦虫和四角赖利绦虫的自然感染率分别为 5.2%、15.6% 和 1.37%，后两者感染强度分别为每只鸡 4～15 条和 1～8 条。而在二十世纪五六十年代对散养鸡的调查表明，感染率和感染强度远高于此。

鸡绦虫病流行的主要因素有：中间宿主种类较多，分布广泛，从而提供了感染的有利条件；感染鸡排孕节（虫卵）的持续期较长，且发育周期较短，在适宜温度下，从六钩蚴感染到似囊尾蚴在中间宿主体内发育成熟，再感染鸡至成虫排卵，前后只不过一个月左右。

尽管各种年龄的鸡均能感染赖利绦虫，但最易感者为 2 周龄左右的雏鸡，饲养条件及环境不良、使用低劣饲料的鸡群，最易发生暴发流行。饲养管理条件好的鸡群，由于不易啄食到中间宿主，一般不易发生本病。

(3) 临床症状　轻度感染时可能没有明显症状。当严重感染时，特别是雏鸡，呈现消化功能紊乱，食欲减退，饮欲增加。常有下痢，粪便可混有淡黄色血样黏液，有时发生便秘。精神沉郁、不爱活动；两翅下垂，羽毛蓬乱，黏膜初呈苍白继则黄染，而后变蓝色。蛋鸡产蛋量显著减少甚至停产。雏鸡生长发育受阻。常见雏鸡因体弱消瘦或伴发其他疾病而死亡；有时可突然引起死亡并伴有抽搐。

(4) 病理变化　剖检时除可在肠道发现虫体外，还可见尸体消瘦、肠黏膜肥厚，有时肠黏膜上有出血点。肠管内有多量恶臭黏液。棘沟赖利绦虫感染时，十二指肠黏膜有肉芽肿性结节，其中央有粟粒大小呈火山口状的凹陷。

(5) 诊断　检查粪便中的绦虫节片及虫卵。对疑有感染的鸡群，可剖检患禽以资诊断。剖检时除注意肠黏膜的病变之外，可应用水漂洗肠黏膜看是否有虫体存在。也可对鸡群尤其是开产前的蛋鸡群进行诊断性驱虫。

(6) 防治

① 预防措施

a. 消灭中间宿主，对易滋生蚂蚁、金龟子等的场地应做好杀虫工作。场地要坚实、平整，在禽舍附近避免堆放碎石、朽木、垃圾等物品，以杜绝中间宿主的滋生。

b. 定期检查鸡群，及时进行驱虫，消灭传染源。对雏鸡应定期驱虫，在不安全鸡场，蛋鸡开产前一个月要驱虫一次。及时清除粪便和垫料，并进行发酵杀灭其中的虫卵。

② 治疗　常选用下列药物。

a. 丙硫咪唑：按15～20mg/kg体重，一次内服。

b. 氢溴酸槟榔碱：按3mg/kg体重，配成0.1%水溶液经口给予；也可用槟榔按1～1.5g/kg体重，内服或煎服。

c. 氯硝柳胺：鸡按50～60mg/kg体重，火鸡、鸽200mg/kg体重，一次经口给予。

d. 硫双二氯酚：按80～100mg/kg体重，一次经口给予。

e. 正十二酸-二丁基锡盐（Dibutyl-tin-dilaurate，商品名为丁锡醇，Butynorate）为美国食品药品管理局（FDA）批准用于鸡绦虫病防治的唯一药物。市销商品名为Wormal（蠕虫魔），是丁烯醇与哌嗪、吩噻嗪配成的混合片剂或饲料添加剂颗粒。用法是按每成年鸡75～125mg或以千分之五比例加入饲料中，连用2～3天。

2. 节片戴文绦虫病

节片戴文绦虫病由戴文科戴文属的节片戴文绦虫（*Davainea proglottina*）寄生于鸡、鸽、鹌鹑十二指肠内而引起的一种绦虫病，分布于世界各地，我国各地均有报道，对雏禽危害较严重。

(1) 病原学

① 形态结构　节片戴文绦虫为小型绦虫，虫体全长仅0.5～3.0mm，只有4～9个节片。整体似舌形，由前往后逐渐增宽。头节细小，顶突呈轮状，其上具有60～95个小钩，排成2圈。吸盘上具有3～6列小棘，但易脱落，一般不易看到。生殖孔有规则地交叉分列于节片的侧缘前部。有睾丸12～15个，分布于节片的后半部。卵巢分左右两瓣。孕节中的子宫分裂为许多卵袋，每个卵袋内有一球形的虫卵，直径28～40μm，内含六钩蚴（图7-19）。

② 发育史　成虫寄生于鸡、鹌鹑、鸽等十二指肠内，孕节随粪便排出体外，虫卵被陆地蜗牛和蛞蝓类中间宿主所吞食。在温暖条件下经3周发育为成熟的似囊尾蚴。鸡啄食蛞蝓或蜗牛后，似囊尾蚴在鸡十二指肠中约经2周即可发育为成虫并排出孕节和虫卵（图7-20）。

(2) 流行病学　本病主要危害雏鸡，但各年龄的鸡都能感染。

从宿主体内排出的虫卵在阴暗潮湿的环境中能生存5天，这种环境正适宜于蜗牛和蛞蝓类滋生繁衍。曾在一只蛞蝓的消化道中发现1500个以上的似囊尾蚴，且能保持感染力达11个月以上。因此鸡在潮湿温暖的环境中放牧极易感染。成虫在鸡体内可保持生命力达3年之久，并不断

图 7-19　节片戴文绦虫
1—头节；2—未成熟
节片；3—成熟节片；
4—孕卵节片

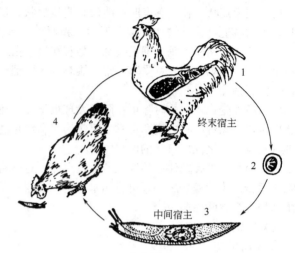

图 7-20　节片戴文绦虫发育史
1—成虫寄生于小肠内；2—节片随粪便排出，内含六钩蚴；
3—六钩蚴被蛞蝓食入，在其体内形成似囊尾蚴；
4—鸡食入含有似囊尾蚴的蛞蝓而感染绦虫

排出孕节。由于虫体较小，鸡的荷虫量可能很大。曾有报道在一只鸡中发现有3000条以上的虫体。

(3) 临床症状　仔鸡严重感染时，大量虫体头节深入肠壁，刺激肠黏膜和造成血管破裂，表现急性肠炎症状，腹泻，粪便中含有大量黏膜，常带血液，明显贫血。继而精神委顿，行动迟缓，高度衰弱与消瘦，羽毛蓬乱，呼吸加快。有时因虫体分泌毒素，使病鸡两腿麻痹，常逐渐波及全身。

(4) 病理变化　可见十二指肠黏膜潮红、肥厚，有散在出血点。肠腔中富含淡红色黏液，可发生大量虫体固着于黏膜上。

(5) 诊断　根据临床症状、病理变化及粪便检查孕节和虫卵进行综合性判断。剖检找到虫体或水洗沉淀法检查粪便中的孕节或虫卵可确诊。由于虫体小，每天仅排出一个孕节，因此应收集一天的粪便进行检查。

(6) 防治

① 预防措施　鸡舍和运动场要保持洁净干燥，运动场要定期翻耕，多施含钾肥料，以制止软体动物滋生。有本病流行的鸡场，应每年进行2~3次定期驱虫。

② 治疗

a. 氢溴酸槟榔素：按3mg/kg饲料或配成0.1%水溶液，经口给予。

b. 硫双二氯酚：按150mg/kg饲料拌入饲料中喂服。

c. 丙硫苯咪唑：按20mg/kg饲料拌入饲料中喂服。

d. 甲苯咪唑：按30mg/kg饲料拌入饲料中喂服。

e. 吡喹酮：按20mg/kg饲料拌入饲料中喂服。

九、脑多头蚴病

脑多头蚴病是由带科带属的多头带绦虫（*Taenia multiceps*）[或称多头多头绦虫（*Multiceps multiceps*）]的幼虫——脑多头蚴（*Coenurus cerebralis*，又称脑共尾蚴，俗称脑包虫）寄生于牛、羊等反刍动物大脑内所引起的一种寄生虫病。成虫寄生于终末宿主犬、豺、狼、狐狸等的小肠内。幼虫主要寄生于绵羊、山羊、黄牛、牦牛等动物的大脑、延脑、脊髓等处，偶见于骆驼、猪、马及其他野生反刍动物，极少见于人，是危害羔羊和犊牛的一种重要的寄生虫，尤以两岁以下的绵羊易感。

1. 病原学

（1）形态结构　脑多头蚴呈乳白色、半透明囊泡状，囊体由豌豆大到鸡蛋大，囊内充满透明液体。囊壁由两层膜组成，外膜为角皮层，内膜为生发层。生发层上有100～250个直径为2～3mm的原头蚴。

多头带绦虫体长40～100cm，节片150～250个；头节上有4个吸盘，顶突上有22～32个小钩，分两圈排列。每个成熟节片内有一组生殖器官，生殖孔不规则地交替开口于节片侧缘稍后部。睾丸约300个。卵巢分两叶，孕节子宫内充满虫卵，子宫每侧有14～26个侧支（图7-21）。卵为圆形，直径29～37μm，内含六钩蚴。

(a) 成节　　　　　(b) 孕节　　　　　(c) 脑多头蚴

图7-21　多头绦虫及脑多头蚴

（2）发育史　寄生在终末宿主体内的成虫，其孕节和虫卵随宿主粪便排出体外，牛、羊等中间宿主食入虫卵后，六钩蚴在消化道逸出，并钻入肠黏膜血管内，随血流被带到脑脊髓中，经2～3个月发育为多头蚴。如果被血流带到身体其他部位，则不能继续发育而迅速死亡。犬、狼、狐狸等食肉动物吞食了含有多头蚴的病畜的脑脊髓后，原头蚴附着在小肠壁上逐渐发育，经41～73天发育成熟。成虫在犬的小肠中可生存数年之久。

2. 流行病学

本病为全球性分布。欧洲、美洲及非洲绵羊的脑多头蚴病均极为常见；我国北京、黑龙江、吉林、辽宁、新疆、内蒙古、宁夏、甘肃、青海、山西、陕西、江苏、四川、贵州、福建与云南等地均有绵羊多头蚴病分布。

多头蚴病的流行原因和棘球蚴病基本相似，特别在牧区，由于有牧羊犬，若在屠宰羊只时将羊头喂犬，就造成了犬感染多头蚴病的机会；犬排出的粪便，有可能带有病原而污染草场、饲料或饮水，造成多头蚴病的流行。在非牧区，只要有病原存在，有养犬的习惯，绵羊或牛亦均可能感染本病。多头绦虫在犬的小肠中可以生存数年之久，所以一年四季，牲畜都有被感染之可能。

3. 临床症状

前期症状一般表现为急性型，后期为慢性型；后期症状又因病原体寄生部位的不同及其体积增大程度的不同而异。

（1）前期症状　以羔羊的急性型最为明显，感染初期，六钩蚴移行引起脑部炎症，表现为体温高，脉搏、呼吸加快，甚至强烈兴奋，患畜作回旋、前冲或后退运动；有时沉郁，长期躺卧，脱离畜群。部分羊只在5～7天内因急性脑膜炎而死，若耐过急性期则转为慢性症状。

（2）后期症状　急性症状逐渐消失后有一段时间病状不明显。到感染后2～7个月，逐渐产生明显的典型症状，且随着时间的推移而加剧。但这种典型症状，亦随囊体寄生部位不同而异。由于虫体寄生在大脑半球表面的出现率最多，其形成的典型症状为"转圈运动"，所以通常又将多头蚴病的后期症状称为"回旋病"。

当多头蚴寄生在大脑半球时，除常向着被虫体压迫的一侧进行"转圈"运动外（多头蚴囊体越大，动物转圈越小），对侧视神经乳突常有充血与萎缩，造成视力障碍以至失明。叩诊头骨，患区有浊音；患部头骨常萎缩变薄，甚至穿孔，该部皮肤隆起，有压痛。病畜精神沉郁，对声音刺激反应弱，严重时食欲消失，身体消瘦，卧地不起，终致死亡。

当多头蚴寄生在大脑正前部时，除有上述症状外，病畜脱离畜群（这种表现主要发生在绵羊），常不能自行回转，在碰到障碍物时，即把头抵在物体上呈呆立状。

当多头蚴寄生在大脑后部时，主要典型症状为头高举或作后退运动，甚至倒地不起；且头颈部肌肉痉挛，头向上仰，有时可致头背部相接；如果痉挛仅涉及一侧肌肉，头则偏向一侧。

当多头蚴寄生在小脑时，常使患畜神经过敏，易受惊，对任何喧哗、甚至极小的声音均表现不安，以致将头高举，向与声源相反的方向走。四肢作痉挛性或蹒跚的步态，无论站立或运动均常失去平衡，如站立时四肢常外展或内收，行走时步伐常加长，且易跌倒。

当多头蚴寄生在脊髓时，主要表现为步伐不稳，在转弯时甚明显；囊体压力过大时引起后肢麻痹。有时膀胱括约肌发生麻痹，使小便失禁。

但多发病例的症状仍是回旋运动及视神经萎缩，并多以极度消瘦和死亡告终。

4. 病理变化

前期有脑膜炎和脑炎病变，后期可见囊体或在表面，或嵌入脑组织中。寄生部位的头骨变薄、松软、皮肤隆起。

5. 诊断

由于多头蚴病经常有特异的症状，在流行区，根据其特殊的症状、病史容易作出初步判断；但要注意与某种特殊情况下的莫尼茨绦虫病、羊鼻蝇蚴病以及脑瘤或其他脑病相区分，这些疾病一般不会有头骨变薄、变软和皮肤隆起的现象。也可用X射线或超声波进行诊断，尸体剖检时发现虫体即可确诊。此外还可用变态反应原（用多头蚴的囊液及原头蚴制成乳剂）注入羊的上眼睑内作诊断。感染多头蚴的羊于注射1h后，皮肤呈现肥厚肿大（1.75～4.2cm），并保持6h左右。近年来采用酶联免疫吸附试验诊断，有较强的特异性、敏感性，且没有交叉反应，据报道是多头蚴病早期诊断的好方法。

6. 防治

（1）预防措施　只要不让犬吃到带有多头蚴的牛、羊等动物的脑和脊髓，即可控制此病。

① 患畜的头颅、脊髓应予烧毁。禁止将病畜的脑、脊髓喂犬。

② 对犬定期驱虫，对患多头绦虫的犬进行治疗，对犬粪便进行无害化处理。

③ 对野犬、豺、狐狸等终末宿主应予猎杀。

④ 人应养成良好的饮食习惯，尤其尽可能不用手抚摸犬，以免感染。

（2）治疗　在后期多头蚴发育增大能被发现时，可根据包囊的所在位置，通过外科手术将头骨开一圆口，先用注射器吸去囊中液体，使囊体缩小，而后摘除之。但这种方法，一般只能应用于脑表面的虫体。在深部的囊体，如能采用X射线或超声波诊断确定其部位，亦有施行手术之可能。

近年来用吡喹酮和丙硫咪唑治疗获得了较好的效果。

十、犬、猫绦虫病

犬、猫绦虫病是由多种绦虫寄生于犬、猫的小肠内而引起的疾病的总称。寄生于犬、猫的绦虫种类很多，这些绦虫成虫对犬、猫的健康危害很大，它们的幼虫期多以其他动物（或人）为中间宿主，严重危害动物和人体健康。

1. 病原学与流行病学

寄生于犬、猫体内的绦虫种类较多。

（1）犬复孔绦虫　犬复孔绦虫病是由双壳科（Dilepididae）、复孔属（*Dipylidium*）的犬复孔绦虫（*D. caninum*）成虫寄生于犬、猫的小肠内而引起的一种常见的寄生虫病，偶见于人。虫体为淡红色，长15～50cm，宽约3mm，约有200个节片。体节外形呈黄瓜子状，故称"瓜实绦虫"。头节上有四个吸盘,顶突上有4~5圈小钩。每个成熟节片具有两套生殖管,生殖孔开口于两侧缘中线稍后方。睾丸100~200个,分布在纵排泄管内侧。卵巢呈花瓣状。孕卵节片中的子宫分为许多卵袋,每个卵袋内含有数个至30个以上的虫卵。虫卵呈圆球形,直径35~50μm,卵壳较透明,内含六钩蚴。

中间宿主是犬、猫蚤和犬毛虱。孕节自犬、猫的肛门逸出或随粪便排出体外,破裂后,虫卵散出,被蚤类食入,在其体内发育为似囊尾蚴。一个蚤体内可有多达56个似囊尾蚴。犬、猫咬食蚤而感染,约经3周后发育为成虫。儿童常因与犬、猫的密切接触,误食被感染的蚤和虱遭受感染。

本病广泛分布于世界各地。无明显季节性,宿主范围广泛,犬和猫的感染率较高,狐和狼等野生动物也可感染;人体主要是儿童受到感染。轻度感染时不显症状。幼犬严重感染时可引起食欲不振、消化不良、腹泻或便秘、肛门瘙痒等症状。大量感染时还可能发生肠梗阻。犬粪便中找到孕节后,在显微镜下观察到具有特征性的卵囊,即可确诊。

(2) 泡状带绦虫病 泡状带绦虫病是由带科带属的泡状带绦虫（Taenia hydatigena）寄生于犬、猫的小肠而引起的一种寄生虫病。猪、羊、鹿等为其中间宿主,其幼虫为细颈囊尾蚴,常寄生于猪、羊等的大网膜、肠系膜、肝脏、横膈膜等处,引起细颈囊尾蚴病,严重感染时可进入胸腔寄生于肺。

泡状带绦虫新鲜时呈黄白色。体长60~500cm,宽0.1~0.5cm。头节有4个吸盘,分布于周边部。顶突上有两圈大小相间排列的小钩。前部的节片宽而短,向后逐渐加长,孕节长大于宽。睾丸540~700个,主要分布在节片两侧排泄管内侧。卵巢分左右两叶。生殖孔不规则地交替开口于节片两侧中部偏后缘处。子宫呈管状,有波纹状弯曲。孕节子宫每侧有5~16个粗大分支,每支又有小分支,其间全部被虫卵充满。虫卵为卵圆形,大小为$(36~39)\mu m \times (31~35)\mu m$,胚膜厚,有放射状条纹,内含六钩蚴。

(3) 多头绦虫病 多头绦虫病是由带科多头属的多头绦虫寄生犬科动物的小肠而引起的疾病。寄生于犬科动物小肠中的多头绦虫有以下三种。

① 多头多头绦虫（Multiceps multiceps） 成虫长40~100cm,有200~250个节片。头节上有四个吸盘,顶突上有22~32个小钩。孕节子宫有14~26对侧支。其幼虫为脑多头蚴,寄生于绵羊、山羊、黄牛、牦牛、骆驼等的脑内,有时也能在延脑或骨髓中发现,人也偶然感染。

② 连续多头绦虫（M. serialis） 成虫长10~70cm。头节上有四个吸盘,顶突上有26~32个小钩,排成两圈。孕节子宫有20~25对侧支。其幼虫为连续多头蚴,常寄生于野兔、家兔、松鼠等啮齿类动物的皮下、肌肉间、腹腔脏器、心肌、肺脏等处,直径4cm或更大,囊壁上有许多原头蚴。

③ 斯氏多头绦虫（M. skrjabini） 成虫体长20cm。头节呈梨形,有4个吸盘,顶突上有32个小钩,分两圈排列。睾丸主要分布在两排泄管的内侧。子宫每侧有20~30个侧支,内充满虫卵。其幼虫为斯氏多头蚴,寄生于羊、骆驼的肌肉、皮下、胸腔与食管等处,偶见于心脏与骨骼肌。

(4) 细粒棘球绦虫病 细粒棘球绦虫病是由带科棘球属的细粒棘球绦虫（Echinococcus granulosus）寄生于犬、豺、狼等犬科食肉动物的小肠而引起的一种寄生虫病。中间宿主是羊、牛和骆驼等食草动物和人,幼虫（棘球蚴）可引起中间宿主严重的棘球蚴病（包虫病）。

成虫体长2~7mm。由一个头节和3~4个体节组成,分别是头节、颈节、幼节、成节和孕节。头节上有4个吸盘,顶突上有两圈小钩,36~40枚,排列整齐呈放射状。成节含雌雄生殖器官各一套。睾丸35~55个。卵巢呈蹄铁状,子宫呈棒状。生殖孔位于体侧中央或中央偏后。最后一节为孕节,其长度超过虫体全长的一半。孕节的子宫具有侧支和侧囊,内充满虫卵。虫卵大小为$(32~36)\mu m \times (25~30)\mu m$,外层是具有辐射状的线纹较厚的外膜,内含六钩蚴。

成虫寄生于终末宿主的小肠内,以顶突上的小钩和吸盘固着于肠黏膜上,孕节或虫卵随宿主粪便排出体外。中间宿主吞食了虫卵或孕节，六钩蚴在肠道内孵出，钻入肠壁，经血流到肝、肺等器官，经3~5个月发育成直径为1~3cm的棘球蚴。随着寄生时间的延长，棘球蚴不断长大，最大的可达30~40cm。终末宿主犬、狼等因食入了含棘球蚴的动物内脏而感染，其所含的每一个原头蚴都可以发育为一条成虫。从感染到发育成熟排出虫卵或孕节约需8周。成虫寿命为5~6个月。

细粒棘球绦虫病呈世界性分布，畜牧业发达的地区较为流行，在我国，主要流行于西北、华北、东北以及西南广大农牧区。动物和人感染棘球蚴的主要来源是野犬和牧羊犬；而牧羊犬由于常吃到含有棘球蚴的动物内脏，造成棘球绦虫在绵羊和犬之间的传播。

(5) 中线绦虫病　中线绦虫病是由中绦科中绦属的线中绦虫（*Mesocestoides lineatus*）寄生于犬、猫的小肠中而引起的疾病，偶尔寄生于人。成虫长30~250cm，乳白色。头节上有4个椭圆形的吸盘，无顶突和小钩。每个成节有一组生殖器官。子宫位于节片中央。孕节内有子宫和一卵圆形的副子宫器，副子宫器内含成熟虫卵。

地螨为第一中间宿主，在其体内发育为似囊尾蚴；第二中间宿主为各种啮齿类、禽类、爬虫类和两栖类动物，它们吞食了含似囊尾蚴的地螨后，在其体内发育为长1~2cm、具有四个吸盘的四盘蚴，这些中间宿主或四盘蚴被终末宿主吞食后，在其小肠发育为成虫。

图7-22　曼氏迭宫绦虫

(6) 曼氏迭宫绦虫病　曼氏迭宫绦虫病是由双槽科迭宫属的曼氏迭宫绦虫（*Spirometra mansoni*）（图7-22）寄生于犬、猫以及虎、豹等肉食动物的小肠内而引起的疾病，对犬、猫危害较大。成虫体长40~60cm，有的可长达100cm以上，最宽处为8mm。头节细小，呈指状或汤匙状，背腹各有一个纵行的吸槽。颈节细长。成熟体节有一组生殖器官，睾丸320~540个，为小泡型，散布在体节两侧背面。卵巢分左右两瓣，位于节片后部中央。子宫位于体节中部，作3~5个螺旋状盘曲，紧密地重叠，略呈金字塔状。孕节子宫发达、充满虫卵。虫卵呈椭圆形，浅灰褐色，有卵盖，大小为（52~76）μm×（31~44）μm，内有一个卵细胞和多个卵黄细胞。

曼氏迭宫绦虫的发育过程需要两个中间宿主：第一中间宿主为剑水蚤，在其体内发育为原尾蚴；第二中间宿主为蛙类（蛇类、鸟类、鱼类、人可作为转续宿主），在其体内发育为裂头蚴。国内报道猪的腹腔网膜、肠系膜、脂肪及肌肉中也发现本虫的裂头蚴。

犬、猫等终末宿主吞食了含有裂头蚴的第二中间宿主或转续宿主后，裂头蚴在其小肠内发育为成虫。一般在感染后3周可在粪便中检出虫卵。成虫在猫体内的寿命约为3年半（图7-23）。

(7) 宽节双叶槽绦虫病　宽节双叶槽绦虫病是由双叶槽科双叶槽属的宽节双叶槽绦虫（*Diphyllobothrium latum*）（又称阔节裂头绦虫）寄生于犬、猫等的小肠而引起的疾病。成虫长达2~12m，最宽处达20mm。体节数达3000~4000个，为绦虫中最大的一种。头节背腹各有一个纵行而深凹的吸槽。睾丸750~800个，与卵黄腺一起散在于体两侧。卵巢分两叶，位于体中央后部；子宫盘曲呈玫瑰花状。孕节结构与成节基本相同。虫卵呈卵圆形，淡褐色，具卵盖，大小为（67~71）μm×（40~51）μm。

发育过程需要两个中间宿主：第一中间宿主为剑水蚤；第二中间宿主为鱼。人以及犬、猫等肉食动物是终末宿主，终末宿主因吃入含有裂头蚴的生鱼或未煮熟的鱼而感染，感染后经5~6周发育为成虫。

流行地区人或犬、猫粪便污染水源，是剑水蚤受感染的一个重要原因。另外多种野生动物可

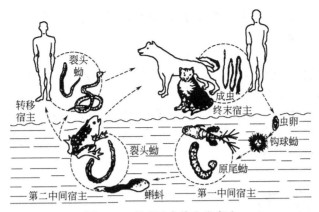

图 7-23 曼氏迭宫绦虫发育史

以感染,其活动频繁区域是该病的自然疫源地。宽节双叶槽绦虫主要分布于欧洲、美洲和亚洲的亚寒带和温带地区,我国黑龙江和台湾有过报道。

2. 临床症状

犬、猫绦虫病常呈慢性经过。轻度感染时常无明显的症状。严重感染时,可出现呕吐,慢性肠卡他,食欲反常,异嗜,贪食,病畜精神不振,营养不良,渐进性消瘦,有的呈现剧烈兴奋(假狂犬病),病犬扑人,有的发生痉挛或四肢麻痹。

3. 诊断

依据临床症状,结合饱和盐水漂浮法检出粪便中虫卵,可以确诊。如发现病犬肛门常夹着尚未落到地面的孕卵节片,以及粪便中夹杂短的绦虫节片,亦可确诊。

4. 防治

(1) 预防措施

① 为了保证犬、猫的健康,一年应进行四次预防性驱虫(每季度一次)。特别是在军犬、警犬繁殖部门,在犬交配前3~4周内应进行驱虫。

② 禁止用屠宰加工的废弃物以及未经无害处理的非正常肉、内脏喂犬、猫,因其中往往含有各种绦虫蚴。

③ 在裂头绦虫病流行的地区,最好不给犬、猫饲喂生的鱼、虾,以免感染裂头绦虫。

④ 应用杀虫药物杀灭动物舍内和体上的蚤和虱等中间宿主。

⑤ 做好防鼠、灭鼠工作,严防鼠类进出圈舍、饲料库、屠宰场等地。

⑥ 注意人身防护。

(2) 治疗　可选用以下药物进行治疗。

① 吡喹酮　犬按5~10mg/kg体重,猫按2mg/kg体重,一次内服。

② 丙硫咪唑　犬按10~20mg/kg体重,每天经口给予一次,连用3~4天。

③ 氢溴酸槟榔素(Arecoline hydrobromide)　犬按1~2mg/kg体重,一次内服。

④ 氯硝柳胺(灭绦灵)　犬、猫按100~150mg/kg体重,一次内服。但对细粒棘球绦虫无效。

⑤ 硫双二氯酚　犬和猫按200mg/kg体重,一次内服,对带绦虫病有效。

⑥ 盐酸丁萘脒(Bunamidine hydrochloride)　犬、猫25~50mg/kg体重,一次内服。驱除细粒棘球绦虫时按50mg/kg体重,一次内服,间隔48h再服一次。

以上药物均可包在肉馅或制成药饵喂给。

十一、兔绦虫病

1. 兔豆状囊尾蚴病

豆状囊尾蚴是豆状带绦虫的中绦期,寄生于兔的肝脏、肠系膜和腹腔内。因囊泡形如豌豆而得名。除兔以外，其也可寄生于其他啮齿类动物体内。成虫为豆状带绦虫，寄生于犬科动物的小肠内。本病呈世界性分布。

(1) 病原学

① 形态结构　豆状囊尾蚴呈卵圆形，豌豆大小 [(6～12)mm×(4～6)mm]，透明囊泡状，囊内含有透明囊液和一个头节（图7-24）。

豆状带绦虫体长可达2m，乳白色，头节上有吸盘和顶突，顶突上有36～48个小钩。体节边缘呈锯齿状，故又称锯齿带绦虫。孕节子宫每侧有8～14个侧支，内充满虫卵，虫卵大小为(36～40)μm×(32～37)μm（图7-25）。

图7-24　豆状囊尾蚴

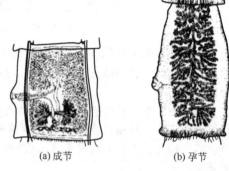

(a) 成节　　　　(b) 孕节

图7-25　豆状带绦虫的成节和孕节

② 生活史　豆状带绦虫寄生于犬科动物的小肠内，孕节或虫卵随犬粪排至体外，污染草料或饮水，兔吞食虫卵后，在其肝脏和腹腔处经约1个月时间发育成卵圆形、豌豆大小的囊泡，即豆状囊尾蚴。犬吞食含豆状囊尾蚴的兔内脏而受感染，在犬小肠内经35天，在狐狸小肠内经70天发育变为成虫。

(2) 流行病学　豆状囊尾蚴病分布很广。我国吉林、陕西、山东、江苏、浙江、江西、福建、贵州等十多个省市均存在本病。家养犬是兔豆状囊尾蚴病的主要感染源；而感染豆状囊尾蚴的家兔内脏未经处理被丢弃，又是犬感染的主要因素，故造成了本病在家养犬和家兔之间的循环流行。

(3) 临床症状　病兔主要表现为精神沉郁，食欲不振，喜卧，眼结膜苍白，腹围增大。大量感染时，可因急性肝炎而突然死亡。慢性型病例主要表现为消化功能紊乱和体重减轻。

(4) 病理变化　剖检病变主要在肝脏，初期肝脏肿大，表面有大量小的虫体结节，后期肝脏表面和腹腔出现大量卵圆形、豌豆大小的豆状囊尾蚴，并常伴有严重的腹膜炎和脏器粘连。

(5) 诊断　可根据临床症状结合间接血凝试验进行生前诊断。死后剖检，在肝脏和腹腔发现豆状囊尾蚴即可确诊。

(6) 防治　对犬进行定期驱虫，防止病犬粪便中的虫卵污染兔的饲料、饲草和饮水；病兔内脏应严格销毁，严禁将其喂犬。

目前治疗尚未有有效药物，可试用丙硫咪唑或甲苯咪唑等药物进行治疗。

2. 兔连续多头蚴病

连续多头蚴是连续多头绦虫的中绦期，主要寄生于兔的肌肉间、皮下结缔组织，此外也可寄生于腹腔脏器、心肌、肺脏等处。常见于兔、松鼠等啮齿类动物。灵长类动物，如猿、猴、人可因误食被犬科动物粪便污染的食物而感染。连续多头蚴病呈世界性分布，主要的中间宿主为兔、松鼠等啮齿类动物。

(1) 病原学

① 形态结构 连续多头蚴（连续共尾蚴）蚴体形似鸡蛋，直径 4cm 或更大，囊内有液体，囊壁上有许多原头蚴（图 7-26）。

连续多头绦虫寄生于犬科动物的小肠中，虫体长 10~70cm，头节的顶突上有小钩 26~32 个，排成两圈。孕节子宫侧支 20~25 对。虫卵大小为 (31~34)μm×

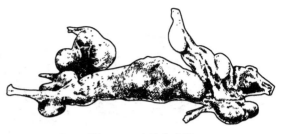

图 7-26 连续多头蚴

(20~30)μm。有人认为连续多头绦虫与脑多头绦虫是同物异名。

② 生活史 寄生于犬科动物小肠中的连续多头绦虫，随犬的粪便排出孕卵节片或虫卵，污染食物及饮水，兔等中间宿主由于食入了污染的食物或饮水而感染。六钩蚴在消化道内逸出，钻入肠壁，随着血液循环到达宿主肌肉间、皮下结缔组织等处，逐渐发育为连续多头蚴。当犬科动物食入含连续多头蚴的兔肉或组织后，连续多头蚴的头节翻出并固着在宿主小肠黏膜上，逐渐发育为成虫。

连续多头蚴在兔体内最常寄生的部位是外嚼肌、股肌及肩部肌肉、颈部肌肉、背部肌肉，偶尔可见于体腔和椎管中。

(2) 临床症状 致病性弱，一般不引起明显的临床症状，除非是严重感染病例。触诊发现皮下有特征性包囊。

(3) 病理变化 剖检发现连续多头蚴包囊。连续多头蚴呈白色、透明囊状，囊内充满透明液体。成熟包囊有鸡蛋大小。囊内壁有许多白色、逗点状的头节（即原头蚴），呈簇状或链状排列，部分头节游离于囊液中。

(4) 诊断 根据生前触诊皮下发现特征性包囊，或死后剖检发现连续多头蚴包囊即可确诊。

(5) 防治

① 预防措施 应采取综合性防治措施，对犬科动物定期驱虫；严格犬的管理，禁止犬进入兔舍，以防犬粪便污染兔舍或兔的饲料及饮水。有连续多头蚴的组织器官应销毁，严禁将其随意丢弃或喂犬，以防犬感染。

② 治疗 治疗可采用外科手术的方法摘除包囊。也可试用吡喹酮、丙硫咪唑进行治疗。有人将麝香草酚溶于油质内，隔日注射一次，据称可使包囊退化。

十二、马裸头绦虫病

马裸头绦虫病是由裸头科（Anoplocephalidae）的叶状裸头绦虫、大裸头绦虫和侏儒副裸头绦虫等寄生于马、骡、驴等马属动物的小肠及大肠内而引起的一种寄生虫病。其中以叶状裸头绦虫较常见。我国各地均有报道，对幼驹危害严重。

1. 病原学

(1) 形态结构 主要为叶状裸头绦虫，其次为大裸头绦虫，侏儒副裸头绦虫较少见（图 7-27）。

① 叶状裸头绦虫 寄生于马、驴小肠的后半部，也见于盲肠，常在回盲的狭小部位群集寄生。虫体呈乳白色，短而厚，大小为 (2.5~5.2)cm×(0.8~1.4)cm。头节小，上有 4 个吸盘，每个吸盘后方各有一个特征性的耳垂状附属物，无顶突或小钩。体节短而宽，成节有一套生殖器，生殖孔开口于体节侧缘。虫卵直径为 65~80μm，内有梨形器，梨形器内含有六钩蚴。

② 大裸头绦虫 寄生于马、驴的小肠，特别是空肠，偶见于胃中。虫体大小为 8.0cm×2.5cm。头节大，上有 4 个吸盘，无顶突和小钩。颈节极短或无，体节短而宽，成节有一套生殖

(a) 叶状裸头绦虫头节　　(b) 大裸头绦虫头节　　(c) 侏儒副裸头绦虫头节

图 7-27　马裸头绦虫头节

器官。孕节子宫内充满虫卵。虫卵内有梨形器，内含六钩蚴，虫卵直径为 50～60μm。

③ 侏儒副裸头绦虫　寄生于马的十二指肠，偶见于胃中。虫体短小，为（6～50）mm×（4～6）mm。头节小，吸盘呈裂隙样。虫卵大小为 51μm×37μm。

（2）发育史　虫卵或孕节随病马粪便排出体外，地螨吞食虫卵后，卵内的六钩蚴在地螨的体内生长、发育，在 19～21℃ 条件下，经 140～150 天发育为具有感染性的似囊尾蚴。马属动物在吃草时因食入了含似囊尾蚴的地螨而感染，似囊尾蚴附着在马的肠壁上，经 4～6 周发育为成虫。

2. 流行病学

本病在我国西北和内蒙古等牧区，经常呈地方性流行，有明显的季节性，农区较少见。2 岁以下的幼驹感染率高，随着年龄的增长可获得免疫力。马匹多在夏末秋初时感染，冬季和翌年春季出现症状。

3. 临床症状

严重感染时，肉芽组织增生可导致回盲口局部或全部堵塞，引起间歇性疝痛。临床上可见消化不良、间歇性疝痛和腹泻，病畜渐进性消瘦和贫血。粪便表面常带有血样黏液。

4. 病理变化

虫体寄生部位的肠黏膜可发生炎症、水肿、损伤，形成组织增生的环形出血性溃疡，若溃疡穿孔，则可引起急性腹膜炎而导致死亡。

5. 诊断

根据临床症状和流行特点怀疑为本病时，采用饱和盐水漂浮法找到粪便中的虫卵，或在粪便中查到绦虫孕卵节片即可确诊。

6. 防治

（1）预防措施

流行地区应对马群进行预防性驱虫，驱虫后的粪便集中堆积发酵，以杀灭虫卵。为防止幼驹被感染，可选择安全牧地放牧，最好在人工种植的草场上放牧，勿在地螨滋生地段放牧，以减少感染的机会。放牧时应避开地螨活动时间，如日出前、日落后、阴雨天、晚上等。

（2）治疗　治疗可选如下药物。

① 硫双二氯酚　剂量为 10～25mg/kg 体重，投服，疗效较好。

② 氯硝柳胺　剂量为每 88～100mg/kg 体重，投服，安全有效。

③ 新鲜槟榔粉　成年马一次 50g，装入胶囊投服。给药前需断食 12h，先投服炒熟并碾碎的南瓜子粉，1h 后再投服槟榔粉，再经 1h 后投服硫酸钠 250～500g。

十三、曲子宫绦虫病

曲子宫绦虫病是由裸头科曲子宫属（*Helictometra* 或 *Thysaniezia*）的盖氏曲子宫绦虫（*H. giardi*），寄生于牛、羊的小肠内，而引起的疾病。我国许多省区均有报道。

成虫乳白色，带状，体长可达 4.3m，最宽为 8.7mm，大小因个体不同而有很大差异。头节小，圆球形，直径不到 1mm，上有 4 个吸盘，无顶突。节片较短，每节内含有一套生殖器官，生殖孔位于节片的侧缘，左右不规则地交替排列。睾丸为小圆点状，分布于纵排泄管的外侧；子宫管状，呈波状弯曲，几乎横贯节片的全部。虫卵呈椭圆形，直径为 18～27μm，无梨形器，每 5～15 个虫卵被包在一个副子宫器内。

发育史不完全清楚，有人认为中间宿主为地螨，还有人实验感染啮虫类（Psocids）成功，但感染绵羊未获成功。

动物具有年龄免疫性，4～5 个月龄前的羔羊不感染曲子宫绦虫，故多见于 6～8 个月以上及成年绵羊。当年生的犊牛也很少感染，见于老龄动物。秋季曲子宫绦虫与贝氏莫尼茨绦虫常混合感染，发病多见于秋季到冬季。一般情况下，不出现临床症状，严重感染时可出现腹泻、贫血和体重减轻等症状。粪检时可在粪便中检获到副子宫器，内含 5～15 个虫卵。

十四、无卵黄腺绦虫病

无卵黄腺绦虫病是由裸头科无卵黄腺属（Avitellina）中点无卵黄腺绦虫（A. centripunctata）寄生于绵羊、山羊的小肠中而引起的寄生虫病。经常与莫尼茨绦虫和曲子宫绦虫混合感染。中点无卵黄腺绦虫主要分布于我国西北及内蒙古牧区，西南及其他地区也有报道。

虫体窄而长，可达 2～3m 或更长，宽度仅 2～3mm。头节上有 4 个吸盘，无顶突和小钩。节片极短，且分节不明显。成节内有一套生殖器官，生殖孔左右不规则地交替排列在节片的边缘。睾丸位于纵排泄管两侧。卵巢位于生殖孔一侧。子宫呈囊状，在节片中央。无卵黄腺和梅氏腺。虫卵被包在副子宫器内。虫卵内无梨形器，直径为 21～38μm。

发育史尚不完全清楚，有人认为啮虫类为中间宿主，现已确认弹尾目的长角跳虫（Entomobrya）为其中间宿主。它食入虫卵后，经 20 天可在其体内形成似囊尾蚴，羊食入含似囊尾蚴的小昆虫而受感染，在羊体内约经 1.5 个月的发育变为成虫。

绵羊无卵黄腺绦虫病的发生具有明显的季节性，多发于秋季与初冬季节，且常见于 6 个月以上的绵羊和山羊。有的突然发病，放牧中离群，不食，垂头，几小时后死亡。剖检见有急性卡他性肠炎并有许多出血点，死亡羊只一般膘情均好。

案例分析

【案例一】 诺氟沙星能杀灭绦虫吗？

一散户饲养 38 只波杂羊，其中 1 岁以上的羊 11 只，2～5 月龄的羊 27 只，采用舍饲加放牧的饲养方式，在 7 月中旬有部分幼龄羊只出现食欲不振，离群独卧，后逐渐出现稀便，进而消瘦，血痢，成年羊只没有明显表现，在发病期间首先用诺氟沙星、沙拉沙星治疗，临床症状消失后不久，又出现上述症状，经过三次同样治疗后，发病比例明显增高，其中有 3 只 2～5 月龄的羊只死亡，有 2 只 1.5 岁羊只出现食欲不振，排出带有灰白色米粒大小的虫卵节片，剖检病死羊，肠内容物有绦虫成虫，因此确诊为羊绦虫病，最后用吡喹酮和环丙沙星拌料后七天，羊群恢复正常。

分析：

绦虫寄生在幼龄羊的肠道内，破坏肠壁，给微生物打开了一个入侵通道，从而引起肠道局部炎症。诺氟沙星、沙拉沙星等药物，治疗肠道炎症的效果较好，所以当畜主用诺氟沙星等药物进行治疗时，临床症状立即消失，但这些药物对杀灭绦虫没有任何效果，所以治疗后肠炎反复出现。

【案例二】 动物疫病预防控制中心李某等对青海某县棘球蚴感染情况进行了调查，共调查牛 132 头，阳性 86 头，阳性率为 65.15%，包囊 389 个，平均感染强度 4.52；调查羊 571 只，阳性 362 只，阳性率为 63.4%，包囊 1580 个，平均感染强度 4.36 个；犬细粒棘球绦虫感染率为 28.13%；人包虫感染率为 1.6%。另外，牛、羊棘球蚴病随年龄的增大而增加，而幼年羔羊也

有该病的发生。[摘自《中国畜牧兽医学会 2008 年学术年会——第一届中国兽医临床大会论文集》]

分析：
1. 调查结果表明，此地区为棘球蚴病的高发区。
2. 牛、羊棘球蚴病随年龄的增大而增加，而幼年羔羊也有该病的发生，说明幼年羊只、犊牛也具有易感性。
3. 从历史调查资料查证，本次调查结果绵羊的感染率低于 1991 年的调查（70.45%），这可能与近年来对犬严加管理和数量减少有关。

知识链接

一、莫尼茨绦虫的致病作用

莫尼茨绦虫的致病作用主要表现在机械损伤、夺取营养和毒素作用三方面。

（1）机械损伤　莫尼茨绦虫为大型虫体，长可达 10m，宽可达 2cm 以上，大量寄生时，集聚成团，造成肠腔狭窄，影响食糜通过，甚至发生肠阻塞、肠套叠或扭转，严重时导致肠破裂引起腹膜炎而死亡。

（2）夺取营养　虫体在肠道内生长很快，每昼夜可生长 8cm，必然要从宿主体内夺取大量营养，以满足其生长的需要，故影响幼畜的生长发育，使之迅速消瘦，体质衰弱。

（3）毒素作用　虫体的代谢产物和分泌的毒性物质被宿主吸收后，可引起各组织器官发生炎症和退行性病变，使血液成分改变，红细胞数减少，血红蛋白降低，出现低色素红细胞。中毒作用还破坏神经系统和心脏及其他器官的活动。

二、赖利绦虫的致病作用及其危害

赖利绦虫是鸡的大型绦虫，其致病作用主要是机械刺激、阻塞肠管、代谢产物的毒素作用及夺取鸡的营养物质等。头节小钩的刺激可损伤肠上皮引起肠炎；虫体聚集成团时导致肠阻塞，严重时可引起肠破裂；虫体的代谢产物有时可引起神经症状。

棘沟赖利绦虫致病力最强。其幼虫以其多棘的顶突深入到肠黏膜，导致产生类似于肠结核样病变的寄生虫性肉芽肿结节（鸡结节病），并可使鸡失重 50%。据 Nadakal 等（1973）报道，人工感染 200 个似囊尾蚴后 6 个月，在头节附着处产生的肉芽肿结节直径可达 1~6mm，病鸡同时伴有卡他性增生性肠炎，有淋巴细胞、多形核白细胞和嗜酸粒细胞浸润。四角赖利绦虫也有类似作用，给每只感染 50 个似囊尾蚴后，表现产蛋量下降，体重降低。

三、网上冲浪

1. 畜牧兽医在线：http://www.cnaho.com
2. 农业部动物标识及疫病可追溯体系信息网：http://222.35.252.108
3. 动物标识及疫病可追溯体系信息网：http://222.35.252.108/tracingweb/login/index.aspx

复习思考题

一、简答题

1. 简述绦虫的形态、构造特征和发育史。
2. 列表叙述常见绦虫病的病原形态特征，指出其终末宿主、中间宿主及其寄生部位。
3. 简述猪囊尾蚴病的病原特征和发育史，以及怎样正确诊断和预防猪囊尾蚴病。
4. 简述鸡和水禽绦虫病的病原发育特性及诊断防治要点。
5. 犬、猫常见绦虫病有哪些？如何诊断和防治？防治犬、猫绦虫病有何重要意义？

二、综合分析题

调查本地区对反刍动物危害最严重的绦虫病是什么？该病的流行有何特点？临床上可采取哪些措施进行诊断和防治？

第八章　棘头虫病的诊断与防治技术

知识目标
1. 了解常见棘头虫的形态构造，掌握棘头虫的生活史。
2. 了解猪、鸭棘头虫病的症状，掌握其病理变化及防治措施。

能力目标
1. 通过对棘头虫的形态观察，使学生能正确识别棘头虫的形态特点。
2. 通过对棘头虫病典型病例剖检及分析，使学生能正确诊断和防治棘头虫病。

指南针

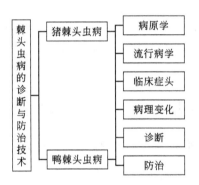

第一节　猪棘头虫病

猪棘头虫病是由少棘科巨吻属的蛭形巨吻棘头虫寄生于猪小肠（主要是空肠）内引起的疾病。主要特征为下痢，粪便带血，腹痛。

一、病原学

1. 形态构造

蛭形巨吻棘头虫是寄生于猪小肠内的大型虫体之一。虫体呈乳白色或淡红色，长圆柱形，前部较粗，后部逐渐变细；体表有横皱纹；头端有1个可伸缩的吻突，上有5~6行小棘，每列6个。雄虫长7~15cm，雌虫长30~68cm。虫体无消化器官，营养来源主要依靠体表的微孔吸收。其幼虫棘头蚴的头端有4列小棘，第1、2列较大，第3、4列较小；棘头囊长3.6~4.4mm，体扁，白色，吻突常缩入吻囊，肉眼可见。虫卵呈长椭圆形，深褐色，两端稍尖，卵内含有棘头蚴。卵壳壁厚，由4层组成，外层薄而无色，易破裂；第2层厚，褐色，有皱纹；第3层为受精膜；第4层不明显。虫卵大小为（89~100）μm×（42~56）μm，平均为917μm×47μm。

2. 生活史

（1）中间宿主　金龟子及其他甲虫。

(2) 终末宿主　猪，也感染野猪、犬和猫，偶见于人。

(3) 发育过程　雌虫所产虫卵随终末宿主粪便排出体外，被中间宿主的幼虫吞食后，虫卵在其体内孵化出棘头蚴，棘头蚴穿过肠壁，进入体腔内发育为棘头体，棘头体继续发育为具有感染性的棘头囊。猪吞食了含有棘头囊的中间宿主的幼虫或成虫而感染。棘头囊在猪的消化道中脱囊，通过吻突附着于肠壁上发育为成虫（图8-1）。

(4) 发育时间　幼虫在中间宿主体内的发育时间差异较大，如果甲虫幼虫在6月份以前感染棘头卵，则棘头蚴可在其体内经3个月发育成具有感染性的棘头囊；如果在7月份以后感染，则需要经过12～13个月才能发育成具有感染性的棘头囊。棘头囊发育为成虫需2.5～4个月。

(5) 成虫寿命　成虫在猪体的寿命为10～24个月。

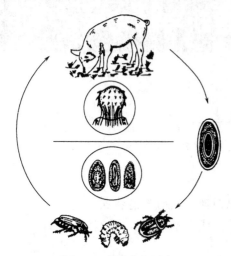

图8-1　棘头虫生活史

二、流行病学

(1) 感染源　患病猪或带虫猪排出带有虫卵的粪便。

(2) 感染途径　终末宿主经口感染。主要是因猪吞食了含有棘头囊的甲虫幼虫、蛹或其他幼虫而感染。放牧猪比舍饲猪感染率高，后备猪比仔猪感染率高。

(3) 易感动物　猪。

(4) 流行特点

① 抵抗力强　虫卵对外界环境的抵抗力很强，在高温、低温以及干燥或潮湿的气候条件下均可长时间存活。

② 繁殖力强　雌虫繁殖力很强，1条雌虫每天产卵26万～68万，产卵持续时间可达10个月，排卵数量大，对环境污染严重。

③ 分布广泛　我国各地普遍流行。

④ 季节性强　感染季节与金龟子的活动时期有着密切的关系，金龟子一般出现在每年3～7月。

三、临床症状

临床症状随感染强度和饲养条件不同而有差异。感染虫体数量少，不表现明显症状；若感染数量较多时，主要表现为：食欲减退、异常，可视黏膜苍白，腹泻，粪内混有血液，肠壁溃疡；严重病例肠壁穿孔，继发腹膜炎时，则体温升高（41～41.5℃），腹痛，不食，抽搐，大多数病例预后不良。

四、病理变化

剖检病猪可见尸体消瘦，黏膜苍白。空肠和回肠浆膜上有灰黄色或暗红色小结节，其周围有红色充血带，肠黏膜充血、出血，肠壁增厚，有溃疡病灶。严重感染时，肠道可见虫体，可能出现肠壁穿孔而引起腹膜炎。

五、诊断

根据流行病学、临床症状，以直接涂片法或沉淀法检查粪便中的虫卵即可确诊。卵呈长椭圆形，深褐色，两端稍尖，大小为（89～100）$\mu m \times$（42～56）μm。

六、防治

1. 预防措施

流行地区的猪应定期驱虫，每年春、秋季各 1 次，以消灭感染来源；在本病流行地区，猪必须圈养（尤其在甲虫活跃季节）；加强猪粪便的无害化处理，切断传播途径；加强饲养管理，消灭中间宿主。

2. 治疗

常用药物如下。

（1）左旋咪唑　猪 8mg/kg 体重，经口给予，或按猪 4～68mg/kg 体重肌内注射，每天一次，连用 2 天。

（2）丙硫苯咪唑　猪 5mg/kg 体重，混入调料，或配成混悬液给药，每天一次，连用 2 天。

第二节　鸭棘头虫病

鸭棘头虫病是由多形科多形属和细颈科细颈属的棘头虫寄生于鸭小肠内引起的疾病。主要特征为肠炎、血便。鹅、天鹅、游禽和鸡亦可成为其宿主。

一、病原学

1. 形态构造

（1）多形科的特点　虫体体表有刺，吻突为卵圆形，吻囊壁双层，黏液腺一般为管状。多形属的虫体主要有以下几种。

① 大多形棘头虫（*Polymorphus magnus f*）　虫体橘红色，呈前端大、后端狭细的纺锤形，吻突小。雄虫长 9.2～11mm，交合伞呈钟形，内有小的阴茎。雌虫长 12.4～14.7mm。卵呈长纺锤形，虫卵大小为 $(113～129)\mu m \times (17～22)\mu m$。

② 小多形棘头虫（*P. minutus*）　新鲜虫体橘红色，纺锤形。雄虫长约 3mm，雌虫长约 10mm。吻部卵圆形，吻囊发达（图 8-2）。虫卵细长，具有 3 层卵膜，大小为 $(107～111)\mu m \times 18\mu m$。

③ 腊肠状多形棘头虫（*P. botulus*）　虫体纺锤形，吻突球状。雄虫长 13～14.6mm。雌虫长 15.4～16mm。虫卵呈长椭圆形，有 3 层同心圆的外壳，大小 $(71～83)\mu m \times 30\mu m$。

④ 四川多形棘头虫（*P. sichuanensis*）　虫体短钝圆柱形，吻突类球形。雄虫长 7～9.6mm。雌虫长 8.8～14mm。虫卵呈椭圆形，内含幼虫。虫卵大小为 $(78～86)\mu m \times (24～32)\mu m$。

（2）细颈科虫体的特点　虫体颈细长，黏液腺梨状、肾状或管状。细颈属的主要虫种如下。

鸭细颈棘头虫（*Filicollis anatis*）　呈纺锤形，前部有小刺，吻突上吻钩细小，体壁薄而呈膜状。雄虫白色，长 4～6mm，吻突椭圆形。雌虫黄白色，长 10～25mm，吻突膨大呈球形。虫卵呈卵圆形，卵膜 3 层，棘头蚴全身有小棘。虫卵大小为 $(62～75)\mu m \times (20～25)\mu m$。

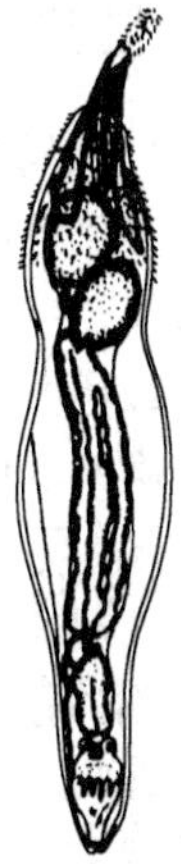

图 8-2　多形棘头虫

2. 生活史

（1）中间宿主　大多形棘头虫的中间宿主为湖沼钩虾；小多形棘头虫的中间宿主为蚤形钩虾、河虾和罗氏钩虾；腊肠状多形棘头虫的中间宿主为岸蟹；鸭细颈棘头虫的中间宿主为栉水蚤。

(2) 发育过程　虫卵随终末宿主粪便排出，被中间宿主吞食后发育为具有感染性的棘头囊，鸭吞食含有棘头囊的中间宿主感染，棘头囊在鸭的消化道中脱囊，通过吻突附着于肠壁上发育为成虫。

(3) 发育时间　被吞食的虫卵在中间宿主体内发育为棘头囊需 54~60 天；棘头囊在鸭体内发育为成虫需 27~30 天。

二、流行病学

(1) 感染来源　主要为患病或带虫鸭，虫卵存在于粪便中。

(2) 传播途径　经口感染。

(3) 易感动物　鸭易感，鹅、天鹅、游禽和鸡亦可成为其宿主。

(4) 流行特点　不同种鸭棘头虫的地理分布不同，多为地方性流行。春、夏季流行，部分感染性幼虫可在钩虾体内越冬。

三、临床症状

主要表现为肠炎、下痢、消瘦、生长发育受阻。当继发细菌感染时，出现化脓性肠炎，雏鸭表现明显，严重感染者可引起死亡。

四、病理变化

棘头虫以吻突牢固地附着在肠黏膜上，引起卡他性肠炎，肠壁浆膜可见肉芽组织增生的结节，黏膜面上可见虫体和不同程度的创伤。有时吻突深入黏膜下层，甚至穿透肠壁，造成出血、溃疡，严重者可穿孔。

五、诊断

根据流行病学、临床症状、粪便检查发现虫卵或剖检发现虫体即可确诊。

六、防治

1. 预防措施

对流行区的鸭进行预防性驱虫；雏鸭与成年鸭分开饲养；选择未受污染或没有中间宿主的水域放牧；加强饲养管理，饲喂全价饲料以增强抗病力。

2. 治疗

病鸭可用四氯化碳驱虫，用量为 0.5mg/kg 体重，用小胶管灌服，具有较好的疗效。

案例分析

【案例】　从四川省某县 5 乡 11 村 3011 家养猪农户中选 7528 头 50kg 架子猪进行猪蛭形巨吻棘头虫病治疗试验。共分 3 批试验。第 1 批是类检选出 30 头棘头虫病阳性猪。10 头不服药对照。20 头服硝硫氰醚 20mg/kg 体重，隔 1 天 1 次，共服 3 次。20 天后粪检 EPG，服药组 EPG 均明显减少 50.6%~100%。5 个月后称重，服药组猪平均比对照组猪增重 25.6kg/只。第 2、3 批作普治试验，共治疗 4268 头架子猪。[来源向丕元，李远忠. 硝硫氰醚防治猪巨吻棘头虫病. 中国兽医寄生虫病，2004，13 (4): 315]

分析：

1. 棘头虫病阳性猪经口给予硝硫氰醚，20 天后粪检 EPG 明显减少 50.6%~100%，由此可见，经口给予硝硫氰醚 20mg/kg 体重，对治疗猪棘头虫病有良好的疗效。

2. 用药 5 个月后称重，服药组猪平均比对照组猪增重 25.6kg/只，可见猪棘头虫病严重影响猪的生产性能。本病不仅是危害猪的主要寄生虫病之一，而且是一种人畜共患病，应引起高度重视。

知识链接

网上冲浪

1. 中国养殖技术信息网：http://www.22yz.com
2. 中国兽药114网：http://www.ar114.com.cn
3. 中国兽药资源网：http://www.shouyao114.com

复习思考题

一、简答题

1. 试述猪棘头虫的形态构造特点及发育过程。
2. 试述猪棘头虫病的诊断及防治措施。
3. 试述鸭棘头虫生活史、疾病症状、诊断及防治措施。

二、综合分析题

某猪场为防止外来人员入侵，夜间长期使用照明灯。前几天猪群突然发病，造成猪只死亡6头，根据发病情况、剖检病变和实验室检验结果，确诊为因夜间照明诱来了棘头虫的中间宿主——金龟子，猪吞食了金龟子而感染猪棘头虫病。请根据上述情况，为该猪场制订一个有效的治疗方案。

第九章 原虫病的诊断与防治技术

知识目标

1. 了解原虫的一般形态结构,掌握主要原虫的形态结构、生活史、流行病学、临床症状和剖检病变等特征,从而掌握动物主要原虫病的诊断方法。

2. 了解当地主要原虫病的流行规律,掌握其综合防治措施。

能力目标

1. 通过对主要原虫病病原的形态结构、生活史、流行病学、临床症状和剖检病变等特征的认识,使学生能正确诊断主要原虫病。

2. 通过对某些原虫病的典型案例的诊断和分析,培养学生综合分析和诊断疾病的能力。

指南针

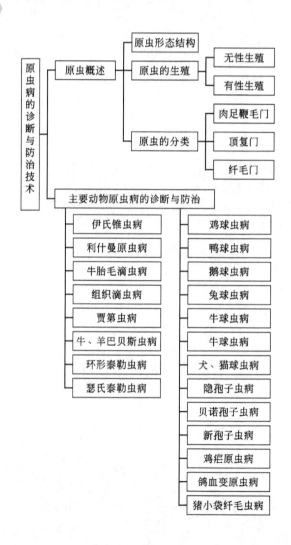

第一节 原虫概述

原虫属原生动物门，是单细胞动物，具有完整的生理功能，代表着动物演化的原始状态。在自然界，原虫以自生、共生或寄生的方式广泛存在于水、土壤、腐败物以及生物体内。与兽医有关的原虫约数十种，大多数为寄生或共生类型。家畜体内的原虫分布在宿主腔道、体液或内脏组织中，有些是细胞内寄生的。

一、原虫形态构造

1. 基本形态构造

虫体微小，大小由 2~3μm 至 100~200μm 不等。形态因种而异，在生活史的不同阶段，形态也可完全不同，有的呈长圆形，有的呈椭圆形或梨形（如阿米巴原虫）。

（1）细胞膜　是由3层结构的单位膜组成，能不断更新，胞膜可保持原虫的完整性，并参与摄食、营养、排泄、运动、感觉等生理活动。有些寄生性原虫的胞膜带有多种受体、抗原、酶类，甚至毒素。

（2）细胞质　也称胞浆。中央区的细胞质称为内质，周围区的称为外质。内质呈溶胶状态，含有细胞核、线粒体、高尔基体等。外质呈凝胶状态，具有维持虫体结构的作用。鞭毛、纤毛的基部均包埋于外质中。

（3）细胞核　在光镜下，原虫细胞核外表变化很大，除纤毛虫外（纤毛虫的核为浓集核），大多数均为囊泡状，其特征为染色质分布不均匀，在核液中出现明显的清亮区，染色质浓缩于核的周围区域或中央区域。有一个或多个核仁（图9-1）。

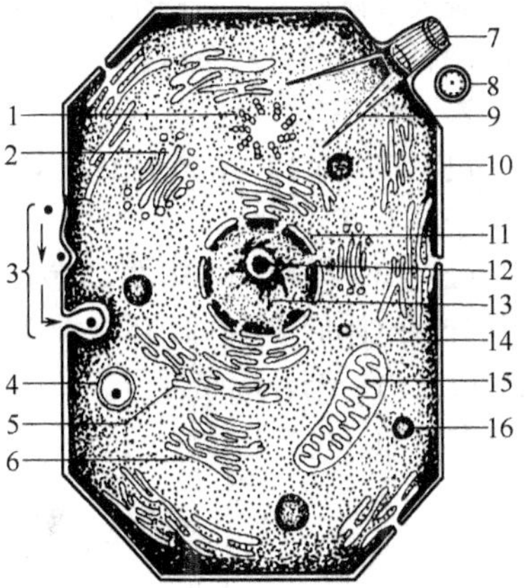

2. 运动器官

原虫运动器官有鞭毛、纤毛、伪足和波动嵴。

（1）鞭毛　鞭毛很细，呈鞭子状。由中央的轴丝和外鞘组成。外鞘是细胞膜的延伸。轴丝由9个外周微管和2个中央微管组成。中央微管也有鞘。由中央的轴丝和外鞘构成。轴丝起始于细胞质中的1个小颗粒，称为毛基体。鞭毛可以做多种形式的运动，快与慢，前进与后退，侧向或螺旋形。

图 9-1　原虫模式图
1—中心粒；2—高尔基复合体；3—胞饮作用；4—饮液小泡；5—平滑型内质网；6—粗糙型内质网；7—鞭毛或纤毛；8—鞭毛或纤毛；9—鞭毛支根；10—表膜；11—核膜；12—核仁；13—核质；14—胞质；15—线粒体；16—溶酶体

（2）纤毛　纤毛的结构与鞭毛相似，但纤毛较短，密布于虫体表面。此外，纤毛与鞭毛不同的地方是运动时的波动方式。纤毛平行于细胞表面推动液体，鞭毛平行于鞭毛长轴推动液体。

（3）伪足　伪足是肉足鞭毛亚门虫体的临时性器官，它们可以引起虫体运动以捕获食物。

（4）波动嵴　波动嵴是孢子虫定位的器官。只有在电子显微镜下才可见到。

3. 特殊细胞器

一些原虫有动基体和顶复合器等特殊的细胞器。

（1）动基体　呈点状或杆状，位于毛基体后，与毛基体相邻但不相连。动基体是一个重要的生命活动器官，而非仅仅是传统意义上的分类依据。

（2）顶复合器　是顶复门原虫在生活史的某些阶段所具有的特殊结构。只有在电镜下才能观察到。典型的顶复合器一般含有一个极环、多个微线、数个棒状体、多个表膜下微管、一个或多个微孔、一个类锥体。在寄生虫侵入宿主细胞时，往往是顶复合器一端与宿主细胞接触。顶复合器与虫体侵入宿主细胞有着密切的关系。

二、原虫的生殖

原虫的生殖有无性生殖和有性生殖两种方式。

1. 无性生殖

（1）二分裂　分裂由毛基体开始，依次为动基体、核、细胞，形成两个大小相等的新个体。鞭毛虫为纵二分裂，纤毛虫为横二分裂。

（2）裂殖生殖　亦称复分裂。细胞核先反复分裂，胞浆向核周围集中，产生大量子代细胞。其母体称为裂殖体，后代称为裂殖子。1个裂殖体内可含有数十个裂殖子。球虫常以此方式繁殖。

（3）孢子生殖　是在有性生殖的配子生殖阶段形成合子后，合子所进行的复分裂。经孢子生殖，孢子体可形成多个子孢子。

（4）出芽生殖　分为外出芽和内出芽两种形式。外出芽生殖是从母细胞边缘分裂出1个子个体，脱离母体后形成新的个体。内出芽生殖是在母细胞内形成两个子细胞，子细胞成熟后，母细胞破裂释放出两个新个体。

2. 有性生殖

（1）接合生殖　两个虫体结合，进行核质交换，核重建后分离，成为两个含有新核的个体。多见于纤毛虫。

（2）配子生殖　虫体在裂殖生殖过程中出现性分化，一部分裂殖体形成大配子体（雌性），一部分裂殖体形成小配子体（雄性）。大、小配子体发育成熟后分别形成大、小配子，小配子进入大配子内，结合形成合子。1个小配子体可产生若干小配子，而1个大配子体只产生1个大配子（图9-2）。

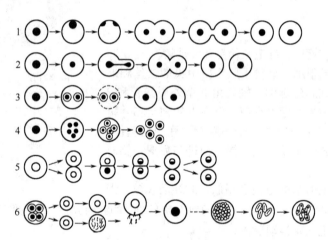

图 9-2　原虫繁殖示意图
1—二分裂；2—外出芽生殖；3—内出芽生殖；4—裂殖生殖；
5—接合生殖；6—配子生殖

（3）滋养体和包囊形成　原虫除了上述的各种繁殖方式外，有一些原虫在其生活过程中，常常是虫体本身形成一层较厚的外膜，使虫体具有较强的抵抗力，即包囊（Cyst）。处于包囊内的虫体，其生理上处于暂时的休止阶段，常成为可传播（感染）阶段。

在生活期或运动期的虫体，特别是不断吸取外界营养而生长的虫体，称为滋养体（Trophozoite）。

三、原虫的分类

目前，已记录的原生动物有 65000 多种，其中，10000 多种营寄生生活，故原虫分类十分复杂，始终处于动态之中，至今尚未统一。随着分子生物学技术在原生动物分类上的应用，为从基因水平上建立理想的分类系统提供了依据。在此根据原虫分类学家推荐的分类系统，列出与动物医学有关的部分。在这一分类系统中，原生动物为原生生物界的 1 个亚界。

肉足鞭毛门 Sarcomastigophora
 鞭毛亚门 Mastigophorea
  动鞭毛纲 Zoomastigophorea
   动基体目 Kinetoplastida
   锥体亚目 Trypanosomatina
    锥体科 TryPanosomatidae 利什曼属 *Leishmania*
               锥体属 *Trypanosoma*
 双滴虫目 Diplomonadina
 双滴虫亚目 Diplomonadina
  六鞭科 Hexamitidae 贾第属 *Giardia*
 毛滴虫目 Trichomonadida
  毛滴虫科 Trichomonadidae 三毛滴虫属 *Tritrichomonas*
  单毛滴虫科 Monocercomonadidae 组织滴虫属 *Histomonas*

顶复门 Apicomplexa
孢子虫纲 Sporozoea
 球虫亚纲 Coccidia
  真球虫目 Eucoccidiida
   艾美耳亚目 Eimerina
    艾美耳科 Eimeriidae 艾美耳属 *Eimeria*
             等孢属 *Isospora*
             温扬属 *Wenyonella*
             泰泽属 *Tyzzeria*
    隐孢子虫科 Cryptosporidiadae 隐孢子属 *Cryptosporidium*
    肉孢子虫科 Sarcocystidae 肉孢子虫属 *Sarcocystis*
               弓形虫属 *Toxoplasma*
               贝诺孢子虫属 *Besnoitia*
               新孢子虫属 *Neospora*
   血孢子虫亚目 Haemosporina
    疟原虫科 Plasmodiidae 疟原虫属 *Plasmodium*
    血变原虫科 Haemoproteidae
    住白细胞虫科 Leucocytozoidae
 梨形虫亚纲 Piroplasmia
  梨形虫目 Piroplasmida
   巴贝斯科 Babesia 巴贝斯属 *Babesia*
   泰勒科 Theileriidae 泰勒属 *Theileria*

纤毛门 Ciliphora
 动基裂纲 Kinetofragminophorea

前庭亚纲 Vestibuliferia
  毛口目 Trichostomatida
    毛口亚目 Trichostomatina
      小袋科 Balantidiidae 小袋虫属 *Balantidum*

第二节　主要动物原虫病的诊断与防治

一、伊氏锥虫病

伊氏锥虫病（又名苏拉病）是由锥虫科锥虫属（*Trypanosoma*）的伊氏锥虫（*T. evansi*）寄生于马、骡、牛、水牛、骆驼和犬等动物体内引起的。由吸血昆虫机械地传播。临床特征为高热、贫血、黏膜出血、黄疸和神经症状等。马、骡、驴等发病后常取急性经过，若不及时治疗，死亡率可达100%。牛和骆驼感染后大多数为慢性过程，有的呈带虫现象。

1. 病原学

（1）形态结构　伊氏锥虫为单型性虫体，长18～24μm，宽1～2μm，平均为24μm×2μm，呈卷曲的柳叶状，前端尖锐，后端稍钝。虫体中央有一个椭圆形的核，后端有1点状动基体（或称运动体），靠近动基体的前方有1个生毛体，自生毛体长出一根鞭毛，沿虫体表面螺旋式地向前延伸为游离鞭毛，鞭毛与虫体之间有薄膜相连，虫体运动时鞭毛旋转，此膜也随着波动，所以称波动膜。虫体的胞浆内可见到空泡和染色质颗粒。在吉姆萨染色的血片中，虫体的细胞核和动基体呈深红色，鞭毛呈红色，波动膜呈粉红色，原生质呈淡天蓝色（图9-3）。

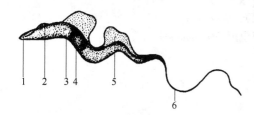

图9-3　伊氏锥虫形态构造
1—动基体；2—鞭毛；3—空泡；4—核；
5—波动膜；6—游离鞭毛

（2）生活史　伊氏锥虫主要寄生于血浆内（包括淋巴液），并且随着血液进入脏器组织肝、脾、淋巴结等，在病的后期还能侵入脑脊液中。锥虫在宿主体内进行分裂增殖，一般沿虫体长轴纵分裂，由1个分裂成2个，有时亦分裂成3个或4个。分裂时先从动基体1分为2，并从其中1个产生新的鞭毛。继而核分裂，新鞭毛继续增长，以至成为两个核和两根鞭毛，最后胞浆沿体长轴由前端向后端分裂成两个新虫体。锥虫靠渗透作用吸收营养。

2. 流行病学

（1）传染源　本病的传染来源是带虫动物。包括隐性感染和临床治愈的病畜。此外，狗、猪、某些野生动物及啮齿类动物都可以作为保虫者。

（2）传播途径　主要由虻类和吸血蝇类机械性地传播。伊氏锥虫在这些昆虫体内不发育繁殖，只能短时间生存（在虻体内能生活22～24h，在厩蝇体内能生活22h）。已证实的传播媒介为虻属、麻蝇属、螫蝇属、角蝇属和血蝇属等。这些吸血昆虫吸食了病畜或带虫动物的血液，又去咬健畜时，便把锥虫传给健康动物。此外实验证明伊氏锥虫能经胎盘感染。也还有狗和虎等食肉动物，由于采食带虫动物的生肉而感染的报道。在疫区给家畜采血或注射时，如不注意消毒也可传播本病（图9-4）。

（3）易感动物　伊氏锥虫有广泛的宿主群；马属动物对伊氏锥虫易感性最强；牛、水牛、骆驼较弱。各种试验动物如大白鼠、小白鼠、豚鼠、家兔和犬、猫等均有易感性，其中以小白鼠和犬易感性较强。很多种野生动物对此虫有易感性，国内曾有虎和鹿感染的报道。

（4）流行特点　伊氏锥虫的发病季节和流行地区与吸血昆虫的出现时间和活动范围相一致。主要分布于亚洲和非洲，常呈地方性流行，在我国内蒙古、河北、北京、天津、宁夏、新疆、重庆、湖北、河南、山东、江苏、安徽、上海、浙江、江西、湖南、台湾、广东、广西、海南、贵州、云南等省区均有报道。在中国南方各省流行相当严重，造成大批家畜死亡。在牛和一些耐受性较强的动物，吸血昆虫传播后，动物常感染但不发病，待到枯草季节或抵抗力下降时，才发病。

伊氏锥虫在外界环境中抵抗力很弱，干燥、阳光直射都能使其很快死亡。消毒水和常水均能使虫体立即崩解。锥虫对热敏感，50℃经5min即被杀死。抗凝血中可生存5～6h，在－2～4℃条件下可生活1～4天。

图9-4 伊氏锥虫的传播途径

3. 致病作用

主要是锥虫毒素对机体的毒害作用。虫体侵入机体后，经淋巴和毛细血管进入血液和造血器官发育繁殖，虫体增多，同时产生大量有毒的代谢产物；而锥虫自身又相继死亡释放出毒素，这些毒素作用于中枢神经系统，引起功能障碍如体温升高和运动障碍；进而侵害造血器官——网状内皮系统和骨髓，使红细胞溶解和再生障碍，导致红细胞减少，出现贫血。随着红细胞溶解，不断游离出来的血红蛋白大部分积滞在肝脏中，转变为胆红素进入血流，引起黏膜和皮下组织黄染。心肌受到侵害，引起心脏功能障碍；毛细血管壁被侵害，通透性增高，导致水肿。由于肝功能受损，肝糖原不能进行贮存，所以致病的后期出现低血糖和酸中毒。中枢神经系统被侵害，引起精神沉郁甚至昏迷等症状。

4. 临床症状

各种动物易感性不同症状也不同。

马属动物呈急性发作，潜伏期5～11天。体温呈典型的间歇热型，食欲减退，呼吸急促，脉搏加快，间歇期症状减轻。反复数次后，表现消瘦，眼结膜充血，或黄染，或变为苍白，眼内有脓性分泌物。红细胞数明显减少。常见体表水肿。后期昏睡，步态强拘、不稳，尿量减少，尿色深黄、黏稠。末期出现神经症状。重者死亡。

牛感染后多呈现慢性经过，症状与马相似，只是较为缓和或不明显。母牛感染时，常见流产、死胎或泌乳量减少，甚至停乳。经胎盘感染的犊牛可于出生后2～3周急性发作死亡。

5. 病理变化

皮下水肿和胶样浸润明显，多在胸前、腹下。体表淋巴结肿大、充血，断面呈髓样浸润。血液稀薄，凝固不全。胸、腹腔内有大量的浆液性液体。骨骼肌混浊肿胀，呈煮肉样。脾脏有时急性肿胀，有时慢性肿胀，脾髓常呈锈棕色。肝脏肿大、淤血、脆弱，切面呈淡红色或灰褐色，肉豆蔻状，小叶明显。

6. 诊断

根据流行病学、症状、血液学检查、病原学检查和血清学诊断，进行综合判断，但以病原学检查最为可靠。但由于虫体在末梢血液中出现有周期性，且血液中虫体数量忽多忽少，因此即使病畜也必须多次检查才能发现虫体。

(1) 流行病学诊断 在流行区的多发季节，发现可疑病畜，应进一步考虑是否为本病。

(2) 临床检查 应注意体温变化，每天早、晚测温，并在体温升高时进行虫体检查。怀疑本病时可试用特效药物进行诊断性治疗，如用药后两三天内症状显著减轻即可确诊。

(3) 病原检查 病原检查方法有下列数种。

① 压滴标本检查 耳静脉或其他部位采血一滴，于干净载玻片上，加等量生理盐水，混合

后，加盖玻片于高倍镜下检查。如为阳性可在红细胞间见到有活动的虫体。此法检查时，因血片未经染色，故采光时，视野应较暗，方易发现虫体。

② 血片检查　按常规制成血涂片，用吉姆萨或瑞氏染色后，镜检。

③ 试管采虫检查　采血于离心管中，加抗凝剂，以1500r/min离心10min，则红细胞下沉于管底，因白细胞和虫体较轻故位于红细胞沉淀的表面，用吸管吸取沉淀的表层，涂片、染色、镜检，可提高虫体检出率。

④ 毛细管集虫检查　先将毛细管（内径0.8mm、长12cm）以肝素处理，吸入病畜血液插入橡皮泥中，以3000r/min离心5min，而后将毛细管平放于载玻片上，以10×10倍显微镜下，检查毛细管中红细胞沉淀层的表层，即可见有活动的虫体。

(4) 血清学诊断　诊断方法种类很多，用乳胶凝集试验（LAT）或酶联免疫吸附试验可检测伊氏锥虫抗原。也有报道用聚合酶链反应检测；我国已研制反向间接血凝试验（RIHA）诊断试剂盒。血清学试验有诊断价值，但不能区分是现症感染还是既往感染。已经报道血清学技术酶联免疫吸附试验、荧光抗体试验以及改良卡片凝集试验（MAT）等。

(5) 动物接种试验　用上述方法均不能确诊时，可用疑似动物的血液0.2～0.5ml，接种于实验动物（小白鼠、天竺鼠、家兔等）的腹腔或皮下。小白鼠和天竺鼠每隔1～2天采血检查1次，家兔每隔3～5天检查1次。如连续检查1个月以上（小白鼠半个月），仍不出现虫体，可判为阴性。大多数情况，如疑似病畜确属阳性，动物接种后一般均能出现虫体。

要注意和传染性贫血、梨形虫病相区别。

7. 防治

(1) 预防措施　经常注意观察动物采食和精神状态，发现异常随即进行临床检查和实验室诊断，尽早确诊，及时治疗。

长期外出或由疫区调入的家畜，需隔离观察20天，确定健康后，方可使役和混群。改善饲养管理条件，搞好畜舍及周围环境卫生，消灭虻、蝇等吸血昆虫。准备进入疫区的易感动物，需进行预防注射。定时在家畜体表喷洒灭害灵等拟除虫菊酯类杀虫剂，以减少虻、蝇叮咬。

药物预防常用安锥赛预防盐，注射一次有效期为3.5个月。一般仅用于当年或头一年发过病的单位，这样既可防止锥虫产生抗药性，又可节约药品。配制时先在200ml玻璃瓶内装入灭菌蒸馏水120ml，然后加入安锥赛预防盐35g，用力振荡10min，再加灭菌蒸馏水补足全量(150ml)，充分振荡后即可使用。剂量：体重150kg以下，按0.5ml/kg体重；体重150～200kg用10ml；体重200～350kg用15ml；350kg以上用20ml。注射后有的马会出现腹痛、出汗、呼吸迫促和心搏动亢进等副作用。为减轻副作用可在注射前15min，颈部皮下注射0.5％普鲁卡因80～100ml。拜耳205亦可供预防用，预防期为1.5～2个月。

(2) 治疗　治疗时的注意事项：治疗要早；用药量要足；观察时间要长，防止过早使役。一般临床治愈4～14周后，红细胞数才能恢复到正常，过早使役易复发。

治疗时可选用下列药物：

① 拜耳205（那加诺，萘磺苯酰脲、苏拉明）；

② 安锥赛（抗锥灵、喹嘧胺）；

③ 贝尼尔（血虫净、三氮脒）。

上述药物可单独使用，也可两种药物交替使用。

除使用特效药物外，还应根据病情，进行强心、补液、健胃缓泻等对症治疗，尤其是应加强护理，改善饲养条件，促进早日康复。治疗后应注意观察疗效，有复发可能时，应再次治疗。

二、利什曼原虫病

利什曼原虫病又称黑热病（Kala-azar），虫体寄生于网状内皮细胞内，由吸血昆虫——白蛉传播，是流行于人、犬以及多种野生动物的重要人畜共患寄生虫病。引起的病症可分为内脏型和皮肤型，其重要致病虫种为：热带利什曼原虫（Leishmania tropica）、杜氏利什曼原虫（L. donovani）、巴西利什曼原虫（L. braziliensis）。该病广泛分布于世界各地，曾流行于我国长江以北的 15 个省、市、自治区，死亡率高达 40%，成为我国人群中五大寄生虫病之一。近年来，主要发生于新疆、内蒙古、甘肃、四川、陕西、山西 6 个省、自治区。新疆和内蒙古均证实有黑热病自然疫源地。

1. 病原学

（1）形态结构 杜氏利什曼原虫寄生于病犬的血液、骨髓、肝、脾、淋巴结等网状内皮细胞中。在犬体内的虫体称为无鞭毛体（利杜体），呈圆形，直径 2.4～5.2μm，有的呈椭圆形，大小为 (2.9～5.7)μm×(1.8～4.02)μm。用瑞氏染色后，原生质呈浅蓝色，胞核呈红色圆形，常偏于虫体一端，动基体紫红色细小杆状，位于虫体中央或稍偏于另一端。在传播媒介（白蛉）体内的虫体，称为前鞭毛体，呈细长的纺锤形，长 12～16μm，前端有一根与体长相当的游离鞭毛，在新鲜标本中，可见鞭毛不断摆动，虫体运动非常活泼（图 9-5、图 9-6）。

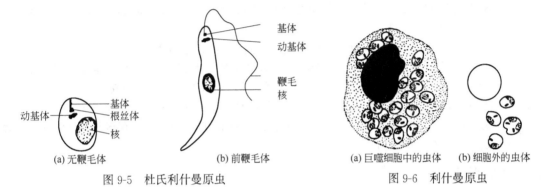

图 9-5 杜氏利什曼原虫　　　　　　图 9-6 利什曼原虫

（2）生活史 当雌性白蛉吸食病犬（人）的血液时，无鞭毛体被摄入白蛉胃中，随后在白蛉消化道内发育为前鞭毛体，并逐渐向白蛉的口腔集中，当白蛉再吸健康犬或其他动物血液时，成熟的前鞭毛体便进入健康犬的体内，而后失去游离鞭毛成为无鞭毛体，随血液循环到达机体各部，无鞭毛体被巨噬细胞吞噬后在其中分裂繁殖。

2. 致病作用及症状

虫体侵入机体后，在巨噬细胞内大量繁殖，使巨噬细胞大量被破坏和大量增生等从而发生一系列病理变化，在受侵害的器官和组织内可见到大量的巨噬细胞被利什曼原虫寄生。同时浆细胞也大量增加。细胞增多是脾、肝、淋巴结肿大的主要原因，有些因脾肿大出现腹水，其中以脾肿大最为常见。

本病潜伏期数周或数月甚至 1 年以上。病犬早期都没有明显症状，有时在其鼻、眼间、耳壳上、背部或尾端有类似疥疮或脂螨样的症状，但毛根处皮肤正常，不痒，脱毛一般都不严重，但皮下层增厚而较软；如脱毛则其皮脂外溢出现白色鳞屑现象，以致皮肤增厚后形成结节或有溃疡。常伴有食欲不振、精神委靡、消瘦、贫血及嗓音嘶哑等症状。有时（通常是幼犬）有中度体温波动，并呈现进行性贫血和消瘦。可自然康复也可衰竭而死。

3. 诊断

病原检查：确定病犬是否患黑热病，必须以能否发现病原体为依据，常用的病原检查法如下。

（1）穿刺检查 穿刺骨髓、淋巴结，抽出物作涂片镜检，是本病常用的检查方法。

（2）皮肤活体组织检查 皮肤上有结节，疑似皮肤型黑热病时，可用注射针头刺破皮肤，挑取少许组织，或用手术刀切一小口，刮取少许组织，涂片染色镜检，若发现杜氏利什曼原虫即可确诊。另外，免疫过氧化物酶染色可能有利于皮肤病变中无鞭毛体鉴定。

(3) 血清学诊断　用间接血凝试验、酶联免疫吸附试验、凝集试验、免疫电泳试验等进行诊断。血清学试验可能会得到假阳性或假阴性结果。寄生利什曼原虫的某些犬可能不存在抗体，虽然有该病临床症状的犬很少出现这种情况。此外，外表健康的血清阳性犬10%~20%会没有临床症状而虫体暂时消失。

PCR检测骨髓和其他组织活检样品中的利什曼原虫DNA将来可能成为犬利什曼原虫病非常敏感和特异的常规诊断方法。

4. 防治

目前，对于利什曼原虫病没有有效的预防药物和疫苗。在本病的流行区，应加强对犬粪的管理，定期对犬进行检查，并结合应用菊酯类杀虫药定期喷洒犬体以杀灭白蛉。

犬利什曼原虫病治疗难度大，几乎没有一种药物可以完全清除虫体。疾病复发需重新治疗已成为一个规律。五价锑剂、别嘌醇等可用于治疗犬利什曼原虫病。

(1) 甲葡胺锑　犬按100mg/kg体重，皮下注射或静脉注射，间隔24h，连用3~4周。

(2) 葡萄糖酸锑钠（国产制剂为斯锑黑克）　犬按30~50mg/kg体重，皮下注射或静脉注射，间隔24h，连用3~4周。

(3) 别嘌醇　犬按15mg/kg体重，经口给予，间隔12h，连用26周。

临床应用表明别嘌醇结合五价锑剂治疗比葡萄糖酸锑钠单独使用更有效。也曾使用两性霉素B、酮康唑和伊曲康唑，或其他抗原虫药物重氮氨苯脒，并取得不同程度的成功。

如果犬有严重的肾衰竭，在用锑制剂之前必须恢复体液和酸碱平衡。在最初几天内应该给予较低剂量的抗微生物治疗和消炎，避免使用引起免疫抑制的糖皮质激素。在这些病例中优先选择低毒性的别嘌醇而不是锑制剂。

三、牛胎毛滴虫病

牛胎毛滴虫病是毛滴虫科、毛滴虫属（*Trichomonas*）的牛胎毛滴虫（*T. foetus*）寄生于牛的生殖器官而引起的。本病的主要特征是在乳牛群中引起早期流产、不孕和生殖系统炎症，给养牛业带来很大经济损失。该病分布于欧洲、北美、非洲、亚洲、澳洲等地。我国也时有发生。

1. 病原学

(1) 形态结构

牛胎毛滴虫呈瓜子形，短的呈纺锤形、梨形、卵圆形、圆形等各种形态。虫体长（9~25）μm（平均16μm），宽3~16μm（平均7μm）；细胞核近圆形，位于虫体前半部，簇毛基体位于细胞核的前方，由毛基体伸出4根鞭毛，其中3根向前游离，即前鞭毛，长度大约与体长相等；另一根则沿波动膜边缘向后延伸，其游离的一段称后鞭毛。波动膜有3~6个弯曲。虫体中央有一条纵走的轴柱，起始于虫体前端部，沿虫体中线向后，其末端突出于虫体后端之后。原生质常呈一种泡状结构。虫体前端与波动膜相对的一侧有半月状的胞口（图9-7）。

在吉姆萨染色标本中，原生质呈淡蓝色，细胞核和毛基体呈红色，鞭毛则呈暗红色或黑色，轴柱的颜色比原生质浅。

胎毛滴虫形状可随环境变化而有所改变，在不良条件下为圆形，并失去鞭毛和波动膜，可根据虫体柠檬状外形和浓染的小颗粒与上皮细胞和白细胞区别，白细胞通常着色很淡，其颗粒也不明显。

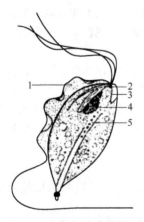

图9-7　牛胎毛滴虫模式图
1—波动膜；2—动基体；
3—胞口；4—核；5—轴柱

(2) 生活史　牛胎毛滴虫主要寄生在母牛的阴道、子宫，公牛的包皮腔、阴茎黏膜及输精管等处，重症病例，生殖器官的其他部分亦有寄生；母牛怀孕后，在胎儿的胃和体腔内、胎盘和胎液中，均有大量虫体。牛胎毛滴虫主要以纵分裂方式进行繁殖，以黏液、黏膜碎片、微生物、红细胞等为食物，经胞口摄入体内，或以内溶方式吸收营养。

2. 流行病学

（1）传染来源　病牛和带虫牛。

（2）传播途径　本病常发生在配种季节，主要是通过病牛与健康牛的直接交配，或在人工授精时使用带虫精液或沾染虫体的输精器械而传播。此外也可通过被病畜生殖器官分泌物污染的垫草和护理用具以及家蝇搬运而散播。

（3）易感动物　牛。

（4）流行特点　据报道，牛胎毛滴虫能在家蝇的肠道中存活8h。本病虽多发生于性成熟的牛，但犊牛与病牛接触时，也有感染的可能。放牧及供给全价饲料（特别是富含维生素A、B族维生素和矿物质的饲料）时，可提高动物对本病的抵抗力。

牛胎毛滴虫对高温及消毒药的抵抗力很弱，在50～55℃时经2～3min死亡，在3‰双氧水内经5min、在0.1％～0.2％福尔马林内经1min、40％大蒜液内经25～40s死亡。在20～22℃室温中的病理材料内可存活3～8天，在粪尿中存活18天。能耐受较低温度，如在0℃时可存活2～18天，能耐受-12℃低温达一定时间。

3. 致病作用

侵入母牛生殖器的毛滴虫，首先在阴道黏膜上进行繁殖，继而经子宫颈到子宫，引起炎症。当与化脓菌混合感染时，则发生化脓性炎症，于是生殖道分泌物增多，影响发情周期，并造成长期不育等繁殖功能障碍。牛胎毛滴虫在怀孕的子宫内，繁殖尤其迅速，先在胎液中繁殖，以后侵入胎儿体内，约经数日至数周即导致胎儿死亡并流产。侵入公牛生殖器内的虫体，首先在包皮腔和阴茎黏膜上繁殖，引起包皮和阴茎炎；继而侵入尿道、输精管、前列腺和睾丸，进而影响性功能，导致性欲减退，交配时不射精。

4. 临床症状

母牛感染后，经1～2天，阴道即发红肿胀，1～2周后，开始有带絮状的灰白色分泌物自阴道流出，同时在阴道黏膜上出现小疹样的毛滴虫结节。探诊阴道时，感觉黏膜粗糙，如同触及砂纸一般。当子宫发生化脓性炎症时，体温往往升高，泌乳量显著下降。怀孕后不久，胎儿死亡并流产；流产后，母牛发情期的间隔往往延长，并有不妊等后遗症。

公牛于感染后12天，包皮肿胀，分泌大量脓性物，阴茎黏膜上出现红色小结节，此时公牛有不愿交配的表现。上述症状不久消失，但虫体已侵入输精管、前列腺和睾丸等部位，临床上不呈现症状。

5. 诊断

可根据临床症状、流行病学材料和病原检查建立诊断。临床症状主要注意有无生殖器官炎症，黏液-脓性分泌物，早期流产和不孕。流行病学材料应着重注意牛群的历史，母牛群有无大批早期流产的现象及母牛群不孕的统计。对可疑病畜应采取阴道分泌物、包皮分泌物、胎液、胎儿胸腹腔液和第四胃内容物作病原检查。

6. 防治

（1）预防措施　在牛群中开展人工授精，是较有效的预防措施。应仔细检查公牛精液，确证无毛滴虫感染方可利用。对病公牛应严格隔离治疗，治疗后5～7天，镜检其精液和包皮腔冲洗液两次，如未发现虫体，可使之先与健康母牛数头交配。对交配后的母牛观察15天，每隔1天检查1次阴道分泌物，如无发病迹象，证明该公牛确已治愈。尚未完全消灭本病的不安全牧场，不得输出病牛或可疑牛。对新引进牛，必须隔离检查有无毛滴虫病。严防母牛与来历不明的公牛自然交配。加强病牛群的卫生工作，一切用具均必须与健康牛分开使用，并经常用来苏尔和克辽林溶液消毒。

（2）治疗 可用0.2%碘溶液、1%钾肥皂、8%鱼石脂甘油溶液、2%红汞液或0.1%黄色素溶液洗涤患部，在30min内，可使脓液中的牛胎毛滴虫死亡。此外，1%大蒜酒精浸液、0.5%硝酸银溶液也很有效。在5～6天之内，用上述浓度的药液洗涤2～3次为1个疗程。根据生殖道的情况，可按5天的间隔，再进行2～3个疗程。治疗公牛，要设法使药液停留在包皮腔内相当时间，并按摩包皮数分钟。隔日冲洗一次，整个疗程为2～3周。在治疗过程中禁止交配，以免影响效果及传播本病。

四、组织滴虫病

组织滴虫病又叫盲肠肝炎或黑头病，是由火鸡组织滴虫（*Histomonas meleagridis*）寄生于禽类盲肠和肝脏引起的。多发于火鸡和雏鸡，成年鸡也能感染。孔雀、珍珠鸡、鹌鹑、野鸭也有本病的流行。本病的主要特征为盲肠发炎、出现溃疡和肝脏表面具有特征性的坏死病灶。

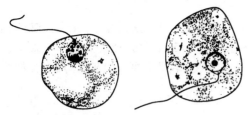

图9-8 火鸡组织滴虫

1. 病原学

火鸡组织滴虫为多形性虫体，大小不一，近圆形和变形虫样，伪足钝圆。无包囊阶段，有滋养体。在盲肠中的虫体与在培养基中相似，直径5～30μm，常见有一根鞭毛，作钟摆样运动，核呈泡囊状。在组织细胞内的虫体，足有动基体，但无鞭毛，虫体单个或成堆存在，呈圆形、卵圆形或变形虫样，大小为4～21μm（图9-8）。

2. 流行病学

（1）传染源 组织滴虫行二分裂法繁殖。寄生于盲肠内的组织滴虫，可进入鸡异刺线虫体内，在卵巢中繁殖，并进入其卵内。异刺线虫卵到外界后，组织滴虫因有卵壳的保护，故能生存较长时间，成为重要的感染源。在本病急性暴发流行时，病禽粪便中含有大量病原，沾污了饲料、饮水、用具和土壤，健禽食后便可感染。蚯蚓吞食土壤中的异刺线虫卵时，火鸡组织滴虫可随虫卵生存于蚯蚓体内，当雏鸡吃了这种蚯蚓后，就被滴虫感染，因此，蚯蚓在传播本病方面也具有重要作用。

（2）传播途径 本病通过消化道感染。

（3）易感动物 多发于火鸡和雏鸡，成年鸡也能感染。孔雀、珍珠鸡、鹌鹑、野鸭也有本病的流行。

（4）流行特点 两周龄至4月龄的幼火鸡对本病的易感性最强，死亡率常在感染后第17天达高峰，第4周末下降。饲养在高污染区的火鸡，其死亡率超过30%。8周龄至4月龄的雏鸡也易感，成年鸡感染后症状不明显，常成为散布病原的带虫者。

本病的发生无明显季节性，但在温暖潮湿的夏季发生较多。

本病常发生在卫生和管理条件不良的鸡场。鸡群过分拥挤，鸡舍和运动场不清洁，通风和光照不足，饲料缺乏营养，尤其是缺乏维生素A，都是诱发和加重本病流行的重要因素。

3. 临床症状

潜伏期15～21天，最短5天。病鸡表现精神不振，食欲减少以至停止，羽毛粗乱，翅膀下垂，身体蜷缩，怕冷，下痢，排淡黄色或淡绿色粪便。严重的病例粪中带血，甚至排出大量血液。有的病雏不下痢，在粪中常可发现盲肠坏死组织碎片。病的末期，由于血液循环障碍，鸡冠呈暗黑色，因而有黑头病之名。病程一般为1～3周，病愈康复鸡的体内仍有滴虫，带虫可达数周到数月。成年鸡很少出现症状。

4. 病理变化

本病的病变局限在盲肠和肝脏，一般仅一侧盲肠发生病变，不过也有两侧盲肠同时受害的。

在最急性病例中，仅见盲肠发生严重的出血性炎症，肠腔中含有血液，肠管异常膨大。典型病例可见盲肠肿大，肠壁肥厚坚实，盲肠黏膜发炎出血，坏死甚至形成溃疡，表面附有干酪样坏死物或形成硬的肠芯。这种溃疡可达到肠壁的深层，偶尔可发生肠壁穿孔引起腹膜炎而死亡，在此种病例，盲肠浆膜面常黏附多量灰白色纤维素性物，并与其他内脏器官相连。

肝脏肿大并出现特征性的坏死病灶，这种病灶在肝脏表面呈圆形或不规则形，中央凹陷，边缘隆起，病灶颜色为淡黄色或淡绿色。病灶的大小和多少不一定，自针尖大、黄豆大至指肚大，散在或密发于整个肝脏表面（图9-9）。

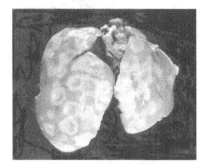

图 9-9　火鸡组织滴虫病变——肝脏坏死灶

5. 诊断

可根据流行病学、临床症状及特征性病理变化进行综合性判断，尤其是肝脏与盲肠病变具有特征性，可作为诊断的依据；还可采取病禽新鲜盲肠内容物，以加温（40℃）生理盐水稀释后做成悬滴标本镜检虫体。

本病在症状和剖检变化上与鸡盲肠球虫病极为相似。鉴别点在于本病查不到球虫卵囊，盲肠常一侧发生病变且后者无本病所见的肝脏病变。但这两种原虫病有时可以同时发生。

6. 防治

（1）灭滴灵　250mg/kg 混于饲料中，有良好的效果。预防可用 200mg/kg 混于饲料中，连用 3 天为一个疗程，停药 3 天，再用下一个疗程，连续 5 个疗程。

（2）卡巴肿　150～200mg/kg 混入饲料中，对预防本病有良效。

本病的传播主要依靠鸡异刺线虫，因此定期驱除鸡异刺线虫尤为重要；火鸡易感性强，而成年鸡又往往是本病的带虫者，因此火鸡与鸡不能同场饲养，也不应将原养鸡场改养火鸡。

五、贾第虫病

贾第虫病是由贾第属（Giardia）的一些原生动物寄生于肠道引起的疾病。本属原虫形态很相似，但具有宿主特异性，因此，根据不同的宿主分为不同的种，如牛贾第虫（G. bovis）、山羊贾第虫（G. caprae）、犬贾第虫（G. canis）、蓝氏贾第虫（G. lamblia）（人）等。自 1976 年以来，由于世界各地本病相继发生，甚至暴发流行，人们才真正认识到了它的致病性。我国各省市均有报道。

1. 病原学

（1）形态结构　虫体有滋养体和包囊两种形态。滋养体状如对切的半个梨形，前半呈圆形，后部逐渐变尖，长 9～20μm，宽 5～10μm，腹面扁平，背面隆突。腹面有两个吸盘。有两个核。4 对鞭毛，按位置分别称为前鞭毛、中鞭毛、腹鞭毛、尾鞭毛。体中部尚有一对中体（Median rods）。包囊呈卵圆形，长 9～13μm，宽 7～9μm，虫体可在包囊中增殖，因此可见囊内有 2 个核或 4 个核，少数有更多的核（图9-10）。

（2）生活史　贾第虫的包囊被人或动物吞食，到十二指肠后脱囊形成滋养体。其寄生在十二指肠和空肠上段，偶尔也可进入胆囊，靠体表摄取营养，以纵二分裂法繁殖。当肠内干燥或排至结肠后，滋养体即变为包囊，并在囊内分裂或复分裂，随宿主粪便排至外界。一般在正常粪便中只能查到包囊，在腹泻粪便中可查到滋养体。包囊对外界抵抗力强，在冰水里可存活数月。在蝇类肠道内可存活 24h；在粪便中活力可维持 10 天以上。但在 50℃或干燥环境中很容易死亡。

2. 临床症状

在犬以 1 岁以内幼犬症状比较明显，呈现伴有黏液和脂肪的腹泻、厌食，精神不振和生长迟

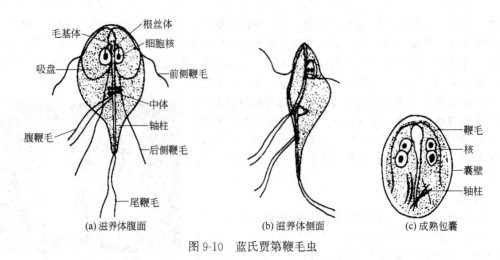

图 9-10 蓝氏贾第鞭毛虫

缓等症状，严重者可导致死亡。猫的主要症状为体重减轻，排稀松黏液样粪便，粪便中含有分解和未分解的脂肪组织。人患本病可呈现全身症状，胃肠道症状和胆囊、胆道症状之类。全身症状为失眠、神经兴奋性增高、头痛、眩晕、乏力、眼发黑、出汗；由于长期腹泻导致贫血，发育不良，体重下降，此类症状儿童常见。胃肠道症状以腹泻、腹痛、腹胀、厌食等多见。本虫寄生于胆管系统，可引起胆囊炎或胆管炎，呈现上腹部疼痛、食欲不振、发热、肝肿大等症状。

3. 诊断

可根据临床症状及粪便检查结果确诊。粪便检查时，用新鲜粪便加生理盐水做成抹片，镜检可见活动的虫体。如以硫酸锌漂浮法，可查到包囊。

商业化 ELISA 试剂盒检测人粪便中贾第鞭毛虫抗原，敏感性超过 97%，特异性超过 96%。冷冻粪便样品和保存在福尔马林固定液中样品可以使用。对于猫贾第虫病 ELISA 试验没有充足的评价。另外，间接免疫荧光试验检测人粪便中贾第虫敏感性高达 100%，特异性高达 99.8%。应用于犬、猫贾第虫病诊断没有充足的评价。

4. 防治

(1) 预防措施　处理好人和动物的粪便；避免人和动物接触；发现病人及患病动物及时治疗。

(2) 治疗

① 芬苯哒唑　驱除犬贾第鞭毛虫包囊 100% 有效而且几乎没有副作用。用于猫尚未有评价资料。

② 丙硫咪唑　给犬喂服 2 天在清除粪便中贾第鞭毛虫包囊方面有效率达到 90%；然而猫需要 5 天的疗程。

③ 灭滴灵（甲硝唑）　按 20~30mg/kg 体重，每日 3 次经口给予，连用 5~6 天，有良效（清除犬贾第鞭毛虫的有效率为 67%）。

④ 阿的平　在高剂量时有效率达 100%，但是疗程末期不良反应率达 50%。在停药 2~3 天这些不良反应自发消退。与丙硫咪唑和甲硝唑一样，阿的平不应给怀孕动物服用。

六、牛、羊巴贝斯虫病

牛、羊的巴贝斯虫病是由巴贝斯科（Babesiidae）巴贝斯属（*Babesia*）的多种虫体寄生于牛、羊的血液引起的严重的寄生性原虫病。我国已报道的牛、羊巴贝斯虫有 4 种，其中牛的有 3 种：双芽巴贝斯虫（*B. bigemina*）、牛巴贝斯虫（*B. bovis*）和卵形巴贝斯虫（*B. ovata*）。前两者在我国流行广泛，危害较大。后者只在河南局部地区发现，为大型虫体，传播媒介为长角血蜱，危害较小。寄生于羊的一种为莫氏巴贝斯虫（*B. motasi*），只在四川甘孜藏族自治州等地发现，为大型虫体，传播媒介有待进一步研究确定。

各种巴贝斯虫病的症状、病理变化、诊断与防治基本相似，以下重点介绍牛的双芽巴贝斯虫（*B. bigemina*）和牛巴贝斯虫（*B. bovis*）等。

该病是病原虫寄生于牛的红细胞内所引起的呈急性发作的血液原虫病。该病在热带和亚热带地区常呈地方性流行。临床上常出现血红蛋白尿，故又称红尿热（Redwater），又因最早出现于美国的得克萨斯州，故又称得克萨斯热（Texas fever），该病由蜱传播，故又称蜱热（Tick fever）。该病对牛的危害很大，各种牛均易感染，尤其是从非疫区引入的易感牛，如果得不到及时治疗，死亡率很高。

1. 病原学

（1）形态结构　双芽巴贝斯虫（*Babesia bigemina*）寄生于牛红细胞中，是一种大型的虫体，虫体长度大于红细胞半径；其形态有梨子形、圆形、椭圆形及不规则形等。典型的形状是成双的梨子形，尖端以锐角相连。每个虫体内有两团染色质块。虫体多位于红细胞的中央，每个红细胞内虫体数目为1～2个，很少有3个以上的。红细胞染虫率为2%～15%。虫体经吉姆萨法染色后，胞浆呈浅蓝色，染色质呈紫红色。虫体形态随病的发展而有变化，虫体开始出现时以单个虫体为主，随后双梨子形虫体所占比例逐渐增多（图9-11）。

图9-11　红细胞内的双芽巴贝斯虫

牛巴贝斯虫寄生于牛红细胞内，是一种小型的虫体，长度小于红细胞半径。形态有梨子形、圆形、椭圆形、不规则形和圆点形等。典型形状为成双的梨子形，尖端以钝角相连，位于红细胞边缘或偏中央，每个虫体内含有一团染色质块。每个红细胞内有1～3个虫体。牛巴贝斯虫红细胞染虫率很低，一般不超过1%，有的学者认为这是由于寄生牛巴贝斯虫的红细胞黏性很大，使其易黏附于血管壁，致使外周血涂片中观察到的感染红细胞很少，而在脑外膜毛细血管中堆集有大量感染红细胞（图9-12）。

图9-12　红细胞内的牛巴贝斯虫

（2）生活史　各种梨形虫，包括巴贝斯虫均需要通过两个宿主的转换才能完成其生活史，蜱是巴贝斯虫的传播者，且在蜱体内可以经卵传递。有人认为在蜱体内有有性繁殖（配子生殖）阶段，在牛的红细胞内进行无性繁殖。

带有子孢子的牛蜱叮咬牛时，子孢子随蜱的唾液进入牛体，虫体在牛的红细胞内以"成对出芽"的方式进行繁殖，产生裂殖子，当红细胞破裂后，虫体逸出，再侵入新的红细胞，反复分裂，最后形成配子体。当蜱吸血后，在蜱的肠内进行配子生殖，以后又在蜱的唾液腺等处进行孢子生殖，产生许多子孢子。

牛巴贝斯虫的发育与双芽巴贝斯虫基本相似，但有人认为，虫体在侵入牛体后，子孢子首先侵入血管上皮细胞发育为裂殖体，裂殖子逸出后，有的再侵入血管上皮细胞，有的则进入红细胞内。

2. 流行病学

（1）传染源　患病牛、羊和带虫牛、羊。

(2) 传播途径　通过硬蜱叮咬、吸血传播；也可经胎盘感染胎儿。我国已查明微小牛蜱 (*Boophilus microplus*) 为双芽巴贝斯虫、牛巴贝斯虫的传播者，双芽巴贝斯虫以经卵传递方式，由次代若虫和成虫阶段传播，幼虫阶段无传播能力。在牛蜱体内可继代传递3个世代之久。牛巴贝斯虫以经卵传递方式，由次代幼虫传播，次代若虫和成虫阶段无传播能力。

(3) 易感动物　易感动物为牛、羊等。

(4) 流行特点　巴贝斯虫病的流行与传播媒介蜱的消长、活动相一致，蜱活动季节主要为春末、夏、秋，而且蜱的分布有一定的地区性。因此，该病具有明显的地方性和季节性。由于微小牛蜱在野外发育繁殖，因此，该病多发生在放牧时期，舍饲牛发病较少。不同年龄和不同品种牛的易感性有差别，两岁内的犊牛发病率高，但症状较轻，死亡率低；成年牛发病率低，但症状严重，死亡率高，尤其是老、弱及劳役过度的牛，病情更为严重；纯种牛和从外地引入的牛易感性高，容易发病，且死亡率高，当地牛对该病有抵抗力。

3. 临床症状

由于虫体的出芽生殖，大量破坏红细胞以及虫体的毒素作用，使牛产生较为严重的症状。双芽巴贝斯虫由于虫体较大，其症状往往比牛巴贝斯虫引起的症状要严重一些。

潜伏期为1~2周。病牛最初的表现为高热稽留，体温可升高到40~42℃，脉搏和呼吸加快，精神沉郁，喜卧地。食欲大减或废绝，反刍迟缓或停止，便秘或腹泻，有的病牛还排出黑褐色、恶臭带有黏液的粪便。乳牛泌乳量减少或停止泌乳，怀孕母牛常可发生流产。病牛迅速消瘦、贫血，黏膜苍白和黄染。最明显的症状是由于红细胞大量被破坏，血红蛋白从肾脏排出而出现血红蛋白尿，尿的颜色由淡红色变为棕红色至黑红色。血液稀薄，红细胞数降至 1.0×10^6 ~ 2.0×10^6 个/mm^3，血红蛋白量减少到25%左右，血沉加快10余倍。红细胞大小不均，着色淡，有时还可见到幼稚型红细胞。白细胞在病初正常或减少，以后增到正常的3~4倍；淋巴细胞增加15%~25%；嗜中性粒细胞减少；嗜酸粒细胞降至1%以下或消失。重症时如不治疗可在4~8天内死亡，死亡率可达50%~80%。慢性病例，体温波动于40℃上下持续数周，食欲减退，渐进性贫血和消瘦，需经数周或数月才能康复。幼年病牛，中度发热仅数日，心跳略快，略现虚弱，黏膜苍白或微黄。热退后迅速康复。

4. 病理变化

剖检可见尸体消瘦，血液稀薄如水，血凝不全。皮下组织、肌间结缔组织和脂肪均呈黄色胶样水肿状。各内脏器官被膜均黄染。皱胃和肠黏膜潮红并有点状出血。脾脏肿大，脾髓软化呈暗红色，白髓肿大呈颗粒状突出于切面。肝脏肿大，黄褐色，切面呈豆蔻状花纹。胆囊扩张，充满浓稠胆汁。肾脏肿大，淡红黄色，有点状出血。膀胱膨大，存有多量红色尿液，黏膜有出血点。肺淤血、水肿。心肌柔软，黄红色；心内外膜有出血斑。

5. 诊断

巴贝斯虫病的诊断要根据当地流行病学因素、临床症状与病理变化的特点以及实验室检查等综合进行。

(1) 血涂片检查　采集外周血（一般为耳静脉）制成薄血涂片，甲醇固定后染色镜检，若发现红细胞内有圆形和变形虫样虫体，即可确诊。

(2) 血清学检查　免疫学方法诊断，如ELISA、IHA、补体结合反应（CF）、间接荧光抗体试验（IFAT）等。其中ELISA和IFAT可供常规使用，主要用于染虫率较低的带虫牛的检出和疫区的流行病学调查。

(3) 病理变化　包括血液稀薄，血凝不全，皮下组织、脂肪和内脏被膜黄染，膀胱积有红色尿液等。

(4) 基因诊断　随着分子生物学技术的发展，近年来，核酸探针技术和PCR技术均已成功地应用于巴贝斯虫病的诊断。

6. 防治

（1）预防措施

① 灭蜱　灭蜱是关键预防措施，因此要了解当地蜱的活动规律，有计划地采取一些有效措施，消灭牛体上及牛舍内的蜱。巴贝斯虫病的传播媒介多为野外蜱，牛群应避免到大量滋生蜱的草场放牧，必要时可改为舍饲。也应杜绝随饲草和用具将蜱带入牛舍。牛只的调动最好选择无蜱活动的季节进行，调动前应用药物灭蜱。

② 药物预防　当牛群中出现个别病例或向疫区引入敏感牛时，可应用咪唑苯脲进行药物预防，对双芽巴贝斯虫和牛巴贝斯虫可分别产生60天和21天的保护作用。

③ 免疫预防　澳大利亚双芽巴贝斯虫、牛巴贝斯虫的弱毒苗已在临床上应用半个世纪，分泌抗原苗也已在多个国家应用。我国也有东方巴贝斯虫分泌抗原苗的应用报道。

（2）治疗

要及时确诊，尽早治疗，方能取得良好的效果。同时，还应结合对症、支持疗法，如强心、健胃、补液等。常用的特效药有以下几种。

① 咪唑苯脲（Imidocarb，Imizol）　对各种巴贝斯虫均有较好的治疗效果。治疗剂量为1～3mg/kg体重，配成10%溶液肌内注射。该药安全性较好，增大剂量至8mg/kg体重，仅出现一过性的呼吸困难、流涎、肌肉颤抖、腹痛和排出稀便等不良反应，约经30min后消失。

② 三氮脒（Diminazene，Berenil，贝尼尔，血虫净）　剂量为3.5～3.8mg/kg体重，配成5%～7%溶液，深部肌内注射。黄牛偶尔出现起卧不安、肌肉震颤等副作用，但很快消失。水牛对本药较敏感，一般用药一次较安全，连续使用易出现毒性反应，甚至死亡。

③ 锥黄素（Acriflavine，吖啶黄，黄色素）　剂量为3～4mg/kg体重，配成0.5%～1%溶液静脉注射，症状未减轻时，24h后再注射一次，病牛在治疗后的数日内，避免烈日照射。

④ 喹啉脲（Quinuronium，Acaprin，阿卡普林），剂量为0.6～1mg/kg体重，配成5%溶液皮下注射。有时注射后数分钟出现起卧不安、肌肉震颤、流涎、出汗、呼吸困难等副作用（妊娠牛可能流产），一般于1～4h后自行消失，严重者可皮下注射阿托品，剂量为每千克体重10mg。

七、环形泰勒虫病

泰勒虫病是由泰勒科（Theileriidae）泰勒属（*Theileria*）的各种原虫寄生于牛、羊和其他野生动物巨噬细胞、淋巴细胞和红细胞内所引起的疾病的总称。我国已报道的牛、羊泰勒虫主要有2种。寄生于牛的有环形泰勒虫（*T. annulata*）和瑟氏泰勒虫（*T. sergenti*）。

环形泰勒虫病是一种季节性很强的地方性流行病，主要流行于我国西北、华北和东北地区。该病多呈急性经过，以高热稽留、贫血和体表淋巴结肿大为特征，发病率和死亡率较高，对养牛业的危害很大。

1. 病原学

（1）形态结构　环形泰勒虫（*Theileria annulata*）寄生于红细胞内的虫体称为血液型虫体（配子体），虫体很小，形态多样。有圆环形、杆形、卵圆形、梨子形、逗点形、圆点形、十字形、三叶形等各种形状。其中以圆环形和卵圆形为主，占总数的70%～80%，染虫率达高峰时，所占比例最高，上升期和带虫期所占比例较低。杆形的比例为1%～9%，梨子形的比例为4%～21%；其他形态所占比例很小，最高

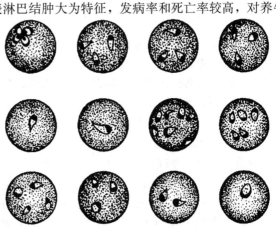

图9-13　红细胞内环行泰勒虫

不超过 10%,一般维持在 5% 左右,甚至更小(图 9-13)。

(2) 生活史　感染泰勒虫的蜱在牛体吸血时,子孢子随蜱的唾液进入牛体,首先侵入局部单核巨噬系统的细胞(如巨噬细胞、淋巴细胞等)内进行裂体生殖,形成大裂殖体。大裂殖体发育形成后,产生许多大裂殖子,又侵入其他巨噬细胞和淋巴细胞内,重复上述的裂体生殖过程。在这一过程中,虫体随淋巴和血液循环向全身扩散,并侵入其他脏器的巨噬细胞和淋巴细胞再进行裂体生殖。裂体生殖进行数代后,可形成小裂殖体,小裂殖体发育成熟后,释放出许多小裂殖子,进入红细胞内发育为配子体。

幼蜱或若蜱在病牛身上吸血时,把带有配子体的红细胞吸入胃内,配子体由红细胞逸出并变为大、小配子,两者结合形成合子,进而发育成为杆状的能动的动合子。当蜱完成其蜕化时,动合子进入蜱唾腺的腺细胞内变为圆形的合孢体(母孢子,Sporont),开始孢子增殖,分裂产生许多子孢子。在蜱吸血时,子孢子被接种到牛体内,重新开始其在牛体内的发育和繁殖(图 9-14)。

在流行区,该病多发于 1～3 岁的牛,患过本病的牛可获得很强的免疫力,一般很少发病,免疫力可持续 2.5～6 年。从非疫区引入的牛,不论年龄、体质,都易发病,而且病情严重。纯种牛和改良杂种牛,即使红细胞的染虫率很低(2%),亦可出现明显的临床症状。

由于虫体在单核巨噬系统细胞内的反复裂体生殖和虫体的毒素作用,病牛出现较为严重的症状和病理变化。

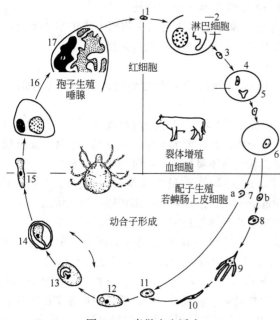

图 9-14　泰勒虫生活史

1—子孢子;2—在淋巴细胞;3—裂殖子;4,5—红细胞内裂殖子的双芽增殖分裂;6—红细胞内裂殖子变成球形的配子体;7—在蜱肠内的大配子(a)和早期小配子(b);8—发育着的小配子;9—成熟的小配子体;10—小配子;11—受精;12—合子;13—动合子形成开始;14—动合子形成接近完成;15—动合子;16,17—在蜱唾腺的腺细胞内形成的大的母孢子,内含无数子孢子

2. 流行病学

(1) 传染源　病牛和带虫牛。
(2) 传播媒介　残缘璃眼蜱。
(3) 易感动物　牛。
(4) 流行特点　璃眼蜱是一种二宿主蜱,主要寄生在牛,它以期间传播方式传播环形泰勒虫,即幼虫或若虫吸食了带虫的血液后,泰勒虫在蜱体内发育繁殖,当蜱的下一个发育阶段(成虫)吸血时即可传播本病。泰勒虫不能经卵传递。璃眼蜱在各地的活动时间有差异,因此,各地环形泰勒虫病的发病时间亦有所不同。在内蒙古及我国西北地区,本病主要流行在 5～8 月份。陕西关中地区在 4 月初就有病例发现,以 6 月下旬到 7 月中旬发病最多。璃眼蜱是一种圈舍蜱,因此,该病主要在舍饲条件下发生。

3. 临床症状

该病多呈急性经过。潜伏期 14～20 天。初期病牛的第一个表现为高热稽留,体温上升到 40～42℃,精神沉郁。接着出现体表淋巴结(肩前和腹股沟浅淋巴结)肿大,有痛感。淋巴结穿刺涂片镜检,可在淋巴细胞和巨噬细胞内发现裂殖体,即柯赫氏蓝体(Koch's blue bodies),或称石榴体。呼吸加快(80～110 次/min),咳嗽,脉搏弱而频(80～120 次/min)。食欲大减或废绝,可视黏膜、肛门周围、尾根、阴囊等皮肤薄处出现出血点或溢血斑。有的在颌下、胸前或腹下发生水肿。病牛迅速消瘦,严重贫血,红细胞减少至 $2.0\times10^6\sim3.0\times10^6$ 个/mm^3,血红蛋白降至 20%～30%,血沉加快,红细胞染虫率随病程发展而增高,红细胞大小不均,出现异形红细胞。可视黏膜轻微黄染。病牛磨牙、流涎,排少量干黑的粪便,常带有黏液或血丝。最后卧地不起,多在发病后 1～2 周死亡,耐过的牛成为带虫者。

4. 病理变化

剖检可见全身皮下、肌间、黏膜和浆膜上均有大量的出血点和出血斑。全身淋巴结肿大,切面多汁,有暗红色和灰白色大小不一的结节。第四胃黏膜肿胀,有许多针头至黄豆大、暗红色或黄白色的结节,结节部上皮细胞坏死后形成中央凹陷、边缘不整稍隆起的溃疡病灶,黏膜脱落是该病的特征性病理变化,具有诊断意义。小肠和膀胱黏膜有时也可见到结节和溃疡。脾脏明显肿大,被膜上有出血点,脾髓质软呈黑色泥糊状。肾脏肿大、质软,有粟粒大的暗红色病灶,外膜易剥离。肝脏肿大;质脆,色泽灰红,被膜有多量出血点或出血斑,肝门淋巴结肿大。肺脏有水肿和气肿,被膜上有多量出血点,肺门淋巴结肿大。

5. 诊断

该病的诊断与牛、羊的巴贝斯虫病的诊断相似,在分析流行病学资料(发病季节和传播媒介)、考虑临床症状与病理变化(高热稽留、贫血、消瘦、全身性出血、全身性淋巴结肿大、第四胃黏膜有溃疡灶等)的基础上,早期进行淋巴结穿刺涂片镜检,以发现石榴体,而后耳静脉采血涂片镜检,可在红细胞内找到虫体以确诊。

另外,红细胞染虫率的计算对该病的发展和转归很有诊断意义。如染虫率不断上升,临床症状日益加剧,则预后不良;如染虫率不断下降,食欲恢复,则预示治疗效果好,转归良好。

6. 防治

(1) 预防措施　该病和其他梨形虫病一样,关键在灭蜱。残缘璃眼蜱是一种圈舍蜱,在每年的 9～11 月份和 3～4 月份向圈舍内的墙缝喷洒药液,或用水泥等将圈舍内离地面 1m 高范围内的缝隙堵死,将蜱封闭在洞穴内;采取措施,在蜱的活动季节,消灭牛体上的蜱,如人工捉蜱或在牛体上喷洒药液灭蜱。

还应采取措施防止蜱接触牛体。如在有条件的地方,可定期离圈放牧(4～10 月份),以各地蜱活动的情况而定,就可避免蜱侵袭牛。在引入牛时,防止将蜱带入无蜱的非疫区,以免传播病原。

在该病的流行区,可应用环形泰勒虫裂殖体胶冻细胞苗对牛进行预防接种。接种后 20 天即可产生免疫力,免疫持续时间为 1 年以上。

(2) 治疗　在治疗病牛的同时,如输血或注射时,要防止人为传播病原。治疗可用磷酸伯氨喹啉(Primaquine,PMQ)0.75～1.5mg/kg 体重,每日经口给予一次,连用 3 天。该药对环形泰勒虫的配子体有较好的杀灭作用,在疗程结束后 2～3 天,可使红细胞染虫率明显下降。

① 三氮脒(Diminazene,Berenil,贝尼尔,血虫净)　7mg/kg 体重,配成 7% 的溶液肌内注射,每日 1 次,连用 3 天,如红细胞染虫率不降,还可再用药 2 次。

② 新鲜黄花青蒿　每日每牛用 2～3kg,分 2 次经口给予。用法:将青蒿切碎,用冷水浸泡 1～2h,然后连渣灌服。2～3 天后,染虫率可明显下降。

国内有用青蒿琥酯治疗该病的报道。国外有用长效土霉素(20mg/kg,肌内注射)、帕伐醌(Parvaquone)和常山酮治疗该病的报道。

对症治疗和支持疗法包括强心、补液、止血、健胃、缓泻等,还应考虑应用抗生素以防继发感染,对严重贫血的病例可进行输血。由于目前尚无治疗该病的特效药,因此,精心护理,对症治疗和支持疗法就显得比较重要。

八、瑟氏泰勒虫病

瑟氏泰勒虫病发病较少,其症状与环形泰勒虫病相似,但症状和缓,病程较长,死亡率较低。寄生于羊的为山羊泰勒虫（*T. hirci*），在我国四川、甘肃和青海等地呈地方性流行，对绵羊和山羊有较强的致病力，其传播媒介为青海血蜱。

1. 病原学

瑟氏泰勒虫（*T. sergenti*）是寄生于红细胞内的虫体，除有特别长的杆状外形外，其他的形态和大小与环形泰勒虫相似，也具有多形性，有杆形、梨子形、圆环形、卵圆形、逗点形、圆点形、十字形和三叶形等形状。它与环形泰勒虫的主要区别点为各种形态中以杆形和梨子形为主，占67%~90%；但随着病程不同这两种形态的虫体比例也有变化。在上升期，杆形为60%~70%，梨子形为15%~20%。圆环形和卵圆形虫体在染虫率高峰期略高，但最高均不超过15%。其余形态的虫体在下降期和带虫期稍有增加，但所占比例较小（图9-15）。

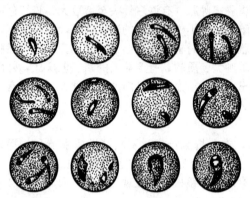

图9-15 红细胞内的瑟氏泰勒虫

2. 流行病学

（1）传染源　病牛和带虫牛。

（2）传播媒介　长角血蜱、青海血蜱。

（3）易感动物　牛。

（4）流行特点　长角血蜱为三宿主蜱，幼蜱或若蜱吸食带虫的血液后，瑟氏泰勒虫在蜱体内发育繁殖，当蜱的下一个发育阶段（若蜱或成蜱）吸血时即可传播此病。瑟氏泰勒虫不能经卵传播。长角血蜱生活于山野或农区，因此，本病主要在放牧条件下发生。

3. 症状与病变

瑟氏泰勒虫病症状基本与环形泰勒虫病相似。特点是病程较长（一般10天以上；个别可长达数十天），症状缓和，死亡率较低，仅在过度使役、饲养管理不当和长途运输等不良条件下促使病情迅速恶化。

4. 诊断

瑟氏泰勒虫病时，虽然体表淋巴结也肿胀，但淋巴结穿刺检查时较难查到石榴体，而且在淋巴细胞内的石榴体更少，所见到的往往多为游离于胞外的石榴体。

5. 防治

参阅环形泰勒虫病。预防重点是消灭传播者——血蜱。

九、鸡球虫病

鸡球虫病是由艾美耳科，艾美耳属（*Eimeria*）的球虫寄生于鸡的肠上皮细胞内所引起的一种原虫病。本病在我国普遍发生，特别是从国外引进的品种鸡。年龄在10~40日龄左右的雏鸡最容易感染，受害严重，死亡率可达80%以上。病愈的雏鸡，生长发育受阻，长期不易复原。成年鸡多为带虫者，但增重和产卵能力降低。

1. 病原学

（1）形态特征　球虫卵囊呈椭圆形、圆形或卵圆形，囊壁1或2层，内有1层膜。有些种类在一端有微孔，或在微孔上有突出的帽称为极帽，有的微孔下有1~3个极粒。刚随粪便排出的卵囊内含有1团原生质。具有感染性的卵囊必须含有子孢子，即孢子化卵囊。孢子囊和子孢子形成后剩余的原生质称为残体，在孢子囊内称为孢子囊残体，孢子囊外的称为卵囊残体。孢子囊的一端有1个小突起称为斯氏体。子孢子呈前端尖后端钝的香蕉形。根据卵囊中孢子囊的有无、数目以及每个孢子囊内含有子孢子的数目，将球虫分为不同的属。艾美耳属球虫孢子化卵囊内含有4个孢子囊，每个孢子囊内含有2个子孢子（图9-16）。

表 9-1 鸡各种球虫的特征

种类	卵囊 大小/μm 范围	卵囊 大小/μm 平均	卵囊 形状	卵囊 颜色	形成子孢子需要的时间(25℃)/h	从子孢子进入宿主体内到卵囊出现的时间/天	寄生部位	病变	致病力
柔嫩艾美耳球虫	(20~25)×(15~20)	22.62×18.05	卵圆	囊壁淡绿色，原生质浓褐色	19.5~30.5，平均27	7	盲肠	盲肠出血，肠壁增厚，便血，有肠芯	++++
巨型艾美耳球虫	(21.75~40)×(17.5~33)	30.76×23.90	卵圆	黄褐色	48	6	整个小肠，主要在小肠中段	瘀点或肠壁增厚，粉红色至血色黏液状腹泻	++
堆型艾美耳球虫	(17.5~22.5)×(12.5~16.75)	18.8×14.5	卵圆	无色	19.5~24	4	小肠前半段	瘀点、白色乳带，肠壁轻度增厚，水泻	+
和缓艾美耳球虫	(12.75~19.5)×(12.5~17)	15.34×14.3	近于圆形	无色	23.5~26.0，平均24~24.5	5	小肠前半段	瘀点和白色圆形病灶	+
哈氏艾美耳球虫	(15.5~20)×(14.5~18.5)	17.68×15.78	宽卵圆	无色	23.5~27	6	小肠前半段	严重的点状出血，卡他性炎症	++
早熟艾美耳球虫	(20~25)×(17.5~18.5)	21.75×17.33	椭圆	无色	23.5~38.5	4	小肠前1/3段	除有一些黏膜脱落外，无其他病变	+
毒害艾美耳球虫	—	20.1×16.9	长卵圆	—	—	7	小肠中段、卵囊存在于盲肠	出血性、白色半透明状肠道肠炎增厚出血性黏液性腹泻	++++
布氏艾美耳球虫	(20.7~30.3)×(18.1~24.2)	26.8×21.7	卵圆	—	—	7	小肠后半段、盲肠颈部和泄殖腔	瘀点、卡他性肠炎样有血染的渗出物、融合性坏死	+++
变位艾美耳球虫	(11.1~19.9)×(10.5~16.2)	15.6×13.4	椭圆，宽卵圆	无色	—	4	小肠前1/3段(早期)；直肠颈部和直肠(后期)	充血和瘀点，小肠前1/3段有白色病变	++

注："+"表示致病力较弱；"++"表示致病力较强；"+++"表示致病力强；"++++"表示致病力极强。

寄生于鸡的艾美耳球虫，全世界报道的有 14 种，但为世界公认的有 9 种。这 9 种在我国均已见报道。柔嫩艾美耳球虫（E. tenella），巨型艾美耳球虫（E. maxima），堆型艾美耳球虫（E. acervulina），和缓艾美耳球虫（E. mitis），早熟艾美耳球虫（E. praecox），毒害艾美耳球虫（E. necatrix），布氏艾美耳球虫（E. brunetti），哈氏艾美耳球虫（E. hagani）和变位艾美耳球虫（E. mivati）。其中以柔嫩艾美耳球虫和毒害艾美耳球虫致病性最强。病原形态见图 9-17、表 9-1。

（2）生活史 鸡球虫属于直接发育型，不需要中间宿主。整个发育过程分两个阶段，3 种繁殖方式：在鸡体内进行裂殖生殖和配子生殖；在外界环境中进行孢子生殖。

卵囊随鸡粪便排到体外，在适宜的条件下，很快发育为孢子化卵囊，鸡吞食后感染。孢子化卵囊在鸡胃肠道内释放出子孢子，子孢子侵入肠上皮细胞进行裂殖生殖，产生第 1 代裂殖子，裂殖子再侵入上皮细胞进行裂殖生殖，产生第 2 代裂殖子。第 2 代裂殖子侵入上皮细胞后，其中一部分不再进行裂殖生殖，而进入配子生殖阶段，即形成大配子体和小配子体，继而分别发育为大、小配子，结合成为合

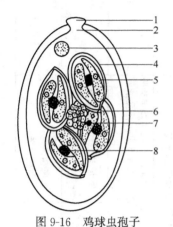

图 9-16 鸡球虫孢子化卵囊模式图

1—极帽；2—微孔；3—极粒；4—孢子囊；5—子孢子；6—斯氏体；7—卵囊残体；8—孢子囊残体

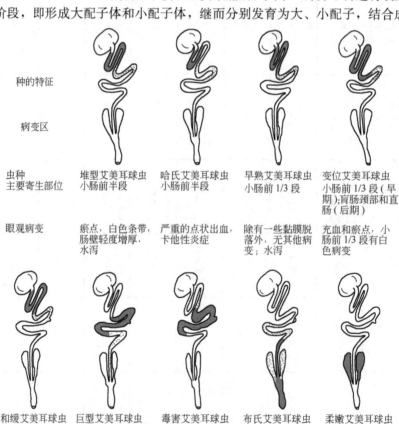

图 9-17 鸡球虫的寄生部位及病变

子周围形成厚壁即变为卵囊，卵囊一经产生即随粪便排出体外。柔嫩艾美耳球虫完成1个发育周期约需7天（图9-18）。

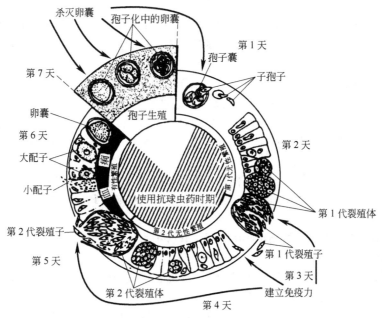

图9-18　柔嫩艾美尔球虫生活史

2. 流行病学

（1）鸡感染球虫的途径和方式是食入孢子化卵囊。凡被病鸡或带虫鸡粪便污染过的饲料、饮水、土壤、用具等都有孢子化卵囊存在。其他种鸟类、家畜、昆虫以及饲养管理人员均可机械性地传播卵囊。

（2）发病与品种年龄的关系　各种鸡均可感染，但引入品种鸡比土种鸡更为易感，多发生于15～50日龄，3个月龄以上鸡较少发病。成年鸡几乎不发病。

（3）本病多发生于温暖潮湿的季节　但在规模化饲养条件下全年都可发生。

（4）卵囊对外界不良环境及常用消毒药抵抗力强大　在土壤中可生存4～9个月，在有树荫的运动场可生存15～18个月。卵囊对高温、低温冰冻及干燥抵抗力较小，55℃或冰冻可以很快杀死卵囊。常用消毒药物均不能杀灭卵囊。

（5）饲养管理不良时促进本病的发生　当鸡舍潮湿、拥挤、饲养管理不当或卫生条件恶劣，最易发病，往往波及全群。

3. 致病作用

裂殖体在肠上皮细胞中大量增殖时，破坏肠黏膜，引起肠管发炎和上皮细胞崩解，使消化功能发生障碍，营养物质不能吸收。由于肠壁的炎性变化和血管的破裂，大量体液和血液流入肠腔内（如柔嫩艾美耳球虫引起的盲肠出血），导致病鸡消瘦，贫血和下痢。崩解的上皮细胞变为有毒物质，蓄积在肠管中不能迅速排出，使机体发生自体中毒，临床上出现精神不振、足和翅轻瘫和昏迷等现象。因此可以把球虫病视为一种全身中毒过程。受损伤的肠黏膜是病菌和肠内有毒物质侵入机体的门户。

4. 临床症状

（1）急性型　病程数天至2～3周。病初精神不好，羽毛耸立，头蜷缩，呆立一隅，食欲减少，泄殖孔周围羽毛被液体排泄物所污染、粘连。以后由于肠上皮的大量破坏和机体中毒的加剧，病鸡出现共济失调，翅膀轻瘫，渴欲增加，食欲废绝，嗉囊内充满液体，黏膜与鸡冠苍白，迅速消瘦。粪呈水样或带血。在柔嫩艾美耳球虫引起的盲肠球虫病，开始粪便为咖啡色，以后完全变为血便。末期发生痉挛和昏迷，不久即死亡，如不及时采取措施，死亡率可达50%~100%。

(2) 慢性型　病程约数周到数日。多发生于4~6个月的鸡或成年鸡。症状与急性型相似，但不明显。病鸡逐渐消瘦，足翅轻瘫，有间歇性下痢，产卵量减少，死亡的较少。

5. 病理变化

鸡体消瘦，鸡冠与黏膜苍白或发青，泄殖腔周围羽毛被粪、血污染，羽毛逆立凌乱。体内变化主要发生在肠管，其程度、性质与病变部位和球虫的种别有关。柔嫩艾美耳球虫主要侵害盲肠，在急性型，一侧或两侧盲肠显著肿大，可为正常的3~5倍，其中充满凝固的或新鲜的暗红色血液，盲肠上皮增厚，有严重的糜烂甚至坏死脱落，与盲肠内容物、血凝块混合，形成坚硬的"肠栓"。

毒害艾美耳球虫损害小肠中段，可使肠壁扩张、松弛、肥厚和严重的坏死。肠黏膜上有明显的灰白色斑点状坏死病灶和小出血点相间杂。肠壁深部及肠管中均有凝固的血液，使肠外观上呈淡红色或黑色。

堆型艾美耳球虫多在十二指肠和小肠前段，在被损害的部位，可见有大量淡灰白色斑点，汇合成带状横过肠管。

巨型艾美耳球虫损害小肠中段，肠壁肥厚，肠管扩大，内容物黏稠，呈淡灰色、淡褐色或淡红色，有时混有很小的血块，肠壁上有溢血点。

布氏艾美耳球虫损害小肠下段，通常在卵黄蒂至盲肠连接处。黏膜受损，凝固性坏死，呈干酪样，粪便中出现凝固的血液和黏膜碎片。

早熟艾美耳球虫和和缓艾美耳球虫致病力弱，病变一般不明显，引起增重减少，色素消失，严重脱水和饲料报酬下降（图9-18）。

6. 诊断

成年鸡和雏鸡带虫现象极为普遍，所以不能只根据在粪便和肠壁刮取物中发现卵囊就确诊为球虫病。正确的诊断，必须根据粪便检查、临床症状、流行病学材料和病理变化等方面因素加以综合判断。鉴定球虫种类可依据卵囊形态作出初步鉴定。

7. 防治

(1) 预防措施　使用抗球虫药物预防球虫病是防治球虫病第一重要的手段，它不但可使球虫的感染处于最低水平，而且可使鸡保持一定的免疫力，这样可确保鸡球虫病免于暴发，除非球虫对抗球虫药已经产生了抗药性。目前所有的肉鸡场都应无条件地进行药物预防，而且应从雏鸡出壳后第1天开始。预防用的抗球虫药物有如下几种。

① 氨丙啉，按0.0125%混入饲料，从雏鸡出壳第1天到屠宰上市为止，无休药期。

② 尼卡巴嗪（Nicarbazine），按0.0125%混入饲料，休药期4天。

③ 球痢灵（Zoalene），按0.0125%混入饲料，休药期5天。

④ 克球多（Clopidol），按0.0125%混入饲料，无休药期；按0.025%混入饲料，休药期5天。

⑤ 氯苯胍（Robenidine），按0.0033%混入饲料，休药期5天。

⑥ 常山酮（Halofuginone），按0.0003%混入饲料，休药期5天。

⑦ 地克珠利（Diclazuril），按0.0001%混入饲料，无休药期。

⑧ 莫能菌素（Monensin），按0.010%~0.121%混入饲料，无休药期。

⑨ 盐霉素（Salinomycin），按0.005%~0.006%混入饲料，无休药期。

⑩ 马杜拉霉素（Maduramycin），按0.0005%~0.0006%混入饲料，无休药期。

在生产中，任何一种药物在连续使用一段时间后都会使球虫对它产生抗药性，为了避免或延缓此问题的发生，可以采取以下两种用药方案。一是轮换用药，即在一年的不同时间段里交换使用不同的抗球虫药。例如，在春季和秋季变换药物可避免抗药性的产生，从而可改善鸡群的生产性能。二是穿梭用药，即在鸡的一个生产周期的不同阶段使用不同的药物。一般来说，生长初期用效力中等的抑制性抗球虫药物，使雏鸡能带有少量球虫以产生免疫力，生长中后期用强效抗球虫药物。

为了避免药物残留对人类健康的危害和球虫的抗药性问题，现已研制了数种球虫活疫苗，一种是利用少量强毒的活卵囊制成的活虫苗（商品名：Coccivac 或 Immucox），包装在藻珠中，混入饲料或饮水中。另一种是连续传代选育的早熟虫株制成的虫苗（如 Paracox），并已在生产上推广。

（2）治疗　球虫病的时间越早越好，因为球虫的危害主要是在裂殖生殖阶段，若不晚于感染后 96h，则可降低雏鸡的死亡率。常用的治疗药物有如下几种。

① 磺胺二甲基嘧啶（SM_2），按 0.1% 混入水中，连用 2 天；或按 0.05% 混入饮水，连用 4 天，休药期为 10 天。

② 磺胺喹恶啉（SQ），按 0.1% 混入饲料，喂 2～3 天，停药 3 天后用 0.05% 混入饲料，喂药 2 天，停药 3 天，再给药 2 天，无休药期。

③ 氨丙啉（Amprolium），按 0.03% 混入饮水，连用 3 天，休药期为 5 天。

④ 磺胺氯吡嗪（Esb3，商品名为三字球虫粉），按 0.012%～0.024% 混入饮水，连用 3 天，无休药期。

⑤ 百球清（Baycox），2.5% 溶液，按 0.025% 混入饮水，即 1L 水中加百球清 1ml。在后备母鸡群可用此剂量混饲或饮水 3 天。

十、鸭球虫病

鸭球虫病是常见的球虫病，其发病率在 30%～90%，死亡率为 29%～70%，耐过的病鸭生长受阻，增重缓慢，对养鸭业危害巨大。

1. 病原学

文献记载家鸭球虫有 8 种，分属 3 个属，对鸭具有致病力的球虫有两种。

（1）毁灭泰泽球虫（*Tyzzeria perniciosa*）　寄生于小肠。卵囊小，短椭圆形，呈浅绿色，无卵膜孔。大小为 (9.2～13.2)μm×(7.2～9.9)μm，平均为 11μm×8.8μm，卵囊指数为 1.2。孢子化卵囊中不形成孢子囊，8 个香蕉形子孢子游离于卵囊中。有一个大的卵囊残体。

（2）菲莱氏温扬球虫（*Wenyonella philiplevinei*）　寄生于小肠。卵囊较大，卵圆形，有卵膜孔。卵囊的大小为 (13.3～22)μm×(10～12)μm，平均 17.2μm×11.4μm。卵囊指数为 1.5。孢子化卵囊内有 4 个呈瓜子形的孢子囊，每个孢子囊内含 4 个子孢子。无卵囊残体。

2. 流行病学

本病的发生和气温及雨量密切有关，北京地区流行于 4～11 月份，以 9～10 月份发病率最高。各年龄鸭均有易感性，以 2～6 周龄由网上饲养转为地面饲养的雏鸭发病率高，死亡率高。

3. 临床症状

本病急性型于感染后第 4 天出现精神委顿，缩颈，喜卧不食，渴欲增加，排暗红色血便等，此时常出现急性死亡。第 6 天后病鸭逐渐恢复食欲，死亡停止。耐过的病鸭，生长受阻，增重缓慢。慢性则一般不显症状，偶见有拉稀，成为散播鸭球虫病的病源。

4. 病理变化

毁灭泰泽球虫引起的病变严重，肉眼可见小肠呈泛发性出血性肠炎，尤以小肠中段更为严重。肠壁肿胀，出血，黏膜上密布针尖大小的出血点，有的黏膜上覆盖着一层糠麸样或奶酪状黏液，或有淡红色或深红色胶冻状血样黏液，但不形成肠芯。

菲莱氏温扬球虫致病性不强，仅在回肠后部和直肠呈现轻度充血，偶尔在回肠后部黏膜上有散在的出血点，直肠黏膜红肿。

5. 诊断

成年鸭和雏鸭带虫现象极为普遍，所以不能仅根据粪便中有无卵囊作出诊断。必须依据临床症状、流行病学材料和病理变化等进行综合判断。急性死亡病例可根据病理变化和镜检肠黏膜涂片作出诊断。以病变部位刮取少量黏膜，制成涂片，可在显微镜下观察到大量裂殖体和裂殖子。用饱和硫酸镁溶液漂浮可发现大量卵囊。

6. 防治

在本病流行季节，当雏鸭由网上转为地面饲养时，或已在地面饲养2周龄时，可用0.02%磺胺甲基异噁唑（SMZ）或复方新诺明（SMZ＋TMP，比例为5∶1），0.1%磺胺间甲氧嘧啶（SMM）或1mg/kg杀球灵（Diclazuril）混入饲料，连喂4~5天。当发现地面污染的卵囊过多时，或有个别鸭发病时，应立即对全群进行药物预防。

十一、鹅球虫病

1. 病原学

文献记载的鹅球虫有15种，其中以截形艾美耳球虫（*Eimeria truncata*）致病力最强，寄生于肾小管上皮，使肾组织遭到严重损伤。3周至3月龄的幼鹅最易感，常呈急性经过。病程2~3天，死亡率较高。其余14种球虫均寄生于肠道，致病力不等，有的球虫如鹅艾美耳球虫（*E. anseris*）可引起严重发病；另一些种类单独感染时，相对来说致病力轻微，但混合感染时可能严重致病。

2. 临床症状

肾球虫病在3~12周龄的鹅通常呈急性，表现为精神不振，极度衰弱和消瘦，食欲缺乏，腹泻，粪带白色。眼迟钝和下陷，两翅下垂。幼鹅的死亡率可高达87%。

肠道球虫可引起鹅的出血性肠炎，临床症状为食欲缺乏，步态摇摆，虚弱和腹泻，甚至发生死亡。

3. 病理变化

在尸体剖检时，可见到肾的体积肿大至拇指大，由正常的红褐色变为淡灰黑色或红色，可见到出血斑和针尖大小灰白色病灶或条纹。这些病灶中含有尿酸盐沉积物和大量的卵囊，涨满的肾小管中含有将要排出的卵囊、崩解的宿主细胞和尿酸盐，使其体积比正常增大5~10倍。病灶区还可出现嗜伊红细胞和坏死。

患肠球虫的病鹅，可见小肠肿胀，其中充满稀薄的红褐色液体。小肠中段和下段卡他性炎症严重，在肠壁上可出现大的白色结节或纤维素性肠炎。在干燥的假膜下有大量的卵囊、裂殖体和配子体。

4. 诊断

参考鸭球虫病。

5. 防治

（1）多种磺胺类药均已用于治疗鹅球虫病，尤以磺胺间甲氧嘧啶和磺胺喹噁值得推荐，用量可参照鸭球虫病。

（2）幼鹅与成鹅分群饲养。在小鹅未产生免疫力之前，应避开靠近水的、含有大量卵囊的潮湿地区。

十二、兔球虫病

兔球虫病是家兔中最常见而且危害严重的一种原虫病，分布于世界各地，我国各地均有发生。4～5月龄内的幼兔对球虫的抵抗力很弱，其感染率可达100%，患病后幼兔的死亡率也很高，可达80%左右，耐过的兔长期不能康复，生长发育受到严重影响，一般可减轻体重12%～27%。

1. 病原学

（1）形态特征　文献记载兔的球虫共有17种，均属艾美耳属。这17种艾美耳球虫其中除斯氏艾美耳球虫寄生于肝脏胆管上皮细胞外，其余各种都寄生于肠黏膜上皮细胞内。各种兔球虫的形态特征见图9-19，家兔各种球虫的卵巢特征见表9-2。

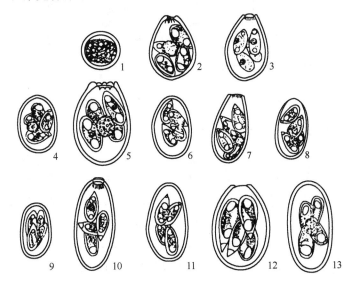

图9-19　主要兔球虫卵囊

1—小型艾美耳球虫；2—肠艾美耳球虫；3—梨形艾美耳球虫；4—穿孔艾美耳球虫；5—大型艾美耳球虫；
6—松林艾美耳球虫；7—盲肠艾美耳球虫；8—中型艾美耳球虫；9—那格浦尔艾美耳球虫；
10—长形艾美耳球虫；11—斯氏艾美耳球虫；12—无残艾美耳球虫；13—新兔艾美耳球虫

（2）生活史　兔艾美耳球虫的生活史可分为三个阶段：即裂殖生殖阶段、配子生殖阶段和孢子生殖阶段。前面两个阶段是在胆管上皮细胞（斯氏艾美耳球虫）或肠上皮细胞（大肠和小肠寄生的各种球虫）内进行的，后一发育阶段是在外界环境中进行的。

家兔在采食或饮水时，吞入孢子化卵囊，卵囊在肠道中，在胆汁和胰酶作用下，子孢子从卵囊内逸出；并主动钻入肠（或胆管）上皮细胞，开始变为圆形的滋养体。而后经多次分裂变为多核体，最后发育为圆形的裂殖体，内含许多香蕉形的裂殖子。上述过程为第1代裂殖生殖。这些裂殖子又侵入肠（或胆管）上皮细胞，进行第2代、第3代、甚至第4代或第5代裂殖生殖。如此反复多次，大量地破坏上皮细胞，致使家兔发生严重的肠炎或肝炎。在裂殖生殖之后，部分裂殖子侵入上皮细胞形成大配子体，部分裂殖子侵入上皮细胞形成小配子体。由大配子体发育为大配子；小配子体形成许多小配子。大配子与小配子结合形成合子。合子周围形成囊壁即变为卵囊。卵囊进入肠腔，并随粪便排到外界。在适宜的温度（20～28℃）和湿度（55%～60%）条件下，进行孢子生殖，即在卵囊内形成4个孢子囊，在每个孢子囊内形成2个子孢子。这种发育成熟的卵囊称为孢子化卵囊，具有感染性（图9-20）。

2. 流行病学

（1）传染源　病兔和带虫兔。

（2）传播途径　本病的感染主要是通过采食和饮水。仔兔主要是由于吃奶时食入母兔乳房上污染的卵囊而感染。此外，饲养员、工具、老鼠、苍蝇也可机械性地搬运卵囊而传播球虫病。

（3）易感动物　各品种的家兔对球虫均有易感性，断奶后至3月龄的幼兔感染最为严重。

表 9-2 家兔各种球虫的卵囊特征

种类	形态	颜色	卵囊平均大小/μm	微孔	内残体	外残体	孢子化时间/h	潜隐期/天	寄生部位	致病性
斯氏艾美耳球虫	长卵圆	淡黄	38.4×20.5	有	有	无	72	14	肝脏胆管	+++
穿孔艾美耳球虫	长圆	无色	25.5×15.5	不明显	有	有	48	6	空肠、回肠	±
野兔艾美耳球虫	卵圆	无色	35.8×22.6	无	有	有	44	9	肠道	±
大型艾美耳球虫	卵圆	橙黄	37.3×24.1	有	有	有	48~72	7~8	空肠、盲肠	++
无残艾美耳球虫	卵圆	淡黄	38×26	有	有	无	48~72	9~10	空肠	+
中型艾美耳球虫	长圆	橙黄	25.4×15.3	有	有	有	48	5~6	空肠、十二指肠	++
微小艾美耳球虫	亚球形	无色	14×13	不明显	无	无	28	8	肠道	±
梨形艾美耳球虫	梨形	淡黄	29×18	有	有	无	48	9	小肠、大肠	±
雕蹙艾美耳球虫	卵圆	深褐色	39.2×21.8	有	有	无	52	11	肠道	±
黄艾美耳球虫	倒梨形	黄色	31.9×22.2	有	有	无	36	8	肠道	±
新兔艾美耳球虫	长圆	淡黄	39×20	有	有	无	48~72	11~14	回肠、盲肠	±
盲肠艾美耳球虫	长圆	淡黄	32.5×18.6	有	有	无	72	7~9	盲肠	±
肠艾美耳球虫	卵圆	浅黄褐	27×18	有	有	有	24~48	9	小肠（十二指肠除外）	+++
马氏艾美耳球虫	宽卵形	淡黄	25×18	无	有	有	36~48	8	回肠	+++
那格浦尔艾美耳球虫	椭圆	黄褐色	23×13	有	有	无	48	—	肠道	±
长形艾美耳球虫	长椭圆	灰褐色	36.8×19.1	有	有	无	40	—	肠道	±
大孔等孢球虫	椭圆	黄色	36.6×19.8	有	有	无	—	—	肠道	±

注：+++表示致病性强；++表示致病性中等；+表示有致病性；±表示致病性可疑。

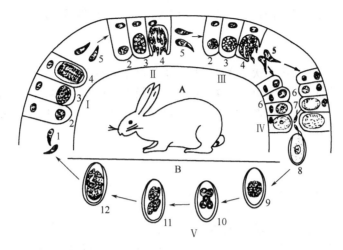

图 9-20　中型艾美耳球虫在兔肠上皮细胞内的发育（A）及在外界环境中的发育（B）
Ⅰ—第 1 代裂殖生殖；Ⅱ—第 2 代裂殖生殖；Ⅲ—第 3 代裂殖生殖；Ⅳ—配子生殖；Ⅴ—孢子生殖
1—子孢子；2～4—裂殖体发育的各个阶段；5—第 1 代、第 2 代、第 3 代裂殖子；
6—大配子及小配子发育的各个阶段；7—大配子和小配子正待结合；8—合子；
9—未孢子化卵囊；10，11—卵囊的孢子化过程；
12—孢子化卵囊，内含 4 个孢子囊，每个孢子囊内含有 2 个子孢子

（4）流行特点　幼兔的感染、死亡率均很高。成年兔多为带虫者，即使发病也很轻微。一般在温暖多雨季节流行，如兔舍温度经常保持在 10℃ 以上时，则随时可发生球虫病。

3. 致病作用

球虫对上皮细胞的破坏、有毒物质的产生以及肠道细菌的综合作用是致病的主要因素。病兔的中枢神经系统不断地受到刺激，使之对各个器官的调节功能发生障碍，从而呈现各种临床症状。胆管和肠上皮受到严重破坏时，正常的消化过程陷于紊乱，从而造成机体的营养缺乏，水肿，并出现稀血症和白细胞减少。由于肠上皮细胞的大量崩解，造成有利于细菌繁殖的环境，导致肠内容物中产生大量的有毒物质，被机体吸收后发生自体中毒，临床上表现为痉挛、虚脱、肠膨胀和脑贫血等。

4. 临床症状

按球虫的种类和寄生部位不同，将球虫病分为三型：即肠型、肝型和混合型，临床上所见的多为混合型。其典型症状是：食欲减退或废绝，精神沉郁，动作迟缓，伏卧不动，眼鼻分泌物增多，四肢周围被毛潮湿，腹泻或腹泻和便秘交替出现。病兔尿频或常作排尿姿势，后肢和肛门周围为粪便所污染。病兔由于肠膨胀，膀胱积尿和肝肿大而呈现腹围增大，肝区触诊有痛感。病兔虚弱消瘦，结膜苍白，可视黏膜轻度黄染。在发病的后期，幼兔往往出现神经症状，四肢痉挛，麻痹，多因极度衰竭而死亡。死亡率一般为 40%～70%，有时可达 80%。病程为 10 余天至数周。病愈后长期消瘦，生长发育不良。

5. 病理变化

尸体外观消瘦，黏膜苍白，肛门周围污秽。

肝球虫病时，肝表面和实质内有许多白色或黄白色结节，呈圆形，如粟粒至豌豆大，沿小胆管分布。取结节作压片镜检，可以看到裂殖子、裂殖体和卵囊等不同发育阶段的虫体。陈旧病灶中的内容物变稠，形成粉粒样的钙化物质。在慢性肝球虫病时，胆管周围和小叶间都有结缔组织增生，使肝细胞萎缩，肝脏体积缩小（间质性肝炎）。胆囊黏膜有卡他性炎症，胆汁浓稠，内含有许多崩解的上皮细胞。肠球虫病的病理变化主要在肠道，肠道血管充血，十二指肠扩张、肥厚，黏膜发生卡他性炎症，小肠内充满气体和大量黏液，黏膜充血，上有溢血点。在慢性病例，

肠黏膜呈淡灰色，上有许多小的白色结节，压片镜检可见大量卵囊，肠黏膜上有时有小的化脓性、坏死性病灶。

6. 诊断

根据流行病学资料、临床症状及病理剖检结果，可作出初步诊断。

用饱和盐水漂浮法检查粪便中的卵囊，或将肠黏膜刮取物及肝脏病灶结节制成涂片镜检球虫卵囊、裂殖子或裂殖体等。如在粪便中发现大量卵囊或在病灶中发现大量不同发育阶段的球虫，即可确诊为兔球虫病。

7. 防治

（1）预防措施

① 兔场应建于干燥向阳处，保持干燥、清洁和通风。

② 幼兔与成兔分笼饲养，发现病兔即隔离治疗。

③ 加强饲养管理，保证饲料和饮水不被粪便污染。

④ 使用铁丝兔笼，笼底有网眼，使粪尿全流到笼外，不被兔所接触。兔笼可用开水、蒸汽或火焰消毒，或放在阳光下曝晒以杀死卵囊。

⑤ 合理安排母兔繁殖，使幼兔断奶不在梅雨季节。

⑥ 在球虫病流行季节，对断奶仔兔，将药物拌入饲料中预防。

（2）治疗　兔发生球虫病时，可用下列药物进行治疗。

① 磺胺间六甲氧嘧啶（SMM），按 0.1% 混饲，连用 3~5 天，隔 1 周，再用 1 个疗程。

② 磺胺二甲基嘧啶（SM_2）与三甲氧苄氨嘧啶（TMP），按 5∶1 比例混合后，以 0.02% 浓度混饲，连用 3~5 天，停 1 周，再用一个疗程。

③ 氯苯胍，按 30mg/kg 体重混饲，连用 5 天，隔 3 天再用一次。

④ 杀球灵，按 0.00001% 浓度混饲，连用 1~2 个月，可预防兔球虫病。

⑤ 莫能菌素，按 0.004% 浓度混饲，连用 1~2 个月，可预防兔球虫病。

⑥ 盐霉素，按 0.005% 浓度混饲，连用 1~2 个月，可预防兔球虫病。

十三、牛球虫病

牛球虫病是由艾美耳科、艾美耳属的球虫寄生于牛的肠道内所引起的一种原虫病。本病以犊牛最易感，且发病严重。主要特征为急性或慢性出血性肠炎，临床表现为渐进性贫血，消瘦和血痢，常以季节性地方性流行或散发的形式出现。

1. 病原学

（1）形态特征　文献报道寄生于牛的球虫有 25 种，寄生于家牛的有 14 种，国内有关资料报道的有 11 种，即牛艾美耳球虫（E.bovis），奥博艾美耳球虫（E.auburnensis），怀俄明艾美耳球虫（E.wyomingensis），加拿大艾美耳球虫（E.canadensis），邱氏艾美耳球虫（E.zurnii），巴西艾美耳球虫（E.braziliensis），柱状艾美耳球虫（E.cylindrica.），皮利他艾美耳球虫（E.pellita），椭圆艾美耳球虫（E.ellipsoidalis），亚球艾美耳球虫（E.subspherica）和阿巴拉艾美耳球虫（E.alabamensis）。

这些球虫中以邱氏艾美耳球虫、牛艾美耳球虫及奥博艾美耳球虫致病力最强，且以前两种最为常见。

邱氏艾美耳球虫致病力最强，寄生于整个大肠和小肠，可引起血痢。卵囊为亚球形或卵圆形，光滑，大小为 $18\mu m \times 15\mu m$。

牛艾美耳球虫致病力较强，寄生于小肠和大肠。卵囊卵圆形，光滑，大小为 $(27~29)\mu m \times (20~21)\mu m$。

奥博艾美耳球虫致病力中等，寄生于小肠中部和后 1/3 处。卵囊细长，呈卵圆形，通常光滑，大小 $(36\sim41)\mu m\times(22\sim26)\mu m$。

(2) 生活史　牛球虫的发育史，与其他艾美耳属的球虫相同，可参阅鸡、兔球虫。

2. 流行病学

牛球虫病多发生于春、夏、秋三季，特别是多雨连阴季节，在低洼潮湿的地方放牧，以及卫生条件差的牛舍，都易使牛感染球虫。各品种的牛都有易感性，两岁以内的犊牛发病率较高，患病严重。成年牛患病治愈或耐过者，多呈带虫状态而散播病原。牛患其他疾病或使役过度及更换饲料时其抵抗力下降易诱发本病。

3. 致病作用

裂殖体在牛肠上皮细胞中增殖，破坏肠黏膜，黏膜下层出现淋巴细胞浸润，并发生溃疡和出血。肠黏膜破坏之后，造成有利于腐败细菌生长繁殖的环境，其所产生的毒素和肠道中的其他有毒物质被吸收后，引起全身中毒，导致中枢神经系统和各种器官的功能失调。

4. 临床症状

潜伏期15~23天，有时多达1个多月。发病多为急性型，病期通常为10~15天，个别情况下有在发病后1~2天内引起犊牛死亡的。病初精神沉郁，被毛粗乱无光泽，体温略高或正常，下痢，母牛产乳量减少。约7天后，牛精神更加沉郁，体温升高到40~41℃。瘤胃蠕动和反刍停止，肠蠕动增强，排带血的稀粪，内混纤维素性薄膜，有恶臭。后肢及尾部被粪便污染。后期粪呈黑色，或全部便血，甚至肛门哆开，排粪失禁，体温下降至35~36℃，在恶病质和贫血状态下死亡。慢性型的病牛一般在发病后3~6天逐渐好转，但下痢和贫血症状持续存在，病程可能拖延数月，最后因极度消瘦、贫血而死亡。

5. 病理变化

尸体消瘦，可视黏膜苍白，肛门松弛、外翻，后肢和肛门周围被血粪所污染。牛直肠病变明显，直肠黏膜肥厚，有出血性炎症变化；淋巴滤泡肿大突出，有白色和灰色小病灶，同时在这些部位常常出现直径4~15mm的溃疡。其表面覆有凝乳样薄膜。直肠内容物呈褐色，带恶臭，有纤维素性薄膜和黏膜碎片。肠系膜淋巴结肿大发炎。

6. 诊断

根据流行病学、临床症状和病理剖检等方面作综合诊断，取粪便或直肠刮取物镜检，发现球虫卵囊即可确诊。

本病应注意与牛的副结核性肠炎相区别。后者有间断排出稀糊状或稀液状混有气泡和黏液的恶臭粪便的症状，病程很长，体温常不升高，且多发于较老的牛。此外，还应与大肠杆菌病作鉴别诊断。大肠杆菌病多发于出生后数天内的犊牛，而球虫病多发于1月龄以上的犊牛，大肠杆菌病的病变特征是脾脏肿大。

7. 防治

(1) 预防措施　采取隔离、加强卫生管理和治疗等综合性措施。成年牛多系带虫者，故犊牛应与成年牛分群饲养。放牧场地也应分开。勤扫圈舍，将粪便等污物集中进行生物热处理。定期清查，可用开水、3%~5%热碱水消毒地面、牛栏、饲槽、饮水槽，一般一周1次。母牛乳房应经常擦洗。球虫病往往在更换饲料时突然发生，因此更换饲料应逐步过渡。药物预防：氨丙啉以5mg/kg体重混饲，连用21天；或用莫能菌素以1mg/kg体重混饲，连用33天。

(2) 治疗

① 应用磺胺类（如磺胺二甲基嘧啶，磺胺六甲氧嘧啶）可减轻症状，抑制球虫病的发展、恶化。

② 氨丙啉按20~25mg/kg体重剂量经口给予，连用4~5天为一疗程。

③ 取碘胺脒1份，次硝酸铋1份，食母生2份，矽炭银5份，按比例混合均匀，按每100kg体重70g剂量内服，每日1次，连用3~5次。

④ 对症治疗，在使用抗球虫药的同时应结合止泻、强心、补液等对症方法。贫血严重时应考虑输血。

十四、羊球虫病

羊球虫病是由艾美科艾美耳属的球虫寄生于羊肠道所引起的一种原虫病，发病羊只呈现下痢、消瘦、贫血、发育不良等症状，严重者导致死亡，主要危害羔羊。本病呈世界性分布。

1. 病原学

寄生于绵羊和山羊的球虫种类很多，文献记载有15种。我国报道的有12种，分别是阿撒他艾美耳虫（E.ahsata），阿氏艾美耳球虫（E.arloingi），槌形艾美耳球虫（E.crandallis），颗粒艾美耳球虫（E.granulosa），浮氏艾美耳球虫（E.faurei），刻点艾美耳球虫（E.punctata），错乱艾美耳球虫（E.intricata），袋形艾美耳球虫（E.marsica），雅氏艾美耳球虫（E.ninakohlyakimovae），小型艾美耳球虫（E.parva），温布里吉艾美耳球虫（E.weybridgensis），爱缪拉艾美耳球虫（E.aemula）。有人认为苍白艾美耳球虫（E.pallida）是小型艾美耳球虫的同物异名。寄生于羊的各种球虫中，以阿撒他艾美耳球虫和温布里吉艾美耳球虫的致病力比较强，而且最为常见。

2. 流行病学

各品种的绵羊、山羊对球虫均有易感性，但山羊感染率高于绵羊；1岁以下的感染率高于1岁以上的，成年羊一般都是带虫者。据调查在内蒙古牧区和河北农区，1～2月龄春羔的粪便中，常发现大量的球虫卵囊。流行季节多为春、夏、秋三季；感染率和强度依不同球虫种类及各地的气候条件而异。冬季气温低，不利于卵囊发育，很少发生感染。

3. 临床症状

人工感染的潜伏期为11～17天。本病可能依感染的种类、感染强度、羊只的年龄、抵抗力及饲养管理条件等不同而取急性或慢性过程。急性经过的病程为2～7天，慢性经过的病程可长达数周。病羊精神不振，食欲减退或消失，体重下降，可视黏膜苍白，腹泻，粪便中常含有大量卵囊。体温上升到40～41℃，严重者可导致死亡，死亡率常达10%～25%，有时可达80%以上。

4. 病理变化

小肠病变明显，肠黏膜上有淡白至黄白、圆形或卵圆形结节，如粟粒至豌豆大，常成簇分布，也能从浆膜面看到。十二指肠和回肠有卡他性炎症，有点状或带状出血。尸体消瘦，后肢及尾部污染有稀粪。

5. 诊断

根据临床表现、病理变化和流行病学情况可作出初步诊断，最终确诊需在粪便中检出大量的卵囊。

6. 防治

参照牛的球虫病防治。使用氨丙啉 25mg/kg 体重，连用14～19天，可防治羊球虫的严重感染。磺胺类如磺胺喹噁啉（SQ）和磺胺二甲基嘧啶（SM_2）也具有良好的防治效果。

十五、犬、猫球虫病

犬、猫球虫病均系由艾美科、等孢属的球虫寄生在肠上皮细胞内引起的以出血性肠炎为特征的原虫病。本病广泛传播于犬群中，幼犬特别易感，在环境卫生不良和饲养密度较大的养犬场常可发生严重流行。病犬和带虫成年犬是本病的传染源，猫亦如此，人也可被寄生。

1. 病原学

（1）形态特征

① 犬等孢球虫（I.canis） 寄生于犬的大肠和小肠，具有轻度及中度的致病力。卵囊呈椭圆

形至卵圆形，大小为（32～42）μm×（27～33）μm，囊壁光滑，无卵膜孔，孢子发育时间为4天。

② 俄亥俄等孢球虫（*I. ohioensis*） 寄生于犬小肠，通常无致病性。卵囊呈圆形至卵圆形，大小为（20～27）μm×（15～24）μm，囊壁光滑，无卵膜孔。

③ 猫等孢球虫（*I. felis*） 寄生于猫的小肠，有时在盲肠，主要在回肠的绒毛上皮内，具有轻微的致病力。卵囊呈卵圆形，大小为（38～51）μm×（27～39）μm，囊壁光滑，无卵囊孔。孢子发育时间为3天。潜隐期为7～8天。

④ 芮氏等孢球虫（*I. rivolta*） 寄生于猫的小肠和大肠，具有轻微的致病力。卵囊呈椭圆形至卵圆形，大小为（21～28）μm×（18～23）μm，潜隐期6天。

（2）生活史　和其他动物的球虫相似。猫、狗是由于食入含孢子化卵囊的食物和饮水而感染；卵囊进入消化道后，子孢子在小肠内脱囊并侵入上皮细胞变为圆形的滋养体；以后核多次分裂进入裂殖生殖期。裂殖体成熟后，裂殖子逸出并侵入正常的上皮细胞继续进行裂殖生殖或形成雄配子体、雌配子体和雌雄配子而进行配子生殖。雄配子有两根鞭毛，能运动，当其游近雌配子时即进入受精形成合子，而后形成卵囊。卵囊进入肠腔，随粪便排出体外。在外界环境中进行孢子生殖变为有感染能力的孢子化卵囊。

2. 临床症状

1～2月龄幼犬和幼猫感染率高，感染后3～6天，出现水泻或排出泥状粪便，有时排带黏液的血便。轻度发热，精神沉郁，食欲不振，消化不良，消瘦、贫血、脱水，严重者衰竭而死。耐过者，感染后3周症状消失，自然康复。

3. 病理变化

整个小肠出现卡他性或出血性肠炎，但多见于回肠段尤以回肠下段最为严重，肠黏膜肥厚，黏膜上皮脱落。

4. 诊断

根据临床症状（下痢）和在粪便中发现大量卵囊，便可确诊。

5. 防治

（1）预防措施　搞好犬、猫的环境卫生，用具要经常清洗消毒。药物预防可用1～2大汤匙9.6%氨丙啉溶液混于4.5L水中，作为饮水，在母犬下崽前10天内饮用。此外尚可用磺胺类药物预防。

（2）治疗

① 磺胺六甲氧嘧啶，每日50mg/kg体重，连用7天。

② 氨丙啉，犬按110～220mg/kg体重混入食物，连用7～12天。当出现呕吐等副作用时，应停止使用。

十六、隐孢子虫病

隐孢子虫病（Cryptosporldiosis）是由孢子虫纲、真球虫目、隐孢子虫科、隐孢子虫属（*Cryptosporidium*）的虫体引起的一种人兽共患原虫病。隐孢子虫是Tyzzer（1907）在小鼠胃腺组织切片中首先发现并将其命名为小鼠隐孢子虫，此后，人们相继在多种动物体内发现了该虫。各种家畜和实验动物、鸟类及人均可感染隐孢子虫，近年来我国不少地区相继发现了人、畜、禽的隐孢子虫病。临床上能引起哺乳动物的严重腹泻和禽类的呼吸道疾病，也能引起人（婴儿及免疫功能低下者）的致死性肠炎，是人类艾滋病患者死亡的直接原因之一。本病是一种严重的公共卫生问题，同时也可给畜牧业生产造成巨大的经济损失。

1. 病原学

（1）形态结构　寄生于家畜、家禽的各有两种，在我国均已发现。

① 小鼠隐孢子虫（*Cryptosporidium muris*） 寄生于家畜胃腺黏膜上皮细胞，卵囊呈卵圆形，大小为 7.5μm×6.5μm。

② 小球隐孢子虫（*C. parvum*） 寄生于家畜小肠黏膜上皮细胞，卵囊呈圆形或卵圆形，大小为 5.0μm×4.5μm。

③ 火鸡隐孢子虫（*C. meleagridis*） 寄生于禽类小肠和直肠，卵囊呈卵圆形或圆形，大小为（4.5～6.0）μm×（4.2～5.3）μm，平均 5.2μm×4.6μm。

④ 贝氏隐孢子虫（*C. baileyi*） 寄生于禽类泄殖腔、腔上囊和呼吸道各部位，大小为（6.0～7.5）μm×（4.8～5.7）μm，平均为 6.6μm×5.0μm。

隐孢子虫卵囊均无色，卵囊壁光滑，有裂缝，无卵膜孔、孢子囊和极粒。每个卵囊内含有 4 个香蕉形的子孢子和 1 个残体。隐孢子虫寄生于宿主黏膜上皮细胞微绒毛刷状缘带虫空泡中。在哺乳动物，除胃肠道外，也可见于其他器官如胆道、胆囊、胰管、扁桃体等。鸟类常见于泄殖腔、腔上囊和呼吸系统各部位，也见于唾液腺、食管腺、肠、肾脏、结膜囊、输尿管、血管、睾丸及卵巢等部位（图 9-21）。

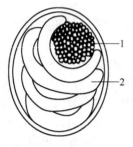

图 9-21 隐孢子虫孢子化卵囊模式图
1—残体；2—子孢子

(2) 生活史 隐孢子虫生活史和其他球虫相似，全部生活史需经三个发育阶段（图 9-22）。

① 裂殖生殖 孢子化卵囊被吞入后，由于温度作用而使其内部子孢子活力增强，引起子孢子的运动和位置改变，卵囊壁上的裂缝扩大，子孢子即从裂缝中钻出，以其头端与黏膜上皮细胞

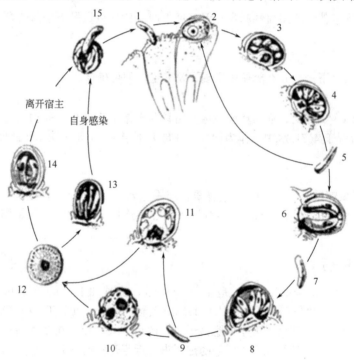

图 9-22 贝氏隐孢子虫的生活史
1—子孢子；2—滋养体；3—第一代早期裂殖体；4—第一代发育成熟的裂殖体；
5—第一代裂殖子；6—第二代裂殖体；7—第二代裂殖子；8—第三代裂殖体；
9—第三代裂殖子；10—大配子体；11—小配子；12—合子；13—薄壁型卵囊；
14—厚壁型卵囊；15—子孢子从卵囊中脱出

表面接触后，发育为球形滋养体。滋养体经核分裂后形成裂殖体。隐孢子虫共有三代裂殖生殖，第1、3代裂殖体内合8个裂殖子，第2代裂殖体内含4个裂殖子。

② 配子生殖　第3代裂殖子进一步发育为雌、雄配子体。成熟的小配子体含16个子弹形的小配子和1个大残体，小配子无鞭毛。小配子附着在大配子上受精，在带虫空泡中变为合子，合子外层形成囊壁后即发育为卵囊。

③ 孢子生殖　孢子生殖过程也是在带虫空泡中完成的。在宿主体内可产生两种不同类型的卵囊，即薄壁型卵囊（thin walled oocyst）和厚壁型卵套（thick walled oocyst）。前者占20%，在宿主体内自行脱囊，从而造成宿主的自体循环感染；后者占80%，卵等随粪便和痰液排至体外，污染周围环境，造成个体间的相互感染。但在众多学者的体外细胞培养和鸡胚培养中，未能观察到薄壁型卵囊。

从感染到排出卵囊之间所需时间（潜隐期），在不同宿主体内为2~9天，而卵囊排出期（显露期）可持续数天至数周不等。

2. 流行病学

（1）传染源　患病动物或向外界排卵囊的动物。

（2）传播途径　经口吃入卵囊是隐孢子虫的主要感染途径；家禽可经呼吸道感染；以卵囊对仔猪进行气管内注射或结膜囊接种亦成功；鸡亦有经鸡胚感染的报道。

（3）宿主范围及分布　本病呈世界性分布。近年来，我国的广东、北京、河北、福建、安徽、山东、江苏、河南、天津、甘肃、吉林、黑龙江、新疆等地先后报道了人、畜、禽的隐孢子虫病。隐孢子虫的宿主范围极广，除已报道的人体感染外，尚有黄牛、水牛、马、绵羊、山羊、猪、犬、猫、鹿、猴、兔、小白鼠、鸡、鸭、鹅、鹌鹑、鸽、鱼类和爬虫类等40多种动物均可感染本虫。

3. 致病机理及症状

隐孢子虫损伤肠道并引起临床症状机理据推测是因为虫体改变寄居的宿主细胞活动或从肠管吸收营养物质。内生发育阶段虫体寄生使微绒毛数量减少和体积变小以及成熟的肠细胞因脱落而进一步减少，则双糖酶活性降低，从而使乳糖和其他糖进入大肠降解。这些糖促进细菌过度生长，形成挥发性脂肪酸，改变渗透压，或在肠腔中积累不吸收的高渗营养物质，从而引起腹泻。此外，隐孢子虫常作为条件性致病因素，与其他病原体如轮状病毒、冠状病毒、细小病毒、牛腹泻病毒、大肠杆菌、沙门氏菌、禽腺病毒、呼肠弧病毒、新城疫病毒、传染性法氏囊病毒、支原体及艾美尔球虫等同时存在，使病情复杂化。

潜伏期为3~7天。表现精神沉郁，厌食，腹泻，消瘦，粪便带有黏液，有时带有血液。有时体温升高。羊的病程为1~2周，死亡率可达40%，牛的死亡率可达16%~40%。

鸟类和家禽隐孢子虫病的主要临床症状为精神沉郁，呼吸困难，有啰音，咳嗽，打喷嚏，流黏性鼻液。眼排浆液性分泌物。食欲锐减或废绝，体重减轻甚至死亡，有时可见腹泻、便血等症状。隐性感染时，虫体多局限于腔上囊和泄殖腔。

4. 病理变化

尸体消瘦，脱水，肛周及尾部被粪便污染。肠道或呼吸道寄生部位呈现卡他性及纤维素性炎症，严重者有出血点。病理组织学变化为上皮细胞微绒毛肿胀、萎缩变性甚至崩解脱落，肠黏膜固有层中淋巴细胞、浆细胞、嗜酸粒细胞和巨噬细胞增多，在病变部位发现大量的隐孢子虫各阶段虫体。

5. 诊断

由于病史、症状和剖检变化都缺乏明显的特征，非病原性诊断还不完善，因此，粪检和尸检发现不同发育阶段的虫体是确诊的依据。

（1）黏膜涂片查活虫　在动物死前或死后6h尸体尚未发生自溶之前，取相应器官黏膜涂片，加生理盐水于室温下镜检观察各发育阶段虫体。

(2) 黏膜及粪便涂片染色法 在动物死前或死后6h内，取相应器官黏膜涂片或用新鲜稀粪涂片，自然干燥后用甲醇固定10min，然后以改良齐-尼氏染色法或改良抗酸染色法染色，染色后隐孢子虫卵囊在蓝色背景下为淡红色球形体，外周发亮，内有红褐色小颗粒。

(3) 粪便漂浮法 取待检粪便加下列漂浮液：饱和蔗糖溶液、饱和白糖溶液、饱和碘化钾溶液、饱和硫酸锌溶液，离心漂浮，取液面膜检查卵囊。

(4) 组织切片染色法 在动物生前或死后6h内，取相应器官组织；按常规方法取材，固定和HE染色，于光镜下在黏膜上皮细胞表面的微绒毛层边缘查找虫体。

(5) 免疫学和分子生物学技术 如免疫荧光试验、抗原捕获ELISA现在已作为实验室诊断常用技术。聚合酶链反应已作为研究性实验室常规技术。

6. 防治

(1) 预防措施 加强饲养管理，提高动物免疫力，是目前唯一可行的办法。发病后要及时进行隔离治疗。严防牛、羊及人粪便污染饲料和饮水。

(2) 治疗 目前尚无特效药物，国内曾有报道大蒜素对人隐孢子虫病有效。国外有采用免疫学疗法的报道，如经口给予单克隆抗体、高免兔乳汁等方法治疗病人。对于有较强抵抗力的牛、羊，采用对症治疗和支持疗法有一定效果。

十七、贝诺孢子虫病

贝诺孢子虫属于真球虫目、肉孢子虫科、贝诺孢子虫属（*Besnoitia*）。其包囊寄生于草食动物的皮下、结缔组织、浆膜和呼吸道黏膜等处。本属中以寄生于牛的贝氏贝诺孢子虫（*B.besnoiti*）的危害最大，引起皮肤脱色、增厚和破裂，因此称之为厚皮病，本病不但降低皮、肉质量，严重时能引起死亡，而且还可引起母牛流产和公牛精液质量下降，严重威胁养牛业的发展。本病是我国东北和内蒙古地区牛的一种常见病。

1. 病原学

(1) 形态结构 贝氏贝诺孢子虫的包囊呈近圆形、灰白色的细砂粒样，散在、成团或串珠状排列。包囊直径100~500μm。包囊壁厚，由两层构成，外层厚，呈均质而嗜酸性着色；内层薄，含有许多扁平的巨核；囊内无中隔。包囊中含有大量缓殖子（或称囊殖子，Cystozoite）。缓殖子大小为$8.4\mu m \times 1.91\mu m$，呈月牙形或梨子形，其构造与弓形虫相似。在急性病牛的血液涂片中有时可见到速殖子（或称内殖子，Endozoite），其形状、构造与缓殖子相似，大小为$5.9\mu m \times 2.3\mu m$（图9-23）。

图9-23 贝诺孢子虫模式图

(2) 生活史 贝氏贝诺孢子虫生活史和弓形虫相似，终末宿主是猫，自然感染的中间宿主是牛、羚羊；实验感染的中间宿主有小鼠、地鼠、兔、山羊、绵羊等。

猫吃了牛体内的包囊而被感染。包囊内的缓殖子在小肠的固有层和肠上皮细胞中变为裂殖体，进行裂殖生殖和配子生殖，最后形成卵囊随粪便排出。在外界适宜条件下，卵囊进行孢子化，形成含有两个孢子囊，每个孢子囊内含有4个子孢子的孢子化卵囊。

牛食入了含有孢子化卵囊的饲料和饮水而感染。在消化道中，卵囊内子孢子逸出，并进入血液循环，在血管内皮细胞，尤其是真皮、皮下、筋膜和上呼吸道黏膜等部位进行内双芽生殖。速殖子从破裂的细胞中逸出，再侵入细胞继续产生速殖子。速殖子消失后，在结缔组织中形成包囊。

本病的流行有一定的季节性，春末开始发病，夏季发病率最高，秋季逐渐减少，冬季少发。吸血昆虫可作为传播媒介（图9-24）。

2. 临床症状

初期病牛体温升高到40℃以上；因怕光而常躲在阴暗处。被毛松乱，失去光泽。腹下、四肢、有时甚至全身发生水肿，步伐僵硬，呼吸、脉搏增数。反刍缓慢或停止，有时出现下痢，常发生流产；肩前和股前淋巴结肿大。流泪，巩膜充血，角膜上布满白色隆起的虫体包囊。鼻黏膜鲜红，上有许多包囊，有鼻漏，初为浆液性，后变浓稠，带有血液，呈脓样。咽、喉受侵害时发生咳嗽。经5~10天后，转入脱毛期，病牛主要出现皮肤病变。皮肤显著增厚，失去弹性，被毛脱落，有龟裂，流出浆液性血样液体。病牛长期躺卧时，与地面接触的皮肤发生坏死。晚期在肘、颈和肩部出现硬痂，水肿消退，此期可能出现死亡。如

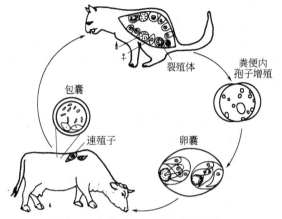

图9-24 贝氏贝诺孢子虫生活史

不死，半个月至1个月左右，转入后期，出现干性皮脂溢出，在发生水肿的部位被毛大都脱落，皮肤上生一层厚痂，有如象皮和患疥癣病的样子。淋巴结肿大，其内含有包囊。病牛极度消瘦，如饲养管理不当容易发生死亡。在种公牛可发生睾丸炎，初期肿大，后期萎缩，精液质量下降。母牛可发生流产，奶牛产奶量下降。牛群的发病率为1%~20%，死亡率约为10%。

3. 诊断

对重症病例，根据临床症状和皮肤活组织检查便可确诊。在病变部位取皮肤表面的乳突状小结节，剪碎压片镜检，发现卵囊或滋养体即可确诊。对轻症病例，可详细检查眼巩膜上是否有针尖大白色结节状的包囊。为了进一步确诊，可将病牛头部固定好，用止血钳夹住巩膜结节处黏膜，用眼科剪剪下结节，压片镜检。这一方法简便易行，检出率高。

4. 防治

目前尚无有效的治疗药物，有人报道用1%锑制剂有一定疗效。氢化可的松对急性病有缓解作用。国外利用从羚羊分离到的虫株，用组织培养制成疫苗可用于免疫。消灭吸血昆虫有助于预防疾病的发生。

十八、新孢子虫病

新孢子虫病是最近发现的一种致死性原虫病。它是由球虫目新孢子虫属的犬新孢子虫（*Neospra caninum*）寄生于宿主体内而引起的一种原虫病。本病宿主范围广，除犬外，牛、山羊、鹿等多种动物及实验动物均可感染。已发现20多个国家有关于本病的报道。在2001~2004年，中国农业大学的刘群等应用进口的试剂盒在北京、山西和河北等地区的奶牛血清中检测到新孢子虫抗体，初步证明新孢子虫在我国奶牛中的存在。

1. 病原学

（1）形态结构

① 犬新孢子虫速殖子 卵圆形、月牙形或球形，含1~2个核。在犬体内大小为（4~7）$\mu m\times$（1.5~5）μm，寄生于神经细胞、血管内皮细胞、室管膜细胞和其他体细胞中。

② 组织包囊 圆形或椭圆形，大小不等。一般为（15~35）$\mu m\times$（10~27）μm，有的长达107μm。组织包囊壁平滑，厚1~2μm，感染时间久厚达4μm。组织包囊内含缓殖子，大小为（6.0~8.0）$\mu m\times$（1.0~1.8）μm。包囊壁用过碘酸雪夫氏染色法（PAS）染色呈嗜银染色，缓殖子间常有管泡状结构。主要寄生于脊髓和大脑中。

(2) 生活史 发育过程尚不完全清楚。已知其组织包囊和速殖子能在神经细胞和上皮细胞内发育。胎盘传播是唯一被证实的感染方式。犬新孢子虫组织包囊4℃保存14天仍存活，-20℃1天失去感染力。

2. 致病作用及症状

隐性感染的母犬发生产死胎或流产。幼犬表现为后肢持续性麻痹、僵直，肌肉无力、萎缩，吞咽困难，甚至心力衰竭。表现为脑炎、肌炎、肝炎和持续性肺炎病变。其他动物的症状和病变与此相似。

3. 诊断

犬新孢子虫与弓形虫形态学及临床症状相似，因此通过症状及病原学检查难以区分。目前，主要通过下列方法确诊：①间接荧光抗体试验；②免疫组织化学法；③组织包囊检查，在光镜下新孢子虫的组织包囊仅在神经组织中出现，囊壁厚达 $4\mu m$。弓形虫的组织包囊可在许多器官中出现，囊壁厚度不到 $1\mu m$；④超微结构检查。

4. 防治

由于新孢子虫生活史尚不清楚，因此无有效防治办法。发现病犬应淘汰，对早期病犬可用甲氧苄胺嘧啶和磺胺嘧啶合剂以 15mg/kg 体重每日给药 2 次，同时用乙胺嘧啶按 1mg/kg 体重治疗 1 次，4 周后麻痹症状可消失。

十九、禽住白细胞虫病

我国已发现鸡住白细胞虫有两种，即卡氏住白细胞虫（$L. caulleryi$）和沙氏住白细胞虫（$L. sabrazesi$）。在北方（河南、河北、北京）发现的是卡氏住白细胞虫。

1. 病原学

(1) 形态结构 卡氏住白细胞虫在鸡体内的配子生殖阶段分为五个时期。

第一期：在血液抹片或组织涂片中，虫体游离于血浆中，呈紫红色圆点或似巴氏杆菌两极着色，亦有 3~7 个或更多成堆排列者，大小为 $0.89\sim1.45\mu m$。

第二期：其大小、形状和颜色与第一期相似，不同点为虫体已侵入宿主红细胞内，多位于宿主细胞核一端的胞浆中，每个红细胞内多为 1~2 个虫体。

第三期：常见于组织涂片中，虫体明显增大，其大小为 $10.87\mu m\times9.43\mu m$，呈深蓝色近圆形，充满宿主白细胞的整个胞浆，把细胞核挤在一边，虫体的核大小为 $7.97\mu m\times0.53\mu m$，中间有一个深红色的核仁，偶有 2~4 个核仁。

第四期：已可区分出大、小配子体。大配子体呈圆形或椭圆形，大小为 $13.05\mu m\times11.6\mu m$，胞质丰富，呈深蓝色，核居中较透明，呈肾形、菱形、梨形、椭圆形，大小为 $5.8\mu m\times2.9\mu m$，核仁多为圆点状。小配子体呈不规则圆形，大小为 $8.9\mu m\times9.35\mu m$，较透明，呈哑铃状、梨状，核仁紫红色，呈杆状或圆点状，被寄生的宿主细胞也增大（$17.1\mu m\times20.9\mu m$），呈圆形，细胞核被挤压成扁平状。

第五期：其大小和染色情况与第四期没有多大区别，不同点为宿主细胞核与胞浆均消失。此期在末梢血液涂片中容易找到（图9-25）。

沙氏住白细胞虫的成熟配子体为长形，大小为 $24\mu m\times4\mu m$。大配子的大小为 $22\mu m\times6.5\mu m$，着色深蓝，色素颗粒密集，褐红色的核仁明显。小配子的大小为 $20\mu m\times6\mu m$，着色淡蓝，色素颗粒稀疏，核仁不明显。宿主细胞呈纺锤形，大小约为 $67\mu m\times6\mu m$，细胞核呈深色狭长的带状，围绕于虫体的一侧。

(2) 生活史 鸡住白细胞虫的生活史包括 3 个阶段：裂殖生殖，配子生殖及孢子生殖。裂殖生殖和配子生殖的大部分在鸡体内完成，配子生殖的一部分及孢子生殖，卡氏住白细胞虫在库蠓体内完成；沙氏住白细胞虫在蚋体内完成。

① 裂殖生殖　感染卡氏住白细胞虫的库蠓，在鸡体上吸血时，随其唾液把虫体的成熟子孢子注入到鸡体内。首先在血管内皮细胞繁殖，形成裂殖体，于感染后第9～10天，宿主细胞被破坏，裂殖体随血液转移到其他寄生部位，主要是肾脏、肝脏和肺脏，其他如心脏、脾、胰脏、胸腺、肌肉、腺胃、肌胃、肠道、气管、卵巢、睾丸及脑部等也可寄生。裂殖体在这些组织内继续发育，至第14～15天，裂殖体破裂，释放出球形的裂殖子。这些裂殖子可以再次进入肝实质细胞形成肝裂殖体，被巨噬细胞吞食而发育为巨型裂殖体；进入红细胞或白细胞开始配子生殖。其肝裂殖体和巨型裂殖体可重复繁殖2～3代。

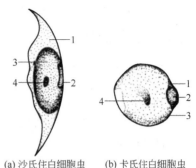

(a) 沙氏住白细胞虫　(b) 卡氏住白细胞虫

图9-25　住白细胞虫配子体
1—宿主细胞质；2—宿主细胞核；
3—配子体；4—核

② 配子生殖　成熟的裂殖体释放出裂殖子侵入红细胞和白细胞内，形成大配子体和小配子体。当库蠓吸血时，吸入大、小配子体，在其胃壁迅速形成大、小配子。大、小配子结合形成合子，逐渐增长为平均为 $21.1\mu m \times 6.87\mu m$ 的动合子，继而形成卵囊。

③ 孢子生殖　卵囊在消化管内完成孢子化过程，子孢子破囊而出，移行到库蠓的唾液腺中，一旦有机会便随唾液进入鸡的血液中，鸡便会发生感染。从大、小配子体进入库蠓体内到形成具有感染力的卵囊需2～7天。形成子孢子的最适温度是25℃，在此温度下，2天即可形成。

2. 流行病学

卡氏住白细胞虫的传播者为库蠓，一般气温20℃以上时，库蠓繁殖快，活力强，该病流行也就严重；沙氏住白细胞虫的传播者为蚋，其发病规律也和蚋活动密切相关。鸡住白细胞虫病发病和年龄有一定关系，1～3月龄鸡死亡率最高，随年龄增长，死亡率降低；成年鸡或1年以上的种鸡，虽感染率较高，但发病率不高，血液中虫数较少，大多数呈无病的带虫者。本地土种鸡对本属有一定抵抗力。

3. 临床症状

自然病例潜伏期为6～12天，雏鸡和童鸡的症状明显。病初体温升高，食欲不振，精神沉郁，流涎，排白绿色稀粪，突因咯血、呼吸困难而死亡。有的病鸡出现贫血，鸡冠和肉髯苍白。生长发育迟缓，羽毛松乱，两翅轻瘫，活动困难。病程一般约数天，严重者死亡。成年鸡主要表现为贫血和产蛋率降低。

4. 病理变化

尸体消瘦，血液稀薄，全身肌肉和鸡冠苍白，肝脏和脾脏肿大，有时有出血点，肠黏膜有时有溃疡。

5. 诊断

根据发病季节、临床症状及剖检特征可作出初步诊断，结合血片检查发现虫体时即可确诊。取病料检查，在胸肌、心、肝、脾、肾等器官上看到灰白色或稍带黄色的、针尖至粟粒大小与周围组织有明显分界的小结节，将小结节挑出压片染色，可看到许多裂殖子。切片检查，取病鸡肾、脾、肺、肝、心、胰、腔上囊、卵囊切片，HE染色镜检，可发现圆形大裂殖体存在部位、数量与眼观病变程度一致。

6. 防治

扑灭传播者——蚋和蠓。在流行季节，在饲料中添加乙胺嘧啶（0.00025%）或磺胺喹噁啉（0.005%）有预防作用。氯喹（0.001%）、盐酸二喹宁、磺胺二甲氧嘧啶（0.0025%～0.0075%）混饲也有较好的防治效果。药物治疗和预防应在感染早期，最好在疾病即将流行或正在流行的初期进行，可取得满意的效果。

二十、鸡疟原虫病

鸡疟原虫（*Plasmodium gallinaceum*）属血孢子虫亚目、疟原虫科（Plasmodiidae），由库蚊、伊蚊传播。在蚊体内的发育过程与鸽血变原虫相似。蚊吸血时，子孢子进入鸡体内，先在皮肤巨噬细胞进行两代裂殖生殖，而后第2代裂殖子侵入红细胞和内皮细胞，分别进入裂殖生殖，红细胞裂殖子也可以进入另外的红细胞内重复裂殖生殖，也可进入内皮细胞进行红细胞外的裂殖生殖，同样内皮细胞中所产裂殖子也可以转为红细胞内的裂殖生殖，最后裂殖子在红细胞内形成大、小配子体。蚊吸食血液时，将带有配子体的红细胞吸入体内，在肠道内形成大配子和小配子，两者结合形成动合子，进而发育为卵囊，卵囊经孢子生殖形成子孢子，子孢子经移行到达蚊的唾液腺内，当再次吸血时，使鸡感染。

1. 病原学

（1）形态结构　成熟的配子体为腊肠形或新月状，位于红细胞核的侧方，有的两端呈弯曲状，部分围绕红细胞核，吉姆萨染色后，大配子体胞质呈深蓝色，核为紫红色，色素颗粒为黑褐色（10～46粒），散布于虫体的胞质内，胞质内常有空泡出现。虫体大小为（11～16）μm×（2.5～5.0）μm，核呈圆形或半弧形，位于虫体中部。小配子体形状和大配子体一样，吉姆萨染色后，胞质呈淡蓝色，大小为（11～24）μm×（2～3.5）μm，核粉红色，疏松（图9-26）。

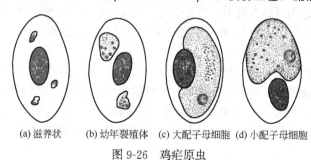

图 9-26　鸡疟原虫

（2）生活史　其生活史中需两个不同的宿主，其有性生殖包括配子生殖和孢子生殖，在媒介昆虫——虻蝇体内进行。无性生殖在鸽体内进行。

虻蝇在吸食病鸡血液时，将带有配子体的红细胞吸入体内，配子体在消化道中发育为大配子和小配子，两者结合为动合子；动合子移行至中肠壁内形成卵囊，卵囊内直接形成子孢子，并移行至唾液腺。带有子孢子的虻蝇吸血时，子孢子随唾液进入鸽血液，并侵入肺、肝、脾、肾等器官的血管内皮细胞中进行裂殖生殖；而后，裂殖子侵入红细胞，变为大、小配子体。

2. 致病作用及症状

其致病性和感染强度有着密切的关系，轻度感染时症状不明显。严重感染时血细胞染虫率达50%，可引起贫血，食欲下降，肺、肝、脾炎症、充血、肿大。此外，还出现肠炎、腹泻，严重时可导致死亡。

3. 诊断

根据临床症状再结合血片检查发现虫体时即可确诊。

4. 防治

在流行季节，应用菊酯类杀虫剂杀灭虻蝇可有效地防止该病的流行。

二十一、鸽血变原虫病

1. 病原学

（1）形态结构　成熟的配子体为腊肠形或新月状，位于红细胞核的侧方，有的两端呈弯曲状，部分围绕红细胞核，吉姆萨染色后，大配子体胞质呈深蓝色，核为紫红色，色素颗粒为黑褐色（10～46粒），散布于虫体的胞质内，胞质内常有空泡出现。虫体大小为（11～16）μm×（2.5～5.0）μm，核呈圆形或半弧形，位于虫体中部。小配子体形状和大配子体一样，吉姆萨染色后，胞质呈淡蓝色，大小为（11～24）μm×（2～3.5）μm，核粉红色，疏松（图9-27）。

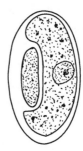 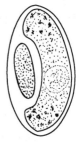

(a) 红细胞内的雌配子体　(b) 红细胞内的雄配子体

图9-27　鸽血变原虫

（2）生活史　其生活史中需两个不同的宿主，其有性生殖包括配子生殖和孢子生殖，在媒介昆虫——虱蝇体内进行。无性生殖在鸽体内进行。

虱蝇在吸食病鸡血液时，将带有配子体的红细胞吸入体内，配子体在消化道中发育为大配子和小配子，两者结合为动合子；动合子移行至中肠壁内形成卵囊，卵囊内直接形成子孢子，并移行至唾液腺。带有子孢子的虱蝇吸血时，子孢子随唾液进入鸽血液，并侵入肺、肝、脾、肾等器官的血管内皮细胞中进行裂殖生殖；而后，裂殖子侵入红细胞，变为大、小配子体。

2. 致病作用及症状

其致病性和感染强度有着密切的关系，轻度感染时症状不明显。严重感染时血细胞染虫率达50%，可引起贫血，食欲下降，肺、肝、脾炎症、充血、肿大。此外，还出现肠炎、腹泻，严重时可导致死亡。

3. 诊断

根据临床症状再结合血片检查发现虫体时即可确诊。

4. 防治

在流行季节，应用菊酯类杀虫剂杀灭虱蝇可有效地防止该病的流行。

二十二、猪小袋纤毛虫病

猪小袋纤毛虫是由纤毛虫纲、小袋科、小袋属的结肠小袋纤毛虫（*Balantidium coli*）寄生于猪大肠内所引起的原虫病。多见于仔猪，呈现下痢、衰弱、消瘦等症状，严重者可导致死亡。除猪外，也可感染人、牛、羊等，因此本病为一种人畜共患原虫病。本病呈世界性分布，多发于热带和亚热带，在我国的河南、广东、广西、吉林、辽宁等15个省市均有人体感染的病例报道。

1. 病原学

（1）形态结构　虫体在发育过程，有滋养体和包囊两种形态。滋养体呈卵圆形或梨形，大小为（30～150）μm×（25～120）μm。身体前端有一略为倾斜的沟，沟的底部为胞口，向下连接一管状构造，以盲端终止于胞浆内。身体后端有肛孔，为排泄废物之用。有一大的腊肠样主核，位于体中部，其附近有一小核。胞浆内尚有空泡和食物泡等结构。全身覆有纤毛，胞口附近纤毛较长，纤毛作规律性摆动，使虫体以较快速度作旋转向前运动。包囊不能运动，呈球形或卵圆形，大小为40～60μm，有两层囊膜，囊内有一个虫体，在新形成的包囊内，可清晰见到滋养体在囊内活动，但不久即变成一团颗粒状的细胞质，包囊内虫体含有一个大核和一个小核，还有伸缩泡、食物泡。有时包囊内有2个处于接合过程的虫体（图9-28）。

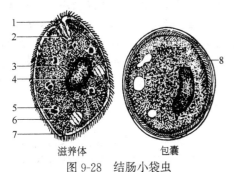

图9-28　结肠小袋虫

1—胞口；2—胞咽；3—小核；4—大核；
5—食物泡；6—伸缩泡；7—胞肛；8—囊壁

(2) 生活史　散播于外界环境中的包囊污染饲料及饮水,被猪或人吞食后,囊壁在肠内被消化,囊内虫体逸出变为滋养体,进入大肠内寄生,以淀粉、肠壁细胞、红细胞和白细胞及细菌作为食物,然后以横二分裂法繁殖,即小核首先分裂,继而大核分裂,最后细胞质分开,形成两个新个体。经过一定时期的无性繁殖之后,虫体进行有性的接合生殖,然后又进行二分裂繁殖。在不利的环境或其他条件下,部分滋养体变圆,分泌坚韧的囊壁包围虫体成包囊,随宿主粪便排出体外。滋养体也可以随宿主粪便排出体外后在外界环境中形成包囊。

包囊抵抗力较强,在-28~-6℃能存活100天,在常温18~20℃可存活20天。在尿液内可生存10天,高温和阳光对其有杀害作用。包囊在2%克辽林、4%福尔马林内均能保持其活力。

2. 致病作用及症状

虫体以肠内容物为食,少量寄生对肠黏膜并无严重损害,但如宿主的消化功能紊乱或肠黏膜有损伤时,小袋纤毛虫就可乘机侵入,破坏肠组织,形成溃疡。溃疡主要发生于结肠,其次是盲肠和直肠。在溃疡的深部,可以找到虫体。

本病多发于冬春季节。常见于饲养管理较差的猪场,呈地方性流行。临床上主要见于2~3月龄的仔猪,往往在断乳期抵抗力下降时,暴发本病。

潜伏期5~16天。病程有急性和慢性两型。急性型多突然发病,可于2~3天内死亡。慢性型则可持续数月或数周。两者的共同表现是精神沉郁,食欲废绝或减退,喜欢卧地,有颤抖现象,体温有时升高;由于虫体深深地侵入肠壁、腺体间和腺腔内,致使肠黏膜显著肥厚、充血、发生坏死,组织崩解,发生溃疡。所以临床上病猪常有腹泻,粪便先为半稀,后水泻,带有黏膜碎片和血液,并有恶臭。重剧病例可引起猪死亡。成年猪常为带虫者。

已知有33种动物能感染小袋纤毛虫,其中以猪最为严重,感染率为20%~100%。人感染结肠小袋纤毛虫时,病情较为严重,常引起顽固性下痢,病灶与阿米巴痢疾所引起的相似,结肠和直肠的深层发生溃疡。

3. 诊断

用生理盐水直接涂片法检查粪便中结肠小袋虫滋养体或包囊,结合临床症状即可确诊。尸体剖检时可刮取肠黏膜涂片查找虫体,黏膜上的虫体比内容物上的多。

4. 防治

治疗可用土霉素、四环素、金霉素、甲基咪唑、硝基吗啉咪唑及灭滴灵等药物。预防应加强饲养管理,保持饲料、饮水卫生,处理好粪便。定期消毒。饲养管理人员亦应注意手的消毒卫生,以免遭受感染。猪发病时,及时隔离治疗。

案例分析

【案例一】　某动物园10岁龄雌性华南虎发病,临床表现为精神委顿、两眼无光、呆立或伏卧,驱赶走动全身肌肉震颤,可视黏膜苍白、眼角膜混浊,结膜有出血斑;出现怕冷、流涕等感冒症状;病虎胸前、腹部、四肢和尾部出现水肿、淤血和溃烂;被毛无光泽,且易脱落;病虎头不停转向右侧,出现撕咬四肢等神经症状,当日即送到当地医院治疗,经血液涂片检查发现伊氏锥虫虫体,被诊断为伊氏锥虫病。对病虎使用驱虫药物后,为观察疗效,在治疗期间多次对病虎血液虫体进行检查,以保证对病虎彻底治愈。观察中发现当病虎体温升高时虫体较易查到,随着药物的使用,在血片可观察到萎缩、坏死的虫体及破裂的细胞碎片。

分析:

1.在伊氏锥虫病流行地区,病畜(兽)出现食欲减退、精神不振、反复发热、乏力、贫血、四肢和下腹水肿、皮肤干燥、被毛无光泽、尾干、溃疡和坏死、粪便稀有血丝等特殊症状时,即可怀疑为伊氏锥虫病。本病例临床症状与之相符,同时血液涂片检查发现伊氏锥虫虫体,确诊该虎罹患本病。

2. 华南虎为珍稀动物，因此在治疗时除使用特效药贝尼尔和安锥赛外，根据病虎的贫血症状和血清酶比值较高的情况，选用保肝药物和增加营养，使其尽快恢复健康。

3. 本病的预防除普查、普治和严格检疫外，对疫区的华南虎和其他珍贵动物可定期注射安锥赛、拜耳205和沙莫林以达到预防的目的。

【案例二】 某个体养鸡户李某购入500只肉用种鸡雏，入场4周后陆续发病。开始时少数鸡下痢，排黄白色或暗绿色稀粪，而后病鸡逐渐增多。李某怀疑为沙门菌感染，对全群鸡投喂环丙沙星饮水治疗，病情未见好转。3天后个别鸡排出粪便中带血，7天后排出干酪样便，并相继出现死亡。10天内发病55只，死亡15只，病死率为27%。临床症状：病鸡初期表现精神委顿，食欲减退或废绝，羽毛蓬乱、无光泽，双翅下垂，身体蜷缩畏寒，下痢；末期有的病鸡冠髯呈紫色或暗黑色，呈明显的"黑头"样。粪便初期呈淡黄色或浅绿色，带泡沫，有的粪便带有血丝，甚至大量便血，呈干酪样；后期病鸡排褐色恶臭稀便。后到当地种鸡场门诊部诊治。

防疫人员根据发病情况、临床症状、病理剖检、实验室检验等确诊本病为组织滴虫病。将甲硝唑按0.03%的比例拌料，连喂5天，病情得到控制，5天后用环丙沙星饮水（每千克水加50mg环丙沙星），以防继发性肠道感染。彻底清扫活动场所，并进行消毒，确保清洁、干燥、卫生，认真洗刷食槽与饮水器。过一个月回访后，再无此病的发生。

分析：

1. 防疫人员诊断主要根据特征性的病理变化：病变均局限在盲肠和肝脏，肝脏肿大并出现特征性的坏死病灶，这种病灶在肝脏表面呈圆形或不规则形，中央凹陷，边缘隆起，病灶颜色为淡黄色。病灶的大小为豆大至指肚大，散在于肝脏表面。一侧盲肠发生病变，盲肠肿大，肠壁肥厚坚实，盲肠黏膜发炎出血，坏死甚至形成溃疡，表面附有干酪样坏死物或形成硬的肠芯。即可确诊为组织滴虫病。由于鸡的柔嫩艾美耳球虫也导致一侧或两侧盲肠发生病变，所以为了排除球虫病的混合感染，又进一步做了实验室检验，没有检测到球虫。

2. 对该病防治体会：一般人治疗只考虑用特效药杀灭鸡体内的组织滴虫，往往忽略该病的复发和继发细菌感染；要想彻底消灭鸡的组织滴虫病，既要用特效药杀灭鸡体内的组织滴虫，又要用抗生素消炎，防止继发感染；还必须加强饲养管理，搞好环境卫生，做好日常消毒工作。因为组织滴虫是通过异刺线虫卵传播的，所以必须杀灭或减少这些虫卵，可利用阳光照射和干燥的方法，最大限度地杀灭异刺线虫虫卵。雏鸡和成年鸡应分开饲养，以避免感染。另外，定期驱除成年鸡体内的异刺线虫，也是防治本病的重要措施。

【案例三】 某农户饲养蛋鸡1800羽。3日龄免疫接种球虫病疫苗，27日龄发现少数鸡神差毛乱，出现少量血便。禽主以为是疫苗正常反应，没有在意。次日病鸡增多，死亡13羽。剖检和镜检结果确诊为鸡球虫病。经治疗，5天后死亡停止，共死亡126羽。禽主很迷惑，为什么免疫后仍发生球虫病？

分析：

当地兽医站兽医通过问诊和实地观察发现，原来是免疫后的管理措施与球虫病免疫的要求不符。该户网上架空育雏，舍内干燥卫生，使得卵囊缺少孢子化的条件。网片上留不住粪便，使得鸡群接触不到粪便，缺少反复感染的机会。两周龄内饲喂含有抗球虫药的全价料，抑制了卵囊的发育，所以免疫没有起作用。在出现病症时，禽主又未考虑是球虫病，贻误了治疗，造成了损失。禽主还以为他既用了疫苗，又从管理上对球虫病进行了控制，是上了双保险呢。

【案例四】 某农户饲养蛋鸡1300羽，32日龄曾发生过鸡痘。42日龄鸡群神差，粪便酱紫红色，出现死亡。剖检发现小肠肿胀，内有多量蛔虫，黏膜卡他性炎症，部分黏膜脱落，有少量血样物。禽主很自然地把其作为蛔虫病治疗。但其后5天粪便仍为酱紫红色，死亡数逐日增加，分别为27羽、32羽、41.53羽、64羽。49日龄出诊，经问诊、剖解和镜检，确诊为鸡小肠球虫病。立即用磺胺类药物治疗，饮水中加电解多维和维生素K。由于禽主未对相当部分已无饮食欲的病鸡个体用药，死亡继续增加。4天后禽主再来就诊时，已死亡600多只，诊断仍为球虫病。

立即对鸡注射用药，5天后死亡平息。

分析：

病例四实质是蛔虫和球虫混合感染的典型病例。先是由于饲养管理差，没有按防病规程进行鸡瘟免疫和驱虫，两次发病使得鸡群抗病力下降，球虫病的易感性增加。后来由于剖解时发现了蛔虫，禽主自以为是肠道及其内容物的变化为蛔虫所致，未能及时诊断出球虫病，只进行了驱虫，所以贻误了治疗时机，耽误了治病。再后来又未对减食或废食者个体用药，造成重大的经济损失。

【案例五】 某农户饲养草鸡800羽。34日龄发病，神差，便酱色。剖检，典型的组织滴虫病变化。医嘱用甲硝唑治疗1周，但禽主在当地某店仅购得4天药量，用后症状好转。45日龄再次发病，症状同前次相似，神差，便咖啡色至红色。禽主认为仍是组织滴虫病，到门市部来购药，顺便带两只病鸡让防疫人员协助诊断。剖检和镜检确诊为小肠球虫病，立即用磺胺二甲嘧啶针剂饮水治疗，一周后鸡群恢复正常，未有死亡。

分析：

病例五是对异病同症认识不足，因为症状相似于第一次发病，所以禽主以为是第一次疗程不够引起的复发。

【案例六】 某农户饲养蛋鸡900羽，24日龄出现血便。禽主用球痢灵治疗4天未见效，并出现死亡。禽主来就诊，剖检、镜检结合临诊，确诊为球虫病。用磺胺类药物治疗，一周后康复。

分析：

这个病例主要涉及抗球虫药的抗药性问题。农户在使用药物时存在两个错误。①迷信首次有效药物，而且轻易不换药。如该户开始养鸡就是用球痢灵治好了球虫病，所以以后不但自己使用，而且推荐别人使用。从这个病例的治疗实践看，该药已产生抗药性。②随意加大药量，几近中毒量。总认为大剂量能一下子把病情控制住，药量越用越大，成本越来越高，病越来越难治。这个问题带有普遍性。

【案例七】 某县养猪户张某饲养的38头育肥猪突然发病，全群食量大减，其中有2头已不食，离群蹲卧在一旁。畜主急忙求诊。因发病较急，症状严重，故怀疑为急性细菌感染，患了流感，而采取大剂量的青霉素、链霉素、庆大霉素、洁霉素以及安比先等药物。连用2次无效，当夜死亡一头，另一头被迫急宰淘汰。发病的2头猪40～50kg。该地兽医经过对发病情况调查、临床症状观察、病理剖检变化、实验室诊断，确诊为猪弓形虫病。

治疗：病猪以复方磺胺-6-甲氧嘧啶肌内注射，10mg/kg体重，首次量加倍，每日2次，连用5天。可疑病猪以同剂量用药两次后，于第2天（次日）以复方新诺明拌料，40mg/kg体重，再剂3天。辅助药物治疗：病猪以黄芪多糖注射液肌内注射0.15ml/kg体重，一日2次，连用5天。可疑病猪用药1天（2次）后于次日在饲料中加入黄芪多糖粉（适量）。全群在饲料中加入中药健胃散，在饮水中加入人工盐和电解多维，连用5天。

经过上述综合防治措施后，除病情严重、又继发其他病症、猪体衰竭、治愈无望而被迫提前淘汰外，经门诊治疗的3户养猪大户和其他十几头零星病例共150头病猪，治愈138头，治愈率达90%以上。一般症状于2天好转，3～4天食欲恢复。

分析：

1. 本病与猪流感、蓝耳病、猪瘟、猪气喘病等疾病症状相似，必须经过实验室检查找到病原方可确诊。

2. 本病单纯用复方磺胺-6-甲氧嘧啶及复方新诺明，理论上对弓形虫有特效，但实际应用上，必须配合黄芪多糖、健胃散、电解多维、人工盐等药物方可取得较好的疗效。

3. 在用药治疗中，注意剂量必须足量的同时，还必须注意疗程，在症状消失后必须再用药1～2天方可停药，否则易引起复发。

4.因本病是人畜共患病，感染大部分温血动物。因此，养猪户要严禁其他动物进入猪舍，特别要严格禁止猫的进入。另外灭鼠对预防本病也很重要。

5.加强饲养管理，搞好环境卫生，定期消毒，实行全进全出制的饲养方式，每次要保持7～10天空圈期，以便彻底清扫消毒，以防本病的再次暴发。

6.本病2007年的发病特点是多集中在3～4月龄的育肥猪，5月龄以上的猪发病较少，即使发病，死亡率也大为降低。因此，本病预防重点是3～4月龄的商品育肥猪。

【案例八】 发病牛群在2001年3月购于贵州省山区，年龄0.5～3岁，原购127头，分5户放养，因运输与早期饲养管理不当死亡13头，以后牛群逐渐适应环境，膘体较好。2001年6月，放牛员发现大部分牛身上有牛蜱，而且越来越多，几乎每头牛都有。6月18日，畜主情急之下，用敌敌畏喷雾牛体，造成群牛中毒，经当地兽医抢救，死牛21头。从此牛群膘体渐渐变差，几个兽医诊为牛肝片吸虫病，嘱畜主购买硫双二氯酚等驱虫药治疗，畜主不以为然，加之药不易买而未予治疗。7月初开始，逐渐有牛死亡，群牛愈来愈瘦，毛色无光，运动乏力，至7月23日笔者接诊时，19头黄牛已死亡，幸存74头牛中濒危牛5头，除2头水牛、3头黄牛毛色尚好外，其余牛毛色无光，膘体较差，濒危牛骨瘦如柴，水牛比黄牛似乎症状要轻。多数牛后肢内侧寄生有牛蜱。

根据流行病学、临床症状、剖检变化、实验室检查情况进行综合诊断，确诊为牛泰勒虫病。用药方案：①贝尼尔（三氮脒），按5mg/kg体重，用5%葡萄糖注射液稀释为5%（每1g兑水20ml）药液，全群臀部深部肌内注射，轻症牛用一次，重症牛隔日再用一次；肌内注射前，对体质差、重症牛肌内注射安钠咖10ml；②阿维菌素粉，按15mg/100kg体重，拌料或灌服；③恩诺沙星25mg/kg体重，肌内注射，轻症牛用一次，重症牛每天2次；④维生素B_{12} 4支/头，肌内注射，轻症牛用一次，重症状牛每天一次，连用3天；⑤经口给予补液盐250g、葡萄糖200g、10%维生素C粉20g，兑10～15mg水，给重症牛自由饮服。

用药第2天，牛群状态无好转，体温未降，反而有些懒动，濒死牛死亡3头。第3天，大部分牛体温趋于正常，运动明显有力，牛蜱消失。第5天，大部分牛食欲大增，几头重症牛仍精神差，懒动但体温正常，嘱给重症牛经口给予补液盐水。第8天回访，群牛中大部分牛毛色返光，重症牛食欲正常，运动有力，半月回访，已全部康复。

分析：

1.牛泰勒虫病在本地牛群中发病罕见，本例群牛暴发，与外地引进、抵抗力较差有关。发现大部分牛身上有牛蜱，结合临床症状、剖检变化，应考虑到牛是否发生泰勒虫病，并做进一步的实验室检查，作出正确的诊断。确诊必须要做虫体检查。在体温升高1～2天后做淋巴结穿刺，在穿刺液中发现石榴体，血液检查发现虫体，此病发现及时治疗可治愈，一旦误诊或耽误时间较长则无法治愈，病畜绝对死亡，因此该病的及时诊断和治疗十分关键。

2.蜱是本病传播的魁首，驱杀牛蜱以经口给予伊维菌素、阿维菌素效果好且安全，而肌内注射副作用较大。采用敌百虫、敌敌畏或溴氰菊酯等易引起中毒反应。

3.贝尼尔疗效显著，但从本例看，局部刺激较大（肌内注射部位肿胀）。

4.为了能加强大脑皮质的兴奋过程和兴奋吸收，血管运动中枢，注射贝尼尔前先用安钠咖注射。

5.经口给予补液、肌内注射维生素B_{12}和肌内注射恩诺沙星防止继发感染，对治愈该病有明显效果。

知识链接

一、人弓形虫病的临床表现

弓形虫抗体广泛存在于人群中，但临床上弓形虫病患者并不多见。

临床上弓形虫病可分为先天性和获得性两类。

（1）先天性弓形体病是经胚胎转移的，只发生在母体原虫血症的时候。在妊娠初期三个月内感染的症状较严重，常使胎儿发生脑积水、小脑畸形、出现脑钙化灶、精神障碍、小眼球畸形、脉络膜炎、视网膜炎和肝脾肿大合并黄疸等病变，从而引起流产、死产或婴儿出现弓形体病症状。

（2）获得性弓形体病最常见的表现为淋巴结肿大，触之较硬，有橡皮样感，伴有长时间的低温、疲倦、肌肉不适，部分患者有暂时性脾肿大，偶尔出现咽喉肿痛、头痛、皮肤出现斑疹或丘疹。

二、网上冲浪

1. 中国养殖技术网：http://yz.ag365.com
2. 中国养猪网：http://www.zgyzzx.com
3. 养牛网：http://www.yangniuwang.cn
4. 中国蛋鸡肉鸡网：http://www.danji.com.cn
5. 中国特种养殖网：http://www.teyang.net.cn
6. 365农业网：http://www.ag365.com

复习思考题

一、简答题

1. 叙述原虫的基本形态构造。
2. 原虫的有性生殖和无性生殖包括哪些方式？
3. 比较鞭毛虫纲和孢子虫纲的寄生性原虫在形态与生物学方面有何不同？
4. 孢子虫纲原虫的发育有何特点？
5. 原虫的营养和生殖方式有哪些？其各自含义是什么？
6. 试讲述原虫病的感染源、感染途径、传播媒介。
7. 叙述犬贾第虫病的诊断方法。
8. 鸡组织滴虫病有哪些主要的病理变化？临床上如何确诊？
9. 鸡组织滴虫和异刺线虫有什么关系？
10. 列举各种动物梨形虫的典型虫体。
11. 试述各种巴贝斯虫的典型形态虫体特点及环形泰勒虫裂殖体、配子体特点。
12. 试述艾美耳属、等孢属、泰泽属、温扬属球虫孢子化卵囊的形态构造。
13. 叙述鸡球虫病的流行病学特点、症状、病理变化、诊断和防治措施。
14. 试述鸡球虫免疫的原理，通过哪些措施能使鸡获得抗感染免疫？
15. 叙述兔球虫病的临床症状、病理变化、诊断和防治措施。
16. 试述畜禽球虫病综合防治措施。
17. 叙述弓形虫五种虫型的形态构造、寄生部位及感染途径有何不同？
18. 猪弓形虫病有哪些主要临床症状？应如何进行综合防治？
19. 叙述肉孢子虫的形态构造。

二、综合分析题

1. 对当地重要人兽共患原虫病进行调查，分析这些人兽共患原虫病的原因，并制订出一套行之有效的防治措施。
2. 调查5～10种对本省畜牧业生产危害较严重的原虫，找出它们的中间宿主、终末宿主及其寄生部位有何异同？
3. 结合牛环形泰勒虫的生活史，分析诊断牛泰勒虫病时应考虑哪些方面？
4. 鸡球虫的生活史及主要病理变化是什么？在集约化饲养条件下，如何防治鸡的球虫病？
5. 结合弓形虫的生活史，分析猪弓形体病在我国流行甚为广泛的原因何在？

第十章 蜱螨病及昆虫病的诊断与防治技术

知识目标

1. 了解节肢动物主要隶属于蛛形纲、昆虫纲的一般形态结构,掌握主要节肢动物的形态结构和生活史。
2. 了解各常见蜱螨病的流行病学、临床症状等特征,掌握动物主要蜱螨病的诊断方法。
3. 了解当地危害较大的昆虫病的流行规律,掌握其综合防治措施。

能力目标

1. 通过对主要寄生性蜱螨病及昆虫病病原的识别,使学生能正确区分各种寄生性节肢动物的形态结构特点及其生活史的异同。
2. 通过对某些蜱螨病的典型案例的诊断和分析,培养学生综合分析和诊断疾病的能力。

指南针

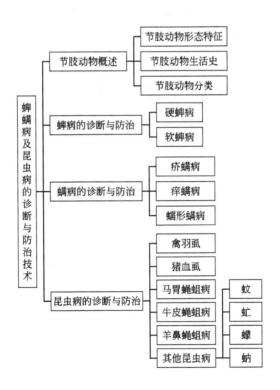

第一节 节肢动物概述

节肢动物属动物界节肢动物门(Arthropoda),为无脊椎动物中最大的门类。是动物界中种类最多的一门,分布极广,占已知 120 多万种动物的 87% 左右,重要的兽医学节肢动物隶属于蛛形纲、昆虫纲，在兽医学上有着非常重要的意义。

一、节肢动物形态特征

节肢动物两侧对称，有分节、附肢。体外壁有几丁质硬化形成的硬的外壳（外骨骼）。大多数节肢动物在发育过程中都有蜕皮及变态现象。

1. 蛛形纲

蛛形纲（Arachnida）普遍为陆生，但其中也有水生和寄生的。虫体雌雄异体，外形呈圆形或椭圆形，分为头胸部和腹部两部分或头、胸、腹融合为一体。无翅，无触角，有螯肢和须肢。成虫和若虫有4对足，幼虫有3对足。小的虫体长仅0.1mm左右，大者可达1cm以上。虫体可分为颚体（又称假头）与躯体两部分，颚体位于虫体前端或前端腹面。颚体由一对螯肢、一个口下板、一对须肢和颚基组成。大多数蜱、螨有1~2对单眼，有的有气门而有的无气门。

2. 昆虫纲

昆虫纲（Insecta）为动物界中最大的一纲，占节肢动物门的94％以上。与人、畜的关系也是最密切的。虫体雌雄异体，明显分为头、胸、腹三部分。头部有复眼一对或有单眼、一对分节触角及口器。胸部由前胸、中胸和后胸3节组成，每节各有一对足，中胸和后胸上多数昆虫有一对翅，但虱类的翅完全退化为平衡棒。

二、节肢动物生活史

节肢动物一般都为雌雄交配后繁殖后代，均为卵生。从卵发育到成虫的整个发育过程中，其形态结构、生理特征、生活习性等一系列变化的总和称为变态。变态基本上分为两种类型。

（1）完全变态 又称为全变态。它的生活史分为卵、幼虫、蛹、成虫4个发育期，各期的形态、生理及生活习性完全不同，如蚊、蝇等。

（2）不完全变态 又称为半变态。它的生活史分为卵、幼虫、若虫、成虫4个发育期，无蛹期，幼虫、若虫与成虫的形态和生活习性基本相似，如蜱、螨、虱等。

三、节肢动物分类

节肢动物的分类较多，下面就与兽医有关的蛛形纲、昆虫纲进行分类。

1. 蛛形纲（Arachnida）

蜱螨目（Acarina）

① 蜱亚目（Ixodides）

　硬蜱科（Ixodidae）　　　软蜱科（Argasidae）

② 疥螨亚目（Sarcoptiformes）

　疥螨科（Sarcoptidae）　　痒螨科（Psoroptidae）

③ 恙螨亚目

　蠕形螨科（Demodicidae）

④ 中螨亚目（Mesostigmata）

　皮刺螨科（Dermanyssidae）

2. 昆虫纲（Insecta）

（1）双翅目（Diptera）

蚊科（Culicidae）　　　　蠓科（Ceratopogonidae）

虻科（Tabanidae）　　　　蚋科（Simuliidae）

狂蝇科（Oestridae）　　　虱蝇科（Hippoboscidae）

胃蝇科（Gasterophilidae）皮蝇科（Hypodermatidae）

(2) 虱目（Anoplura）
颚虱科（Linognathidae）　　血虱科（Haematopinidae）
(3) 食毛目（Mallophaga）
毛虱科（Trichodectidae）
(4) 蚤目（Siphonaptera）
蚤科（Pulicidae）

第二节　蜱病的诊断与防治

蜱分硬蜱和软蜱，皆营寄生生活，是多种人畜共患疾病病原体的传播媒介和贮藏宿主。是对动物危害较大的体外吸血寄生虫。蜱又称壁虱，俗称草爬子、毛蜱、狗豆子、牛虱等。

一、硬蜱病

通常将硬蜱科（Ixodidae）的蜱常称为硬蜱，是寄生于动物体表的一类很常见的寄生虫。硬蜱的种类很多，已发现有800多种，分属于9个属。硬蜱除寄生于各种动物体表直接损伤和吸血外，还是多种重要的传染病和寄生虫病的传播者。与动物有关的有6个属：即硬蜱属（Ixodes）、璃眼蜱属（Hyalomma）、血蜱属（Haemaphysalis）、扇头蜱属（Rhipicephalus）、牛蜱属（Boophilus）、革蜱属（Dermacentor）。

1. 病原学

(1) 形态结构　硬蜱多呈椭圆形（图10-1），呈黄色或褐色。体长2～15mm，吸饱血后虫体胀大如蓖麻子，体长可达30mm。

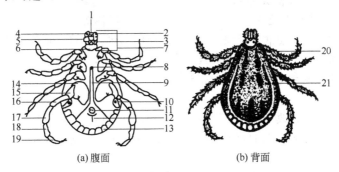

图 10-1　硬蜱（雄性）
1—口下板；2—须肢第四节；3—须肢第一节；4—须肢第三节；5—须肢第二节；
6—假头基；7—假头；8—生殖孔；9—生殖沟；10—气门板；11—肛门；
12—肛沟；13—缘垛；14—基节；15—转节；16—股节；17—胫节；
18—前跗节；19—跗节；20—颈沟；21—侧沟

颚体：颚体显露，位于躯体前端。螯肢从颚基背面中央伸出，呈长杆状，顶端有向外的锯齿状倒钩，是重要的刺割器官。口下板位于螯肢腹面，上具有纵列倒齿，是吸血时穿刺和固着器官。须肢短，吸血时起到固定和支持虫体的作用。

躯体：躯体长圆形，背面为背板，雄虫背板几乎覆盖整个躯体背面；雌虫背板仅覆盖躯体背前部的一部分。成虫有足4对，第1对足跗节近端部背缘有1个囊状感器，称为哈氏器，有嗅觉功能。

(2) 生活史　硬蜱整个发育过程包括卵、幼蜱、若蜱和成蜱4个阶段，经2次蜕皮和3次吸血期，为不完全变态。硬蜱多栖息于森林、牧场、草原，一生产卵1次。硬蜱多在白天侵袭宿主，雌蜱吸血后离开宿主产卵，虫卵呈卵圆形、黄褐色，胶着成团，经2～4周孵出幼蜱。幼蜱侵袭宿主吸血，后蜕皮变为若蜱，若蜱再吸血后蜕皮变为成蜱。幼蜱吸血时间需2~6天，若蜱需2~8天，成蜱需6~20天。硬蜱生活史的长短受外界环境温度和湿度的影响比较大，1个生活周期为3~12个月，环境条件不利时出现滞育现象，生活周期延长。

根据硬蜱在吸血时是否更换宿主将其分为以下3种类型。

① 一宿主蜱　其生活史各期都在1个宿主体上完成，如微小牛蜱。

② 二宿主蜱　其整个发育在2个宿主体上完成，即幼蜱在第一个宿主体上吸血并蜕皮变为若蜱，若蜱吸饱血后落地，蜕皮变为成蜱后，再侵袭第2个宿主吸血，如璃眼蜱。

③ 三宿主蜱　此类蜱种类最多，2次蜕皮在地面上完成，但3个吸血期要更换3个宿主，即幼蜱在第1宿主体上吸饱血后，落地蜕皮变为若蜱，若蜱再侵袭第2宿主，吸饱血后落地蜕皮变为成蜱，成蜱再侵袭第3宿主吸血，如长角血蜱、草原革蜱等。

2. 流行病学

硬蜱大多侵袭哺乳动物，少数侵袭鸟类和爬虫类，个别侵袭两栖类。硬蜱繁殖力、产卵数量因种而异，一般产卵有几千个。硬蜱具有很强的耐饥饿能力，成蜱在饥饿状态下可存活1年，饱血后的雄蜱可活1个月，雌蜱产完卵后1~2周死亡。幼蜱和若蜱一般只能活2~4个月。硬蜱的分布与气候、地势、土壤、植被和宿主等有关，各种蜱均有一定的地理分布。硬蜱活动有明显的季节性，多数在温暖季节活动。

3. 危害

（1）直接危害　蜱叮刺吸血时可损伤宿主局部组织，致使组织充血、水肿、出现急性炎症等一系列反应。某些雌性硬蜱唾液内含有麻痹神经的毒素，释入机体造成运动神经传导障碍，从而引起上行性肌肉萎缩性麻痹，导致蜱瘫痪。

（2）间接危害　蜱是人畜共患病的重要传播媒介，所传播的病原体有83种病毒、15种细菌、17种螺旋体、32种原虫及立克次氏体、衣原体、支原体等。我国已知蜱媒性疾病主要有：森林脑炎、鼠疫、牛羊梨形虫病、新疆出血热、蜱媒回归热、Q热、布鲁氏菌病、北亚蜱媒斑疹伤寒、莱姆病等。蜱不仅是传播媒介，而且蜱能将多种病原体整合到卵内，经卵传递给下一代，即为经卵传递，在流行病学上起到贮存病原的作用。

4. 防治

（1）环境灭蜱　主要是改变有利于蜱生长的环境，利用垦荒，清除杂草和灌木丛。清理家畜厩舍，用1%~2%马拉硫磷、0.1%溴氰菊酯等药物喷洒厩舍。牧区可采取轮流放牧，让蜱失去吸血机会而死亡。

（2）个人防护　进入林区、草原、荒漠地区等蜱的滋生地，要涂搽驱避剂，离开蜱滋生地时要相互检查，以防蜱侵袭。

（3）动物体表灭蜱　在蜱活动季节，每天刷拭动物体，发现蜱时将蜱体拉起与皮肤垂直微上翘拔出，杀死。

（4）药物杀蜱　杀虫剂要几种轮换使用，以免产生抗药性。药物灭蜱可选用1%敌百虫、0.2%马拉硫磷、0.2%辛硫磷、0.2%杀螟松、0.2%害虫敌、0.25%倍硫磷，大动物每头500ml，小动物每头200ml，每隔3周向动物体表喷洒1次。也可定期药浴杀蜱，该法适用于病畜数量多且气候温暖的季节，可选用0.1%马拉硫磷、0.1%辛硫磷、0.025%~0.03%林丹乳油水溶液、0.05%蝇毒磷乳剂水溶液、1%~3%敌百虫水溶液、0.05%双甲脒溶液、0.05%~0.1%溴氰菊酯水乳液、0.25%~0.6%二嗪哝水乳液等药浴。伊维菌素200μg/kg体重，配成1%溶液，皮下注射。

二、软蜱病

通常将软蜱科（Argasidae）的蜱常称为软蜱，软蜱又称鸡蜱，主要种类有乳突钝缘蜱、波斯锐缘蜱等。

1. 病原学

（1）形态结构　如图3-9所示，软蜱雌、雄外观相似，虫体扁平，卵圆形，前端狭窄。颚体小，隐于躯体腹面前部，近似正方形。螯肢与硬蜱的相似，口下板齿较小。须肢长。躯体背面无背板，体表为皱纹状或颗粒状，或有乳状突或有圆形凹陷。多数无眼。

（2）生活史　软蜱的发育经虫卵、幼虫、若虫和成虫四个阶段。由虫卵孵出幼虫，在温暖季节需6~10天，凉爽季节约需3个月。幼虫寻找宿主吸血，然后离开宿主，蜕皮变为第一期若虫，反复2~6次蜕化为成虫。大约1周后，雌虫和雄虫交配，在3~5天后雌虫产卵。整个生活史需7~8周，寿命在5~20年。

2. 流行病学

软蜱宿主广泛，主要寄生于鸡、鸭、鹅和野鸟，也见于牛、羊、犬和人。软蜱白天藏匿于家畜禽的圈舍、洞穴的砖石下或林木的间隙等隐蔽的场所，夜间活动和侵袭动物吸血，不过幼虫的活动不受昼夜限制。软蜱吸血时间短，一般数分钟至1h，吸完血即离开宿主。

3. 危害

软蜱吸血量大，危害十分严重，可使禽类贫血，消瘦，衰弱，生长缓慢，产蛋量下降，还能造成蜱性麻痹，甚至引起死亡。软蜱的各发育期都是鸡、鸭、鹅螺旋体病病原体的传播媒介，还是布氏杆菌病、炭疽和麻风病等人畜共患病病原体的传播媒介。

4. 防治

主要是用药物杀灭禽体上和禽栖居、活动场所中的软蜱。防治措施参见硬蜱防治。鸡舍灭蜱要注意安全，采用敌敌畏块状烟剂熏杀，用量为$0.5g/m^3$，熏后马上关闭门窗1~2h，之后通风排烟。敌敌畏块状烟剂的制作：氯酸钾20%、硫酸铵（化肥）15%、敌敌畏20%、白陶土（或黄土）25%、细锯末屑（干）20%，研细混匀，压制成块备用。

第三节　螨病的诊断与防治

世界上已发现螨虫有50000多种，仅次于昆虫。不少种类与动物医学有关。广义上的螨可以说无处不在，遍及空中、地上、高山、水中和生物体内外，繁殖快，数量多，例如疥螨、蠕形螨、恙螨和革螨等寄生在人和动物体内外，传播多种疾病，叮吸血液、侵害皮肤。动物螨病是由疥螨科与痒螨科的螨类寄生于家畜或家禽的体表或表皮内所致的慢性皮肤病。以接触感染，以能使患畜发生剧烈的痒感和各种类型的皮肤炎为特征。螨病能给畜牧业的发展造成巨大的经济损失。

一、疥螨病

疥螨病又叫疥癣、癞皮病、疥疮等，具有高度感染性，发病后往往蔓延到全群，危害十分严重。寄生于不同家畜的疥螨，一般认为是人疥螨的一些变种，它们具有宿主特异性。但有时会发生不同动物间的相互感染，并可寄生一定时间。

1. 病原学

（1）形态结构　如图3-6所示，虫体呈龟形，淡黄色，背面隆起，腹扁平。颚体短小，颚基陷于躯体颚基窝内，螯肢似钳状，尖端具小齿。须肢分3节。无眼和气门。躯体背面有许多细横纹、皮棘、刚毛等；腹面光滑，有4对粗短的足，前2对足末端带长柄，第3对足末端均为长鬃，第4对足末端雌雄螨不同，雌螨为长鬃，而雄螨为吸垫。

（2）发育史　疥螨在宿主表皮挖凿隧道，并在隧道内进行生长发育和繁殖。雌螨在隧道内产卵，一生产卵40~50个，卵经3~8天孵出幼螨。幼螨离开隧道爬到皮肤表面，然后钻入皮内开凿小穴，在其中蜕皮变为若螨，若螨进一步蜕化形成成螨。雌、雄成螨在宿主表皮上交配，雄螨交配后死亡，雌螨寿命为4~5周。整个发育过程为8~22天，平均15天，条件适宜时3个月可繁殖6个世代。产卵后雌螨死于隧道中。

2. 流行病学

本病感染羊、猪、牛、骆驼、马、犬、猫、兔等哺乳动物，特别是猪和山羊多发。主要发生于秋末、冬季和春季。因为在这些季节，日照不足，畜体毛长而密，皮肤湿度较高，尤适宜疥螨发育繁殖。特别是阴雨天气、拥挤、阴暗潮湿、通风不良的栏舍，蔓延最快，发病严重，体弱的家畜和幼畜最易受侵袭。疥螨以病畜通过和健畜直接接触而感染。也可以通过被病畜污染过的厩舍、用具、饲养人员或兽医人员的衣服和手等间接接触引起感染。另外疥螨有休眠的特性，当条件不适时，迅速转入休眠状态，休眠时间可达5~6个月，复苏后亦可存活40余天。

3. 致病作用与症状

疥螨对畜体的致病作用主要是雌螨挖掘隧道时对皮肤的机械性刺激和局部损伤，以及其分泌物、排泄物及死亡螨体裂解物等成为变应原而刺激机体所引起的变态反应。感染初期，局部皮肤出现针尖大的丘疹，随即出现小水疱，患部发痒，疥螨病最主要的症状是剧烈瘙痒，尤其是睡眠时虫体活动增强，奇痒难忍导致动物摩擦和啃咬患部，造成局部脱毛、皮肤皲裂，流出淋巴液，形成痂皮。痂皮脱落后留下无毛的皮肤，皮肤变厚，出现皱褶、龟裂，无弹性。病变向四周不规则延伸。

（1）猪疥螨病　多见于5月龄以内的猪，常由头、眼、背部开始蔓延到全身，患部形成痂皮，皮肤变厚，被毛脱落，猪表现为食欲不振，营养不良。

（2）牛疥螨病　开始发生于牛的面部、颈部、背部、尾根等被毛较短的部位，严重时可由头角根、颈蔓延到全身，皮肤剧痒，呈不规则的秃斑，出现灰白色鳞屑，粗糙、枯裂、被毛易脱落。

（3）绵羊疥螨病　主要在头部明显，嘴唇周围、口角两侧、鼻子边缘和耳根下面。发病后期病变部形成白色坚硬胶皮样痂皮。

（4）山羊疥螨病　主要发生于嘴唇四周、眼圈、鼻背和耳根部，可蔓延到腋下、腹下和四肢等无毛及少毛部位，特别是头部，患部皮肤如干涸的石灰，形成灰白色干涸的痂块，故有"石灰头"。皮肤龟裂、化脓、脓肿。严重时口唇皮肤皲裂，采食困难。

（5）兔疥螨病　由头、鼻、脚爪部向全身蔓延，患部剧痒，常用嘴舔脚、用脚搔嘴、鼻部解痒。以后患部结痂、变硬、脚爪上产生灰白色痂块，重者出现血痂，消瘦，导致兔死亡。

4. 诊断

根据其症状表现及疾病流行情况，取皮肤刮取物查找病原进行确诊。

（1）刮屑镜检　用火焰灭菌的凸刃小刀，在皮肤的患部与健部的交界处用力刮取皮屑，一直刮到皮肤轻微出血为止。然后置盖玻片上，滴1~2滴50%甘油水溶液或煤油，镜检虫体。也可直接向待检皮屑滴少量10%氢氧化钾或氢氧化钠制片镜检。

（2）直接观察　将刮取物置于平皿内，在烛光上或在日光照晒下加热平皿后，将平皿放在黑色背景上，用放大镜仔细观察有无螨虫在皮屑间爬动。

（3）类症鉴别

① 秃毛癣　也称钱癣，秃毛癣患部呈圆形或椭圆形，界限明显，其上覆盖的浅灰（黄）色干痂易于剥落，痒觉不明显。镜检经10%氢氧化钾处理的毛根或皮屑，可发现癣菌的孢子或菌丝。

② 湿疹　湿疹痒觉不剧烈，且不受环境、温度影响，无传染性，皮屑内无虫体。

③ 虱和毛虱　虱和毛虱所致的症状与螨病相似，但没有皮肤增厚和变硬等变化，且皮肤炎症、形成痂皮及落屑程度较轻，容易发现虱与虱卵，皮屑中无螨虫。

④ 过敏性皮炎　无传染性，皮屑内无虫体，病变由丘疹发展成散在的细小的干痂或圆形的

秃毛斑。

5. 防治

（1）预防措施　注意环境卫生，畜舍经常打扫，畜舍要宽敞、干燥、透光、通风良好。注意畜群中皮肤有无发痒，掉毛现象，及时发现即隔离饲养和治疗。引入家畜时应事先了解有无螨病存在，并做螨虫检查，也可隔离一周，确实无螨病时，方可并入畜群中。羊群要剪毛后 7 天才可药浴。

（2）治疗

① 注射或灌服药物　用伊维菌素或与伊维菌素药理作用相似的药物，剂量按 $100\sim200\mu g/kg$ 体重，此类药物不仅对螨病，而且对其他节肢动物疾病和大部分线虫病均有良好疗效。伊维菌素副作用也比较大，犬使用时要限量，且对柯利犬禁用（柯利犬包括苏格兰牧羊犬、喜乐帝牧羊犬、边境牧羊犬等）。

② 涂药疗法　四季均可使用，适用于病畜数量少、患部面积小的情况，但每次涂药面积不得超过体表的 1/3。可选择以下药物，如 1% 敌百虫溶液、林丹、二嗪哝、双甲脒、溴氰菊酯（凯安保倍特）等药物，按说明涂擦使用。

③ 药浴疗法　药液可选用 1%～2% 敌百虫水溶液、0.05% 双甲脒溶液、0.03% 林丹乳油水溶液、0.05% 蝇毒磷乳剂水溶液、0.05% 辛硫磷油水溶液等。药浴时，要特别注意防止中毒。

二、痒螨病

痒螨病是由痒螨科痒螨属的痒螨（*Psoroptes communis*）寄生在动物的皮肤表面所引起的疾病。所有的动物均有自身特定的痒螨，各种动物间互不交叉感染。

1. 病原学

（1）形态结构　如图 3-7 所示，体呈长圆形，透明的淡褐色角皮上有稀疏的刚毛和细横纹，足长，口器为刺吸式，寄生于皮肤表面，吸取渗出液为食。

（2）发育史　雌螨在皮肤上产卵，一生可产 100 个左右，虫卵约经 3 天孵出幼螨，并进一步发育蜕化为若螨、成螨。雌、雄成螨在宿主表皮上交配，交配后 1～2 天即可产卵。痒螨整个发育过程要 12～18 天。当条件不适时，迅速转入休眠状态，休眠时间可达 5～6 个月。

2. 流行病学

其流行病学与疥螨相同，参阅之。

3. 致病作用与症状

剧痒是痒螨的主要症状，病情越重或运动后皮温升高时，痒觉越剧烈。当螨在宿主皮肤上采食和活动时，刺激神经末梢而引起痒觉。在虫体和毒素的刺激作用下，皮肤发生炎症，发痒处皮肤形成结节和水疱。由于蹭痒，而致结节、水疱破溃，流出渗出液。渗出液、被毛及污垢干后结成痂皮。痂皮被擦破后，创面有多量液体渗出及毛细血管出血，又重新结痂。最终患部脱毛，皮肤肥厚，失去弹性而形成皱褶。

（1）牛　早期见于颈、肩或尾根部，严重时蔓延到全身。奇痒，常在墙、树、桩等物体上摩擦或用舌舐患部。患部脱毛、结痂、皮肤增厚、失去弹性。牛痒螨病，由颈部两侧蔓延到全身，皮肤剧痒、肥厚、失去弹性，严重感染的牛精神沉郁，食欲下降，卧地不起，最后死亡。

（2）山羊　主要发生于耳壳内面，在耳内生成黄色痂垢，将耳道堵塞，使羊变聋。病变部位发痒，病羊亦经常摇动耳朵，在硬物上摩擦。病羊食欲不佳。严重感染可致死亡。

（3）绵羊　对绵羊危害特别严重，多发生于密毛的部位如背部、臀部，后波及全身。首先发现患羊皮肤发痒，有零散的毛丛悬垂在羊体上，严重时全身被毛脱光。患部皮肤湿润，有淡黄色猪脂样物，最后形成淡黄色的痂皮。病初见病羊表现消瘦和营养不良，冬季可引起绵羊死亡。

（4）兔　兔患病时主要发生在外耳道内，引起猛烈的外耳道炎，致使外耳道分泌物过盛，干涸后形成淡黄色痂皮，甚至完全堵塞外耳道，病耳变重下垂。剧痒，常频频摇头、挠耳，痒感多在夜间加重。若延至筛骨及脑部，则引起转圈及癫痫样神经症状。

4. 诊断

根据其症状表现及疾病流行情况，刮取皮肤组织查找痒螨进行确诊。

5. 防治

参考疥螨病。

三、蠕形螨病

蠕形螨病是蠕形螨科蠕形螨属（Demodex）的蠕形螨寄生于人和哺乳动物的毛囊和皮脂腺内引起的疾病，又称为"脂螨"或"毛囊虫"。是一种永久性寄生虫。各种蠕形螨均有其专一宿主，互不交叉感染。主要特征为脱毛、皮炎、皮脂腺炎和毛囊炎等。

1. 病原学

（1）形态结构 如图3-8所示，蠕形螨细长呈蠕虫状，可分为头、胸、腹三部分。口器由一对须肢、一对螯肢和一个口下板组成。虫体长0.1～0.4mm，乳白色，半透明，环纹明显。颚体呈梯形，位于虫体前端。躯体分足体和末体两部分，足体约占虫体1/4，腹面有足4对，有横纹，足粗短呈牙突状。末体细长，尾状。雄虫的雄茎自胸部的背面突出，雌虫的阴门则在腹面。卵呈梭形，长0.07～0.09mm。

（2）生活史 蠕形螨寄生在动物的毛囊和皮脂腺内，全部发育过程（包括卵—幼虫—前若虫—若虫—成虫）都在动物体上进行。雌虫在毛囊和皮脂腺内产卵，经2～3天孵出幼虫，经1～2天蜕皮变为第1期若虫，经3～4天蜕皮变为第2期若虫，再经2～3天蜕皮变为成螨。正常的动物体上，均有蠕形螨存在，但不发病，当遇较好的入侵条件（皮肤发炎等），并有足够的营养时，虫体就大量繁殖，并引起发病。雌虫在寄生部位产卵，卵孵化出3对足的幼虫，接着变为4对足的若虫，最后蜕化而成为成虫。整个生活史约需半个月。雌螨寿命约在4个月以上。

2. 流行病学

蠕形螨病感染来源有犬、牛、羊、猪、马等动物及人。多发生于幼畜和5～6月的幼犬，以犬最多，马少见。通过动物直接接触或通过饲养人员和用具间接接触传播。夏季寄生数量最多，环境潮湿、皮肤卫生差、不通风、应激状态、免疫力低下等原因，可成为本病的诱因。

3. 致病作用及症状

蠕形螨病常发生于头部、眼睑及腿部，严重时可蔓延至躯干。蠕形螨吞食毛囊上皮细胞，引起肿大，皮肤粗糙；可引起皮肤角化过度或角化不全，真皮层毛细血管扩张；可引起皮脂腺分泌障碍或分泌旺盛（脂溢性皮炎）；在头颈部、肘部、趾间等处发生脱毛、秃斑，界限极明显。皮肤肥厚，往往形成皱褶，被覆有痂皮和鳞屑，被毛脱落，脓疱破溃后形成恶臭味溃疡。

（1）犬 病初为鳞屑型，患部脱毛，皮肤肥厚，发红并复有糠皮状鳞屑，随后皮肤变红铜色。后期伴有化脓菌侵入，患部脱毛，形成皱褶，生脓疱，流出的淋巴液干涸成为痂皮，重者因贫血及中毒而死亡。

（2）山羊 多发生于肩胛、四肢、颈、腹等处。皮下有结节，有时可挤压出干酪样内容物。成年羊较幼年羊症状明显。

（3）牛 多发生于头、颈、肩、背、臀等处。形成粟粒大至核桃大疖疮，内含淀粉状或脓样物，皮肤变硬、脱毛。

（4）猪 多发生于眼周围、鼻和耳，逐渐蔓延。痛痒轻微，病变部皮肤增厚、形成结节或脓疱。

蠕形螨病的主要病理性变化有皮炎，皮脂腺-毛囊炎或脓性皮脂腺-毛囊炎。

4. 诊断

根据疾病流行情况、临诊症状及皮肤结节和镜检脓疱内容物发现蠕形螨确诊。

(1) 刮压法　检出率高，80%左右。常用甘油作为透明剂。
(2) 透明胶纸法　检出率稍低，但无痛。

5. 防治

(1) 预防措施

可采用患病动物进行隔离治疗，圈舍用二嗪哝、双甲脒等喷洒处理，圈舍保持干燥和通风，全身患病动物不宜繁殖后代。

(2) 治疗

局部治疗或药浴时，应先对患部剪毛、清洗痂皮，再涂擦杀螨药或药浴。可用伊维菌素、双甲脒、10%硫黄软膏、2%灭滴灵霜剂、鱼藤酮、苯甲酸苄酯或过氧化苯甲酰凝胶，亦可经口给予灭滴灵及维生素B_2辅助治疗。

第四节　昆虫病的诊断与防治

一、禽羽虱

禽羽虱属于节肢动物门昆虫纲食毛目（Mallophaga），是鸡、鸭、鹅的常见体外寄生虫。其寄生于禽的体表或附于羽毛、绒毛上，严重影响禽群健康和生产性能，造成较大的经济损失。

1. 病原学

(1) 形态结构　禽羽虱个体较小（图10-2），一般体长1～2mm，呈淡黄色或淡灰色，由头、胸、腹三部分组成，咀嚼式口器，头部一般比胸部宽，上有一对触角，分3～5节。有3对足，无翅。虱的种类很多，常见的寄生于鸡的有：鸡大体虱、鸡头虱、鸡羽干虱等。寄生于鸭和鹅的有：细鸭虱、细鹅虱、鸭巨毛虱和鹅巨毛虱等。

(2) 生活史　禽羽虱的一生均在禽体上度过，属永久性寄生虫，其发育为不完全变态，所产虫卵常簇结成块，黏附于羽毛上，经5～8天孵化为若虫，外形与成虫相似，在2～3周内经3～5次蜕皮变为成虫。它的寿命只有几个月，一旦离开宿主，它们只能存活数天。

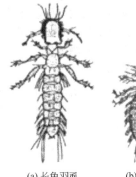

(a) 长角羽虱　　(b) 鸡羽虱

图10-2　禽羽虱

2. 临床症状

禽羽虱大量寄生时，禽体奇痒，因啄痒造成羽毛断折、脱落，影响休息，病鸡瘦弱，生长发育受阻，产蛋量下降，皮肤上有损伤，严重时可见皮下有出血块。

3. 诊断

在禽皮肤和羽毛上查见禽羽虱或虱卵即可确诊。

4. 防治

用药物杀灭禽体上的羽虱，同时根据季节、药物制剂及禽群受侵袭程度等不同情况，采用不同的用药方法对禽舍及饲槽、饮水槽等用具和环境进行彻底杀虫和消毒。

(1) 烟雾法　20%杀灭菊酯（敌虫菊酯，速灭杀丁，氰戊菊酯，呋酸氰醚酯）乳油，按每立方米空间0.02ml，用带有烟雾发生装置的喷雾机喷雾。烟雾后鸡舍需密闭2～3h。

(2) 喷雾或药浴法　20%杀灭菊酯乳油按3000～4000倍用水稀释，或2.5%溴氰菊酯按400～500倍用水稀释，或10%二氯苯醚菊酯乳油按4000～5000倍用水稀释，速灭杀丁、除虫菊酯直接向禽体上喷洒或药浴，均有良好效果。一般间隔7～10天再用药一次，效果更好。用上述混合药液对鸡逆毛喷雾，使鸡的全身都被喷到，然后再喷鸡舍。

（3）砂浴法　在砂中加入0.05%蝇毒磷或10%硫黄粉，充分混匀后，铺成10～20cm的厚度，让禽自行砂浴。

（4）伊维菌素　按0.2mg/kg体重，混饲或皮下注射，均有良效。

二、猪血虱

猪血虱属血虱科血虱属，它是寄生于猪体表并以吸取血液为生的一种体表寄生虫。该虫分布广，尤其是饲养管理不良的猪场，大小猪只均有不同程度的寄生，可诱发皮肤病，使猪特别是仔猪的生长受到一定影响。主要特征为猪体瘙痒。

1. 病原学

（1）形态结构　猪血虱背腹扁平（图10-3），椭圆形，表皮呈革状，呈灰白色或灰黑色，分头、胸、腹三部分，体长可达5mm。有刺吸式口器，呈灰褐色，体表有黑色花纹。卵长椭圆形，黄白色，大小为（0.8～1）mm×0.3mm。虫体胸、腹每节两侧各有1个气孔。

（2）生活史　猪血虱的发育属不完全变态，其发育过程包括卵、若虫和成虫。雌、雄虫交配后，雌虱吸饱血后产卵，用分泌的黏液附着在被毛上，虫卵孵化出若虫。若虫与成虫相似，只是体形较小，颜色较光亮，无生殖器官。若虫采食力强，生长迅速，经3次蜕化发育为成虫。雌虫每次产卵3～4个，产卵持续期2～3周，一生共产卵50～80个。

图10-3　猪血虱

2. 流行病学

大猪和母猪体表的各阶段虱均是传染源，通过直接接触传播，尤其在场地狭窄、猪只密集拥挤、管理不良时最易感染，也可通过垫草、饲养人员、用具等引起间接感染。一年四季都可感染，但以寒冷季节感染严重。

3. 临床症状

猪血虱以吸食猪血液为生，耳根、颈下、体侧及后肢内侧最多见。猪经常擦痒，烦躁不安，导致饮食减少，营养不良和消瘦。仔猪尤为明显。当毛囊、汗腺、皮脂腺遭受破坏时，导致皮肤粗糙落屑，功能损害，甚至形成皲裂。病猪表现不安，采食和休息受到影响；消瘦；仔猪由于体痒，经常舔吮患部，可造成食毛癖，时间久之，在胃内形成毛球，影响食欲和消化功能或导致其他严重疾病。

4. 诊断

根据临床表现，在猪体上发现有猪血虱时即可确诊。

5. 防治

（1）预防措施　加强饲养管理及环境消毒、猪体清洁等工作，发现猪血虱，应全群用药物杀灭虫体。定期检查，对患有猪血虱的病猪及时进行隔离。新引进的猪要先进行检疫、隔离检查。

（2）治疗　可用敌百虫、双甲脒、螨净、伊维菌素等进行治疗。0.5%～1%敌百虫水溶液，对猪体进行喷洒。硫黄粉直接向猪体撒布。伊维菌素每千克体重200μg，配成1%溶液，皮下注射。

三、马胃蝇蛆病

马胃蝇蛆病是狂蝇科胃蝇属的各种马胃蝇幼虫寄生于马属动物的胃及肠道引起的。马胃蝇寄生于马、驴、骡的胃中。成虫外观似蜜蜂。主要特征为高度贫血、消瘦、中毒、使役能力下降。

1. 病原学

（1）形态结构　常见四种马胃蝇，即肠胃蝇，红尾胃蝇，兽胃蝇，烦扰胃蝇。四种胃蝇成蝇大小不一，颜色不同，但大体外形都似蜂，体长10～15mm，腹部有黄色、白黑相间、黄黑相间等颜色的花纹。第三期幼虫多呈红色，个别黄色，长在 12～21mm，宽在 6～9mm，形似蚕蛹，分节明显，每节有 1～2 列刺，幼虫前端稍尖，有一对发达的前钩，后端平齐，有一对后气孔。体长 16～20mm。飞行缓慢，产卵于马的前腿、肩部、胸部及腹部等处的毛上。卵细长、淡黄色，经 10～14 天孵化。

 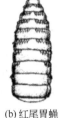  

(a) 肠胃蝇　　(b) 红尾胃蝇　　(c) 兽胃蝇　　(d) 鼻胃蝇

图 10-4　胃蝇第 3 期幼虫

（2）生活史　马胃蝇的生活史大致相同，都要经过卵、幼虫、蛹和成虫四个阶段。成蝇在马前躯部位产卵，卵经 1～2 周孵化为第 1 期幼虫，被马啃咬食入口腔，在黏膜下经 3～4 周蜕化为第 2 期幼虫，吞咽入胃肠，以口钩固着在黏膜上吸血生长，经 9～10 个月蜕化为第 3 期幼虫（图 10-4），至第二年春天自动脱离胃壁，随粪便排出体外，在土壤中化蛹，经 1～2 个月羽化为成蝇。

2. 流行病学

马胃蝇蛆病感染来源是马胃蝇，往往经口感染，胃蝇一生产卵 700 个左右。我国普遍存在，以东北、西北、内蒙古等地多发。在 5～9 月流行，8～9 月为高峰期。

3. 临床症状

当寄生虫体较少，膘情较好的马表现不明显，主要表现一些消化功能紊乱。病马表现为食欲减退、消化不良、贫血、周期性疝痛、多汗、消瘦、使役能力下降、严重的可引起胃穿孔或幽门阻塞，疝痛症状加剧，有的亦可因渐进性衰竭而死亡。

4. 诊断

根据患马消瘦，消化功能紊乱，或有疝痛表现，结合流行病学情况进行判断。确诊需在口腔或皮肤上找到第 1 期幼虫，或在粪便中找到第 3 期幼虫。尸体剖检在胃或肠找到幼虫可确诊。一般情况下都是用药物进行驱治诊断。

5. 防治

应在秋冬两季进行预防性驱虫。注意每天刷洗马体，搞好厩舍和环境卫生，防蝇也很重要。在秋冬季驱杀马胃肠内寄生的幼虫，可用兽用精制敌百虫 30～40mg/kg 体重，一次投服，用药后 4h 内禁饮；或用敌敌畏 40mg/kg 体重，一次投服；伊维菌素 0.2mg/kg 体重皮下注射或经口给予，也有一定效果。

四、牛皮蝇蛆病

牛皮蝇蛆病是由皮蝇科、皮蝇属的牛皮蝇和纹皮蝇的幼虫寄生于牛的皮下组织所引起的疾病。又称为牛皮蝇蚴病。亦可感染马、驴及野生动物。主要症状是消瘦、生产性能下降、幼畜发育不良，尤其是引起皮革质量下降。

1. 病原学

牛皮蝇和纹皮蝇形态相似。外形像蜜蜂（图 10-5），体表被有绒毛，触角分三节，口器已退化，不能采食，亦不能蜇咬牛只。两种皮蝇的发育均属完全变态，经卵、幼虫、蛹和成虫 4 个阶段。

2. 流行病学

本病主要流行于我国西北、东北及内蒙古地区，夏季多发。幼虫在牛体内可寄生 10～11 个月。成蝇的活动季节因各地气候不同而有差异。雌雄皮蝇多在夏季天气

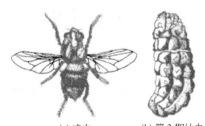

(a) 成虫　　(b) 第 3 期幼虫

图 10-5　牛皮蝇

明朗炎热时交配。感染来源为牛皮蝇和纹皮蝇。感染途径为经皮肤感染。

3. 临床症状

成蝇虽然不叮咬牛,但在夏季繁殖季节,雌蝇飞翔交配后侵袭牛体产卵时,引起牛只惊慌不安,竖尾奔逃,影响采食,奔逃时引起流产、跌伤、骨折甚至死亡。患畜消瘦,产乳量下降。幼虫钻入皮肤时,引起动物瘙痒、不安和局部疼痛,亦可形成化脓性瘘管,造成幼畜贫血和发育不良,皮革质量下降。幼虫在体内移行时,造成移行各处组织损伤,在背部皮下寄生时,引起局部结缔组织增生和发炎,背部两侧皮肤上有多个结节隆起,虫体破裂可引发变态反应。

4. 诊断

根据流行病学、临诊症状及病理变化进行综合诊断。在牛体上发现有皮肤结节,从皮肤结节中发现牛皮蝇幼虫即可确诊,另夏季在牛被毛上发现单个或成排的虫卵可为诊断提供参考。

5. 防治

(1) 预防措施 消灭牛体内幼虫,既可治疗,又可防止幼虫化蛹。在流行区感染季节可用敌百虫、蝇毒灵等喷洒牛体,每隔10天用药1次,防止成蝇产卵或杀死第1期幼虫。其他药物治疗方法均可用于预防。驱蝇防扰:成蝇产卵季节每隔半个月向牛体喷2%敌百虫溶液;对种牛可经常刷拭牛体表,以控制虫卵的孵化。不要随意挤压瘤肿,以防虫体破裂引起变态反应。应用注射器吸取敌百虫水等药液直接注入,以杀死或使其蹦出。当幼虫成熟而且皮肤隆起处出现小孔时,可用手挤压小孔周围,把幼虫挤出。注意不要挤破虫体,并要将挤出的虫体集中焚烧。

(2) 治疗 敌百虫30~40mg/kg体重,一次投服;或用敌敌畏40mg/kg体重,一次投服;蝇毒磷用4%溶液,0.3ml/kg体重,浇注;伊维菌素或阿维菌素0.2mg/kg体重皮下注射;蝇毒灵10mg/kg体重,肌内注射;皮蝇磷8%溶液,0.33ml/kg体重,浇注;倍硫磷4~7mg/kg体重肌内注射。

五、羊鼻蝇蛆病

羊鼻蝇蛆病是由狂蝇科狂蝇属的羊狂蝇幼虫寄生于羊鼻腔及其附近的腔窦内引起的疾病。亦称羊鼻蝇蚴病。主要病症为流鼻汁和慢性鼻炎。

1. 病原学

(1) 形态结构 羊鼻蝇(*Oestrusovis*)又称羊狂蝇,外形似蜜蜂(图10-6),淡灰色,头大呈黄色,口器退化。成熟的第3期幼虫体长28~30mm,前端尖,有两个黑色口前钩,背面隆起;背面有深褐色横带,腹面扁平,各节前缘具有数列小棘,后端齐平,有两个气门板。

图10-6 羊狂蝇
(a) 成虫   (b) 第3期幼虫

(2) 发育史 羊狂蝇的成虫直接产出幼虫,经蛹变为成虫。成蝇野宿自然界,不营寄生生活,也不叮咬羊只,仅是雌蝇找寻羊只直接将幼虫产于羊鼻,一次向羊鼻中产幼虫20~40只,每只雌蝇可产500~600只。幼虫爬入鼻腔,在其中蜕化2次,发育为第3期幼虫,成熟的第3期幼虫落地化蛹,再发育为成虫。成虫出现于每年的5~9月,尤以7~9月间为最多。雌雄交配后雄虫即死去。

2. 流行病学

本病的发病季节在7~9月,幼虫在鼻腔和额窦等处寄生9~10个月。北方每年繁殖1代,温暖地区每年繁殖2代。感染途径为经鼻孔感染。主要分布于北方养羊地区。一般在夏季开始感染发病,第2年春天幼虫向鼻孔外侧移行。

3. 临床症状

成虫侵袭羊群产幼虫时,羊群不安,互相拥挤,频频摇头、喷鼻,严重扰乱羊的正常生活和采食，使羊生长发育不良，消瘦。幼虫的寄生引起发炎和肿胀。患羊打喷嚏，摇头，甩鼻，磨鼻，眼睑水肿，流泪，鼻流浆液性、黏液性或黏液脓性鼻液，有时混有血液。寄生于鼻窦内不能返回鼻腔，而致鼻窦炎症。可出现神经症状，即所谓"假旋回症"。病羊表现为运动失调，出现旋转运动，头弯向一侧或发生麻痹，最终死亡。但发育到第3期幼虫时，虫体增大、变硬，并逐步向鼻孔移动，症状又有所加剧。少数第1期幼虫可移行入鼻窦，致鼻窦发炎，甚或侵入脑膜，患羊表现为运动失调，作旋转运动。

4. 诊断

根据流行病学特点、临床症状和死后剖检见到幼虫可确诊。早期诊断，可用药液喷射鼻腔，查找有无死亡虫体喷出，若有即可确诊。出现神经症状时，应与羊多头蚴和莫尼茨绦虫病相区别。

5. 防治

常用的药物有：伊维菌素、敌敌畏、敌百虫、氯硝柳胺。

预防应以消灭第1期幼虫为主要措施，多选在9～11月份进行。北方地区可在11月份进行1～2次治疗，可杀灭第1、2期幼虫，同时避免发育为第3期幼虫，以减少危害。

六、其他昆虫病

1. 蚊

蚊的种类繁多，但与医学有关的多为按蚊属、库蚊属和伊蚊属。属于体外暂时性寄生虫。

（1）病原学

① 形态结构　蚊是小型昆虫，分为头、胸、腹三部分。头部呈半球形（图10-7），复眼与触角各1对，喙1支。具刺吸式口器。胸部分前、中、后胸三节，每节有足1对，中胸有翅1对，后胸有1对平衡棒。腹部有11节。

雌蚊产卵于水中，卵小，长不到1mm。卵在水中孵出幼虫（孑孓），身体分头、胸、腹三部分，各部着生毛或毛丛，具咀嚼式口器。蛹侧面呈逗号状。

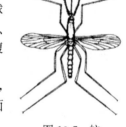

图 10-7　蚊

库蚊、按蚊、伊蚊生活史各期主要形态鉴别特征见表10-1。

表10-1　库蚊、按蚊、伊蚊生活史各期主要形态鉴别特征

鉴别项	库 蚊	按 蚊	伊 蚊
卵	圆锥形,无浮囊,集成卵筏,浮于水面	舟形,有浮囊,分散,常排成图案状,浮于水面	橄榄形,无浮囊,分散,沉于水底
幼虫	呼吸管长而细,有呼吸毛多对;无掌状毛;静止时头下垂,与水面呈角度	无呼吸管,具气门,有掌状毛;静止时与水面平行	呼吸管短而粗,有呼吸毛1对;无掌状毛,静止时状态同库蚊
蛹	呼吸管细长,管状,口小,无裂隙	呼吸管粗而短,漏斗状,口阔,具深裂隙	呼吸管长短不一,口斜向或三角形,无裂隙
成蚊	体大多棕褐色,触须雌蚊甚短,短于喙之半,雄蚊则比喙长,翅多无黑白斑,足多无白环,停息时体与喙有角度,体与停落面平行	体大,多呈灰褐色,触须雌、雄与喙等长,雄蚊末端膨大呈棒状,翅多具黑白斑,足有无白环不定,停息时体与喙成一直线,和停落面成一角度	体黑色,触须雌蚊同库蚊,雄蚊与喙等长,翅无黑白斑,足有白环,停息时同库蚊

② 生活史　蚊的生活史过程为完全变态，生活史过程有卵、幼虫（孑孓）、蛹、成虫4个时期，卵、幼虫（孑孓）、蛹生活于水中，成虫生活于陆地上。蚊的活动时间与湿度、温度、光线等都有关系，按蚊和库蚊多在夜间活动，而伊蚊多在白天活动。雌蚊只在吸血后才能产卵，繁衍后代。蛹羽化后1～2天后便可交配，群舞后双双离去，交配。

（2）危害

① 直接危害　叮刺吸血。
② 间接危害　能传播疾病，如丝虫病、疟疾、乙型脑炎。
(3) 防治
① 幼虫防治　改善环境、水体养鱼等。
② 成虫防治　室内灭蚊、室外灭蚊等。可用敌百虫、敌敌畏、蝇毒磷、蝇毒灵、皮蝇磷、倍硫磷、除虫菊酯、凯安保倍特等药物。

2. 蠓

蠓种类极多，全世界已知有4000种左右，隶属于90个属，而有吸血习性叮咬动物和人的主要是库蠓属、细蠓属、拉蠓属等。

(1) 病原学

① 形态结构　蠓是一种微小黑色虫体，大小为1～3mm。口器为刺吸式。头部近似球形（图10-8），复眼1对。触角细长，由13～15节组成。胸部稍隆起，翅短而宽且末端钝圆，多具有翅斑。足3对，中足较长，后足较粗。腹部10节，各节上均有毛。雌性尾端有一对圆形尾铗，雄性尾端外生殖器明显。

图10-8　蠓

② 生活史　蠓属于完全变态，因种的不同而选择不同的环境产卵，如溪沟、稻田和粪便等。雌蠓吸血后2周左右产卵，每次产50～150个，经3～6天孵出幼虫，生活于水中或潮湿的堆肥中，经3～5周至5个月化为蛹，一般3～5天，羽化为成虫。在无风温暖的晴天，多在近水的田野成群活动，以日出前和日落后常见，交配后寻找人和动物吸血。成蠓寿命在一个月左右，每年可繁殖2代，以第4龄幼虫或卵越冬。

(2) 临床症状　蠓吸食人血后，造成皮肤损害，也是传播丝虫病的媒介。皮损多发生于暴露部位，以小腿、前臂、耳、颈等处多见。皮损初为红斑，继而产生水肿性或风团样丘疹，中央有虫咬痕。个别患者可出现结节性痒疹样损害，数年不退。高度敏感者出现全身性风团、血管性水肿、大疱、糜烂，甚至出现头痛、发热等全身反应。瘙痒剧烈。蠓亦是鸡的卡氏住白细胞虫的传播者。

(3) 治疗　局部外用清凉止痒剂或皮质类固醇激素。参见蚊的治疗。

3. 虻

虻属双翅目昆虫，习惯上把吸血的、骚扰牛马等牲畜的虻类称为牛虻，俗称马蝇、瞎虻、牛蚊子和牛苍蝇。分布全球，以森林和沼泽地区居多。世界已知约有80属4000多种，中国已知有12属400多种。

(1) 病原学　虫体粗壮，呈棕褐色或黑色，有较鲜艳色斑和光泽，体表多细毛。口器刺舐式。头大，翅宽，体长6～30mm。触角3节，鞭节端部分3～7个小环节（图10-9）。幼虫蛆形，头能缩入前胸节。除头外，可见11节。卵一般产在植物的叶、茎上，分散或有规则地堆成卵块。幼虫期最长，数月或1～2年，主要滋生在潮湿的泥土中，多为肉食性，并互相残食。以幼虫越冬。蛹为裸蛹，可见明显的头胸部和腹部。蛹期较短，1～2周。

图10-9　虻

(2) 危害　在夏季不长的地区，虻可在短期内大量出现，骚扰吸血，严重影响放牧和伐木等工作，可传播马贫血病、水疱性口炎、野兔热和炭疽、血孢子虫病、出血性败血症以及寄生性血液原虫、各种锥虫和丝虫。另一方面虻的幼虫捕食土壤中的多种害虫，亦可有益于人类。成虫在中药中称"虻虫"，有破瘀积、消癥结的功效。虻叮刺人体可引起荨麻疹样皮炎和传播罗阿丝虫。

(3) 防治　参见蚊的防治。另外还可以破坏虻类滋生地的办法来防治虻类，如在它们幼虫滋生的水面上撒矿物油,并将水边产有虻卵的植物叶子处理掉,或填平一些小洼等。也采用黄胸黑卵蜂、赤眼蜂、瓢虫和隐翅虫等进行生物防治。

4. 蚋

蚋属双翅目蚋科,俗称"黑蝇"或"驼背"。全世界已知有1200多种,我国有90余种,主要为北蚋和毛足原蚋。

(1)病原学

① 形态结构 蚋为一类体长1~5mm的小型昆虫,成虫深褐色或黑色(图10-10),成虫头部的复眼明显。口器为刺吸式。胸部背面明显隆起。翅宽阔,纵脉发达。足短。腹部11节,最后2节演化为外生殖器。有的种类腹部背面有银色闪光斑点。

② 生活史 蚋的发育为完全变态。卵呈圆三角形,长0.1~0.2mm,淡黄色,成堆排列。幼虫呈圆柱形,后端膨大。幼虫以水中微小生物为食,3~10周发育成熟。蛹1~4周羽化。雄蚋不吸血。雌蚋交配后开始吸血,多在白天进行。蚋出现于春、夏、秋三季,整个生活史2~3.5个月。雌蚋寿命约为2个月。以卵或幼虫在水下越冬。

图10-10 蚋

(2)危害 蚋的危害主要是叮吸动物的血液,被刺叮处常出现局部红肿、疼痛、奇痒以及炎症与继发性感染。蚋可传播盘尾丝虫病。被蚋刺叮,特别是大量刺叮可引起皮炎,可有强烈的过敏性反应,继发感染淋巴腺炎、淋巴管炎及"蚋热"等。蚋还是鸡的沙氏住白细胞虫的传播者。

(3)防治 参见蚊的防治。

案例分析

【案例一】 一例猪疥螨病的诊治

湖南省某校办猪场饲养有70头母猪,猪场为20世纪60年代修建。母猪均患有严重的皮肤病,具体表现如下:皮肤发炎瘙痒,食欲减退,躁动不安,生长缓慢,皮肤瘙生红点、脓包、结痂、龟裂等病变。

确诊:采取病料镜检,发现大量疥螨。并与湿疹、秃毛癣区别。湿疹有痒感,但不及疥螨病厉害,在温暖的厩舍痒感也不加剧,有的湿疹不痒;秃毛癣的患部呈圆形、椭圆形的一片,表面有脱落的皮屑,剥离后皮肤光滑,患部常融合为癣斑,无痒感。

治疗:先将病猪体表痂皮剥去,用肥皂水洗干净后,用0.5%~1%敌百虫水溶液直接涂擦患处,然后用伊维菌素作皮下注射,疾病很快得到缓解。

分析:

1.猪疥螨人肉眼不易看见,虫体钻入猪皮肤表皮挖凿隧道,并在其内发育繁殖。猪疥螨虫的发育过程为8~22天,平均为15天左右。

2.此病多在寒冷的冬春季节发生,因这些季节日光照射不足,家畜毛长而密,特别是在圈舍潮湿、畜体卫生状况不良、皮肤表面湿度较高的条件下,最适合螨的发育繁殖,并且生猪彼此拥挤在一起取暖而导致群猪感染。气候条件适宜,饲养管理好时,猪的抵抗力强,一般无明显症状。夏季高温季节,经常冲洗猪栏和猪体,有利于减轻疥螨病症状。

3.剧痒、脱毛、结痂、皮肤皱褶或龟裂、湿疹性皮炎、患部逐渐向周围扩展和具有高度传染性为疥螨病特征。

4.饲养管理方面要从卫生、光照、通风、干燥、密度、消毒和加强营养几个方面入手,进行改善。

5.由于药物对疥螨虫无杀灭效果,所以根据疥螨虫的发育规律,可在用药后1周,再治疗1~2次,才能彻底杀死由虫卵发育成的疥螨虫,彻底治愈猪疥螨病。在一些养殖场中普遍存在,很难根治，其临床症状的轻重与猪的抵抗力有很大关系。

【案例二】 应用虫必清治疗奶牛皮蝇蛆病

黑龙江某地一头 5 岁黑白华奶牛患病，经临床检查，患牛体质消瘦，精神沉郁，泌乳量降低，只见牛皮蝇蛆寄生于背脊椎骨两侧 5～10cm 处皮下组织，分布面积大，形成的牛皮蝇蛆结节有 100 多个。该牛体重为 550kg，兽医应用虫必清 55g，加常水适量，一次灌服。一次用药后痊愈，以后随访无复发。此后，该兽医用同样的方法治疗奶牛皮蝇蛆病 32 例，治愈率 100%。

分析：

1. 奶牛皮蝇蛆病是由牛皮蝇和纹皮蝇的幼虫寄生于牛的脊背部皮下引起的一种寄生虫病。该病可使病牛消瘦，发育不良，产奶量下降，成为当前奶牛业发展的一大障碍。
2. 牛皮蝇蛆寄生于牛的皮下，逐渐被皮下组织包囊而形成圆形硬实结节。
3. 虫必清治疗奶牛皮蝇蛆等体外寄生虫有较强的驱除作用。
4. 应用虫必清治疗时，关键在于准确计算病牛的体重，才能有效杀灭各期蝇蛆。

知识链接

一、秃毛癣病

秃毛癣俗称钱癣（Ringworm）、毛癣或匐行疹，是由毛癣霉属（*Trichophyton*）的疣状毛癣菌（*Trichopyton verrucosum*）引起的动物（人亦感染）的一种传染性皮肤真菌病。其特征是在皮肤上形成边界明显的圆形秃毛区，继而融合为大型癣斑，无痒感，镜检病料有癣菌孢子或菌丝。除侵袭各种家畜以外，还可感染给人类。可采用 10% 水杨酸软膏、制霉菌素软膏、10% 木馏油软膏、2% 福尔马林软膏、复方醋酸地塞米松乳膏等。

二、家庭防螨虫

螨是一种肉眼不易看清的微型动物，归属节肢动物门蜘蛛纲。螨虫的种类非常多，不同种类之间差异很大。其中人们比较熟悉的有两种：蠕形螨和尘螨。

蠕形螨体长仅 0.1～0.39mm，一生均寄生于宿主体内。通常说的"酒糟鼻"就是其造成的后果，除螨化妆品所针对的也是这类螨虫。蠕形螨寄生于人体各部分的毛囊和皮脂腺内，包括面部、胸、手臂等，其中以皮脂较为丰富的颜面部感染率最高。螨虫寄生在人体皮肤的毛囊深处，一个毛囊常有多个蠕形螨寄生。其机械刺激和排泄物的化学刺激，可使周围组织出现炎症，继发感染而发生皮脂腺炎、痤疮等，但是很多人感染蠕形螨并不发病。随着人们生活水平的不断提高，膳食中的营养物质也随之增加，许多人的油脂分泌变得旺盛，这就给蠕形螨提供了一个更适宜繁殖和生存的环境。

对于蠕形螨的预防最重要的是注意个人卫生，避免与患者直接接触和共同使用毛巾、盥洗器具等。对于患者，可前往医院就诊。

尘螨是螨虫的一种，比蠕形螨略大，长 0.3～0.4mm。尘螨的排泄物及虫体是强烈的过敏原，居室内尘螨主要在地毯、沙发、被褥、坐垫、床垫和枕芯内滋生。随着人们的卫生活动（如铺床叠被）居室中的尘螨飞入空中，被吸入肺内，可以诱发哮喘病、支气管炎、肾炎、过敏性鼻炎和皮炎等。一些调查资料表明：在婴幼儿的支气管哮喘发病率中，由螨虫抗原引起的占 80%～90%。

螨虫喜爱生存在 20～25℃、相对湿度为 65%～85% 的环境中，一般春夏季高发。为了彻底防治家庭中螨虫为害，要经常打开门窗，保持通风、透光；床单、毛毯、窗帘每周用热水（55℃以上）清洗；经常清洁、曝晒儿童的毛绒玩具；使用质量好的吸尘器对室内和卧具除尘，并在小孩不在家时打扫卫生；在使用空调的过程中，要经常打开门窗，保持室内通风、透光、干燥。此外，可定期用除湿器或空调调湿。

总之，只要注意个人卫生和环境整洁就可以远离螨虫。

三、部分动物疾病的主要传播媒介

病原类别	病名		主要虫媒
	人	动物	
病毒	流行性乙型脑炎	流行性乙型脑炎	库蚊、按蚊、蠓
		马传染性脑脊髓炎	库蚊、按蚊
		蓝舌病	蠓
	登革热		伊蚊
		鸡痘	伊蚊
		马传染性贫血	虻、蚊
		牛流行热	虻、蚊
细菌	炭疽	炭疽	蚊、虻、蚋
	鼠疫		虻、蚤
		野兔热（土拉伦斯菌病）	虻、蚊
	斑疹伤寒		虱
螺旋体	回归热		虱
		钩端螺旋体病	虻
原虫	利什曼原虫病	伊氏锥虫病	虻
	疟疾	禽住白细胞虫病	蠓、蚋
		禽疟疾	按蚊
			蚊

四、网上冲浪

1. 兽医中国网：http://www.evetcn.com
2. 人民健康网：http://www.people.com.cn/wsjk
3. 中国畜牧兽医信息网：http://www.cav.net.cn

复习思考题

一、简答题

1. 何谓完全变态及不完全变态？
2. 何谓一宿主蜱、二宿主蜱、三宿主蜱？
3. 硬蜱、疥螨的形态结构和发育史是什么？
4. 如何诊断猪、牛、羊、兔的疥螨病？怎样防治？
5. 蠕形螨主要侵害的动物是谁？寄生部位在哪里？如何治疗？
6. 羊鼻蝇蛆、牛皮蝇蛆、马胃蝇蛆有哪些危害，怎样防治？
7. 禽羽虱、猪血虱的形态结构和发育史有何不同，有何危害？
8. 吸血昆虫的危害是什么？

二、综合分析题

湖南南山牧场长角血蜱病流行严重，导致在夏秋季节奶牛瑟氏泰勒原虫病的流行，请结合南山牧场的地形地势和气候特点，制订一份奶牛瑟氏泰勒原虫病的综合防治方案。

课堂实验项目

实验项目一　动物蠕虫卵形态构造观察

【目标要求】

　　借助显微镜观看各类动物蠕虫卵装片，掌握各类动物蠕虫卵的基本结构及其特征，并能对常见蠕虫卵进行鉴别。

【项目内容】

　　常见动物吸虫卵、绦虫卵、线虫卵和棘头虫卵的形态构造观察。

【实验条件】

　　(1) 各类动物蠕虫卵标本片　准备肝片吸虫卵、前后盘吸虫卵、华支睾吸虫卵、胰阔盘吸虫卵、并殖吸虫卵、东毕吸虫卵、莫尼茨绦虫卵、矛形剑带绦虫卵、泡状带绦虫卵、猪蛔虫卵、仰口线虫卵、类圆线虫卵、后圆线虫卵、蛭形棘头虫卵、鸭多形棘头虫卵等蠕虫卵标本片，每人6～15张标本片。

　　(2) 图片　上述各种动物蠕虫卵的形态构造图（图片可在《动物寄生虫病防治技术》教学资源库中下载，备索地址：xieyongjun2000@163.com）。

　　(3) 仪器设备　多媒体投影仪；显微投影仪；显微互动系统或生物显微镜（每人一台）。

【步骤与方法】

　　1. 教师介绍蠕虫卵的形态构造

　　教师采用多媒体投影仪（或挂图）展示各种动物蠕虫卵的形态构造图，同时向学生讲述各种吸虫卵、绦虫卵、线虫卵和棘头虫卵的形态结构。

　　2. 教师演示蠕虫卵的观察方法

　　教师用显微投影仪向学生演示各种吸虫卵、绦虫卵、线虫卵和棘头虫卵观察方法和操作技巧，并指出学生观察过程中的注意事项。

　　3. 蠕虫卵标本观察

　　将显微镜擦拭干净→调试好显微镜→用擦镜纸将标本片的表面擦拭干净→将蠕虫卵标本片置于低倍镜下观察，移动载物台，找到需要观察的虫卵→用微调节轮将视野调至最清晰状态→转至高倍镜下仔细观察蠕虫卵的形态结构。

【课堂作业】

　　(1) 绘制吸虫卵、绦虫卵、线虫卵和棘头虫卵的形态结构图各一幅，并分别标注出各部位的名称。

　　(2) 列表比较所观察到的四种吸虫卵的形态结构，并对其进行鉴别。

实验项目二　常见吸虫的形态结构观察

【目标要求】

　　(1) 通过观察各种动物吸虫的浸制标本和原色图片，掌握常见动物吸虫的形态特征。

　　(2) 在显微镜下观察各种动物吸虫的压片标本，掌握吸虫的一般结构。

（3）借助体视显微镜和生物显微镜观察各种吸虫的形态结构，观察它们的形态共性和各自特点，掌握常见动物吸虫的鉴定方法。

【项目内容】
（1）动物体内常见吸虫的形态特征观察。
（2）动物体内常见吸虫的组织结构观察。

【实验条件】
（1）标本　肝片形吸虫、华支睾吸虫、双腔吸虫、胰阔盘吸虫、同盘吸虫、东毕吸虫和其他吸虫的新鲜标本、浸制标本和压片标本，及其相关吸虫病的病变器官标本。
（2）图片　吸虫结构模式图、上述吸虫原色图片标本和组织结构图片、各种吸虫病病理图片标本。
（3）仪器设备　多媒体投影仪；显微投影仪；体视显微镜（或放大镜）、生物显微镜、毛笔、尺子、培养皿等（每两人一套）。

【步骤与方法】
1. 教师讲解
（1）教师带领学生观察各种吸虫的原色图片和浸制标本。
（2）用多媒体投影仪向学生讲解吸虫的一般结构，描述各种吸虫内部器官的形状和位置，说明各种吸虫的形态构造特点。
（3）用显微投影仪演示肝片形吸虫形态结构观察的过程和方法。
2. 分组观察（每两人为一组）
（1）首先用毛笔挑取胰阔盘吸虫等的浸渍标本，置于培养皿中，在放大镜下观察其一般形态，用尺子测量其大小。
（2）用肉眼和显微镜（或放大镜）观察各种吸虫的染色压片标本，注意观察口、腹吸盘的位置和大小；口、咽、管道和肠管的形态；睾丸数目、形状和位置；雄茎囊的构造和位置；卵巢、卵模、卵黄腺和子宫的形态与位置；生殖孔、排泄孔的位置。
（3）观察肝片形吸虫、华支睾吸虫、双腔吸虫、胰阔盘吸虫、东毕吸虫等所致疾病的病理标本，认识掌握其主要病变。

【课堂作业】
（1）绘制肝片形吸虫的形态构造图，并标出各个器官名称。
（2）认真观察各种吸虫的形态、大小，吸盘大小、关系，睾丸的位置和形态，卵巢的位置和形态，子宫的位置和形态，生殖孔的位置及其他特征，将各种标本所见特征填入主要吸虫鉴别表，作出鉴定，并绘制该吸虫的简图，并列表对4～6种本地常见的吸虫进行鉴别。

实验项目三　吸虫中间宿主的识别

【目标要求】
（1）分别观察不同种类吸虫中间宿主、补充宿主的形态图，掌握它们的基本形态特征，做到能利用其外部形态进行鉴别。
（2）以椎实螺为代表进行详细观察，掌握吸虫中间宿主螺蛳的一般构造。
（3）掌握吸虫的中间宿主的剖检技术，为今后进行查螺和灭螺打好基础。

【项目内容】
（1）吸虫中间宿主（螺）的一般结构观察。
（2）各种吸虫中间宿主、补充宿主的形态观察与鉴别。
（3）吸虫中间宿主（螺）的剖检技术。

【实验条件】
（1）标本　各种吸虫中间宿主（如钉螺、赤豆螺、中华沼螺、椎实螺、扁卷螺、陆地蜗牛、小土蜗螺等）的新鲜标本和浸制标本。
（2）图片　各种吸虫中间宿主、补充宿主的形态图和结构图。
（3）仪器设备　多媒体投影仪；显微投影仪；体视显微镜（或放大镜）、眼科刀、眼科剪、毛笔、尺子、培养皿等每两人一套。

【步骤与方法】
1.教师介绍吸虫中间宿主的形态特征及其分布
用多媒体投影仪向学生展示各种吸虫中间宿主和补充宿主的原色图片，描述其基本形态特征和分布情况。
2.教师演示螺的剖检技术
教师先用多媒体投影仪向学生介绍椎实螺的组织结构，让学生掌握螺的一般结构，然后利用显微投影仪给学生演示吸虫中间宿主（螺）的剖检程序和剖检技术。
3.分组观察
（1）将各种螺的标本分别放入平皿中→置于体视显微镜（或放大镜）下观察各种螺的形态特征→测量各种螺的大小→找出多种螺形态特征上的异同点。
（2）模仿教师进行螺的解剖，了解螺的内部结构。

【课堂作业】
（1）认真观察各种螺的形态，绘制3~4种当地常见螺的外形图。
（2）列表比较肝片形吸虫、矛形双腔吸虫、前后盘吸虫、东毕吸虫、华支睾吸虫、胰阔盘吸虫的中间宿主的形态结构。

实验项目四　常见线虫的形态结构观察

【目标要求】
（1）用肉眼和体视显微镜（或放大镜）观察动物常见线虫的形态，掌握同一种线虫的雌、雄虫体在外形上的差异，做到能准确鉴别出线虫的雌雄。
（2）了解线虫的一般形态结构，掌握线虫的解剖方法，掌握当地常见线虫的结构特征，为今后进行绦虫的种类鉴别打下基础。

【项目内容】
（1）动物体内常见线虫的形态特征观察。
（2）动物体内常见线虫的体内各器官的形态结构观察。
（3）常见线虫的中间宿主标本和寄生（或移行）部位的病理标本的观察。

【实验条件】
（1）标本　猪蛔虫、犊新蛔虫、鸡蛔虫、捻转血矛线虫、结节虫（食道口线虫）、后圆线虫、鞭虫（毛首线虫）、猪肾虫、腹腔丝虫、刚刺颚口线虫、胎生网尾线虫、旋毛虫、华首线虫、四棱线虫、鸟龙线虫等的新鲜标本、浸制标本、压片标本、切片标本及其中间宿主标本（如剑水蚤）和寄生（或移行）部位的病理标本。
（2）图片　线虫的一般形态结构模式图；上述各种线虫的形态（原色）和结构图及其中间宿主的形态图。
（3）仪器设备　多媒体投影仪；显微投影仪；体视显微镜（或放大镜）、生物显微镜、毛笔、尺子、培养皿、解剖针等（每两人一套）。

【步骤与方法】
1.教师讲解

(1) 教师带领学生观察上述各种线虫的新鲜标本、浸制标本、压片标本、切片标本，介绍雌、雄虫体鉴别要点；并观察上述中间宿主标本（如剑水蚤）和寄生（或移行）部位的病理标本。

(2) 用多媒体投影仪向学生介绍线虫的一般形态结构，并以鞭虫为代表，借助显微投影仪给学生演示线虫各内部器官的位置、形态、结构的观察方法。

(3) 在显微投影仪上演示猪蛔虫的解剖方法。

2.分组观察

(1) 用肉眼或放大镜观察上述各种线虫新鲜标本、浸制标本、压片标本及其中间宿主标本和寄生（或移行）部位的病理标本。了解不同线虫的头部构造、头囊、侧翼膜、尾部的交合伞构造等。

(2) 用生物显微镜观察各种线虫虫体内、外部器官的形态结构，外部器官主要有头部器官结构，尾部结构。内部器官主要观察生殖器官、体壁与假体腔，线虫为雌雄异体。

① 消化器官　口、食管、肠管，线虫食管是重要的分类依据之一。

② 雄性生殖器官　精巢（睾丸）、输精管、贮精囊、射精管。

③ 雌性生殖器官　卵巢、输卵管、子宫、阴道、雌性生殖孔。注意观察这些重要器官的大小、位置、排列。

(3) 在体视显微镜下对猪蛔虫进行解剖，进一步了解线虫的结构。

【课堂作业】

在生物显微镜下仔细观察鞭虫的压片标本，绘制鞭虫的形态结构图，并标注出各器官的名称（要求：用HB铅笔、用线条和点绘图、不能涂抹、结构的标线要直）。

实验项目五　常见绦虫（成虫）的形态结构观察

【目标要求】

(1) 用肉眼和体视显微镜（或放大镜）观察动物常见绦虫成虫，掌握各种绦虫的头节、颈节和体节的形态特征。

(2) 了解绦虫成节和孕节的一般形态结构，掌握当地常见绦虫成节和孕节的结构特征，为进行绦虫的种类鉴别打好基础。

【项目内容】

(1) 反刍动物莫尼茨绦虫的虫体标本和头节、成节、孕节压片标本的观察。

(2) 禽赖利属绦虫的虫体标本和头节、成节、孕节压片标本的观察。

(3) 其他绦虫的成虫浸渍标本和头节、成节、孕节压片标本的观察。

【实验条件】

(1) 标本　反刍动物莫尼茨绦虫、曲子宫绦虫、无卵黄腺绦虫、禽赖利属绦虫、马绦虫等的新鲜标本和浸渍标本及其头节、成节、孕节的压片标本。

(2) 图片　绦虫构造模式图，上述各种绦虫整虫的形态图和头节、成节、孕节的形态和结构图。

(3) 仪器设备　多媒体投影仪；显微投影仪；体视显微镜（或放大镜）、生物显微镜、毛笔、尺子、培养皿、解剖针等（每两人一套）。

【步骤与方法】

1.教师讲解

(1) 教师带领学生观察各种吸虫的新鲜标本和浸制标本。

(2) 用多媒体投影仪向学生讲解绦虫成节和孕节的一般结构，描述各种绦虫成节和孕节中内部器官的位置和形态。

(3) 用显微投影仪演示莫尼茨绦虫成节和孕节形态和结构的观察内容和方法。

2.分组观察（每两人一小组进行实验操作）

(1) 肉眼观察上述各种绦虫虫体的新鲜标本和浸渍标本，分清其头节、颈节和体节。

(2) 用体视显微镜观察各种绦虫头节、颈节和体节的形态。

(3) 用生物显微镜观察各种绦虫头节、成节、孕节压片标本：先观察绦虫头节的形状结构（吸盘的有无及数量、形状），再观察成熟体节，主要看生殖系统如睾丸的数目、分布、输卵管、卵巢的形状与位置，卵黄腺及梅氏腺的位置，阴道、生殖孔的开口部位及孕节内子宫的形状、位置，节间腺的形状、位置。

【课堂作业】

(1) 仔细观察莫尼茨绦虫成节内生殖器官的组别、生殖孔开口位置、睾丸的位置、节间腺的形状、位置及孕节内子宫的形状和位置，然后绘制莫尼茨绦虫成节的结构图，并标明各部位名称。

(2) 将观察到的各种绦虫的形态结构特征填入下表中。

主要绦虫鉴别表

虫体名称	成虫		头节		成 熟 节 片						孕节
	长	宽	大小吸盘附属物	生殖孔位置	生殖器组数	睾丸位置、数目	卵黄腺有无	卵巢的位置	节间腺形态及位置		子宫形状和位置

实验项目六　常见绦虫（蚴）形态构造观察

【目标要求】

通过对常见的几种绦虫蚴的观察，掌握各种类型绦虫蚴的形态结构特征；了解绦虫蚴致病时寄生部位的病变特征，从而为绦虫蚴病的正确诊断奠定基础。

【项目内容】

(1) 猪囊尾蚴、牛囊尾蚴、细粒棘球蚴、多头蚴、细颈囊尾蚴的形态结构观察。

(2) 绦虫蚴病所引起的动物器官病变的观察。

【实验条件】

(1) 标本　各种绦虫蚴的新鲜标本、浸渍标本、头节压片标本、成虫标本及寄生部位的病理标本（如囊虫病猪肉）。

(2) 挂图　各种绦虫蚴构造模式图和形态（原色）图片及其成虫的形态图片。

(3) 药物　50%胆汁-生理盐水（20ml/人）。

(4) 仪器设备　多媒体投影仪；显微投影仪；体视显微镜（或放大镜）、生物显微镜、手术刀、组织剪、镊子等（每两人一套）。

【步骤与方法】

1.教师讲解

教师用显微镜投影仪向学生介绍各种绦虫蚴的形态结构特征，讲述如何观察棘球蚴、多头蚴、细颈囊尾蚴、猪囊尾蚴和牛囊尾蚴的头节的染色标本，以及细粒棘球绦虫、多头绦虫、泡状带绦虫、有钩绦虫、无钩绦虫的孕节的染色标本，并明确指出各种绦虫蚴及其成虫的寄生部位和形态特征。

2.分组观察

（1）学生每两人为一小组，协作进行绦虫蚴及其头节、孕节和成虫的形态结构观察。并观察主要绦虫蚴寄生部位的病理标本。

（2）猪囊尾蚴活力试验　本试验可以确定处理后的猪、牛囊尾蚴是否还具有活力，在肉品检验上具有重要意义，其具体方法如下。

将肌肉中的囊尾蚴取出，去掉包围在外面的结缔组织膜，然后放入盛有15ml 50%胆汁-生理盐水的平皿中，置37～40℃温箱中，分别于1h、3h、12h、24h观察之（最多不超过24h），活的囊尾蚴受到胆汁和温度作用后就慢慢伸出头节并进行活动，死亡的囊尾蚴则无此现象，若24h不再活动者即为死亡。

切取孵出头节的囊尾蚴头部，从顶端与其纵轴垂直压片，置显微镜下，观察吸盘的数目和形状，顶突上小钩的数目、大小、形状和排列方式。

【课堂作业】

（1）认真观察绦虫蚴及其成虫的形态结构，将观察结果填写于下表中。

名　　称	头节数	侵袭动物及寄生部位	成虫名称及鉴别要点
棘球蚴			
多头蚴			
细颈囊尾蚴			
猪囊尾蚴			
牛囊尾蚴			

（2）以小组为单位，报告猪囊尾蚴活力试验情况和结果（肉量、囊虫数、胆汁浓度、孵化温度及不同时间孵出数）。

实验项目七　粪便中寄生蠕虫的集卵检查

【目标要求】

通过采用集卵法对动物粪便进行检查，从而提高虫卵检出率和虫卵检查速度。

【项目内容】

（1）采用沉淀法检查粪便中的吸虫卵或棘头虫卵。

（2）采用漂浮法检查粪便中的线虫卵、绦虫卵和球虫卵囊。

（3）尼龙筛兜法检查粪便中的肝片吸虫卵。

【实验条件】

（1）标本　粪样一（为含前后盘吸虫或华支睾吸虫卵等的粪便）；粪样二（为含猪蛔虫等线虫卵的粪便）；粪样三（为含禽赖利属绦虫等绦虫卵的粪便）；粪样四（为含球虫卵囊的粪便）；粪样五（为含肝片吸虫卵的粪便）；粪样六（为不含任何虫卵的阴性对照）。

（2）图片　各种吸虫卵、绦虫卵、线虫卵和球虫卵囊的形态结构图；粪便中易与虫卵混淆的物质的形态结构图。

（3）药物　饱和盐水或饱和糖水。

（4）仪器设备　多媒体投影仪；显微投影仪；生物显微镜、天平（100g）、离心机、250ml烧杯6～10个、铜筛（40～60目）、尼龙筛兜（260目）、纱布若干、玻璃棒10根、载玻片若干、盖玻片若干、胶头滴管10支等（每四人一套）。

【步骤与方法】
1. 教师讲解
教师用显微镜投影仪和多媒体投影仪向学生介绍各种吸虫卵、绦虫卵、线虫卵和球虫卵囊的形态结构图，及粪便中易与虫卵混淆的物质的形态结构图。
2. 分组观察
学生每四人为一小组，按下列操作程序协作完成上述六个粪样的检查。
(1) 沉淀法　从粪样一中取粪便 5g，加清水 100ml 以上，搅匀成粪液，通过 40~60 目铜筛过滤，滤液收集于三角烧瓶或烧杯中，静置沉淀 20~40min（使用离心机可加快沉降速度，提高样品检查效率），倾去上层液，保留沉渣，再加水混匀，再沉淀，如此反复操作直到上层液体透明后，吸取其沉渣滴于载玻片上，加盖盖玻片后置于显微镜下检查。此法适用于检查体积较大的吸虫卵和棘头虫卵。同时从粪样六中取样品进行对照试验。
(2) 漂浮法
① 从粪样二中取粪便 1g 置于烧杯中，加饱和盐水 10ml，混匀，两层纱布过滤，滤液注入一试管中，补加饱和盐水溶液使试管充满，使试管液面凸起，上覆以盖玻片，并使液体与盖玻片接触，之间不留气泡，直立 20~30min 后，取下盖玻片，覆于载玻片上检查。
② 按上述方法对粪样三、粪样四和粪样六进行检查。
(3) 绵纶筛兜集卵法　取粪样五中的粪便 5~10g，加水搅匀，先通过 40~60 目铜筛过滤；滤液再通过 260 目尼龙筛兜过滤，并在尼龙筛兜中继续加水冲洗，直到滤液清澈透明为止；而后挑取兜内粪渣抹片检查。此法适用于直径大于 60μm 虫卵的检查。同时从粪样六中取样品进行对照试验。

【课堂作业】
(1) 以小组为单位，用不同的集卵法对六个粪样进行检查，然后对检查结果进行报告，并绘制出各种虫卵的形态结构图。
(2) 如何固定和保存采用集卵法所收集到的各种蠕虫卵？（学生自主查阅文献资料）

实验项目八　肌旋毛虫的检查

【目标要求】
(1) 通过肌旋毛虫玻片标本的观察，掌握肌旋毛虫的形态特征。
(2) 能运用肌肉压片检查法和肌肉消化检查法来检查肌旋毛虫。
(3) 了解间接凝集试验原理，掌握旋毛虫间接凝集试验方法。

【项目内容】
(1) 肌旋毛虫形态特征的观察。
(2) 运用虫体检查法诊断猪旋毛虫病。
(3) 运用间接血凝试验法诊断猪旋毛虫病。

【实验条件】
(一) 虫体检查法的实验条件
(1) 挂图　肌旋毛虫形态构造图。
(2) 标本　旋毛虫病畜或旋毛虫人工感染大白鼠；肌旋毛虫玻片标本。
(3) 仪器设备　多媒体投影仪、显微投影仪、生物显微镜、旋毛虫压片器、剪子、镊子、绞肉机、三角烧瓶、天平、带乳胶头移液管、载玻片、盖玻片、纱布、污物桶等。
(4) 药品　胃蛋白酶消化液。
(二) 间接凝集试验的实验条件
1. 磷酸盐缓冲溶液（PBS）的配制

甲液	Na₂HPO₄ (Na₂HPO₄·12H₂O 53.72g)	21.3g
	NaCl	8.5g
乙液	KH₂PO₄	20.42g
	NaCl	8.5g

甲、乙液配方各加蒸馏水至1000ml，溶解后，过滤，分别保存。使用时，按下表丙液配制表的比例将甲、乙液混合，再加等量的蒸馏水即配成0.15mol/L不同pH值的PBS，摇匀灭菌备用。

丙液（pH值6.4及pH值7.2 PBS）的配制表

pH值	甲液：0.15mol/L Na₂HPO₄/ml	乙液：0.15mol/L KH₂PO₄/ml
6.4	24	76
7.2	72	28

2.1%兔血清缓冲盐水的配制

将新分离的兔血清56℃30min灭活后，取所需量（如1.0ml）加约半量（0.5ml）的洗过的压积绵羊红细胞，并加兔血清量4倍（如4ml）的pH值7.2 PBS，置37℃水浴箱中作用10min，以吸收兔血清中的异嗜性凝集素，1500r/min离心10min，加pH值7.2 PBS 95ml，即为1%兔血清PBS，置4℃冰箱中，可保存2天。

3.待检血清的处理

取待检血清0.5ml置于试管中，加入1%正常兔血清1.5ml，56℃灭活30min，加入未致敏的绵羊红细胞2ml，4℃过夜。次日3000r/min离心10min取上清液。

4.旋毛虫肌幼虫抗原的制备

取人工感染旋毛虫40天左右的大鼠或幼猪横纹肌，用绞肉机绞碎后，加入人工胃液（胃蛋白酶0.1%，盐酸0.7%，氯化钠0.9%），于40℃消化12～15h，40目和120目双层筛过滤，用生理盐水洗下120目筛上的虫体于烧杯中，再用生理盐水反复沉淀洗涤获得纯净脱囊肌幼虫。

将虫体悬浮于适量PBS（pH7.2、0.1mol/L）中，于低温冰箱内反复冻融5次，速冻速融，然后用玻璃匀浆器进行研磨。所得肌幼虫匀浆置4℃冷浸过夜，次日于4℃ 10000r/min离心沉淀1h，取其上清液即为旋毛虫肌幼虫可溶性抗原。

5.绵羊（鸡）红细胞的鞣化

（1）绵羊（鸡）红细胞的采集和处理 以碘酒和70%酒精消毒健康绵羊颈部皮肤，用5ml的一次性灭菌注射器采集全血2～3ml，快速注入含有0.2～0.3ml 5%柠檬酸钠的试管内，轻轻摇匀。2000r/min离心10min，加入0.15mol/L pH 7.2 PBS适量进行洗涤，2000r/min离心10min，再加入0.15mol/L pH 7.2 PBS适量进行洗涤。如此反复洗涤3次，用PBS配成2.5%的红细胞悬液。

（2）绵羊红细胞的鞣化 在2.5%的红细胞悬液中加入含1%鞣酸的PBS，使鞣酸的终浓度为1/10000，37℃水浴15min，用PBS洗涤3次，再加PBS配成2.5%鞣化红细胞。

6.抗原致敏鞣化的绵羊红细胞

将2.5%鞣化红细胞1份，抗原液1份，pH 6.4的PBS 4份混合，摇匀后室温下放置15min，加1%兔血清缓冲盐水，2000r/min离心洗涤2次，再用PBS配成2.5%的红细胞悬液。4℃下保存备用。

【步骤与方法】

1.示教讲解

（1）教师借助显微镜投影仪、多媒体投影仪和肌旋毛虫形态构造图，介绍旋毛虫的形态特征，然后示教肌肉旋毛虫压片镜检法和肌肉消化法的操作方法，并指明操作时的注意事项。

（2）教师演示肌旋毛虫间接凝集试验的操作方法和步骤，并指明操作时的注意事项。

2.学生操作

（1）肌旋毛虫的识别　将肌旋毛虫的玻片标本置于生物显微镜下观察，识别肌旋毛虫的形态结构。

（2）肌旋毛虫病理标本的采集　在动物死亡后或屠宰后，采取膈肌一块供检测。

（3）虫体检查　学生每四人为一小组，以小组为单位进行实验。

① 压片法　将肉样剪成24个小粒（麦粒大），用旋毛虫检查压片器（两厚载玻片，两端用螺丝固定）或两块载玻片压薄，置于生物显微镜下检查。

② 消化法　为提高旋毛虫的检验速度，可进行群体筛选，发现阳性动物后再进行个体检查。将待检样品中的肌膜、肌筋及脂肪除去，用绞肉机把肉磨碎后称量100g，放入3000ml烧瓶内。将胃蛋白酶消化液2000ml倒入烧瓶内，放入磁力搅拌棒。将烧瓶置于磁力搅拌器上，设置温度于44～46℃，搅拌30min后，将消化液用180目的滤筛滤入2000ml的分离漏斗中，静置30min后，倒出40ml于50ml量筒内，静置10min，吸去上清液30ml，再加水30ml，摇匀后静置10min，再吸去上清液30ml。剩下的液体倒入带有格线的平皿内，用低倍显微镜观察肉汤中旋毛虫幼虫。

（4）间接凝集试验

① 操作过程　取处理后的待检血清作倍比稀释，于96孔"V"型反应板中每孔加入上述倍比稀释的待检血清0.025ml，然后加入致敏的绵羊红细胞悬液0.025ml，37℃作用2h以上，观察结果。以1∶64的稀释度出现50%凝集者判为阳性。同时设立阳性对照和阴性对照。

反应板孔号	1	2	3	4	5	6	7	8
稀释液/ml	0.075	0.075	0.075	0.075	0.075	0.075	0.075	0.075
待检血清/ml	0.025	0.025	0.025	0.025	0.025	0.025	0.025	0.025 弃掉
诊断液/ml	0.025	0.025	0.025	0.025	0.025	0.025	0.025	0.025
阳性血清/ml	0.025	0.025	0.025	0.025	0.025	0.025	0.025	0.025
阴性血清/ml	0.025	0.025	0.025	0.025	0.025	0.025	0.025	0.025
蒸馏水/ml	0.025	0.025	0.025	0.025	0.025	0.025	0.025	0.025

② 判定标准

"++++"：100%红细胞在孔底呈均质的膜样凝集，边缘整齐、致密。因动力关系，膜样凝集的红细胞有的出现下滑现象。

"+++"：75%的红细胞在孔底呈膜样凝集，不凝集的红细胞在孔底中央集中成很小的圆点。

"++"：50%的红细胞在孔底呈稀疏的凝集，不凝集红细胞在孔底中央集中成较大圆点。

"+"：25%的红细胞在孔底凝集，其余不凝集的红细胞在孔底中央集中成较大的圆点。

"－"：所有的红细胞均不凝集，并集中于孔底中央呈规则的最大的圆点。

结果判定以出现"++"孔的血清最高稀释倍数定为本间接血凝试验的凝集效价。小于或等于1∶16判为阴性；1∶32判为可凝；等于或大于1∶64判为阳性。

【课堂作业】

（1）在生物显微镜下观察肌旋毛虫的玻片标本，并绘制旋毛虫的形态结构图。

（2）以小组为单位，分别用虫体检查法和间接凝集试验对五头猪进行实验室检查，诊断其是否患有猪旋毛虫病，并写出诊断报告。

实验项目九　弓形虫形态观察

【目标要求】
学会吉姆萨原液的配置方法；掌握弓形虫速殖子染色的技能；掌握弓形虫的形态特征。

【项目内容】
(1) 弓形虫速殖子吉姆萨染色法。
(2) 弓形虫形态的观察。

【实验条件】
(1) 挂图　弓形虫速殖子形态构造图。
(2) 标本　新鲜病理标本：人工接种弓形虫小鼠，于实验4天前小鼠腹腔接种弓形虫速殖子 0.2ml（虫数 10^4/ml）；弓形虫玻片标本。
(3) 仪器设备　多媒体投影仪、显微投影仪、生物显微镜、剪子、镊子、载玻片、盖玻片、纱布、污物桶等。
(4) 药品
① 碘酒、70%酒精、中性甘油（化学纯）、无水甲醇。
② 吉姆萨原液的配置
a.吉姆萨原液的配方

吉姆萨染色粉	1.0g
中性甘油（化学纯）	66ml
无水甲醇	66ml

b.吉姆萨原液的配制方法：把吉姆萨染色粉与中性甘油放入研钵中磨研，混匀后在55~60℃水浴锅上加热，使粉末溶解于中性甘油中，冷却后加入无水甲醇，搁置2~3周，过滤备用。此液必须保存在有色玻璃瓶内，加上瓶塞。

【步骤与方法】
1.示教讲解
(1) 教师借助显微镜投影仪、多媒体投影仪和弓形虫形态构造图，讲解弓形虫的形态特征。
(2) 教师示教小鼠的抓取及处死方法，并指出操作时的注意事项。
(3) 教师演示肌旋毛虫间接凝集试验的操作方法和步骤，并指明操作时的注意事项。
2.学生操作
学生每四人为一小组，以小组为单位进行实验。
(1) 弓形虫腹水的制备　取人工接种弓形虫小鼠，颈椎脱臼法处死小鼠，以碘酒和70%酒精消毒腹部皮肤，抽取腹腔液，3000r/min离心10min，倾去上清液，沉淀物作涂片。
(2) 染色　吸取沉淀物涂片，干燥，滴数滴无水甲醇后2~3min，置于稀释的吉姆萨染色液（将原液充分振荡后，用缓冲液或中性蒸馏水10~20倍稀释）中染色30~60min。最后用缓冲液或中性蒸馏水冲洗后晾干，在油镜下检查。
(3) 弓形虫的检查。

【课堂作业】
以小组为单位进行实验，对四个小鼠进行弓形虫病检查，写一份诊断报告。

实验项目十　球虫形态观察

【目标要求】
熟悉球虫卵囊一般形态，掌握猪、鸡、兔等球虫卵囊的形态特征。

【项目内容】
观察所讲述球虫卵囊的形态。
【实验条件】
(1) 挂图　猪、鸡、兔等多种动物的球虫卵囊的形态结构图。
(2) 标本　猪、鸡、兔等多种动物的球虫病阳性粪便。
(3) 仪器设备　多媒体投影仪、显微投影仪、生物显微镜、剪子、镊子、载玻片、盖玻片、试管、试管架、烧杯、纱布、污物桶等。
【步骤与方法】
1. 示教讲解
(1) 教师用显微镜投影仪、多媒体投影仪或挂图，讲解球虫卵囊的形态特征。
(2) 教师讲述饱和盐水漂浮法收集球虫卵、制片和观察球虫卵囊的方法。
2. 标本观察
(1) 将猪、鸡、兔等球虫卵囊的装片标本，置于显微镜下观察球虫卵囊的形态特征。
(2) 学生用直接涂片法检查鸡粪便中的球虫卵囊。
(3) 学生用饱和盐水漂浮法处理含球虫卵囊的猪、鸡、兔等多种动物的粪便，20min 后取其盖玻片进行制片，然后置于显微镜下观察卵囊的形状、大小、色泽、囊壁的薄厚、有无卵膜孔或极帽、有无内外残体、孢子囊和子孢子的形状等情况。
【课堂作业】
绘出所观察的球虫卵囊形态图，用文字说明其形态特征。

实验项目十一　蜱螨形态观察

【目标要求】
(1) 了解疥螨和痒螨标本的采集方法，能识别疥螨和痒螨主要形态特征。
(2) 掌握硬蜱的一般形态构造，并通过形态对比，进一步识别硬蜱科主要属的特点。
(3) 了解蠕形螨、皮刺螨和软蜱的形态特征。
【项目内容】
(1) 蜱的形态结构观察。
(2) 螨的形态结构观察。
【实验条件】
(1) 标本　疥螨、痒螨、蠕形螨和皮刺螨形态标本片；各种硬蜱和软蜱的成虫浸制标本；严重感染疥螨、痒螨的器官的病理标本。
(2) 仪器设备　多媒体投影仪、显微投影仪、生物显微镜、体视显微镜、放大镜、解剖针、平皿、尺子。
【步骤与方法】
1. 示教讲解
(1) 教师用显微镜投影仪或多媒体投影仪，讲解疥螨、痒螨、蠕形螨和皮刺螨的形态特征，指出疥螨和痒螨的鉴别要点。
(2) 讲述硬蜱和软蜱的形态特征，重点讲解硬蜱科主要属的形态特征及鉴别要点。
2. 学生操作
(1) 螨类观察　取疥螨、痒螨制片标本，在生物显微镜下观察其大小、形状、口器形状、肢的长短、肢端吸盘的有无、交合吸盘的有无等，并详细记录观察结果。然后，取蠕形螨和皮刺螨的制片标本，观察一般形态。
(2) 硬蜱观察　取硬蜱浸渍标本置于平皿中，在放大镜下观察其一般形态。然后在体视显微镜下观察硬蜱科各属的成虫标本,重点观察假头的长短、假头基的形状、眼的有无、盾板形状和大小及有无花斑、肛沟的位置、须肢的长短和形状等,并详细记录观察结果。

(3) 软蜱观察　取软蜱浸渍标本,置于体视显微镜下观察其外部形态特征。

【课堂作业】

(1) 请绘制你所观察到的猪疥螨的形态特征图。

(2) 列表比较疥螨和痒螨的形态结构特点。

名　称	形　状	大　小	口　器	肢	肢吸盘 ♂	肢吸盘 ♀	交合吸盘
疥螨							
痒螨							

(3) 列表比较硬蜱和软蜱的形态结构特点。

蜱的种类	性别差异	假头	须肢	盾板	缘垛	气孔	基节
硬蜱							
软蜱							

(4) 列表比较硬蜱科主要属成虫的形态结构特点。

蜱的种类	性别差异	眼	假头	须肢	盾板	肛沟
硬蜱属						
血蜱属						
革蜱属						
璃眼蜱属						
扇头蜱属						

实验项目十二　寄生性昆虫形态观察

【目标要求】

(1) 通过对寄生性昆虫的详细观察,了解寄生性昆虫的一般形态构造特征。

(2) 掌握牛皮蝇蛆、羊鼻蝇蛆、马胃蝇蛆第3期幼虫的形态特征。

(3) 认识禽羽虱、猪血虱和其他吸血昆虫的形态。

【项目内容】

(1) 观察主要寄生性昆虫的形态构造,包括寄生性昆虫的一般形态特征,特别是羊狂蝇蛆、牛皮蝇蛆、马胃蝇蛆的形态特征。

(2) 认识禽羽虱、猪血虱、吸血昆虫。

(3) 观察患病器官的病理变化。

【实验条件】

(1) 形态构造图　昆虫构造模式图;羊狂蝇蛆、牛皮蝇蛆、马胃蝇蛆各发育阶段形态图;禽羽虱、猪血虱、蚊、虻、蠓、白蛉、蚋的形态图。

(2) 标本　羊狂蝇、牛皮蝇成虫的针插标本及第3期幼虫的浸渍标本;禽羽虱、猪血虱等浸渍标本和制片标本;虻、蚊、白蛉、蠓和蚋的针插标本;严重感染羊狂蝇蛆病、牛皮蝇蛆病的病理标本。

（3）仪器设备　多媒体投影仪、显微投影仪、生物显微镜、解剖显微镜、放大镜、解剖针、平皿、尺子。

【步骤与方法】

1. 示教讲解

教师用显微镜投影仪或多媒体投影仪，讲解主要昆虫成虫的一般形态特征，如虻或蚊；牛皮蝇蛆、羊鼻蝇蛆、马胃蝇蛆第3期幼虫的形态特征和鉴别特点。

2. 学生操作

（1）蝇蛆观察：学生分组观察，取各种蝇蛆浸渍标本，在放大镜或解剖显微镜下对比观察其形态特征。

（2）昆虫观察：取虱、毛虱、蚊、蠓、蚋等昆虫的各类标本，在放大镜或实体显微镜下观察其形态特征，并观察其形态构造的特点。

（3）观察羊狂蝇蛆病、牛皮蝇蛆病、马胃蝇蛆病的病理标本，认识其主要病理变化。

【课堂作业】

将各种蝇蛆第3期幼虫形态特征填入下表。

蝇蛆第3期幼虫的比较表

蝇蛆名称	形态	大小	颜色	口钩	节棘刺	气孔板
羊狂蝇蛆						
牛皮蝇蛆						
马胃蝇蛆						

综合实习实训项目

实习实训一　动物寄生虫病流行病学调查

【目的要求】

选择正在发生寄生虫病的地区或动物种群，学生在老师的指导下开展流行病学调查，训练并掌握流行病学资料的调查、搜集和分析处理的方法。

【实训内容】

(1) 动物寄生虫病流行病学调查方案的制订。

(2) 寄生虫病的流行病学调查与分析。

(3) 动物寄生虫病流行病学调查报告的撰写。

【情景与条件】

某地区发生某种动物寄生虫病；交通工具（汽车或摩托车）；数码相机或数码录像机；电脑；打印机；笔；记录本；录音设备（如 mp3、mp4 等）。

【步骤与方法】

1. 动物寄生虫病流行病学调查方案和调查表格的制订

学生依据实训计划和教师讲授的寄生虫病流行病学调查的方法和要求，编写其调查计划和实施方案，并制订和打印出相应的调查表格。动物寄生虫病流行病学调查提纲主要包括以下内容。

(1) 单位或畜主的名称和地址。

(2) 单位概况：单位所处的地理环境、地形地势、河流与水源、降雨量及其季节分布耕地性质及数量、草原数量、土壤植被特性、野生动物种群及分布等。

(3) 被检畜（或禽）群概况：总头数、品种、性别、年龄组成成分、动物补充来源等。

(4) 被检畜（禽）群生产性能：产奶量、产肉量、产蛋量、产毛量、繁殖率等。

(5) 畜（禽）饲养管理情况：饲养方式、饲料来源及质量、水源及卫生状况、畜舍卫生状况等。

(6) 近2～3年来畜（禽）发病与死亡情况：发病数、死亡数、发病及死亡时间、发病与死亡原因、采取的措施及其效果等。

(7) 畜（禽）当时发病与死亡情况：营养状况、发病数、临床表现、死亡数、发病与死亡时间、病死畜（禽）剖检病变、采取的措施及其效果等。

(8) 中间宿主和传播媒介的存在和分布情况。

(9) 居民情况：怀疑为人兽共患病时，要了解居民数量、饮食卫生习惯、发病人数及诊断结果等。

(10) 犬、猫饲养情况：与犬、猫相关的疾病，应调查居民点和单位内犬、猫的饲养量、犬、猫的营养状况以及发病情况等。

2. 动物寄生虫病流行病学的现场调查

学生每五人为一小组，每小组安排一个指导老师，学生在老师的指导下，根据流行病学调查方案，采取询问、查阅各种记录（包括当地气象资料、畜禽生产、发病和治疗等情况）以及实地考察等方式进行调查，了解当地动物寄生虫病的发病现状。

3. 调查资料的统计分析

应辩证地看待调查所获得的各种资料，尤其是问诊所获得的资料。学生以小组为单位，对于获得的各种数据，进行讨论、统计（如发病率、死亡率、病死率等）和分析，提炼出规律性资料（如生产能力、发病季节、降雨量及水源的关系、与中间宿主和传播媒介的关系、与人类、犬、猫等的关系）。

4. 动物寄生虫病流行病学调查报告的撰写

学生依据动物寄生虫病流行病学调查资料和统计分析，在老师的指导下对调查结果进行整理，对本实训项目进行总结，并独立撰写一份动物寄生虫病流行病学调查报告。

【实训报告】

对当地某种常见动物寄生虫病进行流行病学调查，撰写一份调查报告。

实习实训二　动物寄生虫病临床检查

【目的要求】

通过对猪群、鸡群、牛群、羊群等动物寄生虫病临床检查，使学生掌握临床检查的方法和技能，并学会寄生虫病临床检查时病料的采集方法，为疫病诊断奠定基础。

【实训内容】

（1）猪常见寄生虫病的临床检查。
（2）鸡常见寄生虫病的临床检查。
（3）牛常见寄生虫病的临床检查。
（4）羊常见寄生虫病的临床检查。

【情景与条件】

选择寄生虫病临床症状较典型的养殖场（猪场、鸡场、牛场、羊场等）进行实训，临床检查所需的听诊器、体温计、便携式B超等仪器、样品采集容器等。

【步骤与方法】

1. 教师讲述实训程序和方法

（1）检查原则　遵循"先静态后动态，先群体后个体，先整体后局部"的检查原则。动物种群数量较少时，应逐头检查；数量较多时，抽取其中部分进行检查。

（2）检查程序和方法

① 整体检查　通过观察其精神状态、体格发育与营养、姿势与步态、被毛与皮肤等，发现异常或病态动物。

② 一般检查　观察体表被毛、皮肤、黏膜等，注意有无肿胀、脱毛、出血、皮肤异常变化、体表淋巴结病变，注意有无体表寄生虫（蜱、虱、蚤、蝇等），如有则做好记录，搜集虫体并计数。如怀疑为螨病时应刮取皮屑备检。

③ 系统检查　按一般临床诊断的方法测量其体温、心率、呼吸数，检查呼吸、循环、消化、泌尿、神经等各系统，收集、记录各种症状。根据怀疑的寄生虫种类，采集粪样、尿液、血液等样品备检。

④ 资料分析　归类分析所收集的各种症状，提出可疑的寄生虫病范围。

2. 学生实训

在老师的指导下，学生以小组为单位，选择下列任意一个项目进行实训。

（1）猪常见寄生虫病的临床检查与结果分析。
（2）鸡常见寄生虫病的临床检查与结果分析。
（3）牛常见寄生虫病的临床检查与结果分析。
（4）羊常见寄生虫病的临床检查与结果分析。

【实训报告】
选择一个养殖场，对该养殖场的动物进行寄生虫病的临床检查实训，认真记录检查结果，每人撰写一份临床检查报告，并进一步提出诊断建议。

实习实训三　动物寄生虫病的粪便学检查

【目的要求】
采集动物粪便，通过对粪便中常见寄生虫的检查、寄生虫卵的检查和计数，学会采用粪便学检查结果对动物寄生虫病进行诊断。

【实训内容】
（1）粪便中常见寄生虫的检查。
（2）粪便中蠕虫卵的集卵检查。
（3）粪便中常见寄生虫卵的计数。

【情景与条件】
（1）情景　将学生带到畜禽都以放牧为主，猪群、牛群、羊群、鸡群等动物密集的地区，分组进行实训。
（2）条件　手提电脑；三目体视显微镜；三目生物显微镜；显微摄像头；数码相机；交通工具；手套；采集粪便用的塑料袋和塑料链封袋；检查时用的盆（或桶、玻皿）、天平（100g）、离心机、60目铜筛、260目尼龙筛兜、纱布、玻璃棒、铁针（或毛笔）、牙签、放大镜、勺子、胶头滴管、载玻片、盖玻片、试管、记号笔、小桶等仪器和用具；饱和盐水等试剂。

【步骤与方法】
1. 粪便的采集
学生每5人为一小组，分别进入猪场、牛场、羊场、鸡场采集新鲜的动物粪便（大、中型动物最好采用直肠掏粪），放入清洁的塑料链封袋或器皿中备用。

2. 粪便中常见寄生虫的检查
粪便中较大型绦虫的孕卵节片和蛔虫、钩虫等虫体，很易发现，对较小的，应先将粪便收集放于盆（或桶）内，加入5~10倍的清水，搅拌均匀，静置自然沉淀。15~20min后将上层液体倾去，重新加入清水，搅拌沉淀，反复操作，直到上层液体清澈为上。最后将上层液倾去，取沉渣置大玻皿中，先后在白色背景和黑色背景上，以肉眼或借助于放大镜寻找虫体，发现虫体时用铁针或毛笔将虫体挑出，进一步进行雌雄识别和种类鉴别。

3. 粪便中寄生蠕虫的集卵检查
其检查方法见实验项目七。

4. 粪便中常见寄生虫卵的计数
虫卵计数法是测定每克家畜粪便中的虫卵数，以此推断家畜体内某种寄生虫的寄生数量。也可计数和对比驱虫药前后虫卵数量，以检查驱虫效果。虫卵计数的结果，常以每克粪便中的虫卵数（简称EPG）表示。常用的测定方法有两种。
（1）斯陶尔氏法　方法见第三章第一节——粪便寄生虫检查技术。
（2）麦克马斯特氏法　方法见第三章第一节——粪便寄生虫检查技术。
（3）片形吸虫卵的计数法　片形吸虫卵在粪便中量少，密度大，因此要求采用特殊的方法，而在牛、羊也有所不同。
① 羊片形吸虫卵的计数　称取羊粪10g，置于300ml容量瓶中，加入少量1.6% NaOH静置过夜。次日，将粪块搅碎，再加入1.6% NaOH至少300ml刻度处，摇匀，立即吸取此粪液7.5ml注入到离心管内，在离心机内以1000r/min速度离心2min，倾去上层液体，换加饱和盐水，再次离心后，再倾去上层液体，再换加饱和盐水，如此反复操作，直到上层液体完全清澈为

止。倾去上层液体，将沉渣全部分滴于数张载玻片上，检查全部所制的载玻片，统计其虫卵总数。以总数乘以4，即为每克粪便中的片形吸虫虫卵数。

② 牛片形吸虫卵的计数　在进行牛粪中片形吸虫卵计数时，操作步骤基本同上，但用粪量改为30g。加入离心管中的粪液量为5ml，因此最后计得虫卵总数乘以2，即为每克粪便中虫卵总数。

（4）判断标准　虫卵计数的结果可作为诊断寄生虫病的参考。当马1g粪便中的线虫卵数量达到每克粪中含卵500枚时，为轻感染；800~1000枚时为中感染；1500~2000枚时为重感染。在羔羊还应考虑感染线虫的种类，一般每克粪便中含2000~6000枚虫卵时为重感染，在每克粪便中含虫卵1000枚以上，即认为应给以驱虫。在牛每克粪便中含虫卵300~600枚时，即应给以驱虫。

在肝片吸虫，牛每克粪便中含虫卵数达到100~200枚，羊达到300~600枚时即应考虑其致病性。

【实训报告】

学生每5人为一小组，在老师的指导下采集新鲜的猪、牛、羊、鸡等动物粪便，进行粪便中常见寄生虫的检查、寄生虫卵的检查和寄生虫卵计数实训，对一个乡镇动物主要寄生虫病进行调查，并撰写调查报告。

实习实训四　动物寄生虫病的血液学检查

【目的要求】

（1）通过本实训，学会血液的采集和处理方法，熟练掌握血液涂片的制作技能。

（2）进行寄生虫病的血液学检查，学会采用血液学检查结果对动物寄生虫病进行诊断。

【实训内容】

（1）血液涂片的制备。

（2）血液原虫的检查。

（3）血液蠕虫的检查。

【情景与条件】

（1）情景　将学生带入马、牛、羊等动物密集的地区，分组进行实训。

（2）条件　手提电脑；三目体视显微镜；三目生物显微镜；显微摄像头；数码相机；交通工具；检查时用的手套、标本瓶、盆（或桶、玻皿）、天平（100g）、离心机、胶头滴管、针头、载玻片、盖玻片、试管、记号笔等仪器和用具；饱和盐水、吉姆萨染液、瑞氏染液等试剂。

【步骤与方法】

（一）血液原虫的检查

1.血液中伊氏锥虫的检查

动物颈静脉采血→血液涂片的制备→干燥→用吉姆萨染液染色→镜检。伊氏锥虫的胞浆呈淡天蓝色；细胞核、动基体和鞭毛呈淡红紫色。

2.血液中梨形虫的检查

耳尖剪毛，70%酒精消毒，用针头刺破耳静脉采血，取一滴血滴于载玻片一端，以常规方法推成血片，干燥后，将少量甲醇滴于血膜上，待甲醇自然干燥后即达固定，然后用吉姆萨染液或瑞氏染液染色，用油镜检查。

（1）马、牛、羊巴贝斯虫的检查　牛、羊巴贝斯虫的种类繁多，具有多形性，有梨形、圆形、卵圆形及不规则形等多种形态。

① 双芽巴贝斯虫　寄生于牛，为大型虫体，有2团染色质块，每个红细胞内多为1~2个虫体，多位于红细胞中央。吉姆萨染色后，胞浆呈淡蓝色，染色质呈紫红色。典型虫体为成双的梨

形以尖端相连成锐角。

② 牛巴贝斯虫 寄生于牛,为小型虫体,有1团染色质块,每个红细胞内多为1~3个虫体,多位于红细胞边缘。典型虫体为成双的梨形以尖端相连成钝角。

③ 卵形巴贝斯虫 寄生于牛,为大型虫体。虫体多为卵形,中央往往不着色,形成空泡。虫体多位于红细胞中央。典型虫体为双梨形,较宽大,两尖端成锐角相连或不相连。

④ 莫氏巴贝斯虫 寄生于牛,为大型虫体。虫体多位于红细胞中央,大多为双梨形。典型虫体为双梨形,尖端以锐角相连。

⑤ 驽巴贝斯虫 寄生于马,为大型虫体。虫体多位于红细胞中央。

⑥ 马巴贝斯虫 寄生于马,为小型虫体。虫体多位于红细胞内,典型虫体排列为"+"字形。

(2) 牛、羊泰勒虫的检查

① 环形泰勒虫 寄生于红细胞内的虫体形态多样,以环形和卵圆形为主,为小型虫体,有1团染色质块,多位于虫体一侧边缘。吉姆萨染色后,原生质为淡蓝色,染色质呈红色。裂殖体出现于单核巨噬系统的细胞内。

② 瑟氏泰勒虫 寄生于红细胞内的虫体以杆形和梨形为主,其他与环形泰勒虫相似。

③ 山羊泰勒虫 寄生于红细胞内的虫体以圆形为主,1个红细胞内一般只有一个虫体,有时可见2~3个,裂殖体可见于淋巴结、脾、肝等涂片中。其他与环形泰勒虫相似。

(3) 鸡住白细胞虫的检查 不同发育阶段形态各异,在鸡体内发育的最终状态为成熟的配子体。主要有2种。

① 沙氏住白细胞虫 配子体见于白细胞内。大配子体呈长圆形,大小为 $22\mu m \times 6.5\mu m$,胞质呈深蓝色,核较小。小配子体大小为 $20\mu m \times 6\mu m$,胞质呈浅蓝色,核较大。宿主细胞呈纺锤形,胞核被挤压呈狭长带状,围绕于虫体一侧。

② 卡氏住白细胞虫 配子体见于红细胞和白细胞内。大配子体近似圆形,大小为 $12\sim13\mu m$,胞质较多,呈深蓝色,核位于中央,呈红色。小配子体呈不规则圆形,大小为 $9\sim11\mu m$,胞质少,核较大,占虫体的大部分,呈浅红色。宿主细胞膨大呈圆形,细胞核被挤压呈狭带状围绕虫体,有时消失。

(二) 血液中蠕虫的检查

有些丝虫目线虫的幼虫,均可在血液中出现,可参考以下方法检查血液中的幼虫。

(1) 鲜血压滴法 取新鲜血液一滴滴于载玻片上,覆以载玻片,在低倍显微镜下检查,可见微丝蚴在其中活动。

(2) 血液涂片法 如血中幼虫量多,可推制血片,按血片染色法染色后检查。

(3) 浓集检查法 如血中幼虫很少,可采血于离心管中,加入5%醋酸溶液以溶血。待溶血完成后,离心并吸取沉渣检查。

【实训报告】

学生每5人为一小组,在老师的指导下采集新鲜的马、牛、羊等动物血液,进行血液中常见寄生原虫的检查和血液中蠕虫的检查等内容的实训,要求采用血液学检查法对一个乡镇马、牛、羊等动物的寄生虫病进行调查,并撰写一份调查报告。

实习实训五 动物寄生虫病的蠕虫学剖检技术

【目的要求】

通过本项目的实训,掌握动物消化系统、呼吸系统、泌尿系统和尿液、肌肉、血液中蠕虫的检查技术,并为实训基地动物蠕虫病的诊断提供可靠依据。

【实训内容】
　　（1）家畜的蠕虫学剖检技术。
　　（2）家禽的蠕虫学剖检技术。

【情景与条件】
　　（1）情景　选择动物寄生虫病危害严重，动物饲养的种类多、密度大的地区的定点屠宰场或养殖场进行实训。
　　（2）条件　手提电脑；三目体视显微镜；三目生物显微镜；显微摄像头；数码相机；交通工具；手套；大动物解剖器械（解剖刀、剥皮刀、解剖斧、解剖锯、骨剪、组织剪）；小动物解剖器械（手术刀、镊子、组织剪、眼科剪）；检查时用的盆（或桶、玻皿）、60目铜筛、纱布、玻璃棒、分离针（或毛笔）、牙签、放大镜、勺子、胶头滴管、载玻片、盖玻片、试管、酒精灯、标本瓶、记号笔等仪器和用具；饱和盐水等试剂。

【步骤与方法】
（一）动物寄生虫病的粪便学检查
　　按实习实训三中所介绍的方法，对动物寄生虫病危害严重地区的牛、猪、羊、马、鸡、鸭、鹅等动物进行粪便学检查，诊断分析这些动物可能感染哪些寄生虫病，然后采用蠕虫学剖检技术来进行验证。
（二）家畜（牛、猪、羊、马）的蠕虫学剖检技术
1. 消化系统、呼吸系统、泌尿系统的寄生蠕虫的检查
其方法见第三章第五节——动物寄生虫学剖检技术。
2. 尿液中蠕虫的检查
收集家畜的尿液，用反复沉淀法浓集尿液中大沉渣，检查有无肾虫的寄生。
3. 血液中蠕虫的检查
有些丝虫目线虫的幼虫，可在血液中出现，检查血液中的幼虫的方法参照第三章。
4. 肌肉中蠕虫的检查
（1）在动物死亡后或屠宰后，采取膈肌一块，采用消化法进行肌旋毛虫的检查。
（2）在动物死亡后或宰后检验咬肌、腰肌等骨骼肌及心肌，检查是否有乳白色、米粒样大椭圆形或圆形的猪囊虫，或者见到钙化后的囊虫（包囊中呈现有大小不一的黄色颗粒）。
（三）家禽（鸡、鸭、鹅）的蠕虫学剖检技术
其方法见第三章第五节——动物寄生虫学剖检技术。

【实训报告】
　　将学生带到一个动物寄生虫病危害严重的乡镇，采用动物寄生虫病的粪便学检查和蠕虫学剖检技术，对牛、猪、羊、马、鸡、鸭、鹅等动物的寄生蠕虫病进行调查，为该乡镇的某种动物制订一个寄生虫病防治方案。

实习实训六　动物寄生虫材料的固定与保存

【目的要求】
　　学习和掌握主要寄生虫虫体与虫卵的固定与保存技术。

【实训内容】
　　（1）寄生蠕虫（吸虫、线虫、绦虫、棘头虫）的固定和保存。
　　（2）蜱螨与昆虫的固定与保存。
　　（3）原虫的固定与保存。
　　（4）蠕虫卵的固定与保存。

【情景与条件】
(1) 情景 在老师的指导下，学生分组进入猪、牛、羊、马、禽等动物的定点屠宰场，采集各种寄生虫、寄生虫卵及寄生虫所寄生部位的病理标本，进行寄生虫的固定与保存实训。
(2) 条件 手提电脑；三目体视显微镜；三目生物显微镜；显微摄像头；数码相机；交通工具；大动物解剖器械（解剖刀、剥皮刀、解剖斧、解剖锯、骨剪、组织剪）；小动物解剖器械（手术刀、镊子、组织剪、眼科剪）；检查时用的手套、盆（或桶、玻皿）、60目铜筛、纱布、玻璃棒、分离针（或毛笔）、牙签、放大镜、勺子、胶头滴管、载玻片、盖玻片、试管、酒精灯、记号笔、标本瓶、青霉素瓶等仪器和用具；生理盐水、酒精、甘油、福尔马林、化学纯氯化钠、冰醋酸、石炭酸、乳酚透明液、培氏胶液、苏木素染色液、吉姆萨染色液、瑞氏染色液等试剂。

【步骤与方法】
1. 寄生虫虫体与虫卵标本的采集

学生每5人为一小组，在老师的指导下，分别进入猪、牛、羊、马、禽等动物的定点屠宰场，运用实习实训三、四、五中的方法，采集各种蠕虫（吸虫、线虫、绦虫、棘头虫）、蜱和螨、昆虫、原虫等动物寄生虫及其虫卵，以及寄生虫所寄生部位的病理标本，供寄生虫的固定与保存实训之用。

2. 各种固定液和保存液的配制

各种固定液和保存液的配制方法，请参照第三章第八节——寄生虫材料的固定与保存。

3. 主要动物寄生虫虫体与虫卵的固定与保存

寄生虫虫体与虫卵的固定与保存的方法，请参照第三章第八节——寄生虫材料的固定与保存。实训的具体内容主要包括：

① 吸虫的固定与保存；
② 线虫的固定与保存；
③ 绦虫的固定与保存；
④ 棘头虫的固定与保存；
⑤ 蜱螨与昆虫的固定与保存；
⑥ 原虫的固定与保存；
⑦ 蠕虫卵的固定与保存；
⑧ 动物病理器官的固定与保存。

【实训报告】
在老师的指导下，学生分组进入猪、牛、羊、马、禽等动物的定点屠宰场，采集各种蠕虫（吸虫、线虫、绦虫、棘头虫）、蜱和螨、昆虫、原虫等动物寄生虫及其虫卵，每小组制作各种寄生虫标本50个以上（每种类型的寄生虫标本不少于5个）；制作寄生虫所侵害的动物器官病理标本30个以上。实训结束时，举办全年级寄生虫标本展，然后每一位同学写一份实训心得。

实习实训七 驱虫方案设计与实施

【目的要求】
熟悉大群动物驱虫的准备和组织工作，掌握驱虫技术、驱虫注意事项以及驱虫效果的评定方法。

【实训内容】
(1) 依据临床检查结果，分析养殖场所患寄生虫病的危害程度，合理选择和配制驱虫药。
(2) 正确选择给药方法，实施驱虫。
(3) 驱虫效果的评定。

【情景与条件】

选择寄生虫病临床症状较典型的养殖场（猪场、鸡场、牛场、羊场等）进行实训；各种驱虫药物；临床检查所需的听诊器、体温计、便携式 B 超等仪器、样品采集容器等。

【步骤与方法】

1. 动物寄生虫病的临诊检查与诊断

学生分组进入各养殖场，在老师的指导下，对养殖场（猪场、鸡场、牛场、羊场等）所发生的某种寄生虫病进行流行病学调查、临床检查、三大常规检查和病理剖检，了解该病的现状，如营养状况、临床表现、对生产力的影响、发病数、死亡数、发病与死亡时间、病死畜（禽）剖检病变、采取的措施及其效果等，以及中间宿主和传播媒介的存在和分布情况。然后，根据临诊症状对该病进行分析诊断。

2. 驱虫药的选择与配制

本着选择广谱、高效、低毒、使用方便和价廉物美的驱虫药的原则，根据养殖场寄生虫病的危害程度和当地畜（禽）的主要寄生虫种类选择高效驱虫药，按药物要求配制给药。如需配成混悬液的，先将淀粉、面粉或玉米粉加入少量水中，搅拌均匀后再加入药物继续搅匀，最后加足量水即成。使用时边用边搅拌，以防上清下稠，影响驱虫效果及安全。

3. 药物驱虫实训

大动物多为个体给药，根据所选药物的要求，选择相应的给药方法，具体投药技术与临床常用给药法相同。家禽多为群体给药（饮水和拌料给药）。拌料时先按群体体重计算好总药量，将总药量混于少量半湿料中，然后均匀与日粮混合进行饲喂。不论哪种给药方法，均需预先测量动物体重，精确计算药量。

4. 驱虫的注意事项

（1）正确选择驱虫药物，拟定剂量、剂型、给药的方法和疗程。

（2）群体驱虫给药方法要正确，药物搅拌要均匀。采用混饲或混饮投药，进行大规模驱虫时，尤其是初次使用驱虫药，首先选用数量较少的有代表性的少部分畜（禽）做试验，观察药物效果及安全性，证实安全可靠后，再全面进行。混饲给药一定要混合均匀；饮水给药时，药物要完全溶解并搅拌均匀。

（3）采用服药法驱除肠道寄生虫，应空腹服药，使药物直接与虫体接触，充分发挥触杀作用。同时禁止使用泻药，以免促进驱虫药的溶解吸收而使畜禽中毒。

（4）重复驱虫可以杀灭由幼虫发育而成的成虫，一般在第一次驱虫后 7 天左右再重复驱虫一次。

（5）要了解驱虫药在体内残留时间，以便在宰前适当时间停药，以免影响人体健康。

（6）用药后，密切观察畜禽是否有毒性反应，尤其是大规模驱虫时要特别注意。出现毒性反应时，要及时采取有效措施消除毒性反应。

（7）使用药物驱虫时，应注意搞好环境卫生等综合性防治措施，同时注意饲料、饮水卫生，避免虫卵等污染饲料和饮水。放牧的家畜应留圈 3～5 天，将粪便集中堆积发酵处理。

5. 驱虫效果评定

通过对比驱虫前后的各项检测结果，来评定驱虫效果。评定项目如下。

（1）发病率和死亡率　对比驱虫前后的发病率和死亡率。

（2）营养状况　对比驱虫前后机体营养状况的变化。

（3）临床表现　观察驱虫前后临床症状减轻与消失情况。

（4）生产能力　对比驱虫前后的生产性能。

（5）寄生虫情况　通过虫卵减少率、虫卵转阴率和驱虫率来确定，必要时通过剖检计算粗计和精计驱虫效果。

虫卵减少率＝(驱虫前 EPG－驱虫后 EPG)/驱虫前 EPG×100%(EPG 为每克粪便中的虫卵数)

虫卵转阴率＝虫卵转阴动物数/实验动物数×100%
粗计驱虫率＝虫体转阴动物数/试验动物数×100%
精计驱虫率＝(对照组荷虫数－驱虫组荷虫数)/对照组荷虫数×100%
驱虫率＝驱净虫体的动物数/全部试验动物数×100%

【实训报告】

每小组选择一个养殖场（猪场、鸡场、牛场、羊场等），在老师的指导下，先对该养殖场主要寄生虫病进行现场诊断，然后写出驱虫试验，最后对本次驱虫效果评定和总结，撰写一份驱虫试验报告。

实习实训八　猪蛔虫病的诊断及其综合防治技术

【目的要求】

通过对猪场所收集的粪便进行检查，掌握猪蛔虫病的诊断技术；通过对猪蛔虫病阳性猪的处理，掌握猪蛔虫病的防治方法。

【实训内容】

(1) 粪便中猪蛔虫的检查方法。
(2) 粪便中猪蛔虫卵的检查方法。
(3) 猪蛔虫病的综合防治技术。

【情景与条件】

(1) 情景　将学生带入养猪场（或生猪屠宰场）进行实训。
(2) 条件　手提电脑；三目体视显微镜；三目生物显微镜；显微摄像头；盆（或桶、玻皿）、60目铜筛、勺子、载玻片、盖玻片、试管、塑料链封袋、铅笔、小纸条、小桶等仪器，饱和盐水。

【步骤与方法】

(一) 猪蛔虫病的诊断

生前诊断主要靠粪便检查法。检查时所采用的粪便材料，一般尽可能取新排出的，这样可以使虫卵保存固有的状态。

1. 粪便采集

在畜场按动物头份用勺子采粪→装入塑料链封袋→写好动物号、日期等标签内容→装入袋子→取回待检。有时可直接由动物直肠采粪，这样可减少混杂污染，取得更好的效果。

2. 虫体检查法

取粪便10g，置于盆（或桶、玻皿）内→加5~10倍的清水→搅拌均匀→静置沉淀→再加清水搅拌沉淀→反复操作→到上层液体清澈为止→将上层液倾去→取沉渣置于大玻皿内→分别置于白色背景和黑色背景→以肉眼或放大镜寻找虫体→用铁针或毛笔将虫体挑出供检查。在粪便中发现有虫体排出，即可诊断为猪蛔虫病。

3. 虫卵检查法（漂浮法）

粪便10g→加饱和食盐水100ml→混匀→通过60目铜筛→滤液置于烧杯或玻管中→静置半小时则虫卵上浮→用一直径5~10mm的铁丝圈在液面平行接触以蘸取表面液膜→抖落于载玻片上，检查，此法又称费勒鹏法。或：粪便1g→加饱和食盐水10ml→混匀，筛滤→滤液注入试管中，补加饱和盐水溶液使试管充满→覆以盖玻片，要注意不留气泡→静置半小时→取下盖玻片，覆于载玻片上检查。

判断标准：粪便1g，虫卵数为1000个时，可以诊断为蛔虫病。如寄生的虫体不多，死后剖检时，必须在小肠中发现虫体和相应的病变；但蛔虫是否为直接导致病死的原因，还必须根据虫体的数量、病变的程度、生前症状和流行病学资料以及是否有其他原发或继发的疾病做综合判断。

哺乳仔猪（两个月龄内）患蛔虫病时，其小肠内通常没有发育至性成熟的蛔虫，故不能用粪便检查法做生前诊断，而应仔细观察其呼吸系统的症状和病变。剖检时，在肺部见有大量出血点，将肺组织剪碎，用幼虫分离法处理时，可以发现大量的蛔虫幼虫。

（二）猪蛔虫病的综合防治技术

1. 猪蛔虫病的预防

（1）每年定期驱虫 2 次。

（2）保持猪舍、饲料和饮水的清洁卫生。

（3）粪便和垫料堆积发酵，进行无害化处理。

2. 猪蛔虫病的治疗

（1）左咪唑　每千克体重 10mg，混于饲料中喂服。

（2）丙硫咪唑　每千克体重 10~20mg，混于饲料中喂服。

（3）阿维菌素　每千克体重 0.3mg，皮下注射或经口给予。

（4）伊维菌素　每千克体重 0.3mg，皮下注射或经口给予。

【实训报告】

学生每 5 人为一小组，采用粪便学方法诊断为猪蛔虫病阳性后，从中选出体重较为接近的肥猪 150 头，随机分为 3 组，其中第 1 小组采用丙硫咪唑进行驱虫；第 2 小组采用阿维菌素进行驱虫，第 3 小组不添加任何药物作为对照，比较哪种药物的驱虫效果更好，并写一份实验报告。

实习实训九　牛日本血吸虫病的快速诊断及其综合防治技术

【目的要求】

通过对一个镇牛日本血吸虫病的调查，熟练掌握快速诊断家畜血吸虫病这一技能；掌握牛日本血吸虫病的综合防治方法。

【实训内容】

（1）牛日本血吸虫病的快速诊断——斑点金标免疫渗滤法。

（2）牛日本血吸虫病的调查。

（3）牛日本血吸虫病的综合防治技术。

【情景与条件】

（1）情景　选择牛日本血吸虫病流行区（丘陵沟渠型、水网型和湖沼型三者中任选一种）进行实训。

（2）条件　手提电脑；三目体视显微镜；三目生物显微镜；显微摄像头；牛日本血吸虫病斑点金标免疫渗滤法快速诊断试剂盒（包括塑料反应盒 100 块×4 头份/块、甲液 10.2ml/瓶×1 瓶、乙液 10.2ml/瓶×1 瓶）；注射针头；滤纸条；下水裤；手套；交通工具；盆（或桶、玻皿）、60 目铜筛、260 目尼龙筛、勺子、载玻片、盖玻片、试管、塑料链封袋、记号笔、小桶等仪器和用具。

【步骤与方法】

（一）牛日本血吸虫病的调查与诊断

学生每 5 人为一小组，在老师的指导下对一个日本血吸虫病危害较严重的乡镇进行调查实训，了解该乡镇牛日本血吸虫病的流行情况。

1. 流行病学调查

调查要点：传染源、传播途径、易感动物、流行特点、中间宿主——钉螺的分布等。

2. 牛日本血吸虫病的快速诊断——斑点金标免疫渗滤法

（1）斑点金标免疫渗滤测定法原理　斑点金标免疫渗滤法是将斑点酶标与免疫胶体结合起来

的一种新型的免疫标记技术。其原理是：将被检血纸浸出液（抗体）直接点在塑料反应盒上，滴加血吸虫抗原胶体金，抗原与特异性抗体很快结合，在反应处发生金颗粒聚集，数秒钟内形成肉眼可见的红色斑点。该技术敏感、特异，检出率与斑点酶标诊断技术基本相符，更快速、简便，适用于牛、羊、猪等家畜血吸虫普查、监测及检疫。

（2）操作方法

① 取清洁、干燥试管编号；取塑料反应盒，用记号笔按顺时针编上相应血样号，每块反应盒可点 4 个血样。

② 用打孔机裁取血纸 1 片（$0.24cm^2$），投入试管内，加 0.5ml 生理盐水，浸泡 30min，每隔 10min 摇动 1 次，摇匀后，用内径 1mm 左右玻璃毛细管蘸取血纸浸出液，离反应盒孔边缘 1mm 处，按顺时针轻贴膜 0.5s，向上移走玻璃毛细管。

③ 点样后的反应盒置室温 50～90s，往反应盒圆孔中央加甲液 2 滴。

④ 待甲液渗入后，加乙液 2 滴。

⑤ 待乙液渗入，加水 1～2 滴（蒸馏水或自来水），观察记录结果。

（3）结果判断 红色斑点判为阳性，粉红色或黄色斑点判为阴性（参考反应图谱）。

（4）注意事项

① 甲液、乙液置 4～8℃保存，用前取出置室温平衡 1h 左右，乙液滴加前需轻摇。反应盒需密封、防尘、置阴凉处保存，保存期 6 个月。

② 1 个血样必须用 1 支玻璃毛细管，避免污染。

③ 点样停留时间不能过长。点样后加甲液时间也不能过短或过长，温度低时可适当延长时间，温度高时可适当缩短时间，否则会出现假性或假阳性。

④ 滴加乙液后 10min 内判断记载结果，时间过长，斑点变浅，可加水观察。

⑤ 手不要触摸反应盒的圆孔膜，以免污染及影响血样吸附。

⑥ 采血部位用酒精棉球消毒后，待干燥后采血。血纸吸血量要均匀，不宜过多或过少。血纸必须新鲜，不宜受潮，发霉血纸不宜采用。

⑦ 气温在 17～25℃，每次可连续点样 4～8 块反应盒。温度高时，少点几块，温度低时，多点几块。滴加甲液及乙液时，宜在第 1 块反应盒液体渗入后，再滴第 2 块反应盒，以此类推。

⑧ 若点样处的点呈锯齿状，此反应盒不能用。

（二）牛日本血吸虫病的综合防治技术

1. 药物治疗

（1）硝硫氰胺（7505） 内服，一次量 30～40mg/kg 体重，极量黄牛 18g，水牛 24g。

（2）吡喹酮 内服，一次量 30mg/kg 体重，极量牛 10g。

（3）六氯对二甲苯（血防 846） 内服，一次量黄牛 120mg/kg 体重，水牛 90mg/kg 体重，1 次/天，7～10 天为一疗程。

2. 预防措施

（1）消除传染源 在流行区，每年对人、畜进行普查，对病人、病畜及带虫者进行驱虫，以消除传染源。

（2）粪便处理 人、畜粪便进行堆积或池封发酵处理后，再用作肥料。

（3）消灭钉螺 可采用物理、化学和生物等方法灭螺。

（4）牛群处理 禁止病牛调动；老龄及病情较重大牛应淘汰更新；避免在钉螺滋生地放牧，以减少感染机会。

（5）饮水卫生 管好水源，保持清洁，防治污染；不饮用地表水，必须饮用时，需加入漂白粉，确信杀死尾蚴后方可饮用。

【实训报告】

学生每 5 人为一小组，在老师的指导下对一个日本血吸虫病危害较严重的乡镇进行调查实训，了解该乡镇牛日本血吸虫病的流行情况，分析该乡镇日本血吸虫病危害严重的原因，并制订出综合防治方案，撰写一份调查报告。

实习实训十 牛、羊肝片吸虫病的诊断及其综合防治技术

【目的要求】

通过对一个乡镇牛、羊进行肝片吸虫病的调查，熟练掌握牛、羊肝片吸虫病的快速诊断技术；掌握牛日本血吸虫病的综合防治方法。

【实训内容】

（1）牛、羊肝片吸虫病的快速诊断技术。

（2）牛、羊肝片吸虫病的综合防治技术。

【情景与条件】

（1）情景 选择牛、羊肝片吸虫病流行区进行实训。

（2）条件 手提电脑；三目体视显微镜；三目生物显微镜；显微摄像头；离心机、交通工具；手套、盆（或桶、玻皿）、60目铜筛、载玻片、盖玻片、三角瓶、烧杯、塑料袋和塑料链封袋、记号笔、小桶等仪器和用具；碘液（1g碘片和2g碘化钾加入27ml蒸馏水中，充分溶解后备用）、无菌蒸馏水等溶液。

【步骤与方法】

（一）牛、羊肝片吸虫病的临诊诊断要点

（1）本病多发于夏、秋季节，沼泽地带和以水生植物为饲料的地区，呈地方性流行。

（2）临床症状为腹泻、贫血、消瘦和产乳量下降。

（3）剖检病变为肝包膜出血性纤维素性炎症，可见暗红色虫道，内有虫体；肝胆管扩张、增厚、变粗甚至堵塞，似绳索样突出于肝表面；胆囊和胆管内壁有磷酸钙和磷酸镁盐沉积，刀切有"沙沙"音。

（4）粪便检查 取粪便5g，加清水100ml，搅匀，用60目铜筛过滤于三角瓶中，静置沉淀20～40min，倾去上层液体。再加水与沉淀物混合，再沉淀。如此反复操作，直至上清液透明为止。吸取沉淀物镜检，观察是否有肝片吸虫卵。

根据临床症状、流行特点和粪便检查，以及死后病变剖检，胆管内发现成虫和胆管内壁有磷酸钙和磷酸镁盐沉积等可作出综合性诊断。另外，生前还可应用沉淀反应、补体结合反应、酶联免疫吸附试验、对流电泳和间接血凝试验等免疫学诊断方法。

（二）肝片吸虫病的血清学诊断

1.碘液检查法

吸取待检血清2滴放在载玻片上，加等量碘液，轻轻摇动载玻片，使之混合均匀，静置10～30s后观察并判断。判断标准如下。

"＋＋＋"：凝聚物量多，黏稠呈胶冻样，黏附于载玻片上，流动性差。

"＋＋"：凝聚物呈颗粒状或片状，有黏附性，倾倒时上层液体流动，留有残留物。

"＋"：凝聚物呈丝状。

"－"：混合液清亮，色似碘液，无凝聚物出现。

2.血清凝集反应

（1）肝片吸虫颗粒抗原的制备 取新鲜虫体，用无菌蒸馏水反复冲洗，称重，装入烧杯中，加入1～2倍无菌蒸馏水，水浴煮沸30min。冷却后，500r/min离心2min，弃去上清液；再用3000r/min离心20min，取沉淀物称重，加入5倍pH 7.2的PBS稀释，加入1∶5000的硫柳汞，置于4℃冰箱中保存备用。

（2）凝集反应的操作 取洁净玻板一块，从左至右划6个方格，每格4cm^2。第一格为血清

编号,第二格滴加被检血清0.8ml,第三格滴加被检血清0.04ml,第四格滴加被检血清0.02ml,第五格滴加被检血清0.01ml,第六格为阴性血清0.02ml作为对照。从第二格起,每格滴加肝片吸虫颗粒抗原0.031ml,搅拌均匀,置于酒精灯上略微加热,静置3～5min后观察并判断。

(3) 判断标准

"++++":液体澄清,凝集块大且浮在液体上面。

"+++":凝聚块体积较小,液体透明。

"++":液体不透明,凝集块沉淀于液体下面。

"+":液体混浊,凝聚物呈粒状物,为可疑。

"—":液体混浊,无凝聚物,为阴性。

(三) 牛、羊肝片吸虫病的综合防治技术

1. 牛、羊肝片吸虫病的治疗

(1) 硝氯酚　牛、羊分别以4～6mg/kg体重、5～8mg/kg体重,一次灌服,驱除成虫有很好疗效。

(2) 碘醚柳胺　牛、羊均为10.15mg/kg,一次灌服,对驱除成虫和6～12周的未成熟的肝片吸虫均有效。

(3) 双乙酰胺苯氧乙醚　羊100mg/kg体重,内服,对童虫驱除效果达100%。

(4) 三氯苯唑(肝蛭净)　按10mg/kg体重,一次灌服,对发育各阶段的肝片吸虫均有效。

2. 牛、羊肝片吸虫病的预防

应根据其流行病学及其发育史的特点,制订综合预防措施。

(1) 定期驱虫　在本病流行区每年应结合当地具体情况进行二次预防性驱虫,即每年秋末冬初和翌年春季各进行一次。

(2) 消灭中间宿主　在放牧地区要经常灭螺,可结合水土改造、草场改良等填平低洼处,使螺失去滋生条件。同时,可用硫酸铜溶液(1∶50000)或以2.5mg/L的血防-67及20%氨水等灭螺。此外,还可结合饲养鸭等水禽进行生物灭螺。

(3) 加强饲养管理　放牧尽力避开有椎实螺的地方,以防感染囊蚴;饮水可采用自来水、井水或流动的河水,或建立安全可靠的牧场和饮水池塘,供牛羊群牧放和饮水;对畜粪应及时清理,堆积发酵,杀死虫卵消灭椎实螺。

【实训报告】

学生每5人为一小组,在老师的指导下,对一个县进行牛、羊肝片吸虫病的调查,分析该县牛、羊肝片吸虫病危害严重的原因,撰写一份调查报告,并提出该县牛、羊肝片吸虫病的综合防治措施。

实习实训十一　猪囊虫病的诊断及其综合防治技术

【目的要求】

(1) 在实训基地对患有猪囊虫病的病猪进行临诊检查,依据临诊症状进行分析,掌握猪囊虫病的诊断方法。

(2) 选用有效药物对猪囊虫病病猪进行治疗,掌握猪囊虫病的综合防治技术。

【实训内容】

(1) 猪囊虫病的诊断技术。

(2) 猪囊虫病的综合防治技术。

【情景与条件】

(1) 情景　将学生带入人绦虫病流行地区大生猪屠宰场或养殖场进行实训。

(2) 条件　手提电脑;三目体视显微镜;显微摄像头;数码相机;解剖刀、手术刀、组织剪等动物解剖器械（每小组一套）；标本瓶；放大镜。

【步骤与方法】

（一）临诊检查

1. 临床检查要点

轻者无明显症状，重者因虫体寄生部位不同而症状各异。如寄生于四肢肌肉，则见跛行；寄生于舌肌、咬肌，可见舌麻痹，咀嚼困难；寄生于脑，可发生神经症状；寄生于咽喉肌肉，则叫声嘶哑等。病猪常见消瘦、贫血等。

2. 病理剖检要点

切开咬肌、舌肌、心肌、深腰肌等处，可见到豆粒或米粒大小囊泡，椭圆形，白色透明，囊内含半透明状液体和米粒大的白色头节。

（二）猪囊虫病的诊断

1. 临诊诊断

（1）生前诊断比较困难，若查看眼睑和舌部有豆状肿胀，触摸舌根和舌的腹面有稍硬大豆状疙瘩时，可作为猪囊虫病生前诊断的依据。

（2）宰后检验咬肌、腰肌等骨骼肌及心肌，检查到有乳白色、米粒样大椭圆形或圆形的猪囊虫，或者见到钙化后的囊虫（包囊中呈现有大小不一的黄色颗粒），即可作出诊断。

2. 实验室诊断

（1）变态反应诊断 取新鲜猪肉中囊尾蚴头节研制成 1∶100 悬液，注入待检猪耳朵外皱襞部分皮内 0.1～0.2ml，5min 后开始出现反应。

结果判断：注射处发生红肿，直径在 11mm 以上，45min 后开始消退，为阳性反应；无上述反应或反应不显著者为阴性。

（2）间接血凝试验 将待检猪血清，用 0.2% 明胶溶液在试管中倍比稀释成 1∶20、1∶40、1∶80 三管，置 56℃ 水浴 30min，每管加入无菌的猪囊虫囊液与绵羊红细胞配制的致敏红细胞混匀后，室温放置 4h，进行初次判断；再摇匀，过夜后判定结果。

结果判断：

"++++"：红细胞在管底形成紧密的颗粒或条块凝集，卷边完整者。

"+++"：红细胞均匀沉于管底，卷边完整者。

"++"：红细胞均匀沉于管底，卷边不完整者。

"+"：红细胞均匀沉于管底，呈云雾状者。

"—"：红细胞堆集在管底，中央呈光滑圆环或圆点者。

（三）综合防治技术

（1）发现本病，应立即采用丙硫咪唑或吡喹酮杀灭猪囊尾蚴。

① 丙硫咪唑 每日剂量 30mg/kg 体重，共服 3 次。

② 吡喹酮 每日剂量 30～60mg/kg 体重，共服 3 次。

（2）加强粪便管理，取缔连茅圈，猪群应圈养，防止猪食人粪而感染囊虫，彻底杜绝猪和人粪的接触机会，人粪需经无害化处理后方可利用。

（3）加强肉品卫生检验，实行定点屠宰、集中检疫，对有囊尾蚴的猪肉，应做无害化处理。

（4）对高发人群进行普查，发现人患绦虫病时，及时驱虫，驱虫后排出的虫体和粪便必须严格处理。

（5）注意个人卫生，不吃生的或未煮熟的猪肉。

（6）加强宣传教育，提高人们对猪囊尾蚴的危害以及感染途径和方式的认识，自觉参与防治囊虫病。

【实训报告】

学生每 5 人为一小组，采用临诊诊断法和实验室诊断法对猪群进行检查，计算并比较不同方法对猪囊尾蚴的检出率的高低，写一份试验报告。

实习实训十二　鸡球虫病的诊断及综合防治技术

【目的要求】

通过鸡球虫病的诊断及其防治技术实训，使学生能对鸡场球虫病进行确诊，并能采取有效措施对鸡球虫病进行综合防治。

【实训内容】

（1）鸡球虫病的诊断技术实训。

（2）鸡球虫病的综合防治技术实训。

【情景与条件】

（1）情景　患有严重球虫病的养鸡场。

（2）条件　手提电脑；多媒体投影仪；生物显微镜；数码显微摄像头；数码相机；手术刀、剪子、镊子、载玻片、盖玻片、试管、试管架、烧杯、纱布、污物桶等仪器；还有饱和盐水、铬硫酸溶液（制备方法：先配好20%的重铬酸钠溶液100ml于500ml锥形瓶中，然后在冰浴条件下逐渐加入浓硫酸100ml，边加边充分搅拌。用玻璃过滤器或离心方法除去其他结晶，即为所需铬硫酸溶液）等试剂。

【步骤与方法】

（一）鸡球虫病的诊断实训

学生进入养鸡场，进行鸡球虫病的流行病学调查和临诊检查实训，再依据流行病学调查、临床症状、病理变化和粪便检查等方面加以综合判断。

1. 临床诊断要点

急性型：病程数天至2～3周。病初精神不好，羽毛耸立，头蜷缩，呆立一隅，食欲减少，泄殖孔周围羽毛被液体排泄物所污染、粘连。以后由于肠上皮的大量破坏和机体中毒的加剧，病鸡出现共济失调、翅膀轻瘫，渴欲增加，食欲废绝，嗉囊内充满液体，黏膜与鸡冠苍白，迅速消瘦。粪呈水样或带血。在柔嫩艾美耳球虫引起的盲肠球虫病，开始粪便为咖啡色，以后完全变为血便。末期发生痉挛和昏迷，不久即死亡，如不及时采取措施，死亡率可达50%～100%。

慢性型：病程数日到数周。多发生于4～6个月的鸡或成年鸡。症状与急性型相似，但不明显。病鸡逐渐消瘦，足翅轻瘫，有间歇性下痢，产卵量减少，死亡的较少。

2. 病理学诊断要点

鸡体消瘦，鸡冠与黏膜苍白或发青，泄殖腔周围羽毛被粪、血污染，羽毛逆立凌乱。体内变化主要发生在肠管，其程度、性质与病变部位和球虫的种别有关。柔嫩艾美耳球虫主要侵害盲肠，在急性型，一侧或两侧盲肠显著肿大，可为正常的3～5倍，其中充满凝固的或新鲜的暗红色血液，盲肠上皮增厚，有严重的糜烂甚至坏死脱落，与盲肠内容物、血凝块混合，形成坚硬的"肠栓"。

毒害艾美耳球虫损害小肠中段，可使肠壁扩张、松弛、肥厚和严重的坏死。肠黏膜上有明显的灰白色斑点状坏死病灶和小出血点相间杂。肠壁深部及肠管中均有凝固的血液，使肠外观呈淡红色或黑色。

堆型艾美耳球虫多在十二指肠和小肠前段，在被损害的部位，可见有大量淡灰白色斑点，汇合成带状横过肠管。

巨型艾美耳球虫损害小肠中段，肠壁肥厚，肠管扩大，内容物黏稠，呈淡灰色、淡褐色或淡红色，有时混有很小的血块，肠壁上有溢血点。

布氏艾美耳球虫损害小肠下段，通常在卵黄蒂至盲肠连接处。黏膜受损，凝固性坏死，呈干酪样，粪便中出现凝固的血液和黏膜碎片。

早熟艾美耳球虫和和缓艾美耳球虫致病力弱，病变一般不明显，引起增重减少，色素消失，严重脱水和饲料报酬下降。

3. 鸡球虫病的粪便检查

检查方法参照实验项目十二——球虫形态观察。

（二）球虫种类的鉴定实训

球虫种类鉴定包括卵囊的分离、计数和卵囊形态的鉴定等步骤。

1. 卵囊的分离

卵囊存在于宿主粪便和组织中。分离粪便中的卵囊较多采用饱和食盐（或硫酸镁、蔗糖等）溶液漂浮法和离心法；分离组织中的卵囊一般采用铬硫酸分离法和蛋白酶消化法。单卵囊分离法是指从混合虫种的卵囊中分离出单个卵囊，以备进一步扩增所需的"克隆"卵囊。尽管有许多分离卵囊的方法，但其基本原理是一样的，即根据卵囊与杂质密度的不同。对于组织中的卵囊，尚需借助消化液或酸的作用，破坏组织中的细胞，以利卵囊的提纯。

（1）饱和食盐溶液漂浮分离法

① 将粪便和 5 倍于粪便体积的生理盐水搅成混悬液。

② 将粪便混悬液经两层纱布（或先经 50 目，后经 100～200 目网筛）滤过到第二个容器中。

③ 将滤过液倒入离心管中，用 3000r/min 的速度离心 3min，弃去上清液。

④ 向沉淀中加入 10 倍的饱和盐水（先加少许，充分混匀后再加其余的），充分混匀，再用 3000r/min 的速度离心 3min。

⑤ 捞取表层浮液，用 3000r/min 的速度离心 3min，取沉淀物。

（2）铬硫酸分离法　适用于从肠内容物、肠黏膜组织、肝组织、肾组织及其他组织中分离球虫卵囊。漂浮分离的过程和方法与饱和食盐溶液漂浮分离法相同。

2. 卵囊计数方法

主要用于计算每克粪便和每克垫料中球虫卵囊数值（OPG）或实验室内收集的卵囊悬液和球虫疫苗保存液中的卵囊数值。常用方法如下。

（1）红细胞计数板计数　方法是称取 1g 鸡粪，溶于 10ml 水中制成 10 倍的稀释液，经充分搅拌均匀后，取其 1 滴置红细胞计数板中，在低倍镜下计算计数室四角 4 个大方格（每个大方格又分为 16 个中方格）中球虫卵囊总数，除以 4 求其平均值，乘 10^4 即为 1ml 液体的卵囊数。然后乘 10 即为 OPG 值。

计算公式：　　　　　　　　$OPG = a \times 10 \times 10^4 = a \times 10^5$

（2）载玻片计数　从上述的 10 倍稀释液中，取出 0.05ml 置于载玻片上，再覆加盖玻片，计数整个盖玻片内的卵囊。

计算公式：　　　　　　　　$OPG = b \times 10 \times 1/0.05 = b \times 200$

（3）浮游生物计算板计数　从上述的 10 倍稀释液中，吸取 0.04ml，滴于浮游生物计算板中，覆加 32mm×28mm 的盖玻片，然后数出 64 列中的 10 列所见到的卵囊数。

计算公式：　　　　　　　　$OPG = c \times 10 \times 1/0.04 \times 64/10 = c \times 1600$

注：a、b、c 为数的卵囊数。

由于雏鸡个体的粪便状态不尽相同，例如从粪便排出到采样的间隔时间所致干燥程度上的差异及症状轻重不同所致水分含量的差异等条件，对通过称量鸡粪计算 OPG 值具有明显影响。为此，可以采用如下方法：先将鸡粪便溶于适量水中，再将粪液放入带有刻度的离心管中，通过离心（2000r/min，5min），舍去上清液，通过离心管上的刻度测出沉渣的容量，再重新加水制成 10 倍的稀释液，然后计算卵囊的数量。

3. 鸡球虫各发育阶段虫体的检查

在肠组织或粪便涂片上证实确有虫体（子孢子、滋养体、裂殖子、裂殖体、大、小配子体、大、小配子、合子、卵囊）存在，便可确诊为球虫感染；而根据鸡群的表现，诸如生产性能、临床症状和病变记分等,以及每克粪便或垫料中的球虫卵囊数,便可判断鸡群是仅仅有球虫感染,还是在流行亚临床型或临床型球虫病。

(1) 具体操作　用小型外科刀从最显著的感染区域取材,并在所有病例中从每一处至少取两个样品,一个取自黏膜表层,另一个取自黏膜的深处。浅层刮取物的显微镜观察应该查到卵囊或其他阶段虫体,深层刮取物应该查到内生发育阶段的虫体。显微镜检查结果可用于确定引起感染的艾美耳球虫种。对虫体内生阶段形态不熟悉的诊断人员,最好先做涂片进行吉姆萨染色。

(2) 各阶段虫体的形态　子孢子呈香蕉形,其最显著和最典型的结构是折光体。通常有两个折光体,一前一后。结构致密、匀质、无界膜。折光体大小可以变化,偶尔无前端的折光体。光学镜下观察,折光体发亮,不透明;染色后,折光体着色深而均匀。滋养体呈圆球形,单个细胞核,吉姆萨染色时,核着色较深呈暗红色。成熟裂殖体形状为圆球形,由许多香蕉形裂殖子紧凑地排列组成,类似于剥皮后的橘子外观。裂殖体成熟后,裂殖子成簇散开。裂殖子一端钝圆,另一端稍尖,单个细胞核位于偏中部,胞质呈颗粒状结构,内有空泡。吉姆萨染色后核呈深红色,胞质呈淡红色。吉姆萨染色涂片上见到的成熟配子体的胞浆内含紫色颗粒,大小不等,白色颗粒散在核的周围,核浅红色。大配子呈亚球形,细胞浆中含有一层或两层嗜酸性颗粒,由豁蛋白组成,镜下观察细胞浆呈大理石状外观。成熟小配子体近似球形,内含近千个深紫色眉毛状小配子,成熟后小配子向外散出,中央留有残体。合子呈亚球形,大小与大配子相似,大、小配子结合后形成合子,此时大配子细胞浆中的嗜酸性颗粒即开始向周边膜下迁移,由于颗粒状物位于膜下即可与大配子区别。之后颗粒状物均匀散开,凝固形成卵囊壁。卵囊呈圆形、椭圆形、卵圆形。囊壁两层,个别种较小端有卵膜孔。在组织中的卵囊内有颗粒状的孢子体;垫料及粪便中的卵囊,部分已孢子化,内含 4 个孢子囊;每个孢子囊中有 2 个子孢子。

4. 卵囊鉴定方法

(1) 大小　虽然卵囊的大小可能有助于确定种,但也有其局限性;除巨型艾美耳球虫与和缓艾美耳球虫之外,单独用此特征鉴别虫种尚有困难。操作者不测算而试图判别卵囊大小是不现实的。用目镜测微尺测大量卵囊后,其大小才是有用的标准。卵囊长、宽的最大值、最小值和平均值均需列出。卵囊大小仅是球虫种鉴别中几个有用特征之一。任何确定种的卵囊大小总有不同,因此对虫种的任何判断必须依赖于测量至少 50 个卵囊的平均大小。

(2) 颜色　只有巨型艾美耳球虫凭其外形和颜色可与其他 6 个种区别开。该种最有用的特征是卵囊醒目的金黄色。其他种是浅绿色或无色。巨型艾美耳球虫卵囊壁外层有时局部呈波浪状,而其他种则光滑。这些特征有助于鉴定出该种。

(3) 形状　柔嫩艾美耳球虫、巨型艾美耳球虫、堆型艾美耳球虫、早熟艾美耳球虫和布氏艾美耳球虫是长椭圆形到卵圆形;和缓艾美耳球虫是亚球形到球形。对这些特征必须加以量化(形状指数),方能更有助于种的鉴别;其量化的公式如下:形状指数=平均长度/平均宽度。

(4) 孢子化时间　虫种之间的孢子化时间应该在标准温度下进行测定才有比较意义。虫种最适孢子化温度在 28~30℃ 的范围内。粪便样品必须在排出 1h 内收集,卵囊必须经过滤和饱和盐水漂浮后迅速从粪便中分离出来。随后悬浮在 2%~4% 重铬酸钾溶液的平皿中,在 30℃ 下孵育;按规定时间间隔在显微镜下检查样品,当发育完全的孢子囊出现于第一个卵囊时记录孢子化时间。

5. 鸡球虫感染的病变记分

病变的严重性通常是和鸡摄入卵囊数量成比例的,并且是和其他指标如增重与记分相关的。最常用的记分方法是由 Johnson 和 Reid (1970) 设计的病变记分法。按照这种方法,把肠道病变分为 0、+1~+4 五个等级,0 表示正常,+4 表示最严重的病变。这一技术在实验感染中最为常用,虽然因测定人的不同而有主观影响,及时用药和疫苗接种的鸡只评分不准,但由于其快速、实用的特点,仍不失为较好的诊断技术。在试验条件下,卵囊和药物的剂量都是指定的,虫种也是已知的。在野外条件下,病变记分对于测量感染的严重性也往往是有用的。即使同时存在几种球虫，通常也只需将小肠分为4段来记分，包括：十二指肠袢的小肠上段；小肠中段，即卵黄蒂上端及下端各10cm的肠道；小肠下段和直肠；盲肠。

(1) 混合感染情况下肠道病变记分

0分，无肉眼可见病变；

+1分，有少量散在病变；

+2分，有较多稀疏的病变，如多处肠区被感染和由柔嫩艾美耳球虫感染引起的盲肠出血；

+3分，有融合性大面积病变，一些肠壁增厚；

+4分，病变广泛融合，肠壁增厚。柔嫩艾美耳球虫感染，可见大型盲肠芯；巨型艾美耳球虫感染，可见肠内容物带血。

(2) 单个虫种感染情况下肠道病变记分（以柔嫩艾美耳球虫、毒害艾美耳球虫为例）

① 柔嫩艾美耳球虫（感染后5~7天）两侧盲肠病变不一致时，以严重的一侧为准。

0分，无肉眼病变。

+1分，盲肠壁有很少量散在的痕点，肠壁不增厚，内容物正常。

+2分，病变数量较多，盲肠内容物明显带血，盲肠壁稍增厚，内容物正常。

+3分，盲肠内有多量血液或有盲肠芯（血凝块或灰白色干酪样的香蕉形块状物），肠壁肥厚明显，盲肠中粪便含量少。

+4分，因充满大量血液或肠芯而使盲肠肿大，肠芯中多含有粪渣，死亡鸡只也计+4分。

② 毒害艾美耳球虫（感染后5~7天）。

0分，无肉眼病变。

+1分，从小肠中部浆膜面看有散在的针尖状出血点或白色斑点，黏膜损伤不明显。

+2分，从小肠中部浆膜面看有多量的出血点，也可见到中部肠管稍充气。

+3分，小肠腔有大量出血，浆膜面见有红色或白色斑点。黏膜面粗糙，增厚，有许多针尖状出血点。肠内容物含量少；充气达小肠下半段，小肠粗度明显加大但长度明显缩小。

+4分，小肠因严重出血而呈暗红色、褐色，大部分肠管气胀明显，黏膜增厚加剧，肠腔内充满血液和黏膜组织的碎片，从浆膜面看，在感染部位组织见到白色或红色病状，在死亡鸡只病灶为白色和黑色，呈"白盐与黑胡椒"之外观，有些情况，可见到寄生性肉芽肿，肠管增粗1倍，长度就缩短1倍。死亡鸡只也计+4分。

6.鸡球虫感染的粪便记分

在实验室感染中，粪便记分和病变记分的方法同样可用于对球虫感染程度的判断。

划分在0、+1~+4内，0分表示粪便正常，+4分表示最严重的腹泻，带有黏液或血液。粪便记分尚未有完整的记分标准系统，索勋（1997）提出，粪便记分反映群体感染球虫后有多少个体表现出粪便性状不正常。

对于不具明显拉血的球虫感染，诸如堆型艾美耳球虫、巨型、布氏、早熟与和缓艾美耳球虫的感染，对给定12~24h时间范围内，0分表示100%的粪便正常，+1分表示25%的粪便不正常，+2分表示50%的粪便不正常，+3分表示75%的粪便不正常，+4分表示100%的粪便不正常。

对于有明显拉血的球虫感染，诸如柔嫩和毒害艾美耳球虫的感染，对给定12~24h时间范围内，0分表示100%的粪便不带血，+1分表示25%的粪便带血，+2分表示50%的粪便带血，+3分表示75%的粪便带血，+4分表示100%的粪便带血。

对发病鸡，如有上述临床表现及病理变化和检验结果，即可确诊为鸡球虫病。

(三) 鸡球虫病的综合防治技术

1.搞好鸡舍卫生，保持鸡舍干燥

因为球虫主要是以粪便为媒介传播，所以能及时清除积粪，集中堆放，进行发酵处理，使粪便中卵囊没有充分时间发育成孢子卵囊，就可控制消灭球虫的传染源。

2.控制垫料温度，保持鸡舍通风良好

垫料潮湿是卵囊孢子化的温床，极利于球虫卵囊发育。因此，如能保持鸡舍通风良好，使垫料湿度控制在20%左右，能有效地控制球虫病的发生。

3.选择最佳的饲养方式

鸡球虫病主要发生于幼雏，所以新买进的雏鸡和不同日龄的鸡，必须与康复鸡分开关养。同时采用5周龄内网上笼养，减少鸡与粪便接触的机会，使鸡只不易采食到球虫卵囊，从而抑制球虫的传播，降低感染率。

4.做好消毒灭源工作

空栏后，鸡舍和用具进行彻底清洗，用2%烧碱液消毒。同时用喷灯对鸡舍、金属笼具进行火焰喷射，运动场地用20%生石灰水喷洒。这是杀灭球虫卵囊的有效措施。

5.抗球虫药的选择

抗球虫药的选择不能全凭以往的经验，必须选用对当地虫株最敏感的药物来防治。抗球虫药有40~50多种，大致分为三大类：一类是聚醚类离子载体抗生素；另一类为是化学合成的抗球虫药；第三类是中草药制剂。

在世界范围内，四种最常用的化学药物是尼卡巴嗪、氯苯胍、常山酮（速丹）和地克珠利，在我国则主要是磺胺类药、地克珠利、马杜拉霉素、氯羟吡啶等，中草药制剂主要有青蒿、驱球净、五草汤等新型中药制剂。

6.药物防治

治疗球虫病的药物较多，生产实践证明，各种抗球虫药在使用一段时间后，都会引起虫体的耐药性，极易产生耐药虫株，有时可对该药的同类其他药物也产生耐药性。因此，必须合理使用抗球虫药。常用以下几种用药方案来防止虫体产生耐药性。

（1）轮换用药　是定期合理轮换用药，即每隔3个月或半年或在一个肉鸡饲养期结束后，改换一种抗球虫药。但是不能换用属于同一化学结构类型的抗球虫药，也不要换用作用峰期相同的药物。

（2）穿梭用药　是在同一个饲养期内，换用两种或三种不同性质的抗球虫药，即开始时使用一种药物至生长期时使用另一种药物，目的是避免耐药虫株的产生。

（3）联合用药　在同一个饲养期内，合用两种或两种以上的抗球虫药，通过药物间的协同作用既可延缓耐药虫株的产生，又可增强药效和减少用量。

7.疫苗免疫

为了避免药物残留对人类健康的危害和球虫的抗药性问题，现已研制了数种球虫活疫苗，一种是利用少量强毒的活卵囊制成的活虫苗（商品名：Coccivac或Immucox），包装在藻珠中，混入饲料或饮水中。另一种是连续传代选育的早熟虫株制成的虫苗（如Paracox），并已在生产上推广。

8.加强饲养管理

适当补充含维生素A的饲料，以增强鸡体抵抗力。

（四）实验注意事项

（1）分离不同的卵囊时，实验时所用的离心管、吸管、烧杯等器皿需彻底洗净，以防污染。

（2）卵囊孢子化需要合适的温度和湿度及充足的氧气，最好的培养液是2.5%的重铬酸钾液。培养时，卵囊的密度也不应超过10~6个/ml，培养液的深度不超过0.7cm。

（3）在卵囊计数的几种方法中，载玻片的计算方法准确，但费时。红细胞计数板计算卵囊的方法，虽然简便易行，但在卵囊数量少的情况下，误差较大，可靠性差。而浮游生物计数板的方法，介于前两者之间，具有利用价值。麦克马斯特法方便准确，若所测卵囊数量很多，可酌情稀释后再计数。用铬硫酸卵囊计数时，如果鸡粪中的杂物碎片扰乱视野，可用铬硫酸溶液稀释粪便，溶解杂质。

(4) 鸡球虫感染的病变记分制用于阐述抗球虫药物的效果和球虫疫苗的保护效果时存在相当大的局限性，而且随检测人的不同而有所变化，尤其是重要的球虫种的不同，例如，巨型艾美耳球虫的感染程度并不总是与肠道眼观病变的严重性相关。

(5) 鸡球虫病是最常见的疾病，但许多诊断者很少注意到肠道寄生的球虫种的鉴别。柔嫩艾美耳球虫寄生于盲肠，比较容易鉴定。球虫种的鉴定需要眼观病理变化和肠黏膜刮取物镜检识别发育阶段虫体两者相结合，所发现的虫体形态需要与7种艾美耳球虫的特征相比较加以识别。

【实训报告】

在老师的指导下，学生分组进入养鸡场进行鸡球虫病的流行病学调查和临诊检查实训，然后依据流行病学调查、临床症状、病理变化和粪便检查等检查结果加以综合分析，作出诊断，最后对该鸡场球虫病采取有效的综合防治措施，并撰写一份实训报告。

实习实训十三　猪弓形虫病的诊断和综合防治技术

【目的要求】

熟悉弓形虫不同发育阶段的形态特征，掌握猪弓形虫病的临诊检查技术和诊断方法，进一步掌握猪弓形虫病的综合防治技术。

【实训内容】

(1) 猪弓形虫病的临诊诊断技术。

(2) 猪弓形虫病的实验室诊断技术。

(3) 猪弓形虫病的综合防治技术。

【情景与条件】

(1) 情景　选择以确诊为猪弓形虫病的猪场进行实训。

(2) 条件　手提电脑；多媒体投影仪；生物显微镜；数码显微摄像头；数码相机；手术刀、剪子、镊子、载玻片、盖玻片、试管、试管架、烧杯、纱布、污物桶等仪器；还有饱和盐水、吉姆萨染色液等试剂。

【步骤与方法】

(一) 猪弓形虫病的诊断

1. 临诊诊断

(1) 流行病学调查　猪弓形虫病一年四季均可发病，但一般秋冬季和早春发病率高。进场后，应全面了解猪只的饲养环境条件、管理方式、发病季节、流行状况、是否养猫及其活动规律。

(2) 临床检查　弓形虫病主要引起神经、消化及呼吸系统的症状。成年猪感染弓形虫多不表现临床症状；仔猪往往呈急性经过；怀孕母猪表现为高热、废食、精神委顿和昏睡，此种症状持续数天后可产出死胎或流产，即使产出活仔，也可发生急性死亡或发育不全，不会吃奶或畸形怪胎。

急性猪弓形虫病的潜伏期为3~7天，病初体温升高，呈稽留热，幅度在40~42℃之间；食欲减退、好饮水，常出现异嗜、精神委顿和喜卧等，症状颇似猪瘟，被毛蓬乱无光泽，尿液呈橘黄色，粪便多数干燥，呈暗红色或煤焦油色，有的猪往往下痢和便秘交替发生；呼吸困难，呈明显腹式或犬坐姿势呼吸，吸气深，呼气浅短；皮肤发紫，特别是耳朵、四肢末端、臀部、股内侧、腹下皮肤出现片状或弥漫性紫斑。体表淋巴结肿胀。

(3) 病理剖检

① 急性型　急性病例多见于年幼动物，全身各脏器有出血斑点。淋巴结、肝、肺和心脏等器官肿大，有许多出血点和坏死灶。肺严重水肿，小叶间质增宽，内充满胶样渗出物，气管和支气管内有大量黏液性泡沫。肝脏表面有白色或黄色坏死斑点散布。脾脏肿大，切面有出血点并个

别有灰白色坏死灶。肾脏黄褐色，常见针尖大出血点或坏死灶。肠道内有条状、片状出血，肠黏膜可见坏死灶。心脏冠状沟旁伴有针尖状出血点。胸腹腔积液。

② 慢性型　慢性病例多可见内脏器官水肿，并有散在的坏死灶。

2.实验室诊断

(1) 病原学检查　病原学检查具有确诊意义。

生前检查可采取病猪发热期的血液、脑脊髓、眼分泌物、尿以及淋巴结穿刺液作为检查材料；死后采取心血、心、肝、脾、肺、脑、淋巴结及胸、腹水等。

① 直接涂片检查　采取体液涂片，吉姆萨染色，发现弓形虫速殖子时可确诊。

② 动物接种试验　一般是将被检材料接种于幼龄小鼠腹腔，观察其发病情况，并从接种动物腹腔液中检查速殖子。

将被检组织材料（肺、肝、淋巴结等）研碎后加 10 倍生理盐水，加入双抗后，室温放置 1h。接种前摇匀，待较大组织沉淀后，取上清液接种于小鼠腹腔，每只接种 0.5～1.0ml。经 1～3 周，小鼠发病时，可在腹水中查到虫体。阴性需盲传至少 3 次。

(2) 血清学诊断　弓形虫病常采用间接血凝试验诊断。

① 材料准备

a.抗原：用兰州兽医研究所生产的弓形虫间接血凝试验冻干抗原。用于检测猪血清中的弓形虫抗体。用前按标定毫升数用灭菌蒸馏水稀释摇匀，1500～2000r/min 离心 5～10min，弃去上清液，加等量稀释液摇匀，置 4℃ 左右 24h 后使用。稀释后称诊断液，4℃ 左右保存，10 天内效价不变。

b.标准阳性和阴性血清：用兰州兽医研究所生产的弓形虫标准阳性血清（效价不低于 1：1024）和标准阴性血清。

c.被检血清：即受检的病猪血清，测定前 56℃ 灭能 30min。

d. 96(12×8) 孔 V 型有机玻璃（聚苯乙烯）微量血凝反应板。

e.稀释液配制：先配含 0.1% 叠氮钠的 pH 7.2、0.15mol/L 磷酸盐缓冲溶液（PBS）。磷酸氢二钠 19.34g，磷酸二氢钾 2.86g，氯化钠 4.25g，叠氮钠 1.00g，双蒸水或无离子水加至 1000ml，溶解后过滤分装，121.3℃、20～30min 高压灭菌。

配稀释液：取含 0.1% 叠氮钠的 PBS 98ml，56℃ 灭能 30min 的健康兔血清 2ml，混合，无菌分装，4℃ 保存备用。

② 操作方法

a.加稀释液在 96 孔 V 型有机玻璃微量血凝反应板上，用移液器每孔加稀释液 0.075ml。定性检查时，每个样品加 4 孔，定量加 8 孔。

每块板上不论检几个样品，均应设阳、阴性血清对照。对照均加 8 孔。

b.加样品血清、阳性对照血清、阴性对照血清，第一孔加相应血清 0.025ml。

c.稀释：定性检查时稀释至第 3 孔，定量检查与对照均稀释至第 7 孔。定性的第 4 孔、定量和对照的第 8 孔为稀释液对照；按常规用移液器稀释后，取 0.025ml 移入相应的第二孔内，如法依次往下稀释，至应稀释的最后一孔，稀释后弃去 0.025ml。每个孔内的液体仍为 0.075ml。

d.加诊断液：将诊断液摇匀，每孔加 0.025ml，加完后将反应板置微型振荡器上振荡 1～2min，直至诊断液中的红细胞分布均匀。取下反应板，盖上一块玻璃片或干净纸，以防落入灰尘，置 22～37℃ 下 2～3h 后观察结果。

e.判定：在阳性对照血清滴度不低于 1：1024（第 5 孔），阴性对照血清除第 1 孔允许存在前滞现象"＋"外，其余各孔均为"－"，稀释液对照为"－"的前提下，对被检血清进行判定，否则应检查操作是否有误；反应板、移液器等是否洗涤干净；以及稀释液、诊断液、对照血清是否有效。

③ 判定标准

反应板孔号	1	2	3	4	5	6	7	8
稀释液/ml	0.075	0.075	0.075	0.075	0.075	0.075	0.075	0.075
待检血清/ml	0.025	0.025	0.025	0.025	0.025	0.025	0.025	0.025 弃掉
诊断液/ml	0.025	0.025	0.025	0.025	0.025	0.025	0.025	0.025
阳性血清/ml	0.025	0.025	0.025	0.025	0.025	0.025	0.025	0.025
阴性血清/ml	0.025	0.025	0.025	0.025	0.025	0.025	0.025	0.025
蒸馏水/ml	0.025	0.025	0.025	0.025	0.025	0.025	0.025	0.025

"++++"：100%的红细胞在孔底呈均质的膜样凝集，边缘整齐、致密。因动力关系，膜样凝集的红细胞有的出现下滑现象。

"+++"：75%的红细胞在孔底呈膜样凝集，不凝集的红细胞在孔底中央集中成很小的圆点。

"++"：50%的红细胞在孔底呈稀疏的凝集，不凝集的红细胞在孔底中央集中成较大圆点。

"+"：25%的红细胞在孔底凝集，其余不凝集的红细胞在孔底中央集中成大的圆点。

"—"：所有的红细胞均不凝集，并集中于孔底中央呈规则的最大的圆点。

以被检血清抗体滴度达到或超过1：64判为阳性，判"++"为阳性终点。

(二) 猪弓形虫病的综合防治

1. 预防措施

本病重在预防，应采取综合防治措施。

(1) 猪舍应及时清扫，并定期以55℃以上热水或0.5%氨水消毒。

(2) 定期对种猪场的猪群进行流行病学监测，对血清学阳性猪只及时隔离饲养或有计划淘汰，以消除感染来源。病愈后的猪不能作为种猪。畜舍内应严禁养猫，并防止猫进入厩舍。严防猫粪污染饲料和饮水；扑灭圈舍内外的老鼠；屠宰废弃物必须煮熟后方可作为饲料。

(3) 密切接触家畜的人，如屠宰场、肉类加工厂、畜牧场的工作人员应定期作血清学检查。

(4) 禁食生肉、半生肉（-10℃，15天，-15℃，3天可杀死虫体）、生乳及生蛋；切生、熟肉的用具应严格分用、分放；接触生肉、尸体后应严格消毒。

(5) 儿童不要逗猫、狗玩耍，孕妇更不要与猫、狗接触。

(6) 利用疫苗预防亦初显成效。

(7) 近年来，亚单位疫苗和核酸疫苗成为新的研究热点。

总之，培养良好的卫生习惯，饭前便后勤洗手，戒除不良饮食习惯，不吃半生不熟的食品，不喝生牛奶，对预防弓形虫感染有重要作用。

2. 治疗

磺胺类药物对弓形虫病有很好的治疗效果，磺胺类药物和抗菌增效剂联合作用的疗效最好，但应注意在发病初期及时用药；否则，虽可使临床症状消失，但不能抑制虫体进入组织形成包囊，使病畜成为带虫者；使用磺胺类药物应首次剂量加倍。用药或注射后1~3天体温即可逐渐恢复正常，一般需连用3~4天。

【实训报告】

从猪群中随机抽取仔猪100头，采用间接血凝试验法对其进行猪弓形虫病的诊断，然后实施药物治疗，4天之后采用同样的方法再诊断一次，对比用药前后的检测结果，分析该药物驱虫效果,并写一份驱虫试验报告。

实习实训十四　动物蜱病的诊断及其综合防治技术

【目的要求】

通过本项目的实训,熟练掌握蜱的采集方法,学会蜱的种类的鉴定,掌握动物蜱病的综合防治技术。

【实训内容】

(1) 动物(牛、羊、鸡)蜱病的诊断。

(2) 动物(牛、羊、鸡)蜱病的综合防治方法。

【情景与条件】

(1) 情景　选择蜱危害严重的牧区作为实训基地。

(2) 条件　手提电脑、三目体视显微镜、显微摄像头、放大镜、镊子、培养皿、煤油、乙醚、氯仿、70%酒精、5%~10%的福尔马林等。

【步骤与方法】

(一)动物蜱病的诊断(牛和羊可任选一种动物进行实训)

1. 对动物进行临床检查

硬蜱叮咬宿主,吸食血液,导致宿主皮肤急性炎症,动物骚乱不安,影响采食和休息。大量侵害时,引起消瘦、发育不良、贫血、毛皮质量下降和奶牛产乳量减少。

软蜱可引起宿主消瘦、贫血、生产能力下降,甚至导致鸡只死亡。

2. 蜱的采集

教师强调采集方法和注意事项后,学生按操作要求进行虫体采取。

(1) 畜禽体表蜱的采集　在畜禽体表发现蜱后用手或小镊子捏取,或将附有虫体的羽或毛剪下,置于培养皿中,再仔细确认后,将其收集于小瓶内。

(2) 周围环境中蜱的采集

① 畜舍地面上和墙缝中蜱的采集　在牛舍的墙边或墙缝中,可找到璃眼蜱。在鸡的窝巢内栖架上,可找到软蜱。

② 牧地上蜱的采集　用白绒布旗一块,(45~100)cm×(25~100)cm,一边穿入木棍,在木棍两端系以长绳,将此旗在草地上或灌木间缓慢拖动,然后将附着旗面上的蜱收集于小瓶内。

(3) 采集时的注意事项

① 采集蜱标本时,必须牢记蜱是雌雄异体的,雌雄虫体的大小差异极大,雌虫较雄虫要大得多,如不注意,则采集的结果,均为大型的雌虫,遗漏了雄虫,而雄虫却是鉴定虫体时的主要依据,缺少雄虫将给鉴定带来困难。

② 寄生在畜体上的蜱类,常将假头深刺入皮肤,如不小心拔下,容易将其口器折断而留于皮肤中,致使标本既不完整,且留在皮下的假头还会引起局部炎症。拔取时应使虫体与皮肤垂直,慢慢地拔出假头,也可用煤油、乙醚或氯仿,抹在蜱身上和被叮咬处,而后拔取。

3. 蜱的保存

收集到的虫体,采用70%酒精(其中最好加入5%甘油)或5%~10%的福尔马林浸渍保存,如采集的标本饱食有大量血液,则在采集后应先存放一定时间,待体内吸食的血液消化吸收后再固定。浸渍标本加标签后,保存于标本瓶或标本管内,每瓶中的标本占瓶容量的1/3,不宜过多,保存液则应占瓶容量的2/3,加塞密封。

4. 蜱的鉴别

将采集到的蜱置于三目体视显微镜下详细观察,并进行种类鉴别。

(1) 硬蜱和软蜱的鉴别要点

① 硬蜱雌虫体大盾板小，雄虫体小盾板大；软蜱雌虫和雄虫的形状相似。
② 硬蜱的假头在虫体前端，从背面可以看到；软蜱的假头在虫体腹面，从背面不能看到。
③ 硬蜱的须肢粗短，不能运动；软蜱须肢灵活，能运动。
④ 硬蜱有盾板；软蜱无盾板。
⑤ 硬蜱有缘垛；软蜱无缘垛。
⑥ 硬蜱的气孔位于第四对基节的后面；软蜱的气孔位于第三对与第四对基节之间。
⑦ 硬蜱的基节通常有分叉；软蜱的基节不分叉。

(2) 硬蜱科主要属的鉴别要点

① 硬蜱属　肛沟围绕在肛门前方。无眼，须肢及假头基形状不一。雄虫腹面盖有不凸出的板，包括一个生殖前板，一个中板，两个肛侧板和两个后侧板。

② 血蜱（盲蜱）属　肛沟围绕在肛门后方。无眼，须肢短，其第二节向后侧方突出。假头基呈矩形。雄虫无肛板。

③ 革蜱（矩头蜱）属　肛沟围绕在肛门后方。有眼。盾板上有珐琅质花纹。其须肢短而宽，假头基呈矩形。各肢基节顺序增大，第四对基节最大。雄虫无肛板。

④ 璃眼蜱属　肛沟围绕在肛门后方。有眼。盾板上无珐琅质花纹。须肢长，假头基呈矩形。雄虫腹面有一对肛侧板，有或没有副肛侧板，体的后端有一对肛下板。

⑤ 扇头蜱属　肛沟围绕在肛门后方。有眼，须肢短，假头基呈六角形。雄虫有肛侧板，通常还有一对副肛侧板。

⑥ 牛蜱（方头蜱）属　无肛沟。须肢短，假头基部呈六角形。雄虫有一对肛侧板和副肛侧板。雌虫盾板小。

(二) 动物蜱病的综合防治技术

动物蜱病的综合防治重点在于灭蜱，灭蜱的措施主要有以下几点要重点掌握。

1. 动物体灭蜱

(1) 在蜱活动季节，每天刷拭动物体，或使蜱体与皮肤垂直，将其拔出杀死。

(2) 皮下注射　按 200μg/kg 体重剂量皮下注射伊维菌素，每隔 15 天注射一次。

(3) 喷洒药液　用 5% 敌百虫、0.5% 马拉硫磷、0.2% 辛硫磷、0.2% 杀螟松、0.2% 害虫敌、0.25% 倍硫磷。大动物每头 500ml，小动物每头 200ml，每隔 3 周喷洒 1 次。

(4) 药浴　用 0.1% 马拉硫磷、0.1% 辛硫磷、0.05% 毒死蜱、0.05% 地亚农乳剂药浴，鸡可用砂浴。

(5) 粉剂涂洒　在寒冷季节可向动物体涂洒 2% 害虫敌、5% 西维因或 3% 马拉硫磷粉剂，大动物每头 50~80g，中、小动物每头 20~30g，每隔 10 天涂洒一次。

注意：杀虫剂要几种轮流使用，以免产生抗药性。

2. 栏舍灭蜱

对地面、饲槽、墙壁等小孔和缝隙撒克辽林或杀蜱药剂，堵塞后用石灰乳粉刷。也可用 0.05%~0.1% 溴氰菊酯（凯安保倍特）、1%~2% 马拉硫磷、1%~2% 倍硫磷向栏舍喷洒。

3. 草原灭蜱

改变蜱的生长环境，可通过翻耕牧地、清除杂草和灌木丛、在严格监督下烧荒等措施。有条件时还可对蜱滋生场所进行超低容量喷雾，如 90% 原油 $0.05~0.28/m^2$ 或 50% 马拉硫磷乳油 $0.4~0.75ml/m^2$。

【实训报告】

对一个蜱病危害严重的牧场，对放牧的牛或羊进行临床检查，收集牛或羊体表的蜱，然后进行种类鉴定，再选用有效的药物和用药方法驱蜱，并检查药物驱蜱的效果，最后撰写一份实训报告。

实习实训十五　螨病的诊断及综合防治技术

【目的要求】

了解螨病病料采集的注意事项，牢记疥螨和痒螨的形态特征，掌握螨病病料的采集方法，掌握猪、牛、羊、兔螨病的诊断技术；进一步掌握螨病的综合防治技术。

【实训内容】

（1）螨病的诊断技术。

（2）螨病的综合防治。

【情景与条件】

（1）情景　利用动物医院门诊病例或养殖场病例进行实习实训。

（2）条件　体视显微镜；手提电脑；显微摄像头；各种容器（烧杯、浮聚瓶、试管等）；载玻片、医用纱布、棉签或牙签；药品（50％甘油水溶液、煤油、10％氢氧化钠溶液、60％亚硫酸钠溶液、卢戈氏液、生理盐水、食盐等）；离心机；恒温箱；酒精灯；病历本等。

【步骤与方法】

（一）动物螨病的临诊检查

进行患螨病动物的临诊检查，观察皮肤变化及全身状态。动物发生螨病，主要表现皮肤增厚、结痂、脱毛、痒感等。

（二）病料采集

螨病的诊断生前死后都可进行，可以采用皮表（用于痒螨）或皮肤刮下物检查（用于疥螨、蠕形螨）。采集病料时，应选择患部皮肤与健康皮肤交界处。刮取时，先剪毛，取钝口小刀，在火焰上消毒，使刀刃与皮肤垂直，轻轻刮取，直至皮肤轻微出血（此点对检查寄生于皮内的疥螨尤为重要）。刮时滴加50％甘油水溶液，使皮屑黏附在刀上。刮取物放在平皿、试管或烧杯中待检，刮取的皮屑应不少于1g。

（三）动物螨病的诊断

病料采取后，教师演示螨病的各种诊断方法，然后让学生分组进行检查操作。

1. 直接涂片法

将刮取的皮屑少许置于载玻片上，加上数滴50％甘油水溶液或煤油，用牙签调匀，盖上盖玻片在低倍镜下检查。

2. 平皿加热法

将干的病料放于平皿内，加盖。将平皿放入盛有40～45℃温水的杯上，经10～15min后，将平皿翻转，这样虫体与少量皮屑就黏附在皿底，大量皮屑则落于盖上。取皿底用放大镜或解剖镜检查；皿盖可继续放在温水上，再过15min，作同样处理。此法可收集到与皮屑分离的虫体，可供制作玻片标本用。也可加热后，将平皿放于黑色衬景（黑纸、黑布、黑漆桌面等）上，用放大镜检查，或将平皿置于低倍显微镜下，或解剖显微镜下检查，发现移动的虫体可确诊。

3. 虫体聚集法

将痂皮放入试管内，加上10％氢氧化钠溶液，煮沸数分钟，使皮屑溶解，虫体分离出来，然后离心沉淀5min，倒去上清液，取沉渣作涂片检查或将沉淀法取得的沉渣置于试管内，加入60％亚硫酸钠溶液至满，然后加上盖玻片，30min后轻轻取下盖玻片覆盖在载玻片上镜检。

4. 煤油透明法

将待检病料置载玻片上，滴加适量煤油，加盖一块载玻片，搓动两块载玻片，使病料破碎，然后用扩大镜或低倍镜检查。在煤油的作用，皮屑变得透明且病料中有不溶于煤油的液体组织存在，故虫体清晰可见。

5. 挤压集虫法

采集蠕形螨可用力挤压病变部位，挤压脓液或干酪样物，涂于载玻片上镜检。

（四）动物螨病的综合防治

1. 驱虫药的选择与配制

螨病治疗可以选择的药物很多，可参考疥螨病的治疗药物。因大部分药物对螨的虫卵无杀灭作用，治疗时可根据使用药物情况重复给药1～2次，每次间隔6天，方能杀灭新孵出的螨虫，以期达到彻底治愈的目的。

2. 给药方法

为使药物有效杀灭虫体，涂擦药物时应剪除患部周围被毛，彻底清洗并除去痂皮及污物。药浴时，药液温度应按药物种类所要求的温度予以保持，药浴时间应维持在1min左右，药浴时应注意头部的浸浴。

3. 驱虫工作的组织实施

（1）驱虫前 ①驱虫前应选择驱虫药，计算剂量，确定剂型、给药方法和疗程。对药品的生产单位、批号等加以记载。②群体药浴时，观察药物效果及安全性。应对使用的药物预作小群安全试验，浴前饮足水，以免误饮药液。工作人员应注意自身安全防护。③将动物的来源、健康状况、年龄、性别等逐头编号登记。为使驱虫药用量准确，要预先称重或用体重估测法计算体重。

（2）驱虫后 ①投药前后1～2天，尤其是驱虫后3～5h，应严密观察动物群，注意给药后的变化，发现中毒应立即急救。②驱虫后3～5天内，动物最好圈养，以便于将粪便集中进行生物热处理。③给药期间应加强饲养管理，役畜解除使役。

4. 驱虫效果的评定

对驱虫前后的发病与死亡、营养状况、临床症状、生产性能、寄生虫情况进行评定。为了准确评定药效，在投药前应进行粪便检查，根据其结果（感染强度）搭配分组，使对照组与试验组的感染强度相接近，驱虫后再进行粪便检查。

【实训报告】

根据实际操作过程，记录检查过程和结果，并按要求绘制观察到的虫体图形。写出一份关于螨病的诊断和防治措施报告。

参 考 文 献

[1] 张宏伟，杨廷桂. 动物寄生虫病. 北京：中国农业出版社，2005.
[2] 汪明. 兽医寄生虫学. 第3版. 北京：中国农业大学出版社，2004.
[3] 朱兴全. 小动物寄生虫病学. 北京：中国农业大学出版社，2006.
[4] 李国清. 兽医寄生虫学（双语版）. 北京：中国农业大学出版社，2006.
[5] 刘明春，赵玉军. 国家法定牛羊疫病诊断与防制［M］. 北京：中国轻工业出版社，2007.
[6] 杨光友. 动物寄生虫病学. 成都：四川科学技术出版社，2005.
[7] 张西臣，赵权. 动物寄生虫病学. 第2版. 长春：吉林人民出版社，2005.
[8] 黄建初，岳仲明.《中华人民共和国动物防疫法》释义及使用手册. 北京：中国民主法制出版社，2007.
[9] 甘孟侯，杨汉春. 中国猪病学. 北京：中国农业出版社，2005.
[10] 孙新等. 实用医学寄生虫学. 北京：人民卫生出版社，2005.
[11] 潘卫庆. 寄生虫生物学研究与应用. 北京：化学工业出版社，2007.
[12] 潘卫庆，汤林华. 分子寄生虫学. 上海：上海科学技术出版社，2004.
[13] 陈建红，张济培. 禽病诊治彩色图谱. 北京：中国农业出版社，2001.
[14] 廖党金. 牛羊病看图防治. 四川：四川科技出版社，2005.
[15] 潘耀谦等. 猪病诊断彩色图谱. 北京：中国农业出版社，2004.
[16] 安春丽等. 医学寄生虫学彩色图谱. 上海：上海科学科技出版社，2007.
[17] 赵书广. 中国养猪大成. 北京：中国农业出版社，2000.
[18] 蒋金书. 动物原虫病学. 北京：中国农业大学出版社，2000.
[19] 农业部血吸虫病防治办公室. 动物血吸虫病防治手册. 北京：中国农业科技出版社，1998.
[20] 卢俊杰，靳家声. 人和动物寄生虫图谱. 北京：中国农业科技出版社，2002.
[21] 桑青芳等. 华南虎伊氏锥虫病的诊断. 中国兽医科技，2001，4（31）：38-39.
[22] 廖申权，翁亚彪，宋慧群，朱兴全. 猪弓形虫病诊断与药物治疗研究进展. 中国人兽共患病学报，2006，22（4）：371-374.